国家级物理实验教学示范中心系列教材

近现代物理实验

主编　刘安平

参编　张选梅　杨东侠　蒲贤洁
　　　黄映洲　韩　忠

科学出版社

北　京

内 容 简 介

　　本书涵盖近现代物理实验中的 46 个实验项目,全书共八章:第 0 章是误差分析及数据处理,第 1 章是原子物理实验,第 2 章是原子核物理实验,第 3 章是微波与磁共振实验,第 4 章是光学与光谱实验,第 5 章是材料测试分析实验,第 6 章是无损检测实验,第 7 章是新型能源实验。本书中的实验项目在详细阐述实验基本原理和方法的同时,有侧重地介绍了部分实验仪器和装置,还特别介绍了实验的相关历史背景、应用现状及发展前景。部分实验设置了拓展性实验内容,以激发学生进一步研究探索的兴趣。

　　本书可作为普通高等学校理工科本科生、研究生的近现代物理类实验课程教材,也可作为实验课程教师和实验技术人员的参考书。

图书在版编目（CIP）数据

近现代物理实验/刘安平主编. —北京：科学出版社，2021.12
国家级物理实验教学示范中心系列教材
ISBN 978-7-03-071264-6

Ⅰ.①近⋯　Ⅱ.①刘⋯　Ⅲ.①物理学-实验-高等学校-教材
Ⅳ.①O4-33

中国版本图书馆 CIP 数据核字（2021）第 274199 号

责任编辑：窦京涛　崔慧娴／责任校对：杨聪敏
责任印制：张　伟／封面设计：无极书装

科 学 出 版 社 出版
北京东黄城根北街 16 号
邮政编码：100717
http://www.sciencep.com
涿州市般润文化传播有限公司 印刷

科学出版社发行　各地新华书店经销

*

2021 年 12 月第 一 版　开本：720×1000　1/16
2021 年 12 月第一次印刷　印张：28 3/4
字数：580 000

定价：89.00 元
（如有印装质量问题，我社负责调换）

前　言

　　近现代物理实验教学是高等学校理工科学生，特别是物理类专业学生，实践教学中的重要环节，对于培养学生的实践能力、创新能力和研究能力有着举足轻重的作用。长期以来，由于近代物理实验教学模式单一、内容陈旧，教学缺乏时代发展特征。当今世界正处于科学技术快速发展的新时代，高新技术层出不穷，现代测试技术日新月异，这些都赋予了传统实验许多新的手段和方法。

　　本书是在重庆大学"近代物理实验 I ""近代物理实验 II "及"现代无损检测技术"课程教学改革实践的基础上编写的，融合了近代物理实验和现代检测技术的主要内容。其内容涉及原子物理、原子核物理、微波与磁共振、光学与光谱、材料测试分析、无损检测及新型能源等 7 个领域的实验内容，涵盖了46 个实验项目。书中重点阐述了各个实验的基本原理和实验方法，着重说明了实验内容及其基本要求，有侧重地介绍了部分实验仪器和装置，在实验的开篇还特别介绍了实验相关的历史背景、应用现状及发展前景。多数实验设计了相关问题与思考题，部分实验还设置了拓展性实验内容，以激发学生进一步研究探索的兴趣。

　　重庆大学物理实验中心从 2005 年开始，根据"重庆大学近代物理实验讲义"着手开展近现代物理实验教材的编写工作，于 2012 年第一次出版。经过近 10 年来实验教学的不断改革、实验内容的修订完善，最终完成了《近现代物理实验》。本书根据课程开设情况对近代物理实验和现代检测技术内容作了重新归纳和整理：对原子物理与原子核物理、微波与磁共振、光学与光谱的实验项目进行了调整，删减了真空材料与低温相关实验，特别增加了材料测试分析、新型能源领域的实验，并将一部分具有新时代气息、反映当代科技前沿的实验项目纳入其中，如 X 射线荧光光谱分析、微波铁磁共振、涡流无损检测、太阳能光伏电池探究等。

　　本书第 0 章、第 1 章和第 2 章由刘安平老师编写，第 3 章由刘安平、张选梅老师编写，第 4 章由刘安平、黄映洲老师编写，第 5 章由刘安平、杨东侠老师编写，第 6 章由韩忠老师编写，第 7 章由刘安平、蒲贤洁老师编写。

　　本书是近 40 年来重庆大学物理实验教学中心在近代物理实验及无损检测实验教学和课程建设工作中集体智慧的结晶，它继承了老一辈近现代物理实验教师和实验技术人员的宝贵经验，集成了当前从事近现代物理实验教学、科研工作的教师们的优秀成果。本书的编写得到了重庆大学物理实验教学中心广大老师们的大力支持，在此一并表示感谢！

　　由于编者水平有限，书中不妥之处在所难免，恳请各位读者批评指正！

编　者

2021 年 1 月

目　　录

第0章　误差分析及数据处理

0.1　系统误差的分析与处理

物理实验离不开对各种物理量进行测量，由测量所得的一切数据都毫无例外地包含一定数量的测量误差，没有误差的测量结果是不存在的。根据误差产生的原因和性质，可将误差分为系统误差、随机误差和粗大误差。在本节中，我们着重讨论系统误差，在后续的几个小节中将分别讨论其他两种误差的处理及常用的数据处理方法。

所谓系统误差是指在确定的测量条件下，某种测量方法和装置在测量之前就已存在误差，并始终以必然性规律影响测量结果的正确度，实际上，所有的测量过程总是存在着系统误差，而且在某些情况下系统误差数值还比较大。由此可见，测量结果的精度不仅取决于随机误差，还取决于系统误差的影响。系统误差是和随机误差同时存在于我们所测量的数据之中的，不易被发现，加之多次重复测量又不能减小它对测量结果的影响，这种潜伏就使得系统误差比随机误差具有更大的危险性，因此研究系统误差的特征与规律性，并用一定的方法发现和减小或消除系统误差，就显得十分重要。

一、系统误差对测量结果的影响

根据系统误差在测量过程中所具有的不同变化特性，将它分为固定系统误差和可变系统误差两大类。

固定系统误差指在整个测量过程中数值和符号都不变化的系统误差。如千分尺或测长仪读数装置的调零误差，量块或其他标准件尺寸的偏差等，均为固定系统误差。它对每一测量值的影响均为一个常量，属于最常见的一类系统误差。

可变系统误差指在整个测量过程中误差的大小和方向随测试的某一个或某几个因素按确定的函数规律而变化。它的种类较多，可分为以下几种。

(1) 线性变化的系统误差，指在整个测量过程中随某因素而线性递增或递减的系统误差。例如检定标尺时，由于室温对标准温度20℃的偏差产生的测量误差，它是随被测长度而线性变化的系统误差；在丝杠的测量中，丝杠轴心线安装偏斜所造成的螺距累积误差是随牙数或螺距的测量长度而线性变化的系统误差。

(2) 周期性变化的系统误差，指在整个测量过程中随某因素作周期变化的系统误差。例如，测量仪器中千分表表盘的中心与指针回转中心的偏离引起的示值误差，齿轮、光学分度头中分度盘等安装偏心引起的齿距累积误差或分度误差，都属于正弦函数规律变化的系统误差。

(3) 复杂规律变化的系统误差，指在整个测量过程中按一定的复杂规律变化的系统误差。例如，微安表的指针偏转角与偏转力矩间不严格保持线性关系，而表盘仍采用均匀刻度所产生的误差就属于复杂规律变化的系统误差。这种复杂规律一般可用代数多项式、三角多项式或其他正交函数多项式来描述。

下面分析以上几种系统误差给测量结果带来的影响。

设有一组实验测量数据 $x_1, x_2, \cdots, x_N$，其中每个数据包含的系统误差分别为 $\theta_1, \theta_2, \cdots, \theta_N$。现在，设想扣除了这些系统误差，得到一些只包含随机误差的各种数据 $x_1', x_2', \cdots, x_N'$。于是有

$$x_i = x_i' + \theta_i, \quad i = 1, 2, \cdots, N$$

先求得其算术平均值为

$$\bar{x} = \bar{x'} + \bar{\theta} \tag{0.1.1}$$

然后即可得到各个观测数据的残差，记为

$$\begin{aligned} \delta_i = x_i - \bar{x} &= (x_i' + \theta_i) - (\bar{x'} + \bar{\theta}) \\ &= \delta_i' + \theta_i - \bar{\theta} \end{aligned} \tag{0.1.2}$$

上式中的

$$\delta_i' = x_i' - \bar{x'}, \quad i = 1, 2, \cdots, N$$

就是仅由随机误差引起的残差。

由式(0.1.1)知，当存在系统误差时，算术平均值 $\bar{x}$ 为只包含随机误差的平均值 $\bar{x'}$ 与系统误差的平均值 $\bar{\theta}$ 之和。当测量次数 N 增加时，$\bar{x'}$ 趋于待测量的真值 μ。因此当有系统误差存在时，算术平均值 $\bar{x}$ 不再随测量次数 N 增加而趋于 μ，偏差量就是系统误差的平均值 $\bar{\theta}$，这说明系统误差最终要影响测量结果的准确度。

由式(0.1.2)知，当测量中存在固定系统误差，即 $\theta_i = \bar{\theta}$ 时，残差 δ_i 完全由随机误差 δ_i' 造成，即 $\delta_i = \delta_i'$。由此可以说明，固定系统误差的存在并不影响残差的计算，当然也就不影响方差的计算。在这种情况下，我们就不能通过残差的计算来发现系统误差，这时可能会把实际上存在很大系统误差的测量看作没什么问题。只有存在可变系统误差时，即 $\theta_i \neq \bar{\theta}$，才有可能通过对残差的观测发现系统误差。

二、系统误差的发现和判断

由于形成系统误差的原因复杂，目前尚没有能够适用于发现各种系统误差的

普遍方法，而可供选用的检验有无系统误差的方法却多而杂。针对不同性质的系统误差，我们把这些方法大致分为两大类：一类为用于发现测量列组内的系统误差，另一类为用于发现测量列组间系统误差的方法。

1. 测量列组内的系统误差发现方法

用于发现测量列组内的系统误差的方法，包括实验对比法、残余误差观察法、残余误差校核法和不同公式计算标准差比较法。

1) 实验对比法

实验对比法是通过改变实验测量条件，对不同条件下的实验数据进行对比，发现系统误差的存在。如对同一个物理量，先用普通仪器对其进行测量，得到一组数据，然后用更高级的仪器进行重复测量，又得到另一组数据，比较两组结果，如果有较大差别，则可以判断有系统误差存在。这种方法对发现不变系统误差有帮助。

2) 残余误差观察法

残余误差观察法是根据测量列的各个残余误差大小和符号的变化规律，直接由误差数据或误差曲线图形来判断有无系统误差。这种方法适于发现有规律变化的系统误差。表 0.1.1 是对一恒温容器进行温度测量，可以看出，随着测量时间的变化，温度有一定的上升趋势，因此可判断测量数据中可能存在与时间呈线性变化的系统误差。

表 0.1.1　对某恒温容器温度测量结果

测量时间/s	温度/℃	残余误差/℃
5.0	20.06	−0.06
10.0	20.08	−0.04
15.0	20.06	−0.06
20.0	20.07	−0.05
25.0	20.10	−0.02
30.0	20.12	0.00
35.0	20.15	0.03
40.0	20.17	0.05
45.0	20.18	0.06
50.0	20.21	0.09
	平均值=20.12	

3) 残余误差校核法

一般情况下，在测量次数较多时，随机误差的分布基本上满足正态分布特点，其标准偏差也应有一定的范围。但如果测量数据中含有系统误差，由于系统误差不服从正态分布，因此其分布特点和标准偏差的大小也会发生相应变化。通过对这种变化进行分析，也能够发现系统误差的存在。

残余误差校核法包括两种。

(1) 马利科夫判据。将测量列中前 K 个残余误差相加，后 $n-K$ 个残余误差相加（n 为偶数，取 $K=n/2$；n 为奇数，取 $K=(n+1)/2$），两者相减得

$$\Delta = \sum_{i=1}^{K} v_i - \sum_{j=k+1}^{n} v_j \tag{0.1.3}$$

若上式的两部分差值 Δ 显著不为 0，则有理由认为测量列存在线性系统误差。这种校核法称为马利科夫准则，它能有效地发现线性系统误差。但要注意的是，有时按残余误差校核法求得差值 $\Delta=0$，仍有可能存在系统误差。

(2) 阿贝-赫尔默特准则。令

$$u = \left| \sum_{i=1}^{n-1} v_i v_{i+1} \right| = \left| v_1 v_2 + v_2 v_3 + \cdots + v_{n-1} v_n \right| \tag{0.1.4}$$

若 $u > \sqrt{n-1}\sigma^2$，则认为该测量列中含有周期性系统误差。这种校核法叫阿贝-赫尔默特(Abbe-Helmert)准则，它能有效地发现周期性系统误差。

4) 不同公式计算标准差比较法

对等精度测量，可用不同公式计算标准差，通过比较以发现系统误差。

按贝塞尔公式

$$\sigma_1 = \sqrt{\frac{\sum v_i^2}{n-1}} \tag{0.1.5}$$

按别捷尔斯公式

$$\sigma_2 = 1.253 \frac{\sum |v_i|}{\sqrt{n(n-1)}} \tag{0.1.6}$$

令 $\dfrac{\sigma_1}{\sigma_2} = 1+u$，若 $|u| \geqslant \dfrac{2}{\sqrt{n-1}}$，则怀疑测量列中存在系统误差。

在判断含有系统误差时，违反上述"准则"时就可以直接判定，而在遵守"准则"时不能得出"不含系统误差"的结论，因为每个准则均有局限性，不具有"通用性"。

2. 测量列组间的系统误差发现方法

对某一物理量进行了两组独立的测量，要问这两组间有无系统误差，我们可以检验它们的分布是否相同，若不同，则应怀疑它们之间存在系统误差，包括计算数据比较法、秩和检验法及 t 检验法。

1) 计算数据比较法

对同一量进行多组测量得到很多数据，通过多组数据计算比较，若不存在系统误差，其比较结果应满足随机误差条件，否则可认为存在系统误差。若对同一量独立测量得 m 组结果，并知它们的算术平均值和标准差为

$$\overline{x}_1,\sigma_1;\overline{x}_2,\sigma_2;\cdots;\overline{x}_m,\sigma_m$$

则任意两组结果 $\overline{x}_i$ 与 $\overline{x}_j$ 间不存在系统误差的标志是

$$\left|\overline{x}_i-\overline{x}_j\right|<2\sqrt{\sigma_i^2+\sigma_j^2} \tag{0.1.7}$$

2) 秩和检验法——用于检验两组数据间的系统误差

对某量进行两组测量，这两组间是否存在系统误差，可用秩和检验法根据两组分布是否相同来判断。若独立测得两组的数据为

$$x_i,\quad i=1,2,\cdots,n_1$$

$$y_i,\quad i=1,2,\cdots,n_2$$

将它们混合以后，从 1 开始，按从小到大的顺序重新排列，观察测量次数较少那一组数据的序号和 T，即秩和。

(1) 两组的测量次数 $n_1,n_2\leqslant10$，可根据测量次数较少组的次数 n_1 和测量次数较多组的次数 n_2，查秩和检验表得 T_- 和 T_+（显著度 0.05），若

$$T_-<T<T_+ \tag{0.1.8}$$

则无根据怀疑两组间存在系统误差。

(2) 当 $n_1,n_2>10$ 时，秩和 T 近似服从正态分布

$$N\left(\frac{n_1(n_1n_2+1)}{2},\sqrt{\frac{n_1n_2(n_1+n_2+1)}{2}}\right) \tag{0.1.9}$$

括号中第一项为数学期望，第二项为标准差，此时 T_- 和 T_+ 可由正态分布算出。根据求得的数学期望值标准差，则

$$t=\frac{T-a}{\sigma} \tag{0.1.10}$$

选取概率 $\phi(t)$ 和置信水平 α，查正态分布分表 t_α，若 $|t|\leqslant t_\alpha$，则无根据怀疑两组间存在系统误差。

若两组数据中有相同的数值，则该数据的秩按所排列的两个次序的平均值计算。

3) t 检验法

当两组测量数据服从正态分布，或偏离正态不大但样本数不是太少(最好不少于 20)时，可用 t 检验法判断两组间是否存在系统误差。

设独立测得两组数据为

$$x_1, x_2, \cdots, x_{n1}$$
$$y_1, y_2, \cdots, y_{n2}$$

变量

$$t = (\overline{x} - \overline{y}) \sqrt{\frac{n_1 n_2 (n_1 + n_2 - 1)}{(n_1 + n_2)(n_1 S_1^2 + n_2 S_2^2)}} \tag{0.1.11}$$

服从自由度为 $(n_1 + n_2 - 2)$ 的 t 分布变量。其中 $S_1^2 = \frac{1}{n_1} \sum (x_i - \overline{x})^2$，$S_2^2 = \frac{1}{n_2} \sum (y_i - \overline{y})^2$，$\overline{x} = \frac{1}{n_1} \sum x_i$，$\overline{y} = \frac{1}{n_2} \sum y_i$。取显著性水平 α，由 t 分布表查出 t_α。若 $|t| < t_\alpha$，则无根据怀疑两组间有系统误差。式中使用的 S_2 不是方差的无偏估计，若将用贝塞尔计算的方差用于上式，则该式应作相应的变动。

三、系统误差的限制和消除方法

系统误差可以通过一定的实验和数据处理方法加以限制、减小或大部分消除。一些系统误差分量可以通过加修正值的方法基本消除，但修正值本身也有一定的不确定度(误差限)。一些影响测量结果主要系统误差分量的消除会使测量准确度有所提高，但是某些原来次要的分量和新发现的系统误差分量又会成为影响准确度继续提高的主要障碍。因此，不可能绝对完全地消除系统误差。我们只能在测量的各个环节中设法减小或基本消除某些主要系统误差分量对测量结果的影响。

1. 从根源上消除系统误差

在测量之前，要求测量者对可能产生系统误差的环节作仔细分析，从产生根源上加以消除。如果系统误差是由于仪器不准确或使用不当，则应该对仪器进行校准并按规定的条件去使用；若实验中采用的是近似的理论公式，则应该在计算时加以修正；如果知道实验测量方法上存在着某种因素会带来系统误差，则应估计其影响的大小或改变测量方法以消除其影响；若是由于外界环境条件急剧变化，或者存在着某种干扰，则应设法稳定实验条件，排除有关干扰或者等到实验条件稳定后再做实验；若是因为测量人员操作不善，或者读数有不良偏向，则应该加强训练以改进操作技术，以及克服不良偏向等。总的来说，从系统误差产生的根源上加以消除，无疑是最根本的方法。

2. 在测量中限制和消除系统误差

对于不同性质的系统误差，在测量中常常要采用不同的消除方法。

(1) 对于固定不变的系统误差的限制和消除，常常采用以下方法。

① 抵消法。有些定值的系统误差无法从根源上消除，也难以确定其大小而修正，但可以进行两次不同的测量，使两次读数时出现的系统误差大小相等而符号相反，然后取两次测量的平均值便可消除上述系统误差。例如在霍尔效应实验中，霍尔电压 V_H 正比于磁感应强度 B 和电流强度 I。实验中同时还存在能斯特效应，V_N 正比于 $B \cdot Q$，Q 为流过样品的热流，V_N 与电流 I 的方向无关。当我们找到了能斯特效应所遵从的上述规律后，就可以改变磁感应强度 B 和电流 I 的方向，做两次测量，即 $V_1 = V_H + V_N$ $(B > 0, I > 0)$，$V_2 = V_H - V_N$ $(B < 0, I < 0)$，则有 $V_H = (V_1 + V_2)/2$。这样就消除了能斯特效应的影响。

② 代替法。在某装置上对未知量测量后，马上用一标准量代替未知量再进行测量，若仪器示值不变，便可肯定被测的未知量即等于标准量的值，从而消除了测量结果中的仪器误差。例如，用天平称物体质量 m，若天平两臂 l_1 和 l_2 不等，先使 m 与砝码 G 平衡，则有 $m = G l_2 / l_1$；再以标准砝码 P 取代质量为 m 的物体，若调节 P 和 G 达到平衡，则有 $P = G l_2 / l_1$，从而 $m = P$，消除了天平不等臂引起的系统误差。

③ 交换法。根据误差产生的原因，对某些条件进行交换，以消除固定的误差。例如，用电桥测电阻，得 $R_x = R_s R_1 / R_2$。若两臂 R_1 和 R_2 有误差，可将被测电阻 R_x 和 R_s 互换再测得 $R_x' = R_x R_1 / R_2$，从而可得 $R_x = \sqrt{R_s R_x'}$，消除了 R_1 和 R_2 带来的误差。

(2) 对于按一定规律变化的系统误差的消除方法，通常可采用以下几种方法。

① 对称观测法。对于测量中随时间线性变化的系统误差，可采用时间上对称的观察程序予以消除。例如，用相位法测量光速时，我们用高频信号调制发光二极管的发光强度，然后测量发光二极管发出的光与经过角反射镜返回的光之间的相位差。移动角反射镜的位置由 $B \to B'$ (图 0.1.1)，当移动距离等于半个波长时，将重现原来的相位差。由此可测出调制光波的波长，将它乘以调制频率即得光速。实验中由于仪器电路部分的不稳定所造成的相位偏移将叠加在所测的相位差上给光速的测量造成误差。进一步的观察发现，在测量的短时间内相位漂移随时间的缓慢变化可作线性近似，因此测量过程中按图 0.1.1 所示的 $B \to B' \to B$ 的顺序读取具有相同相位差的位置，而 B 的两次读数平均值作为 B 点位置的数值，并用它计算半波长。这时测量中相位漂移的影响被消除。

② 半周期偶次测量法。对于测量中随某一因素周期性变化的系统误差，我们可根据它的周期性的规律采取措施来消除。用相位法测光速时，由于发射系统与接收系统之间隔离度不高，存在某种程度的耦合，它会产生一个具有一定初相 φ_e、

频率与被测信号频率相同的电干扰信号，分析表明这样的干扰将给相位的测量引入一个以 $\lambda/2$ 为周期(λ 为调制信号的波长)的周期性变化的误差 $\Delta\varphi$，简称周期误差。$\Delta\varphi \propto \sin\left(\dfrac{4\pi D}{\lambda} - \varphi_e\right)$，式中 D 为光传播的距离。实验中当我们取相距半波长的 B、B' 两点来测相位差时，可以消除上述周期误差的影响。

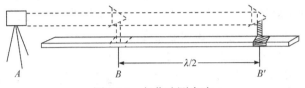

图 0.1.1　相位法测光速

③ 实时反馈修正法。这是消除各种变值系统误差的自动控制方法。当查明某种误差因素(如位移、气压、温度、光强等)的变化时，由传感器将这些因素引起的误差反馈回控制系统，通过计算机根据其影响测量的函数关系进行处理，对测量结果作自动补偿修正。这种方法在微机控制的自动测量技术中得到广泛的应用。

0.2　含有粗大误差测量值的剔除

在一列重复测量数据中，如有个别数据与其他的有明显差异，则它(或它们)很可能含有粗大误差(简称粗差)，称其为可疑数据，记为 x_d。根据随机误差理论，出现大误差的概率虽小，但也是可能的。因此，如果不恰当地剔除含大误差的数据，会造成测量精密度偏高的假象；反之，如果对混有粗大误差的数据(即异常位)未加剔除，必然会造成测量精密度偏低。以上两种情况都会严重影响对 $\bar{x}$ 的估计。因此，对数据中异常值的正确判断与处理是获得客观的测量结果的一个重要问题。

在测量过程中，确实是因读错记错数据，仪器的突然故障，或外界条件的突变等异常情况引起的异常值，一经发现，就应在记录中除去，但需注明原因。这种从技术上和物理上找出产生异常值的原因，是发现和剔除粗大误差的首要方法。有时，在测量完成后也不能确知数据中是否含有粗大误差，这时可采用统计的方法进行判别。统计法的基本思想是：给定一个显著性水平，按一定分布确定一个临界值，凡超过这个界限的误差就认为不属于随机误差的范围，而是粗大误差，该数据应予以剔除。

以下介绍几个常用的统计判断准则，它们都限于对正态或近似正态的样本数据的判断处理。

一、3σ 准则

3σ 准则又称拉依达准则，它是以测量次数充分大为前提。在实际测量中，常以贝塞尔公式算得的 S 代替 σ，以 $\bar{x}$ 代替真值。

对某个可疑数据 x_{d}，若其残差满足

$$|v_{\mathrm{d}}| = |x_{\mathrm{d}} - \bar{x}| > 3S \tag{0.2.1}$$

则剔除 x_{d}。将该异常值剔除后，还应对余下的测量值的数据用同样的方法检验是否还存在异常值。

利用贝塞尔公式容易说明：在 $n \leqslant 10$ 的情形，用 3σ 准则剔除粗差注定失效。因此这种准则对于测量次数较少的测量列来说，其可靠性是不够好的。

表 0.2.1 是 3σ 准则的"弃真"概率，从表中看出 3σ 准则犯"弃真"错误的概率随 n 增大而减小，最后稳定于 0.3%。

表 0.2.1　3σ 准则的"弃真"概率 α

n	11	16	61	121	333
α	0.019	0.011	0.005	0.004	0.003

二、格拉布斯准则

1950 年格拉布斯根据顺序统计量的某种分布规律提出一种判别粗大误差的准则。1974 年我国有人用电子计算机做过统计模拟实验，与其他几个准则相比，对样本中仅混入一个异常值的情况，用格拉布斯准则检验的效率最高。

设对某量作多次等精度独立测量，得 $x_1, x_2, \cdots, x_n$，假定 x_i 服从正态分布。为了检验 x_i 中是否含有粗大误差，将 x_i 按大小排列成顺序统计量 $x_{(i)}$，而 $x_{(1)} \leqslant x_{(2)} \leqslant \cdots \leqslant x_{(n)}$。

格拉布斯导出了 $g_{(n)} = \dfrac{x_{(n)} - \bar{x}}{\sigma}$ 及 $g_{(1)} = \dfrac{\bar{x} - x_{(1)}}{\sigma}$ 的分布，取定显著度 α（一般为 0.05 或 0.01），可得格拉布斯准则数值表所列的临界值 $g_0(n, \alpha)$，而

$$P\left(\frac{x_{(n)} - \bar{x}}{\sigma} \geqslant g_0(n, \alpha) \right) = \alpha \tag{0.2.2}$$

及

$$P\left(\frac{\bar{x} - x_{(1)}}{\sigma} \geqslant g_0(n, \alpha) \right) = \alpha \tag{0.2.3}$$

若认为 $x_{(i)}$ 可疑，则有

$$g_{(1)} = \frac{\overline{x} - x_{(1)}}{\sigma} \tag{0.2.4}$$

若认为 $x_{(n)}$ 可疑,则有

$$g_{(n)} = \frac{x_{(n)} - \overline{x}}{\sigma} \tag{0.2.5}$$

当 $g_{(i)} \geqslant g_0(n, \alpha)$ 时,即判别该测得值含有粗大误差,应予剔除。

三、狄克逊准则

1950 年狄克逊(Dixon)提出另一种无须估算算术平均值和标差的方法,它是根据测量数据按大小排列后的顺序差来判别是否存在粗大误差。有人指出,用狄克逊准则判断样本数据中混有一个以上异常值的情形效果较好。

设正态测量总体的一个样本 $x_1, x_2, \cdots, x_n$,将 x_i 按大小排列成顺序统计量 $x_{(i)}$,即 $x_{(1)} \leqslant x_{(2)} \leqslant \cdots \leqslant x_{(n)}$。

构造检验高端异常值 $x_{(n)}$ 和低端异常值 $x_{(1)}$ 的统计量分别为 r_{ij} 和 r'_{ij},分以下几种情形:

$$\begin{cases} r_{10} = \dfrac{x_{(n)} - x_{(n-1)}}{x_{(n)} - x_{(1)}} \text{ 与 } r'_{10} = \dfrac{x_{(2)} - x_{(1)}}{x_{(n)} - x_{(1)}}, & n \leqslant 7 \\[3mm] r_{11} = \dfrac{x_{(n)} - x_{(n-1)}}{x_{(n)} - x_{(2)}} \text{ 与 } r'_{11} = \dfrac{x_{(2)} - x_{(1)}}{x_{(n-1)} - x_{(1)}}, & n = 8 \sim 10 \\[3mm] r_{21} = \dfrac{x_{(n)} - x_{(n-2)}}{x_{(n)} - x_{(2)}} \text{ 与 } r'_{21} = \dfrac{x_{(3)} - x_{(1)}}{x_{(n-1)} - x_{(1)}}, & n = 11 \sim 13 \\[3mm] r_{22} = \dfrac{x_{(n)} - x_{(n-2)}}{x_{(n)} - x_{(3)}} \text{ 与 } r'_{22} = \dfrac{x_{(3)} - x_{(1)}}{x_{(n-2)} - x_{(1)}}, & n \geqslant 14 \end{cases} \tag{0.2.6}$$

当测量的统计值 r_{ij} 或 r'_{ij} 大于临界值 $r_0(n, \alpha)$ 时,则认为 $x_{(1)}$ 或 $x_{(n)}$ 含有粗大误差。临界值 $r_0(n, \alpha)$ 由相应统计表查得。

四、t 分布检验法(罗曼诺夫斯基准则)

当测量次数较少时,按 t 分布的实际误差分布范围来判别粗大误差较为合理。罗曼诺夫斯基准则又称 t 检验准则,其特点是首先剔除一个可疑的测得值,然后按 t 分布检验被剔除的值是否含有粗大误差。

设对某量作多次等精度测量,得 $x_1, x_2, \cdots, x_n$,若认为测量值 x_i 为可疑数据,将其剔除后计算平均值及标准差 σ 为(计算时不包括 x_i)

$$\bar{x} = \frac{1}{n-1}\sum_{\substack{i=1 \\ i\neq j}}^{n} x_i, \quad \sigma = \sqrt{\frac{\sum_{i=1}^{n} v_i^2}{n-2}} \tag{0.2.7}$$

根据测量次数 n 和选取的显著度 α ，即可查得 t 分布的检验系数 $K(n,\alpha)$ 。若 $|x_j - \bar{x}| > K\sigma$ ，则认为测量值 x_i 含有粗大误差，剔除 x_i 是正确的，否则认为 x_i 不含有粗大误差，应予保留。

以上介绍了四个准则，根据前人的实践经验，建议按如下几点去具体应用。

(1) 大样本情况 $(n > 50)$ 用 3σ 准则最简单方便，虽然这种判别准则的可靠性不高，但它使用简便，不需要查表，故在要求不高时经常使用；$30 < n \leqslant 50$ 情形，格拉布斯准则效果较好；$3 \leqslant n < 30$ 情形，格拉布斯准则适于剔除一个异常值，用狄克逊准则适于剔除一个以上异常值。当测量次数比较小时，也可根据情况采用罗曼诺夫斯基准则。

(2) 在较为精密的实验场合，可以选用二三种准则同时判断，当一致认为某值应剔除或保留时，则可以放心地加以剔除或保留。当几种方法的判断结果有矛盾时，则应慎重考虑，一般以不剔除为妥。因为留下某个怀疑的数据后算出的 σ 只是偏大一点，这样较为安全。另外，可以再增加测量次数，以消除或减少它对平均值的影响。

(3) 在教学实验中，推荐使用 t 分布检验法，这一方法用计算机处理比较方便，可以不引入新的函数，既适用于测量次数 $n \leqslant 10$ 的情形，也适用于 n 比较大时的情形。

五、防止与消除粗大误差的方法

对粗大误差，除了设法从测量结果中发现和鉴别而加以剔除外，更重要的是要加强测量者的工作责任心，使其以严格的科学态度对待测量工作；此外，还要保证测量条件的稳定，或者应避免在外界条件发生激烈变化时进行测量。如能达到以上要求，一般情况下是可以防止粗大误差产生的。

在某些情况下，为了及时发现与防止测得值中含有粗大误差，可采用不等精度测量和互相之间进行校核的方法。例如，对某一测量值，可由两位测量者进行测量、读数和记录；或者用两种不同仪器或两种不同测量方法进行测量。

0.3　随机误差的统计分布及数据处理

在一定条件下对被测量进行多次测量时，以不可预知的随机方式变化的测量误差称为随机误差。这种误差值时大时小，时正时负，没有规律性，它引起被测量重复观测的变化。

随机误差来源于许多不可控因素的影响。例如周围环境的无规起伏，仪器性能的微小波动，观察者感官分辨本领的限制，以及一些尚未发现的因素等。这种误差对每次测量来说没有必然的规律性，但进行多次重复测量时会呈现出统计规律性。虽然无法消除或补偿测量结果的随机误差，但增加观测次数可使它减小，并可用统计方法估算其大小。

在测量过程中，随机误差总是不可避免的。于是，如何从含有随机误差的实验数据中确定出最可靠的测量结果，应用概率分布描述测量和误差，在近代物理实验中显得非常重要。本节基于概率论和数理统计的知识，从分析随机误差的统计规律出发，介绍正态分布和其他几种常见的分布，然后从参数估计和参数检验两方面对数据进行统计分析。

一、几种常用的概率分布

由于随机变量受到不同因素的影响，或者物理现象本身的统计性差异，随机变量的概率分布形式多种多样。这里我们介绍几种在物理量测量中常见的以及数据分析处理中常用的统计分布。

1. 二项式分布和泊松分布

1) 二项式分布

若随机事件 A 发生的概率为 P，不发生的概率为 $(1-P)$，现在讨论在 N 次独立实验中事件 A 发生 k 次的概率。显然 k 是离散型随机变量,可能取值为 $0,1,\cdots,N$。对应这样一个随机事件，可导出其概率分布为

$$p(k) = \frac{N!}{k!(N-k)!} P^k (1-P)^{N-k} \tag{0.3.1}$$

式中，因子 $N!/[k!(N-k)!]$ 代表 N 次实验中事件 A 发生 k 次，而不发生 $(N-k)$ 次的各种可能组合数。若令 $q = 1-P$，则这个概率表示式刚好是二项式展开

$$(P+q)^N = \sum_{k=0}^{N} \frac{N!}{k!(N-k)!} P^k q^{N-k}$$

中的项，因此式(0.3.1)所表示的概率分布称为二项式分布。

二项式分布中有两个独立的参数 N 和 P，故往往把式(0.3.1)中左边概率函数的记号写作 $p(k; N, P)$。遵从二项式分布的随机变量 k 的期望值和方差分别为

$$\langle k \rangle = \sum_{k=0}^{N} k \frac{N!}{k!(N-k)!} P^k (1-P)^{N-k} = NP \tag{0.3.2}$$

$$\sigma^2(k) = \langle k^2 \rangle - \langle k \rangle^2 = \langle k^2 \rangle - N^2 P^2$$

$$= \sum k^2 \frac{N!}{k!(N-k)!} P^k (1-P)^{N-k} - N^2 P^2$$

$$= NP(1-P) \tag{0.3.3}$$

二项式分布有许多实际应用。例如，穿过仪器的 N 个粒子被仪器探测到 k 个的概率，或者 N 个放射性核经过一段时间后衰变 k 个的概率等，这些问题的随机变量 k 都服从二项式分布。

2) 泊松分布

对于二项式分布，若 $N \to \infty$，且每次实验中 A 发生的概率 $p \to 0$，但期望 $\langle k \rangle = NP$ 趋于有限值 m，在这种极限情况下其分布如何？

由二项式分布的概率函数式

$$p(k) = \frac{1}{k!} \cdot \frac{N!}{(N-k)!} P^k (1-P)^{N-k} \tag{0.3.4}$$

并考虑到 $N \to \infty$ 的情况，即

$$\lim_{N \to \infty} \frac{N!}{(N-k)!} = \lim_{N \to \infty} [N(N-1)(N-2)\cdots(N-k+2)(N-k+1)] = N^k$$

$$\lim_{N \to \infty} N^k P^k = \lim_{N \to \infty} (NP)^k = m^k, \quad \lim_{N \to \infty} (1-P)^{N-k} = \lim_{N \to \infty} (1-NP)^k = \mathrm{e}^{-m}$$

便可得到

$$p(k) = \frac{m^k}{k!} \mathrm{e}^{-m} \tag{0.3.5}$$

上式表示的概率分布称泊松分布，可见泊松分布是二项式分布的极限情况。

注意到 $P \to 0$ 时 $NP \to m$，利用式(0.3.2)和式(0.3.3)，便可得到遵从泊松分布的随机变量 k 的期望值和方差

$$\langle k \rangle = NP = m \tag{0.3.6}$$

$$\sigma^2(k) = NP(1-P) = m \tag{0.3.7}$$

因此，泊松分布只有一个参数 m，它等于随机变量的期望值或方差。

在物理实验中，泊松分布是一种常见的分布。例如，放射性物质在一定时间 T 内的放射性衰变粒子数 k，便服从泊松分布。在此情况下，可把时间 T 内每一个原子是否衰变看作一次实验，放射物质的总原子数为 N，则测得衰变的粒子数可以看作是 N 次实验的总结果，而每个原子的衰变都是相互独立进行的。

2. 正态分布

在物理实验中，正态分布(也称高斯分布)是应用最多的一种，而且物理实验

中的多数误差也遵从这种正态分布，其概率密度函数为

$$p(x) = \frac{1}{\sigma\sqrt{2\pi}}\exp\left[-\frac{1}{2}\left(\frac{x-\mu}{\sigma}\right)^2\right] \tag{0.3.8}$$

式中，x 是连续型随机变量；μ 和 σ 是分布参数，且 $\sigma > 0$，为了标志其特征，通常用 $n(x;\mu,\sigma^2)$ 表示正态分布的概率密度函数，用 $N(x;\mu,\sigma^2)$ 表示正态分布的分布函数，即

$$n(x;\mu,\sigma^2) = \frac{1}{\sigma\sqrt{2\pi}}\exp\left[-\frac{1}{2}\left(\frac{x-\mu}{\sigma}\right)^2\right]$$

$$N(x;\mu,\sigma^2) = \frac{1}{\sigma\sqrt{2\pi}}\int_{-\infty}^{x}\exp\left[-\frac{1}{2}\left(\frac{x-\mu}{\sigma}\right)^2\right]\mathrm{d}x$$

不难求得，遵从正态分布的随机变量 x 的期望值和方差分别为

$$\langle x\rangle = \int_{-\infty}^{\infty}x\cdot n(x;\mu,\sigma)\mathrm{d}x = \mu \tag{0.3.9}$$

$$\sigma^2(x) = \int_{-\infty}^{\infty}(x-\mu)^2\cdot n(x;\mu,\sigma)\mathrm{d}x = \sigma^2 \tag{0.3.10}$$

由此可见，正态分布中的参数 μ 是期望值，参数 σ 是标准误差。正态分布的特征由这两个参数的数值完全确定：若消除了测量的系统误差，则 μ 就是待测物理量的真值，它决定分布的位置；而 σ 的大小与概率密度函数曲线的"胖""瘦"有关，即决定分布偏离期望值的离散程度。不同参数值的正态分布概率密度函数曲线如图 0.3.1 所示。曲线是单峰对称的，对称轴处于期望值和概率密度极大值所在处。

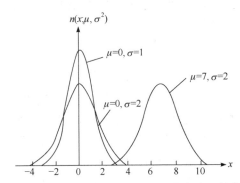

图 0.3.1　不同参数值的正态分布概率密度函数曲线

期望值 $\mu = 0$ 和方差 $\sigma^2 = 1$ 的正态分布称为标准正态分布，其概率密度函数和分布函数为

$$n(x;0,1) = \frac{1}{\sqrt{2\pi}} \exp\left(-\frac{1}{2}x^2\right) \tag{0.3.11}$$

$$N(x;0,1) = \frac{1}{\sqrt{2\pi}} \int_{-\infty}^{x} \exp\left(-\frac{1}{2}x^2\right) dx \tag{0.3.12}$$

一般手册上给出的是标准正态分布的分布函数数值，但我们可以把一般的正态分布函数化为标准正态分布。若 $\mu \neq 0, \sigma^2 \neq 1$，只要把随机变量 x 做线性变换

$$u = \frac{x-\mu}{\sigma} \tag{0.3.13}$$

则随机变量 u 便遵从标准正态分布，且有

$$n(x;\mu,\sigma^2) = \frac{1}{\sigma} n(u;0,1) \tag{0.3.14}$$

$$N(x;\mu,\sigma^2) = N(u;0,1) \tag{0.3.15}$$

这样便可利用标准正态分布求概率分布。

理论上可以证明，若一个随机变量是由大量的、相互独立的、微小的因素所合成的总效果，则这个随机变量近似地服从正态分布。这就是说，由不能控制的大量的偶然因素造成的随机误差会遵从或近似服从正态分布。另外，许多非正态分布也常以正态分布为极限或很快趋于正态分布。例如，对于泊松分布，当期望值 m 足够大时，它趋近于形式

$$p(k) = \frac{1}{\sqrt{2\pi m}} \exp\left[-\frac{(k-m)^2}{2m}\right] \tag{0.3.16}$$

而泊松分布的 $\sigma = \sqrt{m}$，故上式与正态分布的形式相同。虽然泊松分布中的 k 是离散型变量，但当 $m \geqslant 10$ 时泊松分布已很接近于正态分布。又例如，对于二项式分布，当 N 足够大时，也趋于形式为 $n(k;\mu,\sigma^2)$ 的正态分布，只不过 $\mu = NP$，$\sigma^2 = NP(1-P)$ 而已。

3. χ^2 分布和 t 分布

χ^2 分布和 t 分布是从正态分布派生出来的，在数据处理工作中，当根据实验得到的随机子样对随机变量的分布参数、分布规律做分析推断时，χ^2 分布和 t 分布有重要应用。这里我们先介绍它们的形式与数字特征量。

1) χ^2 分布

设观测值 $x_1, x_2, \cdots, x_n$ 是正态分布 $n(x;\mu,\sigma^2)$ 的随机样本，可定义一统计量

$$\chi^2 = \sum_{i=1}^{n} \frac{(x_i - \overline{x})^2}{\sigma^2} \tag{0.3.17}$$

来分析样本的离散程度，式中 $(x_i - \overline{x})$ 表示观测值 x_i 相对于平均值 $\overline{x}$ 的偏差。若把标准差 σ 看作量度偏差的单位，则 χ^2 量等于 N 个偏差的平方和。推广到非等精度测量情况

$$\chi^2 = \sum_{i=1}^{n} \frac{(x_i - \overline{x})^2}{\sigma_i^2} \tag{0.3.18}$$

式中的 $\overline{x}$ 为加权平均值。

这样定义的 χ^2 量也是随机变量，且有 $\chi^2 \geqslant 0$，其分布遵从概率密度函数

$$p(\chi^2; \nu) = \frac{1}{2^{\nu/2} \Gamma(\nu/2)} (\chi^2)^{\frac{\nu}{2}-1} \exp(-\chi^2/2) \tag{0.3.19}$$

这就是 χ^2 分布。分布参数 ν 是正整数，称为自由度。在式(0.3.16)和式(0.3.18)所定义的 χ^2 量中，$\overline{x}$ 要满足所属的平均值表示式，故容量为 N 的随机样本的自由度 $\nu = N-1$。

不难导出，随机变量 χ^2 的期望值和方差分别为

$$\langle \chi^2 \rangle = \nu, \quad \sigma^2 \langle \chi^2 \rangle = 2\nu \tag{0.3.20}$$

可见 χ^2 分布取决于自由度 ν，也就是说由样本容量决定，而与正态分布参数无关。因此，用满足 χ^2 分布的统计量来研究随机样本的离散性，比用样本方差方便。χ^2 分布有一个重要的性质，即若随机变量 χ_1^2 和 χ_2^2 分布服从自由度为 ν_1 和 ν_2 的 χ^2 分布，则随机变量 $\chi_1^2 + \chi_2^2$ 服从自由度为 $\nu_1 + \nu_2$ 的 χ^2 分布。

一般的 χ^2 分布表只有 $\nu \leqslant 30$ 的数值，因为 χ^2 分布在自由度 $\nu \to \infty$ 的情况下趋于正态分布，并且有

$$p(\chi^2; \nu) \to n(\chi^2; \nu, 2\nu)$$

对于 $\nu > 30$ 的数值，可以用上述正态分布代替 χ^2 分布。

χ^2 的函数 $\sqrt{2\chi^2}$ 也遵从一定的分布，可以证明，当 ν 增大时，$\sqrt{2\chi^2}$ 所遵从的分布比 χ^2 分布更快地趋于正态分布，而且有

$$p(\sqrt{2\chi^2}) \to n(\sqrt{2\chi^2}; \sqrt{2\nu-1}, 1)$$

根据计算，$\sqrt{\chi^2} - \sqrt{\nu} > 2$ 的概率小于 $1/400$，因此通常用 $\sqrt{\chi^2} - \sqrt{\nu} > 2$ 作为 χ^2 不合理的判据。

图 0.3.2 表示自由度 $\nu=6$ 的 χ^2 分布的概率密度函数曲线。图中斜线部分面积为

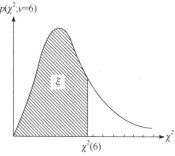

$$P_r[\chi^2 \leqslant \chi_\xi^2(\nu)] = \int_0^{\chi_\xi^2} p(\chi^2;\nu)\mathrm{d}\chi^2 = \xi$$

$$(0.3.21)$$

其意义是随机变量 χ^2 值不大于 χ_ξ^2 的概率为 ξ。ξ 的大小不仅与 χ_ξ^2 有关，而且与自由度 ν 有关。

图 0.3.2　χ^2 的概率密度函数曲线

对于不同 ξ 与 ν 所对应的 χ_ξ^2 数值，可由相关数值表查出。

2) t 分布

在观测值 x 服从正态分布的情况下，平均值 $\bar{x}$ 会严格服从正态分布 $n(\bar{x};\mu,\sigma_{\bar{x}}^2)$，其中 $\sigma_{\bar{x}} = \sigma/\sqrt{N}$。若进行类似于式(0.3.13)的变换，令 $t=(\bar{x}-\mu)/\sigma_{\bar{x}}$，则随机变量 t 遵从标准正态分布 $n(t;0,1)$。

然而，在一般情况下期望值 μ 和标准误差 σ 都未知，只能由测量列 x_i 求出样本平均值的 $S_{\bar{x}}$。由于 $S_{\bar{x}}$ 是随机变量，不同于 σ 是正态参数，当用 $S_{\bar{x}}$ 取代 $\sigma_{\bar{x}}$ 作变换 $t=(\bar{x}-\mu)/S_{\bar{x}}$ 时，随机变量 t 不遵从正态分布而遵从 t 分布，t 分布的概率密度函数为

$$p(t;\nu) = \frac{\Gamma\left(\dfrac{\nu+1}{2}\right)}{\sqrt{\pi\nu}\cdot\Gamma\left(\dfrac{\nu}{2}\right)\cdot\left(1+\dfrac{t^2}{\nu}\right)^{\frac{\nu+1}{2}}}, \quad -\infty < t < \infty \qquad (0.3.22)$$

式中，参数 $\nu=N-1$ 是正整数，称自由度；$\Gamma(\nu)$ 是伽马函数。t 分布的期望值和方差为

$$\langle t\rangle = 0, \quad \sigma^2(t) = \frac{\nu}{\nu-2}, \quad \nu>2 \quad (0.3.23)$$

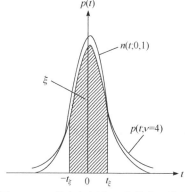

图 0.3.3　t 分布与标准正态分布比较图

t 分布曲线与标准正态分布曲线的比较如图 0.3.3 所示。t 分布的峰值低于标准正态分布的峰值，即 t 分布比正态分布较为分散。自由度 ν 愈小则分散愈明显。当 ν 很大以致 $\nu\to\infty$ 时，t 分布趋于标准正态分布，即

$$p(t;\nu)\to n(t;0,1)$$

对于标准正态分布 $\sigma=1$，在一个 σ 范围内概

率含量为68.3%；对于 t 分布 $\sigma \neq 1$，并且在一个 σ 范围内概率含量也不等于68.3%，更何况在 $\nu \leqslant 2$ 时，σ 不存在有限值。在应用 t 分布时，若以概率含量 ξ 表达实验结果，则必须按照 t 分布来确定相应范围的 t_ξ 值。

图中斜线部分的面积等于区间 $[-t_\xi, t_\xi]$ 内的概率含量，即

$$\xi = \int_{-t_\xi}^{t_\xi} p(t;\nu)\mathrm{d}t \tag{0.3.24}$$

ξ 不仅与 t_ξ 有关，而且与自由度 ν 有关。常用置信概率 ξ 的 t_ξ 值可由相关数值表查得。

二、分布参数的点估计

前面讨论了随机变量的总体分布，现在我们要讨论随机误差的估计问题。在实际测量中，只能得到有限次测量值及随机样本。我们研究随机误差是以随机样本为依据的，也就是说是从随机样本来估计总体分布的参数。在此我们假定系统误差不存在或已经修正，实验者是用相同的方法和仪器在相同的条件下作重复而相互独立的测量，得到一组等精度测量值。这就是说，我们是在讨论等精度测量中随机误差的数字特征问题。

1. 正态分布参数的最大似然估计

首先介绍参数估计的最大似然法。设某物理量 X 的 N 个等精度测量值为 $x_1, x_2, \cdots, x_N$，它是总体 X 中容量为 N 的样本，我们把它看作 N 维的随机变量。为了由样本估计总体参数，把 N 维随机变量的联合概率密度定义为样本的似然函数。由于相互独立随机变量的联合概率密度等于各个随机变量概率密度的乘积，因此设 x 的概率密度函数为 $p(x;\theta)$，θ 为该分布的特征参数(参数个数由分布而定)，则联合概率密度函数为

$$p(x_1, x_2, \cdots, x_N; \theta) = p(x_1;\theta) \cdot p(x_2;\theta) \cdot \cdots \cdot p(x_N;\theta) = \prod_{i=1}^{N} p(x_i;\theta)$$

即这个样本的似然函数定义为

$$L(x_1, x_2, \cdots, x_N; \theta) = \prod_{i=1}^{N} p(x_i;\theta) \tag{0.3.25}$$

似然函数 L 可提供哪些信息呢？若参数 θ 已知，则 L 的大小说明哪些样本有较大的可能性；若参数 θ 未知，只知样本数据 $(x_1, x_2, \cdots, x_N)$，则采用 θ 不同估计值会使得 L 有不同的数值，L 的大小说明哪些 θ 值有较大的可能性。最大似然法就是选择使实测数值有最大概率密度的参数值作为 θ 的估计值。若估计值 $\hat{\theta}$ 使似然函

数最大，即

$$L(x_1, x_2, \cdots x_N; \theta)\big|_{\theta = \hat{\theta}} = L_{\max}$$

则 $\hat{\theta}$ 称为参数 θ 的最大似然估计。而要使似然函数最大，可通过 L 对 θ 求极值的方法得到。为计算方便起见，可取 L 的对数求导数，即

$$\frac{\partial L(x_1, x_2, \cdots, x_N; \theta)}{\partial \theta}\bigg|_{\theta = \hat{\theta}} = 0 \tag{0.3.26}$$

由于似然函数 L 与它的对数 $\ln L$ 是同时达到最大值的，故求解式(0.3.26)便可得到 θ 的最大似然估计值。

现在用最大似然估计法来估计正态分布的特征参数。由正态分布的概率密度函数式(0.3.7)，得正态样本的似然函数

$$L(x_1, x_2, \cdots, x_N; \mu, \sigma^2) = \prod_{i=1}^{N} \frac{1}{\sigma\sqrt{2\pi}} \exp\left[-\frac{1}{2\sigma^2}(x_i - \mu)^2\right]$$

$$= \left(\frac{1}{2\pi\sigma^2}\right)^{N/2} \exp\left[-\frac{1}{2\sigma^2}\sum_{i=1}^{N}(x_i - \mu)^2\right]$$

取似然函数 L 的对数

$$\ln L = -\frac{N}{2}\ln 2\pi - \frac{N}{2}\ln \sigma^2 - \frac{1}{2\sigma^2}\sum_{i=1}^{N}(x_i - \mu)^2$$

按照式(0.3.26)求 $\ln L$ 对 μ 和 σ^2 的偏导数

$$\frac{\partial \ln L}{\partial \mu}\bigg|_{\mu = \hat{\mu}} = \frac{1}{\sigma^2}\sum_{i=1}^{N}(x_i - \hat{\mu})^2 = 0$$

$$\frac{\partial \ln L}{\partial \sigma^2}\bigg|_{\sigma^2 = \hat{\sigma}^2} = -\frac{N}{2}\cdot\frac{1}{\hat{\sigma}^2} + \frac{1}{2\hat{\sigma}^4}\sum_{i=1}^{N}(x_i - \hat{\mu})^2 = 0$$

由这两个方程联立求解，可得期望值和方差的估计

$$\hat{\mu} = \frac{1}{N}\sum_{i=1}^{N}x_i = \overline{x} \tag{0.3.27}$$

$$\hat{\sigma}^2 = \frac{1}{N}\sum_{i=1}^{N}(x_i - \overline{x})^2 \tag{0.3.28}$$

从而标准误差的估计为

$$\hat{\sigma} = \sqrt{\frac{1}{N}\sum_{i=1}^{N}(x_i - \overline{x})^2} \tag{0.3.29}$$

令 $\upsilon_i = x_i - \bar{x}$ ，则 υ_i 称为偏差(或残差)。

上述最大似然估计的结果表明：测量值 x 的期望值 μ 由测量样本的算术平均值估计；方差 σ^2 由测量样本的均方偏差估计；标准误差 σ 由均方根偏差估计。但对于容量有限的样本来说，上述估计量只是被估计参数的近似值而已。由数理统计得知，若参数 θ 的估计量 $\hat{\theta}$ 的期待值满足

$$\langle \hat{\theta} \rangle = \theta \tag{0.3.30}$$

则 $\hat{\theta}$ 为 θ 的无偏估计量，否则是有偏估计量。下面将会证明，样本的均方差和方均根偏差都不是无偏估计量。

2. 样本平均值的期望值和方差

若 $(x_1, x_2, \cdots, x_N)$ 是实验测定量 x 的随机样本，由期望值的一些运算规则便可求得 $\bar{x}$ 期望值和方差

$$\langle \bar{x} \rangle = \left\langle \frac{1}{N} \sum_{i=1}^{N} x_i \right\rangle = \frac{1}{N} \sum_{i=1}^{N} \langle x_i \rangle = \langle x \rangle \tag{0.3.31}$$

$$\sigma^2(\bar{x}) = \sigma^2 \left(\frac{1}{N} \sum_{i=1}^{N} x_i \right) = \frac{1}{N^2} \sigma^2 \left(\sum_{i=1}^{N} x_i \right) = \frac{1}{N^2} \sum_{i=1}^{N} \sigma^2(x_i) = \frac{1}{N} \sigma^2(x) \tag{0.3.32}$$

从而求得样本平均值的标准误差为

$$\sigma(\bar{x}) = \frac{1}{\sqrt{N}} \sigma(x) \tag{0.3.33}$$

上面三式表明：样本平均值 $\bar{x}$ 的期望值就是随机变量 x 的期望值，即 $\bar{x}$ 作为真值 μ 的估计值满足无偏估计的条件；样本平均值 $\bar{x}$ 的方差比单次测量值 x 的方差小 N 倍；样本平均值 $\bar{x}$ 的标准误差比单次测量值 x 的标准误差小 $\sqrt{N}$ 倍。也就是说，若观测值 x 在真值 μ 左右摆动，则 N 个观察值的平均值 $\bar{x}$ 也在真值 μ 左右摆动，它们的期望值都是 μ ，但 $\bar{x}$ 比一次测得值 x 更靠近真值。这就是通常采用样本平均值估计被测量真值的理由。

3. 样本的标准偏差

前面曾经求得，可用样本中各个测得值 x_i 对样本平均值 $\bar{x}$ 的均方偏差作为方差 $\sigma(x)$ 的估计值，见式(0.3.28)。现在我们来检验样本均方偏差是否满足无偏估计条件，为此求均方偏差的期望值

$$\left\langle \frac{1}{N}\sum_{i=1}^{N}(x_i-\overline{x})^2 \right\rangle = \frac{1}{N}\left\langle \sum_{i=1}^{N}(x_i-\overline{x})^2 \right\rangle$$

$$= \frac{1}{N}\left\langle \sum_{i=1}^{N}[(x_i-\langle x\rangle)-(\overline{x}-\langle x\rangle)]^2 \right\rangle$$

$$= \frac{1}{N}\sum_{i=1}^{N}\left\langle (x_i-\langle x\rangle)^2 \right\rangle - \left\langle (\overline{x}-\langle x\rangle)^2 \right\rangle$$

$$= \sigma^2(x)-\frac{1}{N}\sigma^2(x) = \frac{N-1}{N}\sigma^2(x) \tag{0.3.34}$$

上式表明，样本均方偏差的期望值不是 $\sigma^2(x)$ ，而是 $\dfrac{N-1}{N}\sigma^2(x)$ 。可见样本均方偏差的期望值不是 $\sigma^2(x)$ 的无偏估计量。若定义一个统计量为

$$S^2(x) = \frac{1}{N-1}\sum_{i=1}^{N}(x_i-\overline{x}) \tag{0.3.35}$$

称之为样本方差。$S^2(x)$ 可简写为 S_x^2 或 S^2 ，它的期望值

$$\left\langle S_x^2 \right\rangle = \left\langle \frac{1}{N-1}\sum_{i=1}^{N}(x_i-\overline{x})^2 \right\rangle = \frac{1}{N-1}\left\langle \sum_{i=1}^{N}(x_i-\overline{x})^2 \right\rangle$$

$$= \frac{N}{N-1}\left\langle \frac{1}{N}\sum_{i=1}^{N}(x_i-\overline{x})^2 \right\rangle = \frac{N}{N-1}\cdot\frac{N-1}{N}\sigma^2 = \sigma^2(x) \tag{0.3.36}$$

可见样本方差 $S^2(x)$ 的期望值等于方差 $\sigma^2(x)$ ，故一般采用 S_x^2 作为 $\sigma^2(x)$ 的估计。

把 S_x^2 的平方根取正值，称之为样本的标准偏差，简称样本的标准差，即

$$S_x = \sqrt{\frac{1}{N-1}\sum_{i=1}^{N}(x_i-\overline{x})^2} \tag{0.3.37}$$

这个公式称为贝塞尔公式。通常把样本的标准偏差 S_x 作为标准误差 $\sigma(x)$ 的估计。

严格证明表明 S_x 不是 $\sigma(x)$ 的无偏估计量，而是 $\sigma(x)$ 的渐近无偏估计量。实际上把样本标准偏差用 χ^2 统计量写成

$$S_x = \frac{\sigma(x)}{\sqrt{2(N-1)}}\sqrt{2\chi^2}$$

可以证明，当样本容量 N 比较大时有

$$\langle S_x \rangle = \frac{\sigma(x)}{\sqrt{2(N-1)}}\sqrt{2N-3} \approx \left[1-\frac{1}{4(N-1)}\right]\sigma(x)$$

$$\sigma(S_x) = \frac{\sigma(x)}{\sqrt{2(N-1)}} \approx \frac{1}{\sqrt{2N}}\sigma(x) \tag{0.3.38}$$

从而有

$$\frac{\sigma(S_x)}{\sigma(x)} \approx \frac{1}{\sqrt{2N}}$$

上式给出样本标准偏差 S_x 本身的相对误差，即使 N 增大到 $N=50$ ，S_x 的相对误差只减小 10%，因此样本标准偏差 S_x 的值只保留 1～2 位有效数字即可，再多是没有意义的。

4. 统计量 t 的分布及正态样本测量结果的表述

按照前面的讨论可采用平均值的标准偏差 $S(\bar{x})$ 作为 $\sigma(\bar{x})$ 的估计值，$S(\bar{x})$ 常简写为 $S_{\bar{x}}$ ，其表示式为

$$S_{\bar{x}} = \frac{S_x}{\sqrt{N}} = \sqrt{\frac{1}{N(N-1)}\sum_{i=1}^{N}(x_i - \bar{x})^2} \tag{0.3.39}$$

作为 $\sigma(\bar{x})$ 的估计量，$S_{\bar{x}}$ 称为平均值 $\bar{x}$ 的标准偏差

令统计量 t 为 $t = (\bar{x} - \mu)/S_{\bar{x}}$ ，则 t 可看作是以 $S_{\bar{x}}$ 为单位、样本平均值 $\bar{x}$ 与期望值 μ 偏离程度的量度。把该统计量的形式与式(0.3.13)比较，我们可以发现这里的随机变量 t 与服从正态分布的随机变量 n 在形式上是相似的，在 t 的表达式中，以子样平均值 $\bar{x}$ 代替正态母体变量 x；所不同的是在式(0.3.13)中 σ 是确定的参数，而在这个 t 表达式中，平均值标准偏差 $S_{\bar{x}}$ 本身也是一个随机变量。这时随机变量 t 不再服从正态分布，而是服从自由度为 $\nu = N-1$ 的 t 分布。然而，当 $\nu \to \infty$ 时，t 分布又趋近于标准正态分布。

由于 $S_{\bar{x}}$ 本身是随机变量，当我们用 $S_{\bar{x}}$ 代替 σ 描述样本，尤其是小子样的平均值偏离期望值的离散程度时，就必须借助 t 分布的规律才能正确表述测量的结果。

根据式(0.3.24)，服从 t 分布的变量在区间 $[-t_\xi, t_\xi]$ 的概率为 ξ ，而 $t = (\bar{x} - \mu)/S_{\bar{x}}$ ，因此有

$$P_r\left(-t_\xi \leqslant \frac{\bar{x} - \mu}{S_{\bar{x}}} \leqslant t_\xi\right) = \xi$$

亦即

$$P_r\left(\mu - t_\xi S_{\bar{x}} \leqslant \bar{x} \leqslant \mu + t_\xi S_{\bar{x}}\right) = \xi$$

上式可以继续改写为

$$P_r\left(\overline{x}-t_\xi S_{\overline{x}} \leqslant \mu \leqslant \overline{x}+t_\xi S_{\overline{x}}\right)=\xi$$

该式表明在区间$[\overline{x}-t_\xi S_{\overline{x}},\overline{x}+t_\xi S_{\overline{x}}]$内包含真值$\mu$的概率为$\xi$，因此可以把测量结果表述为

$$\mu=\overline{x}\pm t_\xi S_{\overline{x}}　　（置信水平ξ）$$

式中，$t_\xi S_{\overline{x}}$为总不确定度，后面将进一步讨论。括号中的内容除了置信水平为95%以外，取其他值时均应注明。相应于各种置信水平ξ的t_ξ值，可以从t分布的t_ξ数值表中查出。

例 0.1　在用相位法测量光速的实验中，调制波的半波长x的测量数据如下（单位为 cm）：500.56，500.90，499.90，499.79，500.44，499.96，500.18，499.40。

若只利用前 4 个数据作处理，得$\overline{x}=500.29\text{cm}$，$S_{\overline{x}}=0.27\text{cm}$。以 90%作为测量结果表述的置信水平，这时$\nu=3$，查$t$分布的$t_\xi$数值表可得到$t_{0.90}=2.35$，从而$t_{0.90}S_{\overline{x}}=0.63\text{cm}$，则测量结果表述为

$$\overline{x}=(500.29\pm0.63)\text{cm}　　（置信水平90%）$$

当把后 4 个数据也加入作处理时，计算得到$\overline{x}=500.14\text{cm}$，$S_{\overline{x}}=0.17\text{cm}$。若仍然以 90%作为置信水平，这时$\nu=7$，查$t$分布的$t_\xi$数值表可得到$t_{0.90}=1.90$，从而$t_{0.90}S_{\overline{x}}=0.32\text{cm}$，此时测量结果可表述为

$$\overline{x}=(500.14\pm0.32)\text{cm}　　（置信水平90%）$$

三、分布规律的χ^2检验

检测测量结果是否遵从某种分布规律是实验数据处理的基本任务之一。在实验测量中，有些问题的观测值所遵从的分布规律还不知道；有些问题虽然知道了预期的分布函数，但存在着系统误差，或受到随机干扰的影响，会使得观测值的分布偏离预期的理论分布。因此，需要根据理论预测或经验估计，对测量值所遵从的分布规律作假设，再用统计推断的方法进行检验。这类问题在统计学上称为假设检验。

1. 显著性检验的基本概念

进行假设检验，首先要根据实际问题的要求提出假设，记为H_0。例如，要检测随机样本分布$p(x;\theta)$是否是某个假定分布形式$f(x;\theta)$，则统计假设记为

$$H_0:p(x;\theta)=f(x;\theta)$$

若检验只是推断某一假设的正确性，而不同时涉及两个或多个假设，则这类假设检验称为显著性检验。

对假设 H_0 做显著性检验，需要构造一个适于检验假设的统计量 U，并从样本观测值计算出该统计量的观测值 u。通常我们选用服从或渐近服从 χ^2 分布的 χ^2 量作为统计量。由统计观测值的大小作出"拒绝"或"接受"假设的判断，这就需要规定一个显著水平 a 作为准则，一般选取 a 值等于 0.05 或者 0.01。若统计量 u 值落在概率小于 a 的范围，按照小概率事件在一次测量中不大可能发生的实际推断原理，就有理由怀疑 H_0 不正确，从而显著水平 a 值为假设检验确定了一个拒绝域 Ω。因此，显著性检验的步骤如下：

(1) 根据实际问题建立统计假设 H_0；

(2) 选定所用的检验统计量 U，并由样本算出统计量的观测值 u；

(3) 规定一显著水平 a，求出统计量观测值 u 满足概率 $P(u \in \Omega) \leqslant a$ 的拒绝域 Ω（这一步骤中由统计量分布表查得临界值 u_{1-a}，拒绝域为 $|u| \geqslant u_{1-a}$）；

(4) 若 u 落在拒绝域 Ω 中，则在显著水平 a 情况下拒绝假设 H_0；否则接受假设。

由此可以看到，要根据给定的 a 确定统计量的拒绝域，就必须知道统计量 U 的分布。按照检验时所取样本的大小，可分为小样和大样两类问题。对于小样显著性检验，需要知道统计量 U 的精确分布；对于大样问题可以利用 U 的极限分布。

2. 分布规律的 χ^2 检验方法

假设检验的方法可以用来判断随机变量是否服从预期的分布。在核物理实验和单光子计数实验中，核衰变或光子产生的脉冲计数服从泊松分布，如果仪器工作不正常，或存在其他重大的测量误差，观测值将会偏离预期的分布。χ^2 检验方法是选用服从或渐近服从 χ^2 分布的统计量做检验，对分布规律进行 χ^2 检验便可帮助我们发现这些问题。因此，这里我们着重介绍广泛应用的 χ^2 检验法。

根据上述显著性检验的步骤，首先提出假设 $H_0: p(x; \theta) = f(x; \theta)$，其中 θ 是 s 个未知参数，即 $\theta = (\theta_1, \theta_2, \cdots, \theta_s)$。

接着是选定一种合适的统计量。式(0.3.15)和式(0.3.16)所定义的 χ^2 量只适用于观测值 $x_1, x_2, \cdots, x_N$ 为正态样本的情况，现在介绍一种在分布规律中应用更为广泛的皮尔逊(Pearson)统计量。为此，把随机样本的量值范围分为 r 个区间，分点为

$$-\infty < x_1 < x_2 < \cdots < x_{r-1} < \infty$$

设 N 个观测值中落入第 i 个区间的个数为 N_i，则 N_i 称为第 i 个区间的观测频

数。考虑第 i 个区间按假定分布计算得到的理论频数 E_i，$E_i = NP_i$，P_i 是按假定分布算出的母体在第 i 个区间的概率。比较观测频数 N_i 与假定分布的理论频数 E_i 的差异程度，便可反映出假定分布是否为母体的真实分布。因此，皮尔逊统计量为

$$\chi^2 = \sum_{i=1}^{N} \frac{(N_i - E_i)^2}{E_i} \qquad (0.3.40)$$

如果每个区间的理论频数 E_i 不是太小(通常要求 $E_i > 5$，或 $E_i > 5$ 的区间数不小于总区间数的 80%)，数理统计理论可以证明：当样本容量 $N \to \infty$ 时，皮尔逊统计量遵从自由度为 $v = r - s - 1$ 的 χ^2 分布。因此，皮尔逊统计量可以作为我们检验假设的统计量。

作显著性检验需要给定一个显著水平 a 以确定拒绝域 Ω。由 χ^2 分布的 χ^2_ξ 数值表可查出相应于给定 a 值的临界值 χ^2_{1-a} (这里 $\xi = 1 - a$)，则拒绝域 Ω 满足 $\chi^2 \geqslant \chi^2_{1-a}$，如图 0.3.4 所示。

最后将根据式(0.3.40)算出的 χ^2 量与 χ^2_{1-a} 值作比较，若 $\chi^2 > \chi^2_{1-a}$ 则在显著水平 a 下拒绝假设 H_0，否则认为观测结果与假设没有显著差异。

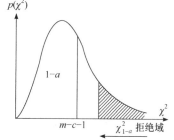

图 0.3.4　χ^2 检验的拒绝域

例 0.2　观测放射性衰变的实验，利用 χ^2 检验法，检验其是否服从泊松分布。

设在一定时间间隔 t 内观测放射物质的粒子数，共观测了 2608 次，将测得每段时间的粒子数和观测到的次数列入表 0.3.1 中。

作出统计假设 $H_0 : p = p(m)$ (泊松分布)。

根据测得值计算泊松分布的参数——数学期望的估计值

$$m = \frac{1}{N} \sum_{i=0}^{11} x_i n_i = \frac{10094}{2608} = 3.87$$

按泊松分布 $p(m) = \dfrac{m^x \mathrm{e}^{-m}}{x!}$ 计算各事件 x_i 的理论概率 p_i，并列于表中，最后算得实测的 χ^2 值，$\chi^2 = 13.05$。

泊松分布只有一个参数，所以自由度 $v = 11 - 1 - 1 = 9$。若取显著水平为 0.05，经查 χ^2 数值表可得 $\chi^2_{0.95} = 16.9$，因而有 $\chi^2 = 13.05 < 16.9$，所以在 0.05 显著水平下接受假设，即放射粒子数的分布服从泊松分布。

表 0.3.1　观测放射性衰变实验

粒子数 x_i	观测次数 n_i	理论概率 $p_i = \dfrac{m^2 \mathrm{e}^{-m}}{x!}$	Np_i	$n_i - Np_i$	$(n_i - Np_i)^2$	$x^2 = \dfrac{(n_i - Np_i)^2}{Np_i}$
0	57	0.021	54.8	2.2	4.84	0.088
1	203	0.081	211.2	−8.2	67.24	0.318
2	383	0.156	406.8	−23.8	566.44	1.392
3	525	0.201	524.2	0.8	0.66	0.001
4	532	0.195	508.6	23.4	547.56	1.007
5	408	0.151	393.8	14.2	201.64	0.512
6	273	0.097	253.0	20.0	400.00	1.581
7	139	0.054	140.8	−1.8	3.24	0.023
8	45	0.026	67.8	−22.8	519.84	7.667
9	27	0.011	28.7	−1.7	2.89	0.101
⩾10	16	0.007	18.3	−2.3	5.29	0.289
总计	$N=2608$	1.000	—	—	—	12.979

0.4　实验结果的不确定度

　　通过前面几节的介绍，可以知道测量误差是不可避免的，这使得真值无法确定。而如果不知道真值，就无法确定误差的大小。因此，实验数据处理只能求出实验的最佳估计值及其不确定度，通常把结果表示为：测量值=最佳估计值±不确定度。其中最佳估计值一般为测量数据的算术平均值，而不确定度是说明测量结果的一个参数，用于表征合理赋予被测值的分散性。

一、标准不确定度的评定

　　用标准偏差表示的测量不确定度称为标准不确定度。按其数值评定方法的不同，可分为 A 类和 B 类标准不确定度。

　　1. A 类标准不确定度的评定

　　所谓 A 类标准不确定度，是指由统计分析方法评定的不确定度分量。对于这类不确定的评定，一般采用贝塞尔法。

　　假设对某量 x 作 n 次独立的重复测量，其测量值中没有粗大误差，由贝塞尔公式(0.3.37)知，测量值的标准差为

$$S = \sqrt{\frac{1}{n-1} \sum (x_i - \overline{x})^2}$$

再由式(0.3.39)，测量值算术平均值 $\overline{x}$ 的标准差为

$$S_{\bar{x}} = \frac{S}{\sqrt{n}} = \sqrt{\frac{1}{n(n-1)} \sum (x_i - \bar{x})^2} \tag{0.4.1}$$

这就是标准不确定度的 A 类评定分量,其自由度 $\nu = n - 1$。

2. B 类标准不确定度的评定

下面着重讨论 B 类标准不确定度,它是用非统计分析的其他方法评定的。B 类标准不确定度是借助于一切可利用的有关信息进行科学判断,得到估计的标准偏差。

根据概率分布和要求的置信水平 p 估计置信因子 k,则 B 类标准不确定度 u_B 为

$$u_B = \frac{a}{k}$$

式中,a 为被测量可能值区间的半宽度;k 为置信因子或包含因子。由上式可以知道,B 类标准不确定度的评定可分为以下几个步骤。

1) 确定可能值的区间半宽度

为了确定区间半宽度 a 值,需要尽可能地利用被测量 x 的全部信息。一般情况下,可利用的信息包括:①以前的观测数据;②对有关技术资料和测量仪器特性的了解和经验;③生产部门提供的技术说明文件(制造厂的技术说明书);④校准证书、检定证书、测试报告或提供的其他数据、准确度等级等;⑤手册或某些资料给出的参考数据及其不确定度;⑥规定测量方法的校准规范、检定规程或测试标准中给出的数据;⑦其他有用信息。

例如,制造厂的说明书给出测量仪器的最大允许误差为 $\pm \Delta$,并经计量部门检定合格,则可能值的区间为 $(-\Delta, \Delta)$,区间的半宽度为 $a = \Delta$。再如,由有关资料查得某参数 X 的最小可能值为 a_- 和最大可能值为 a_+,则区间半宽度可利用 $a = (a_+ - a_-)/2$ 确定。必要时,也可用实验方法来估计可能的区间。

2) 确定可能值的概率分布和 k 值

通常通过以下方法来确定可能值的概率分布。

(1) 被测量受许多相互独立的随机影响量的影响,这些影响变化的概率分布各不相同,但各个变量的影响均很小时,被测量的随机变化服从正态分布。

(2) 如果有证书或报告给出的扩展不确定度是 U_{90}、U_{95} 或 U_{99},除非另有说明,可以按正态分布来评定 B 类标准不确定度。

(3) 一些情况下,只能估计被测量的可能值区间的上限和下限,测量值落在区间外的概率几乎为零。若测量值落在该区间内的任意值的可能性相同,则可假设为均匀分布。

(4) 若落在该区间中心的可能性最大,则假设为三角分布。

(5) 若落在该区间中心的可能性最小，而落在该区间上限和下限处的可能性最大，则假设为反正弦分布。

(6) 对被测量的可能值落在区间内的情况缺乏了解时，一般假设为均匀分布。

实际工作中，当上述方法无法确定概率分布时，可依据经验来假设概率分布。例如，无线电计量中失配引起的不确定度为反正弦分布；几何量计量中度盘偏心引起的测角不确定度为反正弦分布；测量仪器最大允许误差、分辨力、数据修约、度盘或齿轮回差等导致的不确定度按均匀分布考虑；两个量值之和或差的概率分布为三角分布；按级使用量块时，中心长度偏差导致的概率分布为两点分布。

在确定了概率分布之后，就可以根据要求的置信水平 p，从置信概率表估计置信因子 k。

3) 计算 B 类标准不确定度

在得出可能值的半区间宽度 a 和确定置信因子 k 后，就可以根据 $u_\mathrm{B} = \dfrac{a}{k}$ 计算 B 类标准不确定度。

例如，如果数字显示仪器的分辨力为 δ_x，则区间半宽度 $a = \delta_x/2$，可假设为均匀分布，查表得 $k = \sqrt{3}$，由分辨力引起的标准不确定度分量为

$$u_\mathrm{B} = \frac{a}{k} = \frac{\delta_x}{2\sqrt{3}} = 0.29\delta_x$$

若某数字电压表的分辨力为 1μV(即最低位的一个数字代表的量值)，则由分辨力引起的标准不确定度分量为 $u(V) = 0.29 \times 1\mu\mathrm{V} = 0.29\mu\mathrm{V}$。

被测仪器的分辨力对测量结果的重复性测量有影响。在测量不确定度评定中，当重复性引入的标准不确定度分量大于被测仪器的分辨力所引入的不确定度分量时，可以不考虑分辨力所引入的不确定度分量。但当重复性引入的不确定度分量小于被测仪器的分辨力所引入的不确定度分量时，应该用分辨力引入的不确定度分量代替重复性分量。若被测仪器的分辨力为 δ_x，则分辨力引入的标准不确定度分量为 $0.29\delta_x$。

二、不确定度的传递

间接测定的物理量是利用直接观测量的结果代入所属的函数关系式计算出来的。那么，如何由直接测定量的不确定度来求得间接测定量的不确定度呢？考虑一般的情况，设 y 为 m 个直接观测量 $x_1, x_2, \cdots, x_m$ 的函数，即

$$y = f(x_1, x_2, \cdots, x_m)$$

将函数在 $x_i(i = 1, 2, \cdots, m)$ 的期望值 $\langle x_i \rangle$ 附近作泰勒展开，并略去二次以上的高阶

项，得

$$y = f(\langle x_1 \rangle, \langle x_2 \rangle, \cdots \langle x_m \rangle) + \sum_{i=1}^{m} \frac{\partial f}{\partial x_i}(x_i - \langle x_i \rangle)$$

式中右边首项是 y 的期望值 $\langle y \rangle$，偏微商 $\dfrac{\partial f}{\partial x_i}$ 是在 $x_i = \langle x_i \rangle$ 处取值。把上式移项再平方得

$$(y - \langle y \rangle)^2 = \left[\sum_{i=1}^{m} \frac{\partial f}{\partial x_i}(x_i - \langle x_i \rangle) \right]^2$$

因偏差平方 $(y - \langle y \rangle)^2$ 的期望值是 y 的方差，即 $E[(y - \langle y \rangle)^2] = \sigma_y^2$。同理，$E[(x - \langle x_i \rangle)^2]$ 是 x_i 的方差，用 σ_i^2 表示。另外，按照协方差的定义有 $E[(x_i - \langle x_i \rangle)(x_j - \langle x_j \rangle)] = \mathrm{Cov}(x_i, x_j)$，从而由上式可导出

$$\sigma_y^2 = \sum_{i=1} \left(\frac{\partial f}{\partial x_i} \right)^2 \sigma_i^2 + 2 \sum_{i=1}^{m-1} \sum_{j=i+1}^{m} \left(\frac{\partial f}{\partial x_i} \right)\left(\frac{\partial f}{\partial x_j} \right) \mathrm{Cov}(x_i, x_j) \tag{0.4.2}$$

此式称为广义误差传递公式。在 $x_1, x_2, \cdots, x_m$ 相互独立的情况下，协方差项为零，误差传递公式变为

$$\sigma_y^2 = \sum_{i=1}^{m} \left(\frac{\partial f}{\partial x_i} \right)^2 \sigma_i^2 \tag{0.4.3}$$

上两式取正平方根，便可得到间接测定量的标准误差 σ_y 表示式。由于方差或标准误差不等于误差，因此国际计量部门认为把上两式称为不确定度传递公式是合适的。

应当指出，由于前面作泰勒展开时忽略了二次以上的高次项，故上述传递公式对线性函数才严格成立；对于非线性函数只是近似公式，适用于偏差 $(x_i - \langle x_i \rangle)$ 较小的情况。另外，上述公式也可用于标准差倍数传递，因为每一 x_i 的标准差 σ_i 代以倍数 $k\sigma_i$，则输出量 y 的 σ_y 也代以 $k\sigma_y$。同理还可证明，上述这些公式还可作为平均值 $\bar{x}_i$ 的不确定度传递公式，求得间接测定量的 $\sigma_{\bar{y}}^2$ 和 $\sigma_{\bar{y}}$。但要注意，计算时，若用到平均值 $\bar{x}_i$ 和 $\bar{x}_j$ 的协方差，则 $\mathrm{Cov}(\bar{x}_i, \bar{x}_j) = \dfrac{1}{N} \mathrm{Cov}(x_i, x_j)$，$N$ 为重复测量次数。

根据式(0.4.3)，容易导出下面几个简单函数关系的不确定度传递公式。

(1) $y = ax$ (a 为常数)，则 $\sigma_y = a\sigma_x$。

(2) 设 x_1、x_2 和 x_3 是相互独立的直接观测量，它们组成四则运算的函数式：

(a)　$y = x_1 \pm x_2 \pm x_3$，则 $\sigma_y = \sqrt{\sigma_{x_1}^2 + \sigma_{x_2}^2 + \sigma_{x_3}^2}$；

(b)　$y = \dfrac{x_1 \cdot x_2}{x_3}$，则 $\dfrac{\sigma_y}{y} = \sqrt{\left(\dfrac{\sigma_{x_1}}{x_1}\right)^2 + \left(\dfrac{\sigma_{x_2}}{x_2}\right)^2 + \left(\dfrac{\sigma_{x_3}}{x_3}\right)^2}$。

(3)　$y = x^n$，则 $\sigma_y = n x^{n-1} \sigma_x$。

(4)　$y = \ln x$，则 $\sigma_y = \dfrac{\sigma_x}{x}$。

在实际应用中，通常是得到直接观测量的随机样本，由随机样本及其算术平均值 $\bar{x}_i$ 求得样本方差 $S^2(x)$。另外，因样本共差是协方差的无偏估计，由统计理论可知 x_1 与 x_2 两个随机变量的样本共差为

$$S(x_1, x_2) = \frac{1}{N-1} \sum_{i=1}^{N} (x_{1i} - \bar{x}_1)(x_{2i} - \bar{x}_2) \tag{0.4.4}$$

它是协方差 $\mathrm{Cov}(x_1, x_2)$ 的无偏估计量。因此，前面所有的不确定度传递公式中的 $\sigma^2(x_i)$ 和 $\mathrm{Cov}(x_i, x_j)$ 可分别由 $S^2(x_i)$ 和 $S(x_i, x_j)$ 替代，以求得间接测定量的 $S^2(y)$ 和 $S(y)$。

三、不确定度的合成

1. 合成标准不确定度的确定

对于被测量 Y 及其所依赖的输入量 x_i 的函数 $Y = f(x_1, x_2, \cdots, x_m)$，先要求得各个输入量的估计值 x_i 及其标准不确定度 $u(x_i)$。如果各个输入量之间不完全相互独立，则还要求出有关的共差。然后利用上述不确定度传递公式求得合成标准不确定度 $u_c(y)$。对于各输入量之间完全相互独立的情况，由式(0.4.3)得

$$u_c^2(y) = \sum_{i=1}^{m} \left(\frac{\partial f}{\partial x_i}\right)^2 u^2(x_i)$$

实际中偏微商 $\partial f / \partial x_i$ 是在估计值 x_i 处取值。

若令 $c_i = \partial f / \partial x_i$ 和 $c_i u(x_i) = u_i(y)$，则

$$u_c^2(y) = \sum_{i=1}^{m} [c_i u(x_i)]^2 = \sum_{i=1}^{m} u_i^2(y) \tag{0.4.5}$$

这正是方差合成的形式。取 $u_c^2(y)$ 的正平方根便可得到合成标准不确定度，其有效自由度为

$$\nu_{\mathrm{eff}} = \frac{u_c^4(y)}{\displaystyle\sum_i \left[\dfrac{u_i^4(y)}{\nu_i}\right]} \tag{0.4.6}$$

式中，ν_i 为 $u(x_i)$ 的自由度。

2. 扩展不确定度的确定

扩展不确定度有两种表示形式，如果包含因子的数值不是由规定的置信概率 p 及被测量的分布计算得到的，而是直接取定，则扩展不确定度用 U 表示。当包含因子的数值是由规定的置信概率 p 以及被测量的分布计算得到时，扩展不确定度以 U_p 的形式表示。当置信概率分别为 95%或 99%时，简单地写为 U_{95} 和 U_{99}。接下来，我们分别介绍这两种不同形式的评定方法。

1) 扩展不确定度 U 的评定方法

(1) 扩展不确定度 U 由合成标准不确定度 u_c 与包含因子 k 相乘得到，即 $U = ku_c$。

测量结果可表示为 $Y = y \pm U$，y 是被测量 Y 的最佳估计值，被测量 Y 的可能值以较高的包含概率落在 $[y-U, y+U]$ 区间内，即 $y-U \leqslant Y \leqslant y+U$，扩展不确定度 U 是该统计包含区间的半宽度。

(2) 包含因子 k 的选取

包含因子 k 的值是根据 $U = ku_c$ 所确定的区间 $y \pm U$ 需具有的置信水平来选取。k 值一般取 2 或 3，当取其他值时，应说明其来源。

为了使所有给出的测量结果之间能够方便地相互比较，在大多数情况下取 $k = 2$。当接近正态分布时，测量值落在由 U 所给出的统计包含区间内的概率为：若 $k = 2$，则由 $U = 2u_c$ 所确定的区间具有的包含概率(置信水平)约为 95%；若 $k = 3$，则由 $U = 3u_c$ 所确定的区间具有的包含概率(置信水平)约为 99%以上。

当给出扩展不确定度 U 时，应注明所取的 k 值。

2) 明确规定包含概率时扩展不确定度 U_p 的评定方法

当要求扩展不确定度所确定的区间具有接近于规定的包含概率 p 时，扩展不确定度用符号 U_p 表示

$$U_p = k_p u_c$$

k_p 是包含概率为 p 时的包含因子。

A. 接近正态分布时 k_p 的确定

根据中心极限定理，当不确定度分量很多，且每个分量对不确定度的影响都不大时，其合成分布接近正态分布，此时若以算术平均值作为测量结果 y，通常可假设概率分布为 t 分布，可以取 k_p 值为 t 值。即

$$k_p = t_p(\nu_{\text{eff}})$$

根据合成标准不确定度 $u_c(y)$ 的有效自由度 ν_{eff} 和需要的置信水平 p，查表得到的

t 值即置信水平为 p 的包含因子 k_p。

扩展不确定度 $U_p = k_p u_c(y)$ 提供了一个具有包含概率(置信水平)为 p 的区间 $y \pm U_p$。

计算 k_p 的步骤如下:

(1) 先求得测量结果 y 及其合成标准不确定度 $u_c(y)$;

(2) 按式(0.4.6)计算 $u_c(y)$ 的有效自由度 ν_{eff};

当 $u(x_i)$ 为 A 类标准不确定度时,由 n 次观测得到的 $s(x)$ 或 $s(\bar{x})$,其自由度为 $\nu_i = n-1$;当 $u(x_i)$ 为 B 类标准不确定度时,用下式估计自由度 ν_i:

$$\nu_i \approx \frac{1}{2}\left[\frac{\Delta u(x_i)}{u(x_i)}\right]^{-2}$$

式中,$\Delta u(x_i)/u(x_i)$ 是标准不确定度 $u(x_i)$ 的相对不确定度,是所评定的 $u(x_i)$ 的不可靠程度。

在实际工作中,B 类标准不确定度通常根据区间 $(-a,a)$ 的信息来评定。若可假设被测量值落在区间外的概率极小,则可认为 $u(x_i)$ 的评定是很可靠的,即 $\Delta u(x_i)/u(x_i) \to 0$,此时,可假设 $u(x_i)$ 的自由度 $\nu_i \to \infty$。

(3) 根据要求的置信水平 p 和计算得到的有效自由度 ν_{eff},查 t 分布的 t 值表得到 $t_p(\nu_{\text{eff}})$ 值;

(4) 取 $k_p = t_p(\nu_{\text{eff}})$,并计算 $U_p = k_p u_c$。

B. 当合成分布为非正态分布时 k_p 的选取

如果不确定度分量很少,且其中有一个分量起主要作用,合成分布就主要取决于此分量的分布,可能为非正态分布。当要求确定 U_p,而合成的概率分布为非正态分布时,应根据概率分布确定 k_p 值。例如,若合成分布接近均匀分布,则对 $p=0.95$ 的 k_p 为 1.65,对 $p=0.99$ 的 k_p 为 1.71。若合成分布接近两点分布,$p=0.99$,取 $k_p=1$;三角分布,$p=0.99$,取 $k_p=\sqrt{2}$;反正弦分布,$p=0.99$,取 $k_p=\sqrt{6}$。

实际上,当合成分布接近均匀分布时,为了便于测量结果间进行比较,有时约定仍取 k 为 2。这种情况下给出扩展不确定度时,包含概率远大于 0.95,所以此时应注明 k 的值,但不必注明 p 的值。

3. 如何报告实验结果的不确定度

实验测量的数值结果必须给出被测量的估计值及其不确定度。被测量的估计值 y 由测量情况而定,可以是算术平均值,也可以是单次测量值;相应的估计值的标准不确定度就采用算术平均值的标准差或单次测量值的标准差来表示。实验结果不确定度的报告通常有两种方式，一种是采用合成标准不确定度 $u_c(y)$，另一种是采用扩展不确定度 U，按国际统一规范格式如下。

(1) 当不确定度的测度为合成标准不确定度 $u_c(y)$ 时，说明测量数值结果倾向于下列四种情况之一，以避免误解。例如，报告的物理量是名义100g的质量标准 m_s，其 u_c 在报告结果的资料中已有定义，表示格式为：

(a) $m_s = 100.02147\text{g}$，$u_c = 0.35\text{mg}$；

(b) $m_s = 100.02147(35)\text{g}$，括号中数字为 u_c 数值，u_c 与所述结果有相同最后位；

(c) $m_s = 100.02147(0.00035)\text{g}$，括号中数字为 u_c 数值，u_c 用所述结果单位表示；

(d) $m_s = (100.02147 \pm 0.00035)\text{g}$，其中"$\pm$"后的数是 u_c 值，而不是置信区间。

(2) 当不确定度测度为扩展不确定度 $U = k \cdot u_c(y)$ 时，上例的表示格式为

$$m_s = (100.02147 \pm 0.00079)\text{g}$$

其中"$\pm$"后的数字是 $U = ku_c$ 数值，而 U 决定于 $k = 2.26$ 和 $u_c = 0.35\text{mg}$。k 的值基于自由度 $\nu = 9$ 和置信水平为 95% 区间的 t 分布。

0.5　实验数据的处理方法

一、列表法

在记录和处理数据时，常常将所得数据列成表。数据列制成表后，可以简单明确、形式紧凑地表示出有关物理量之间的对应关系；便于随时检查结果是否合理，及时发现问题，减少和避免错误；有助于找出有关物理量之间规律性的联系，进而求出经验公式等。

列表的要求是：

(1) 要写出所列表格的名称，列表力求简单明了，便于看出有关量之间的关系，便于后面处理数据。

(2) 列表要标明各符号所代表物理量的意义(特别是自定的符号)，并注明单位。单位及测量值的数量级写在该符号的标题栏中，不要重复记在各个数值上。

(3) 列表时可根据具体情况，决定列出哪些项目。个别与其他项目联系不密切的数据可以不列入表内。除原始数据外，计算过程中的一些中间结果和最后结果也可以列入表中。

(4) 表中所列数据要正确反映测量结果的有效数字。

二、平均值法

取算术平均值是为减小偶然误差而常用的一种数据处理方法。通常在同样的

测量条件下，对于某一物理量进行多次测量的结果不会完全一样，用多次测量的算术平均值作为测量结果，是真实值的最好近似。

$$\overline{X} = \frac{1}{k}\sum_{j=1}^{k}X_j \tag{0.5.1}$$

三、作图法

1. 作图法的作用和优点

物理量之间的关系既可以用解析函数关系表示，也可用图示法来表示。作图法是把实验数据按其对应关系在坐标纸上描点，并绘出曲线，以此曲线揭示物理量之间对应的函数关系，求出经验公式。作图法是一种被广泛用来处理实验数据的很重要的方法。它的优点是能把一系列实验数据之间的关系或变化情况直观地表示出来。同时，作图连线对各数据点可起到平均的作用，从而减小随机误差；还可从图线上简便求出实验需要的某些结果，例如求直线斜率和截距等；从图上还可读出没有进行观测的对应点(称内插法)；此外，在一定条件下还可从图线延伸部分读到测量范围以外的对应点(称外推法)。

作好一幅正确、实用、美观的图是实验技能训练的一项基本功，应该很好地掌握它。实验作图不是示意图，它既要表达物理量间的关系，又要能反映测量的精确程度，因此必须按一定要求作图。

2. 作图的步骤及规则

(1) 作图一定要用坐标纸。根据所测的物理量，经过分析研究后确定应选用哪种坐标纸。常用坐标纸有：直角坐标纸，单对数坐标纸、双对数坐标纸、极坐标纸等。

(2) 确定坐标纸的大小。坐标纸大小一般根据测得数据的有效数字位数来确定。原则上应使坐标纸上的最小格对应于有效数字最后一位可靠数位。

(3) 选坐标轴。以横轴代表自变量，纵轴代表因变量。要画两条粗细适当的线表示横轴和纵轴，并画出方向。在轴的末端近旁标明所代表的物理量及单位。

(4) 定标尺及标度。在用直角坐标纸时，采用等间隔定标和整数标度，即对每个坐标轴在间隔相等的距离上用整齐的数字标度。

标尺的选择原则是：①图上观测点坐标读数的有效数字位数与实验数据的有效数字位数相同。②纵坐标与横坐标的标尺选择应适当。应尽量使图线占据图面的大部分，不要偏于一角或一端。③标尺的选择应使图线显示出其特点。标尺应划分得当，以不用计算就能直接读出图线上每一点的坐标为宜，通常使坐标纸的一小格表示被测量的最后一位准确数字的 1 个单位、2 个单位或 5 个单位(而不应使一小格表示 3、7 或 9 个单位)。④如果数据特别大或特别小，可以提出相乘因子，例如，提出×10^5、×10^{-2}放在坐标轴上最大值的右边。⑤标度时，一方面要整数标度，另一方面又要标出有效数字的位数。

(5) 描点。依据实验数据在图上描点，并以该点为中心，用+、×、△、⊙、▢等符号中的任一种标注。同一图形上的观测点要用同一种符号，不同曲线要用不同符号加以区别，并在图纸的空白位置注明符号所代表的内容。

(6) 连线。根据不同情况，用直尺、曲线板(云规)等器具把点连成直线、光滑曲线或折线。如果是校正曲线，要通过校准点连折线。当连成直线或光滑曲线时，曲线并不一定要通过所有的点，而是要求线的两侧偏差点有较均匀的分布。在画线时，个别偏离过大的点应当舍去或重新测量核对，如图线需延伸到测量范围以外，则应按其趋势用虚线表示。

(7) 写图名和图注。在图纸的上部空旷处写出图名、实验条件及图注，或在图纸的下方写出图名。一般将纵轴代表的物理量写在前面，横轴代表的物理量写在后面，中间加一连线。

3. 作图举例

例 0.3　一定质量的气体，当体积一定时，其压强与温度关系为 $p = p_0\beta t + p_0$（直线关系：$y = ax - b$，式中 $\alpha = p_0\beta$，$b = p_0$，$x = t$，$y = p$）。观测得如表 0.5.1 所示的一组数据，试用作图法求 β。

表 0.5.1　等容变化时，p、t 数据表

$t/℃$	7.5	16.0	23.5	30.5	38.0	47.0	$\Delta t = \pm 0.5℃$
p/cmHg^*	73.8	76.6	77.8	80.2	82.0	84.4	$\Delta p = \pm 0.5\text{cmHg}$

＊ 1cmHg=1.33×10^{3}Pa。

如图 0.5.1 所示，采用毫米坐标纸，横轴为温度 t，每小格代表 1℃，纵轴为压强 p，每 5 小格代表 1cmHg，用"+"表示对应坐标点的位置，其误差界限为：$2\Delta t = 1℃$ 为 1 个小格；$2\Delta p = 2×0.5 = 1(\text{cmHg})$ 为 5 个小格。

由 $p = p_0\beta t + p_0$ 知 p-t 函数关系为一条直线。作直线时，使其穿过各坐标点的误差界限。由 $p = (p_0\beta)t + p_0$ 知 p_0 为纵轴截距，$k = p_0\beta$ 为直线斜率。延长直线交纵轴于 p_0，得 $p_0 = 71.9\,\text{cmHg}$，在画好的直线上靠近两端取两点 A 和 B，用符号○表示。

$$k = p_0\beta = \frac{83.7 - 74.5}{45.0 - 10.0} \approx 0.263(\text{cmHg}\cdot℃^{-1})$$

$$\beta = \frac{k}{p_0} = \frac{0.263}{71.9} \approx 0.00366(℃^{-1})$$

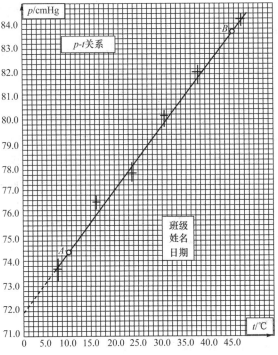

图 0.5.1　按直线规律变化的作图法

四、图解法

利用图示法得到物理量之间的关系图线，采用解析方法得到与图线所对应的函数关系——经验公式的方法称为图解法。在物理实验中经常遇到的图线是直线、抛物线、双曲线、指数曲线和对数曲线等，下面我们对以上各种情况分别进行讨论。

1. 直线方程

设直线方程 $y = ax + b$，在直角坐标纸上 Y 轴为纵轴，则 a 为此直线的斜率，b 为直线在 Y 轴上的截距。要建立经验公式，则需求出 a 和 b。

(1) 求斜率 a：首先在画好的直线上任取两点，但不要相距太近，一般取靠近直线的两端 $P_1(x_1, y_1)$，$P(x_2, y_2)$，其 x 坐标最好取整数。于是得出

$$a = \frac{y_2 - y_1}{x_2 - x_1} \tag{0.5.2}$$

(2) 求截距 b：如果 x 轴的零点刚好在坐标原点，则可直接从图线上读取截距 $b = y$；否则可将直线上选出的点(如 x_1, y_1)和斜率 a 代入方程，求得

$$b = y_2 - \frac{y_2 - y_1}{x_2 - x_1} x_2 \tag{0.5.3}$$

2. 非直线方程

直接建立非直线方程的经验公式往往是困难的。但是，直线是可以精确绘制出的图线，这样就可以用变量替换法把非直线方程改为直线方程，再利用建立直线方程的办法来求解，求出未知常量，最后将确定了的求知常量代入原函数关系式中，即可得到非直线函数的经验公式(表 0.5.2)。

表 0.5.2　常见的非线性函数变换为线性关系表

原函数关系		变换后的函数关系		
方程	求知常量	方程	斜率	截距
$y = ax^3$	a, b	$\log y = b \log x + \log a$	b	$\log a$
$x \cdot y = a$	a	$y = a \cdot \dfrac{1}{x}$	a	0
$y = a \mathrm{e}^{-bx}$	a, b	$\ln y = -bx + \ln a$	$-b$	$\ln a$
$y = ab^x$	a, b	$\log y = (\log b)x + \log a$	$\log b$	$\log a$

五、逐差法

逐差法是物理实验中处理数据常用的一种方法。凡是自变量作等量变化，因变量也作等量变化，便可采用逐差法求出因变量的平均变化值。逐差法计算简便，特别是在检查数据时，可随测随检，及时发现差错和数据规律；更重要的是可充分地利用已测到的所有数据，并具有对数据取平均的效果；还可绕过一些具有定值的未知量，求出所需要的实验结果；可减小系统误差和扩大测量范围等。

在谈论逐差法的优点时还应指出人们通常采用的相邻差法的缺点。例如，我们测得一组坐标数据 $x_1, x_2, x_3, \cdots, x_k$，共 k 个(偶数个)。按相邻差法各相邻坐标距离的平均值为

$$\bar{x} = \frac{1}{k} \sum_{i=1}^{k-1} (x_{i+1} - x_i) = \frac{1}{k}[(x_2 - x_1) + (x_3 - x_2) + \cdots + (x_k - x_{k-1})]$$

$$= \frac{1}{k}(x_k - x_1) \tag{0.5.4}$$

从上述结果我们看到，仅第 1 个数据 x_1 和第 k 个数据 x_k 对平均值 $\bar{x}$ 有贡献，这显然是不科学的，也是不公平的。逐差法是把这 k 个(偶数个，$k = 2n$)数据分成两组($x_1, x_2, \cdots, x_n$)和($x_{n+1}, x_{n+2}, \cdots, x_{2n}$)，取两组数据对应项之差：$\bar{x}_j = x_{n+1} - x_j$，$j = 1, 2, \cdots, n$，再求平均得相邻坐标间距离的平均值为

$$\overline{x} = \frac{1}{n \times n} \sum_{j=1}^{n} \overline{x}_j = \frac{1}{n \times n}[(x_{n+1} - x_1) + \cdots + (x_{2n} - x_n)] \tag{0.5.5}$$

从以上求平均我们看到每一个测量数据都对平均值有贡献,都有自己的意义,亦即用逐差法处理数据既保持了多次测量的优点,又具有对数据取平均的效果。

在用拉伸法测杨氏弹性模量实验中将进一步介绍逐差法。一般地说,用逐差法得到的实验结果优于作图法而次于最小二乘法。

六、最小二乘法及数据拟合

在物理实验中常常要观察两个有函数关系的物理量。根据两个物理量的许多组观测数据来确定它们之间的函数关系曲线,这就是实验数据处理中的曲线拟合问题。这类问题通常有两种情况:一种是两个观测量 x 与 y 之间的函数形式已知,但一些参数未知,需要确定未知参数的最佳估计值;另一种是 x 与 y 之间的函数形式还不知道,需要找出它们之间的经验公式。后一种情况常假设 x 与 y 之间的关系是一个待定的多项式,多项式系数就是待定的未知参数,从而可采用类似于前一种情况的处理方法。

1. 最小二乘法原理

在两个观测量中,往往总有一个量的精度比另外一个高得多,为简单起见把精度较高的观测量看作没有误差,并把这个观测量选作 x,而把所有的误差只认为是 y 的误差。设 x 和 y 的函数关系由理论公式

$$y = f(x; c_1, c_2, \cdots, c_m) \tag{0.5.6}$$

给出,其中 $c_1, c_2, \cdots, c_m$ 是 m 个要通过实验确定的参数。对于每组观测数据 (x_i, y_i),$i = 1, 2, \cdots, N$ 都对应于 xy 平面上一个点。若不存在测量误差,则这些数据点都准确落在理论曲线上。只要选取 m 组测量值代入式(0.5.1),便得到方程组

$$y_i = f(x_i; c_1, c_2, \cdots, c_m) \tag{0.5.7}$$

式中,$i = 1, 2, \cdots, m$。求 m 个方程的联立解即得 m 个参数的数值。显然,当 $N < m$ 时,参数不能确定。

由于观测值总有误差,这些数据点不可能都准确落在理论曲线上。在 $N > m$ 的情况下,式(0.5.2)称为矛盾方程组,不能直接用解方程的方法求得 m 个参数值,只能用曲线拟合的方法来处理。设测量中不存在系统误差,或者说已经修正,则 y 的观测值 y_i 围绕着期望值 $f(x_i; c_1, c_2, \cdots, c_m)$ 摆动,其分布为正态分布,则 y_i 的概率密度为

$$p(y_i) = \frac{1}{\sqrt{2\pi}\sigma_i}\exp\left\{-\frac{[y_i - f(x_i;c_1,c_2,\cdots,c_m)]^2}{2\sigma_i^2}\right\}$$

式中，σ_i 是分布的标准误差。为简便起见，下面用 C 代表 $(c_1,c_2,\cdots,c_m)$。考虑各次测量是相互独立的，故观测值 $(y_1,y_2,\cdots,y_N)$ 的似然函数为

$$L = \frac{1}{(\sqrt{2\pi})^N \sigma_1\sigma_2\cdots\sigma_N}\exp\left\{-\frac{1}{2}\sum_{i=1}^{N}\frac{[y_i - f(x;C)]^2}{\sigma_i^2}\right\}$$

取似然函数 L 最大来估计参数 C，应使

$$\sum_{i=1}^{N}\frac{1}{\sigma_i^2}[y_i - f(x_i;C)]^2\bigg|_{c=\hat{c}} \tag{0.5.8}$$

取最小值。对于 y 的分布不限于正态分布来说，式(0.5.3)称为最小二乘法准则。若为正态分布的情况，则最大似然法与最小二乘法是一致的。因权重因子 $\omega_i = 1/\sigma_i^2$，故式(0.5.3)表明，用最小二乘法来估计参数，要求各测量值 y_i 的偏差的加权平方和为最小。

根据式(0.5.3)的要求，应有

$$\frac{\partial}{\partial c_k}\sum_{i=1}^{N}\frac{1}{\sigma_i^2}[y_i - f(x_i;C)]^2\bigg|_{c=\hat{c}} = 0, \quad k = 1,2,\cdots,m$$

从而得到方程组

$$\sum_{i=1}^{N}\frac{1}{\sigma_i^2}[y_i - f(x_i;C)]\frac{\partial f(x;C)}{\partial c_k}\bigg|_{c=\hat{c}} = 0, \quad k = 1,2,\cdots,m \tag{0.5.9}$$

解方程组(0.5.9)，即得 m 个参数的估计值 $\hat{c}_1,\hat{c}_2,\cdots,\hat{c}_m$，从而得到拟合的曲线方程 $f(x;\hat{c}_1,\hat{c}_2,\cdots,\hat{c}_m)$。

然而，对拟合的效果还应给予合理的评价。若 y_i 服从正态分布，可引入拟合的 χ^2 量

$$\chi^2 = \sum_{i=1}^{N}\frac{1}{\sigma_i^2}[y_i - f(x_i;C)]^2 \tag{0.5.10}$$

把参数估计值 $\hat{c} = (\hat{c}_1,\hat{c}_2,\cdots,\hat{c}_m)$ 代入上式并比较式(0.5.3)，便可得到最小的 χ^2 值

$$\chi_{\min}^2 = \sum_{i=1}^{N}\frac{1}{\sigma_i^2}[y_i - f(x_i;\hat{c})]^2 \tag{0.5.11}$$

可以证明，$\chi_{\min}^2$ 服从自由度 $\nu = N - m$ 的 χ^2 分布，由此可对拟合结果做 χ^2 检验。

由 χ^2 分布得知，随机变量 $\chi^2_{\min}$ 的期望值为 $N-m$。如果由式(0.5.6)计算出 $\chi^2_{\min}$ 接近 $N-m$(例如 $\chi^2_{\min} \leqslant N-m$)，则认为拟合结果是可接受的；如果 $\sqrt{\chi^2_{\min}} - \sqrt{N-m} > 2$，则认为拟合效果与观测值有显著的矛盾。

2. 直线的最小二乘拟合

曲线拟合中最基本和最常用的是直线拟合。设 x 和 y 之间的函数关系由直线方程

$$y = a_0 + a_1 x \tag{0.5.12}$$

给出。式中有两个待定参数，a_0 代表截距，a_1 代表斜率。对应等精度测量所得到的 N 组数据 (x_i, y_i)，$i=1,2,\cdots,N$，x_i 值被认为是准确的，所有的误差只联系着 y_i。下面利用最小二乘法把观测数据拟合为直线。

1) 直线参数的估计

前面指出，用最小二乘法估计参数时，要求观测值 y_i 的偏差的加权平方和为最小。对于等精度观测值的直线拟合来说，由式(0.5.3)可使

$$\sum_{i=1}^{N}[y_i-(a_0+a_1x_i)]^2\Big|_{a=\hat{a}} \tag{0.5.13}$$

最小，即对参数 a(代表 a_0, a_1)最佳估计，要求观测值 y_i 的偏差的平方和为最小。

根据式(0.5.8)的要求，应有

$$\frac{\partial}{\partial a_0}\sum_{i=1}^{N}[y_i-(a_0+a_1x_i)]^2\Big|_{a=\hat{a}} = -2\sum_{i=1}^{N}(y_i-\hat{a}_0-\hat{a}_1x_i)=0$$

$$\frac{\partial}{\partial a_1}\sum_{i=1}^{N}[y_i-(a_0+a_1x_i)]^2\Big|_{a=\hat{a}} = -2\sum_{i=1}^{N}(y_i-\hat{a}_0-\hat{a}_1x_i)=0$$

整理后得到正规方程组

$$\begin{cases} \hat{a}_0 N + \hat{a}_1\sum x_i = \sum y_i \\ \hat{a}_0\sum x_i + \hat{a}_1\sum x_i^2 = \sum x_i y_i \end{cases} \tag{0.5.14}$$

解正规方程组便可求得直线参数 a_0 和 a_1 的最佳估计值 $\hat{a}_0$ 和 $\hat{a}_1$，即

$$\hat{a}_0 = \frac{\left(\sum x_i^2\right)\left(\sum y_i\right)-\left(\sum x_i\right)\left(\sum x_i y_i\right)}{N\left(\sum x_i^2\right)-\left(\sum x_i\right)^2} \tag{0.5.15}$$

$$\hat{a}_1 = \frac{N\left(\sum x_i y_i\right)-\left(\sum x_i\right)\left(\sum y_i\right)}{N\left(\sum x_i^2\right)-\left(\sum x_i\right)^2} \tag{0.5.16}$$

2) 拟合结果的偏差

由于直线参数的估计值 $\hat{a}_0$ 和 $\hat{a}_1$ 是根据有误差的数据点计算出来的,它们不可避免地存在着偏差。同时,各个观测数据点不可能都准确地落在拟合直线上面,观测值 y_i 与对应于拟合直线上的 $\hat{y}_i$ 之间也有偏差。

首先讨论测量值 y_i 的标准差 S。考虑式(0.5.6),因等精度测量值 y_i 所有的 σ_i 都相同,可用 y_i 的标准偏差 S 来估计,故该式在等精度测量值的直线拟合中应表示为

$$\chi^2_{\min} = \frac{1}{S^2} \sum_{i=1}^{N} [y_i - (\hat{a}_0 + \hat{a}_1 x)]^2 \tag{0.5.17}$$

已知观测值服从正态分布,$\chi^2_{\min}$ 服从自由度 $\nu = N - 2$ 的 χ^2 分布,其期望值

$$\left\langle \chi^2_{\min} \right\rangle = \left\langle \frac{1}{S^2} \sum_{i=1}^{N} [y_i - (\hat{a}_0 + \hat{a}_1 x)]^2 \right\rangle = N - 2 \tag{0.5.18}$$

由此可得 y_i 的标准偏差

$$S = \sqrt{\frac{1}{N-2} \sum_{i=2}^{N} [y_i - (\hat{a}_0 + \hat{a}_1 x)]^2} \tag{0.5.19}$$

这个表达式不难理解,它与贝塞尔公式(0.3.33)是一致的,只不过这里计算 S 时受到两个参数 $\hat{a}_0$ 和 $\hat{a}_1$ 估计式的约束,故自由度变为 $N-2$。

式(0.5.13)所表示的 S 值又称为拟合直线的标准偏差,它是检验拟合效果是否有效的重要标志。如果在 xy 平面上作两条与拟合直线平行的直线

$$y' = \hat{a}_0 + \hat{a}_1 x - S, \quad y'' = \hat{a}_0 + \hat{a}_1 x + S$$

如图 0.5.2 所示,则全部观测数据点 (x_i, y_i) 的分布大约有 68.3%的点落在这两条直线之间的范围内。

下面讨论拟合参数的偏差。由式(0.5.15)和式(0.5.16)可见,直线拟合的两个参数估计值 $\hat{a}_0$ 和 $\hat{a}_1$ 是 x_i 和 y_i 的函数。因为假定 x_i 是精确的,所有误差只与 y_i 有关,故两个估计参数的标准偏差可利用不确定度传递公式求得,即

$$S_{a_0} = \sqrt{\sum_{i=1}^{N} \left(\frac{\partial \hat{a}_0}{\partial y_i} S \right)^2}, \quad S_{a_1} = \sqrt{\sum_{i=1}^{N} \left(\frac{\partial \hat{a}_1}{\partial y_i} S \right)^2}$$

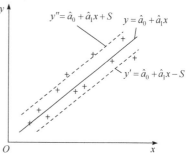

图 0.5.2　拟合直线两侧数据点的分布

把式(0.5.15)与式(0.5.16)分别代入上两式, 便可得

$$S_{a_0} = S \sqrt{\frac{\sum x_i^2}{N\left(\sum x_i^2\right) - \left(\sum x_i\right)^2}} \tag{0.5.20}$$

$$S_{a_1} = S \sqrt{\frac{N}{N\left(\sum x_i^2\right) - \left(\sum x_i\right)^2}} \tag{0.5.21}$$

例 0.4　光电效应实验中照射光的频率 ν 与遏止电压 V 的关系为 $V = \varphi - (h/e)\nu$, 式中 φ 为脱出功, e 和 h 分别为电子电荷与普朗克常量。现有实验观测数据 (ν_i, V), 如表 0.5.2 中所示, 试用最小二乘法作直线拟合, 并求 h 的最近估计值。

由于频率 ν 的测量精度比遏止电压 V 的精度高得多, 故 ν 的误差可忽略不计。对照前面讨论的直线方程 $y = a_0 + a_1 x$, 则 ν 相当于 x, V 相当于 y, $a_0 = \varphi$, $a_1 = h/e$。

把表 0.5.1 内的数据代入参数估计式(0.5.15)和(0.5.16), 即得 $\hat{a}_0 = 1.54\text{V}$; $\hat{a}_1 = -4.19 \times 10^{-15}\text{V} \cdot \text{s}$。

为了求出拟合精度, 先计算偏差 $\delta_i = V_i - \hat{a}_0 - \hat{a}_1 \nu_i$ 以及 δ_i^2。

$$\delta_i = -0.033, 0.023, 0.067, -0.004, -0.055, -0.037, 0.009$$

$$\delta_i^2 = 0.00109, 0.00053, 0.00449, 0.00016, 0.00303, 0.00137, 0.00081$$

代入式(0.5.19), 可得 V_i 的标准偏差为

$$S = \sqrt{\frac{1}{7-2} \sum_{i=1}^{7} \delta_i^2} = \sqrt{\frac{1}{5} \times 0.0115} \approx 0.048(\text{V})$$

经检验所有观测值 V_i 不存在粗大误差, 从而拟合的直线方程为 $V = 1.54 - 4.19 \times 10^{-15}\nu$。该直线参量的标准偏差可由式(0.5.14)和式(0.5.15)得

$$S_{a_0} = 0.138\text{V}, \quad S_{a_1} = 0.248 \times 10^{-15}\text{V} \cdot \text{s}$$

由于 $a_1 = -h/e$, 则 $h = -ea_1$。若取 $e = 1.6021 \times 10^{-19}\text{C}$, 便可求得 $h = -e\hat{a}_1 \approx 6.71 \times 10^{-34}\text{J} \cdot \text{s}$, 其标准差 $S_h = eS_{a_1} \approx 0.39 \times 10^{-34}\text{J} \cdot \text{s}$。

故本实验测定的普朗克常量最佳估计值可表示为

$$h = (6.71 \pm 0.39) \times 10^{-34}\text{J} \cdot \text{s}$$

表 0.5.3　光电效应实验观测数据

序号	$\nu_i/(\times 10^{14}\,\mathrm{Hz})$	V_i/V	$\nu_i^2/(\times 10^{28}\,\mathrm{Hz}^2)$	V_i^2/V^2	$\nu_i V_i$
1	7.021	−1.435	49.29	2.059	−10.08
2	6.056	−0.975	36.68	0.951	−5.905
3	5.678	−0.773	32.24	0.598	−4.389
4	5.334	−0.700	28.45	0.490	−3.734
5	4.931	−0.555	24.31	0.308	−2.737
6	5.087	−0.630	25.88	0.397	−3.205
7	4.738	−0.438	22.45	0.192	−2.075
Σ	38.845	−5.506	219.30	4.995	−32.125

3. 相关系数及其显著性检验

当对观测数据点 (x_i, y_i) 作直线拟合时，还不太了解 x 与 y 之间线性关系的密切程度，为此要用相关系数 r 来判断，其形式可表示为

$$r = \frac{\sum_i (x_i - \overline{x})(y_i - \overline{y})}{\left[\sum_i (x_i - \overline{x})^2 \cdot \sum_i (x_i - \overline{y})^2\right]^{1/2}} \tag{0.5.22}$$

式中，$\overline{x}$ 和 $\overline{y}$ 分别为 x 和 y 的算术平均值。r 值范围介于 −1 与 +1 之间，即 $-1 \leqslant r \leqslant 1$。当 $r > 0$ 时直线的斜率为正，称正相关；当 $r < 0$ 时直线的斜率为负，称负相关。当 $|r| = 1$ 时全部数据点 (x_i, y_i) 都落在拟合直线上。若 $r = 0$，则 x 与 y 之间完全不相关；若 r 值愈接近 ±1，则它们之间的线性关系愈密切。

用相关系数作显著性检验，是要给出相关系数的绝对值达到什么程度才可用拟合直线来近似表示 x 与 y 的关系。所谓相关系数显著，即 x 与 y 关系密切。由相关系数检验表给出自由度 $N-2$ 两种显著水平 a(0.05 和 0.01)的相关系数达到显著的最小值。例如 $N=10$，若 $|r| \geqslant 0.632$，则 r 在 $a = 0.05$ 水平上显著；若 $|r| \geqslant 0.765$，则 r 在 $a = 0.01$ 水平上显著；若 $|r| < 0.632$，则 r 不显著，用这些数据点作直线拟合没有意义。

4. 非线性关系的线性化处理

当 $y = f(x; c_1, c_2, \cdots, c_m)$ 不是待定参数的线性关系时，一般情况下式(0.5.9)是参数 $(c_1, c_2, \cdots, c_m)$ 的非线性方程组，直接求解往往是不可能的，通常要进行线性化处理才能作曲线拟合。下面介绍两种常用的非线性关系线性化处理方法。

1) 变量置换法

有些非线性函数,只要作适当的变量置换,便可变为待定参数的线性拟合问题求解。例如,指数函数 $y = a e^{bx}$,式中 a 与 b 是常数。若对等式两边取对数,则得 $\ln y = \ln a + bx$ 。令 $\ln y = y'$, $\ln a = b_0$,即得直线方程 $y' = b_0 + bx$ 。这样便可把指数函数的非线性拟合问题变为直线拟合来解决。

因此,采用适当变量置换便可把一些简单的非线性函数的拟合问题变为直线拟合问题来解决。不过要注意,由于作了变量置换,新变量 y' 的标准差 $S(y')$ 不等于原变量 y 的标准差 $S(y)$,拟合时应利用不确定度传递公式转换计算。同理,新参数的标准差不同于原参数的,也要利用传递公式进行计算,以便对原参数的拟合不确定度作出估计。

2) 泰勒级数展开法

通过变量置换把非线性关系线性化,并不是都能做到的。当非线性函数 $y = f(x; c_1, c_2, \cdots, c_m)$ 找不到合适的变量置换时,可采用泰勒级数展开的方法,把它在参数初始估计值(零级近似值)附近作泰勒展开,并略去二阶以上的项,便可使计算 m 个参数估计值的方程组(0.5.9)线性化,然后用逐次迭代求解。下面以穆斯堡尔效应实验数据处理中的解谱工作为例说明这一方法。

例0.5　穆斯堡尔谱的拟合

在穆斯堡尔效应的实验中,由于 γ 光子的计数率统计涨落十分显著,对穆斯堡尔谱的分析必须用拟合的方法才能比较准确地确定吸收峰的位置、半高宽及相对强度等参量。

穆斯堡尔谱可以用洛伦兹型函数来描写,由于实验装置的原因,还叠加有抛物线型的背景,若多道分析器的道地址用 x 表示,每一道的 γ 光子计数为 y ,要拟合的函数可写成

$$y = f(x) = \sum_{i=1}^{N} \frac{A_i}{1 + \left(\dfrac{x - P_i}{B_i}\right)^2} + E + Fx + Gx^2 \tag{0.5.23}$$

式中, N 为吸收峰的个数; A_i, P_i, B_i 分别为第 i 个吸收峰的高度、位置和半高宽; E, F, G 是抛物线型背景的参数。因此,共有 $3N+3$ 个待定参数,由该式可知这个函数对 A_i, P_i, B_i 并不是线性的。

通过对谱图的初步分析,可以估计 P_i, B_i 的近似值。假设它们分别为 $P_i^{(0)}$ 和 $B_i^{(0)}$,把函数在初始估计值 $P_i^{(0)}$ 和 $B_i^{(0)}$ 附近展开,并略去待定参数的非线性项,得到

$$y = \sum_{i=1}^{N} \left[\frac{A_i}{Q_i} + \frac{C_i(x - P_i^{(0)})}{Q_i^2} + \frac{D_i(x - P_i^{(0)})^2}{Q_i^2} \right] + E + Fx + Gx^2 \tag{0.5.24}$$

其中

$$Q_i = 1 + \left(\frac{x - P_i^{(0)}}{B_i^{(0)}} \right)^2 \tag{0.5.25}$$

$$C_i = \frac{2A_i}{\left(B_i^{(0)} \right)^2} (P_i - P_i^{(0)}) \tag{0.5.26}$$

$$D_i = -\frac{2A_i}{\left(B_i^{(0)} \right)^3} (B_i - B_i^{(0)}) \tag{0.5.27}$$

式(0.5.24)成为参数 A_i, C_i, D_i (其中 $i = 1, 2, \cdots, N$) 和 E, F, G 的线性函数，从而可以用线性函数的拟合方法求参数的估计值。

把第一次拟合求出的参数估计值 $A_i^{(1)}, C_i^{(1)}, D_i^{(1)}$ 代入式(0.5.20)和式(0.5.27)，可以求出 P_i, B_i 的第一次估计值

$$P_i^{(1)} = P_i^{(0)} + \frac{\left(B_i^{(0)} \right)^2}{2A_i^{(1)}} C_i^{(1)}, \quad B_i^{(1)} = B_i^{(0)} - \frac{\left(B_i^{(0)} \right)^2}{2A_i^{(1)}} D_i^{(1)}$$

用 $P_i^{(1)}$ 和 $B_i^{(1)}$ 分别代替 $P_i^{(0)}$ 和 $B_i^{(0)}$ 重新利用式(0.5.18)～式(0.5.27)作第二次拟合，如此反复迭代。若逐次迭代结果 P_i 和 B_i 不收敛或发散，可能的原因是吸收峰的位置和半高宽度的初始估计值 $P_i^{(0)}$ 和 $B_i^{(0)}$ 不合适，这时可适当加大或减小再作反复的拟合和迭代，直到 P_i 和 B_i 收敛；如果 P_i 和 B_i 收敛，当 $P_i^{(n)} - P_i^{(n-1)}$ 及 $B_i^{(n)} - B_i^{(n-1)}$ 的绝对值小于给定的要求时，以 $P_i^{(n)}$ 和 $B_i^{(n)}$ 分别代替 $P_i^{(0)}$ 和 $B_i^{(0)}$ 作最后一次拟合，并根据这一次拟合结果求出所需要的全部参数和它们的误差。

参考资料

1. 吴先球, 熊予莹. 近代物理实验教程. 2 版. 北京: 科学出版社, 2009.
2. 张天喆, 董有尔. 近代物理实验. 北京: 科学出版社, 2005.
3. 李耀清. 实验的数据处理. 合肥: 中国科学技术大学出版社, 2003.
4. 吴思诚, 王祖铨. 近代物理实验. 3 版. 北京: 高等教育出版社, 2005.
5. 何同祥. 误差理论与数据处理(讲义). 华北电力大学自动化系测控教研室, 2008.
6. 中国计量测试学会组. 一级注册计量师基础知识及专业实务. 北京: 中国计量出版社, 2008.
7. 刘列, 杨建坤, 卓尚攸, 等. 近代物理实验. 长沙: 国防科技大学出版社, 2000.
8. 沙定国. 实用误差理论与数据处理. 北京: 北京理工大学出版社, 1993.
9. 王银峰, 陶纯匡, 汪涛, 等. 大学物理实验. 北京: 机械工业出版社, 2005.
10. 韩忠. 近现代物理实验. 北京: 机械工业出版社, 2012.

第1章 原子物理实验

实验 1.1 塞 曼 效 应

19 世纪伟大的物理学家法拉第研究电磁场对光的影响，发现了磁场能改变偏振光的偏振方向。1896 年荷兰物理学家塞曼(Pieter Zeeman)根据法拉第的想法，探测磁场对谱线的影响，发现钠双线在磁场中的分裂。洛伦兹根据经典电子论解释了分裂为三条谱线的正常塞曼效应。由于研究这个效应，塞曼和洛伦兹共同获得了 1902 年的诺贝尔物理学奖。他们这一重要研究成就有力地支持了光的电磁理论，使我们对物质的光谱、原子和分子的结构有了更多的了解。至今塞曼效应仍是研究能级结构的重要方法之一。

一、实验目的

(1) 学习观测塞曼效应的实验方法。
(2) 学习光路的调节和 F-P 标准具的使用。
(3) 观察原子在磁场中能级的分裂和测量电子荷质比 e/m。

二、实验原理

1. 塞曼效应

1896 年塞曼发现将光源放在足够强的磁场中时，原来的一条谱线分裂成几条谱线，分裂后的谱线是偏振的，分裂谱线的条数随跃迁前后能级的类别而不同。这种在外磁场作用下使谱线产生分裂的现象称为塞曼效应。

塞曼效应证实原子具有磁矩，而且其空间取向是量子化的。在磁场中，原子磁矩受到磁场作用，使得原子在原来能级上获得一附加能量。由于原子磁矩在磁场中可以有几个不同的取向，因而相应有不同的附加能量。这样，原来一个能级便分裂成能量略有不同的几个能级。在原子发光过程中，原来两能级之间跃迁产生的一条光谱线，由于上、下能级均分裂成几个能级，因此光谱线也相应地分裂成若干成分(由选择定则决定)。

根据理论推导(见本实验附录)，在磁场中原子附加的能量 ΔE 的表达式如下：

$$\Delta E = Mg\frac{eh}{4\pi m}B \tag{1.1.1}$$

式中，h 为普朗克常量；e/m 为电子荷质比。令

$$\mu_{\mathrm{B}} = \frac{eh}{4\pi m} \tag{1.1.2}$$

μ_{B} 为玻尔磁子，$\mu_{\mathrm{B}} = 9.274\times10^{-24}\mathrm{A\cdot m^2}$，则式(1.1.1)变为

$$\Delta E = Mg\mu_{\mathrm{B}}\cdot B \tag{1.1.3}$$

式中，M 为磁量子数，它取整数值，表示原子磁矩取向量子化；g 为朗德因子，它与原子中电子轨道角动量、自旋角动量及其耦合方式有关；B 为外磁场。由此可见，原子附加能量正比于外磁场 B，同时与原子所处的状态有关。

由原子理论知，某一光谱线是由能级 E_2 跃迁至能级 E_1 产生，其频率为 ν，则有

$$h\nu = E_2 - E_1 \tag{1.1.4}$$

在磁场中其上、下谱线发生分裂，分别有附加能量 ΔE_2、ΔE_1，令新谱线的频率为 ν'，则

$$h\nu' = (E_2 - \Delta E_2) - (E_1 - \Delta E_1) \tag{1.1.5}$$

分裂后的谱线与原谱线的频率差为

$$\begin{aligned}
\Delta\nu = \nu - \nu' &= \frac{1}{h}(\Delta E_1 - \Delta E_2) \\
&= (M_2 g_2 - M_1 g_1)\frac{eB}{4\pi m}
\end{aligned} \tag{1.1.6}$$

用波数差 $\Delta\tilde{\nu}$ 表示为

$$\begin{aligned}
\Delta\tilde{\nu} &= (M_2 g_2 - M_1 g_1)\frac{eB}{4\pi mc} \\
&= (M_2 g_2 - M_1 g_1)L_0
\end{aligned} \tag{1.1.7}$$

式中，$L_0 = eB/(4\pi mc) = 4.67\times10^{-3}B\mathrm{m}^{-1}$（$B$ 的单位取 Gs），L_0 称为洛伦兹单位。能级之间跃迁必须满足选择定则 $\Delta M = 0$ 或 ± 1，而且当 $J_2 = J_1$ 时，$M_2 = 0 \rightarrow M_1 = 0$ 的跃迁除外。

当 $\Delta M = \sigma$ 时，产生 π 线，沿垂直于磁场方向观察时，π 线为光振动方向平行于磁场的线偏振光，沿平行于磁场方向观察时，光强度为零，观察不到(图 1.1.1)。

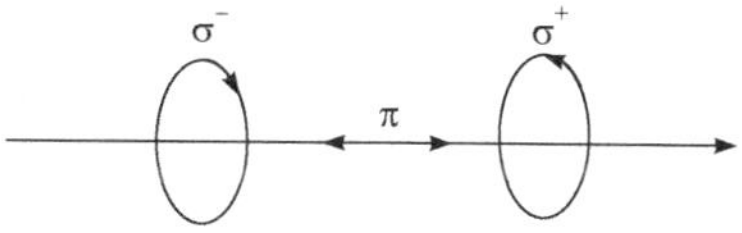

当 $\Delta M = \pm 1$ 时，产生 σ 线，迎着磁场方向观察时，σ 线为圆偏振光。其中 $\Delta M = +1$ 时为左旋

图 1.1.1　π 线和 σ 线

圆偏振光，$\Delta M = -1$ 时为右旋圆偏振光，其电矢量与磁场垂直。

2. 汞绿线在外磁场中的分裂

本实验以水银灯为光源研究谱线 546.1nm 的塞曼效应。汞绿线(546.1nm)是汞原子从 6s7s $^3S_1$ 能级跃迁到 6s6p $^3P_2$ 能级产生的谱线。其能级图及相应的 M、g、Mg 值如图 1.1.2 所示。上能级 6s7s $^3S_1$ 分裂为 3 个子能级，下能级 6s6p $^3P_2$ 分裂为 5 个子能级，根据选择定则有 9 种允许的跃迁，即可分裂为 9 条谱线。分裂后的 9 条谱线是等间距的，间距为 $\frac{1}{2}L_0$ 洛伦兹单位，9 条谱线的光谱范围为 $4L_0$。图 1.1.2 中，为了便于区分，将 π 线画在 υ 轴上方，σ 线画在 υ 轴下方。各线段的长度表示谱线的相对强度。

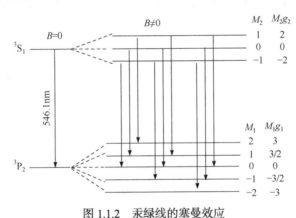

图 1.1.2　汞绿线的塞曼效应

三、实验仪器

1. 实验装置

图 1.1.3 是塞曼效应实验装置简化图，整个装置放在 1.2m 的光具座上。分项说明如下：

N 和 S 为电磁铁，220V 交流电通过自耦变压器接硒整流器，其直流输出供给电磁铁作励磁电流，自耦变压器调节和控制励磁电流的大小。

O 为水银辉光放电管，本实验用作光源，通过另一自耦变压器将电压升至 10000V 左右点燃放电管。

L_1 为聚光镜，使通过标准具的光增强。

P 为偏振片，在垂直于磁场方向观察时用以鉴别 π 成分和 σ 成分。

F 为干涉滤色片。作用是只允许谱线 546.1nm 通过，滤掉 Hg 原子发出的其他谱线。

F-P 为法布里-珀罗标准具。本实验中标准具的间距为 2.000mm。

M 为读数显微镜。调焦于干涉花样后即可对干涉条纹进行观测。

T 为摄像头。与微机相连，可拍摄读数显微镜内的干涉条纹，并通过微机进行数据处理。

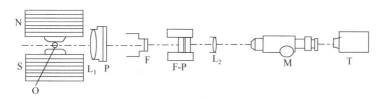

图 1.1.3　塞曼效应实验装置简化图

2. F-P 标准具的原理及性能参数

F-P 标准具由两块平行玻璃板和夹在中间的一个间隔圈组成。平板玻璃内表面必须是平整的，其加工精度要求优于 1/20 中心波长。内表面上镀有高反射膜，膜的反射率高于 90%。间隔圈用膨胀系数很小的熔融石英材料制作，精加工成有一定厚度，用来保证两块平面玻璃之间有很高的平行度和稳定的间距。

F-P 标准具的光路图如图 1.1.4 所示，当单色平行光 S_0 以某一小角度入射到标准具的 M 平面上时，光束在 M 和 M′ 两表面上经过多次反射和透射分别形成一系列相互平行的反射和透射，分别形成一系列相互平行的反射光束 1, 2, 3, … 及透射光束 1′, 2′, 3′, …，任何相邻光束间的光程差 $\Delta\delta$ 为

$$\Delta\delta = 2nd\cos\theta \tag{1.1.8}$$

式中，d 为 F-P 标准具的间距；θ 为光束折射角；n 为两平面玻璃板间介质的折射率，在空气中时可取 $n=1$。透射的平行光束或反射的平行光束都在无限远处或在会聚透镜的焦平面上形成干涉条纹，形成亮纹的条件为

$$2d\cos\theta = k\lambda \tag{1.1.9}$$

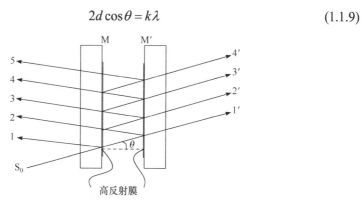

图 1.1.4　F-P 标准具的光路图

式中，k 为干涉条纹级次。在扩展光源照明下产生等倾干涉，相同 θ 角的光束形成同一干涉圆环。

F-P 标准具的主要性能参数有：自由光谱范围和精细度。

1) 自由光谱范围 $\delta\lambda$

具有微小波长差 $\delta\lambda$ 的两单色光 λ_1 和 $\lambda_2(\lambda_1>\lambda_2$ 且 $\lambda_1\approx\lambda_2=\lambda)$ 同时照射 F-P，则在会聚透镜的焦平面上各形成一套同心圆环条纹。如果 λ_2 的 k 级条纹与 λ_1 的 $k-1$ 级条纹正好重合，则定义 $\delta\lambda$ 为标准具的自由光谱范围。自由光谱范围给出了靠近中央处的不同波长的条纹不重级时所允许的最大波长差。对于近中央的干涉圆环，可得到自由光谱范围与 F-P 间距的关系为

$$\delta\lambda = \lambda_1 - \lambda_2 = \lambda^2 / 2d \tag{1.1.10}$$

用波数差 $\Delta\tilde{\nu}$ 表示为

$$\Delta\tilde{\nu} = 1/2d \tag{1.1.11}$$

不同波长的光形成的干涉圆环如果发生重叠或错级，会给辨认带来困难。因此使用标准具时，要根据被观测的光谱范围选择间距适合的标准具。

2) 精细度 Ne

精细度定义为相邻条纹间距与条纹半宽度之比，它表征标准具的分辨性能，其物理意义是相邻的两干涉条纹之间能够分辨的最大条纹数。可以证明，精细度与内表面反射膜的反射率 R 有关系

$$Ne = \frac{\pi\sqrt{R}}{1-R} \tag{1.1.12}$$

精细度仅仅依赖于反射膜的反射率，反射率越高，精细度越大，干涉条纹越细锐，能分辨的条纹数越多。

3. 分裂后各谱线波长差或波数差的测量

用焦距为 f 的透镜使 F-P 的干涉条纹成像在焦平面上，这时近中央条纹的入射角 θ 与它的直径 D 有如下关系：

$$\cos\theta = \frac{f}{\sqrt{f^2 + (D/2)^2}} \approx 1 - \frac{D^2}{8f^2} \tag{1.1.13}$$

代入公式(1.1.9)得

$$2d\left(1 - \frac{D^2}{8f^2}\right) = k\lambda \tag{1.1.14}$$

由上式可见，靠近中央条纹的直径平方与干涉级数呈线性关系。对同一波长而言，

随着条纹直径增大，条纹越来越密，第二项的负号表示直径大的干涉条纹对应的干涉级数低。同理，不同波长的同级数的干涉条纹，直径大的波长小。

未加磁场时，同一波长相邻级的(k 与 k–1 级)条纹直径平方差

$$\Delta D^2 = D_{k-1}^2 - D_k^2 = \frac{4f^2 n\lambda}{d} \tag{1.1.15}$$

可见 ΔD^2 是一常数，与干涉级数无关。

加磁场条纹分裂后，两相邻圆环(分裂前是同级)之间的波长差为

$$\Delta\lambda = \frac{d}{4f^2 k}(D_{k'}^2 - D_k^2) = \frac{\lambda}{k} \cdot \frac{D_{k'}^2 - D_k^2}{D_{k-1}^2 - D_k^2} \tag{1.1.16}$$

由于 F-P 间隔圈的厚度比波长大得多，且中心条纹的级数很大，因此，可用中心条纹的级数代替被测条纹的级数，即

$$k = \frac{2d}{\lambda} \tag{1.1.17}$$

将式(1.1.17)代入式(1.1.16)得

$$\Delta\lambda = \frac{\lambda^2}{2d} \cdot \frac{D_{k'}^2 - D_k^2}{D_{k-1}^2 - D_k^2} \tag{1.1.18}$$

用波数表示为

$$\Delta\tilde{\nu} = \frac{1}{2d} \cdot \frac{D_{k'}^2 - D_k^2}{D_{k-1}^2 - D_k^2} \tag{1.1.19}$$

由式(1.1.19)知波数差与相应条纹直径平方差成正比。式中各量的含义如图 1.1.5 所示。

四、实验内容

1. 调整光路

(1) 将导轨放在工作台上，调整水平螺丝，使导轨呈水平状态。

(2) 将电磁铁放在工作台上紧靠导轨尾部，连接稳流稳压电源。

(3) 把笔形汞灯放在电磁铁的磁极间，用漏磁变压器点燃汞灯。

(4) 放置聚光透镜使它的照明光斑均匀。

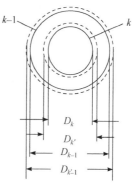

图 1.1.5 式(1.1.19)中各量含义

(5) 放置干涉滤光片，使汞灯光斑充满干涉滤光片孔径。

(6) 放置法布里-珀罗标准具，调整其与干涉滤光片同轴，调节微调螺丝，使两镜片严格平行。

2. 观察塞曼效应

1) 横向塞曼效应

调节 F-P 标准具。用眼睛直接观察时可在它的中央看到严格的等倾干涉条纹。这时，上下或左右移动眼睛，随之移动的干涉花样上环心处应明暗不变，即环心处没有圆环涌现或消失。F-P 的调节通过三个螺钉改变压力来实现。F-P 是精密光学仪器，不宜频繁调节，本实验所用的 F-P 已调好，不必再调。

调节光学系统共轴，使从测微目镜中观察时至少有 5 个干涉圆环可以测量。点燃汞灯，使光源发出的光经过透镜 L_1 直射向测微目镜 M。M 置于光具座的中轴线上，它的读数也置于读数范围中央，使从测微目镜中观察时通过 L_2 的光束尽可能地强。在测微目镜中可观察到干涉圆环的中央。经仔细调节后，左右条纹应对称并且有 5 个或更多的圆环足够明亮。

从零逐渐增大磁场 B，观察汞绿线(546.1nm)的分裂与磁场的关系，加偏振片并旋转偏振片(0°、45°、90°)确定π线成分和σ线成分。

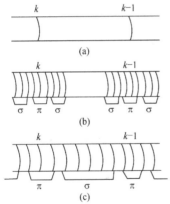

图 1.1.6　相邻谱线在磁场中的分裂
(a) 无磁场时；(b) 磁场较弱尚未重叠时；
(c) 磁场较强重叠一条时

为了增大裂距，可逐渐加大磁场 B 直至原来相邻的两个干涉圆环分裂后最靠近的两个圆环完全重叠(如图 1.1.6 所示，k 级最外侧的一条和 k−1 级最内侧的一条)。在实验中判断和熟悉重叠一条时的干涉花样。

汞绿线分裂九条的光谱范围用波数表示为 $4L_0$，L_0 为洛伦兹单位，其值随磁场 B 成正比增加。而 F-P 标准具的自由光谱范围为一定值 $1/2d$ (d 为平行板间距)。当 $4L < 2d$ 时，不同的谱线分裂后不会发生重叠；当 $4L = 1/2d$ 时，k−1 级内侧红端的一条谱线与 k 级外侧紫端的一条谱线正好重叠。这时相邻两级之间的条纹数为 7 条，间隔数为 8 个。如果重叠两条，则相邻两级之间有 6 个条纹和 7(即 9–2 个)间隔。每一间隔占有的光谱范围为自由光谱范围的 1/(9–2)，乘以 8 应等于 9 条分裂谱线的光谱范围，即

$$4L = \frac{8}{9-2}\frac{1}{2d} \tag{1.1.20}$$

类似地，如果重叠 5 条，则

$$L = \frac{1}{(9-x)d} \tag{1.1.21}$$

的最大值为 8。上式仅用于汞绿线或跃迁前后原子状态与汞线相同的谱线。

用摄像机拍下未加磁场时的谱线，加磁场时分裂的谱线，加偏振片后的 π 线和 σ 线，并保存打印。

2) 纵向塞曼效应

抽掉电磁铁一端的芯棒，将电磁铁旋转 90° 使汞灯光束从小孔射出。部件的安置调整与横向实验相同。在电磁铁小孔前加 λ/4 波片给圆偏振光以附加的 π/2 相位差，使圆偏振光变为线偏振光。波片上箭头指标方向的慢轴方向表示相位落后 π/2。偏振片顺时针旋转 45° 时，可见分裂的两条谱线，其中一条消失了；偏振片逆时针旋转 45° 时，可见消失的一条谱线重现，而另一条消失，证实分裂的两条谱线是左、右旋圆偏振光。分别摄下左、右旋圆偏振光。

五、注意事项

(1) 汞灯的工作电压近万伏，又是在暗室中进行操作，一定要注意安全。

(2) 严禁用手和其他物体触摸 F-P 标准具等光学元件的光学表面。

(3) 摄像机使用完毕后务必将防尘盖拧上。

六、思考题

(1) F-P 标准具产生的干涉图样是多光束干涉的结果，它与牛顿环、迈克耳孙干涉仪的双光束干涉图样有何区别?

(2) 1/4 波片如何观察 σ 成分的圆偏振光特性?

参考资料

1. 何元金, 马兴坤. 近代物理实验. 北京: 清华大学出版社, 2003.

2. 陈守川, 杜金潮, 沈剑峰. 新编大学物理实验教程. 3 版. 杭州: 浙江大学出版社, 2008.

附录　在磁场中原子产生附加能量的理论推导

1. 原子的总磁矩与总角动量的关系

塞曼效应的产生是原子磁矩与外加磁场作用的结果。根据原子理论，原子中的电子既做轨道运动又做自旋运动。原子的总轨道磁矩 μ_L 与总轨道角动量 P_L 的关系为

$$\mu_L = \frac{e}{2m}P_L, \quad P_L = \sqrt{L(L+1)}\hbar \tag{1.1.22}$$

原子的总自旋磁矩 μ_S 与总自旋角动量 P_S 的关系为

$$\mu_S = g\frac{e}{2m}P_S, \quad P_S = \sqrt{S+(S+1)}\hbar \tag{1.1.23}$$

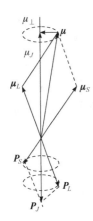

式中，m 为电子质量；L 为角动量量子数；S 为自旋量子数；$\hbar$ 为普朗克常量除以 2π。如图 1.1.7 所示，原子轨道角动量和自旋角动量合成为原子的总角动量 $\boldsymbol{P}_J$，原子的轨道磁矩和自旋磁矩合成为原子的总磁矩 $\boldsymbol{\mu}$。由于 μ_S/P_S 的值不同于 μ_L/P_L 的值，总磁矩矢量 $\boldsymbol{\mu}$ 不在总角动量 $\boldsymbol{P}_J$ 的延长线上，而是绕 $\boldsymbol{P}_J$ 进动。由于总磁矩垂直于 $\boldsymbol{P}_J$ 方向的分量 $\mu_\perp$ 与磁场的作用对时间的平均效果为零，只有平行于 $\boldsymbol{P}_J$ 的分量是有效的，μ_J 称为原子的有效磁矩，它的大小由下式决定：

$$\mu_J = g\frac{e}{2m}P_J, \quad P_J = \sqrt{J(J+1)}\hbar \tag{1.1.24}$$

图 1.1.7 原子磁矩与角动量的矢量模型

式中，J 为量子数，对于 LS 耦合有

$$g = 1 + \frac{J(J+1) - L(L+1) + S(S+1)}{2J(J+1)} \tag{1.1.25}$$

g 为朗德因子，它表征了总磁矩和总角动量的关系，而且决定了能级分裂的大小。

2. 外磁场对能级分裂的作用

原子的总磁矩在外磁场中受到力矩 $\boldsymbol{N} = \boldsymbol{\mu}\times\boldsymbol{B}$ 的作用，原子的总角动量 P_J 和磁矩 μ_J 绕磁场方向进动，如图 1.1.8 所示。进动引起的附加能量 ΔE 为

$$\Delta E = -\mu_J B\cos\alpha = g\frac{e}{2m}P_J B\cos\beta \tag{1.1.26}$$

式中，β 为 $\boldsymbol{P}_J$ 与 $\boldsymbol{B}$ 的夹角。由于 μ 或 P_J 取向是量子化的，即 P_J 在磁场方向的分量也是量子化的，它只能是 $h/(2\pi)$ 的整数倍，即

$$P_J\cos\beta = M\hbar, \quad M = J, J-1, \cdots, J, \cdots, -J \tag{1.1.27}$$

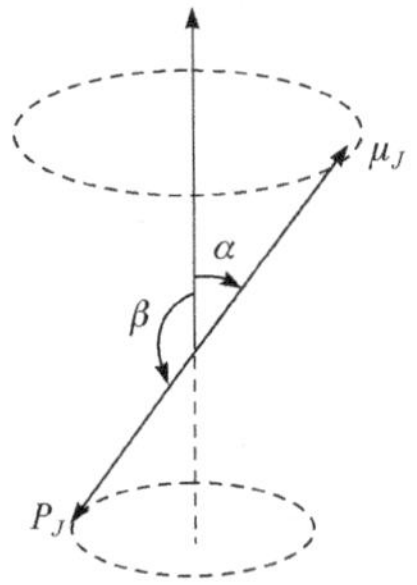

式中，M 为磁量子数，因此

图 1.1.8 μ_J 和 P_J 的进动

$$\Delta E = Mg\frac{e\hbar}{2m}B \tag{1.1.28}$$

可见，附加能量不仅与外磁场有关，还与朗德因子有关。磁量子数 M 共有 $2J+1$ 个值，因此原子在外磁场中时原来一个能级将分裂成 $2J+1$ 个能级。

实验 1.2　弗兰克-赫兹实验

1913 年丹麦物理学家玻尔在卢瑟福原子核模型的基础上，结合普朗克量子理论，提出了原子能级的概念并建立了原子模型理论，成功地解释了原子的稳定性和原子的线状光谱理论。该理论指出，原子处于稳定状态时不辐射能量，当原子从高能态(能量 E_m)向低能态(能量 E_n)跃迁时才辐射。辐射能量满足 $\Delta E = E_m - E_n$，对于外界提供的能量，只有满足原子跃迁到高能级的能级差时，原子才吸收并跃迁，否则不吸收。

1914 年德国物理学家弗兰克和赫兹用慢电子穿过汞蒸气的实验，发现电子与原子碰撞时能量总是以一定值交换，并用实验的方法测定了汞原子的第一激发电势，从而证明了原子分立能态的存在。后来他们又观测了实验中被激发的原子回到正常态时所辐射的光，测出的辐射光的频率很好地满足了玻尔理论。弗兰克-赫兹实验的结果为玻尔理论提供了直接的实验证据。

玻尔因其原子模型理论获 1922 年诺贝尔物理学奖，而弗兰克与赫兹也于 1925 年获诺贝尔物理学奖。

一、实验目的

(1) 测量氩原子的第一激发电势；证实原子能级的存在，加深对原子结构的了解。
(2) 了解在微观世界中，电子与原子的碰撞和能量概率及其影响因素。

二、实验原理

根据玻尔的原子理论，原子只能较长久地停留在一些稳定的状态下，简称"定态"。原子在定态时既不发射能量也不吸收能量，各定态的能量是分立的，也就是，处于不同的能级上，原子只能吸收或辐射出相当于各能级之间差值的能量。原子从一个定态跃迁到另一个定态时将发生能量的发射和吸收，发射或吸收的能量辐射的频率也是一定值，其辐射频率决定于 $h\nu = \Delta E = E_m - E_n$，$h$ 为普朗克常量，则有

$$\nu = (E_m - E_n)/h \tag{1.2.1}$$

要使原子状态改变，必须有一外部能量对原子作用，轰击原子以便使之获得能量产生跃迁。弗兰克-赫兹实验就是通过加速电子使具有一定能量的电子与原子进行碰撞，进行能量交换而实现原子能态的改变。

弗兰克-赫兹实验原理如图 1.2.1 所示，充氩气的电子管中，K 为阴极，A 为

板极，G_1、G_2 分别为第一、第二栅极。

阴极 K、栅极 G_1、栅极 G_2 之间加正向电压，为电子提供能量。U_{G_1K} 的作用主要是消除空间电荷对阴极电子发射的影响，提高发射效率。栅极 G_2 和极板 A 之间加反向电压，形成拒斥电场。

电子从热阴极 K 发出，在 K-G_2 区间获得能量，在 G_2-A 区间损失能量。如果电子进入 G_2-A 区域时动能大于或等于 eU_{G_2A}，就能到达板极，形成板极电流 I。

电子在不同区间的情况：

在 K-G_1 区间，电子迅速被电场加速而获得能量。在 G_1-G_2 区间，电子继续从电场获得能量并不断与氩原子碰撞。当其能量小于氩原子第一激发态与基态的能级差 $\Delta E = E_2 - E_1$ 时，氩原子基本不吸收电子的能量，碰撞属于弹性碰撞。当电子的能量达到 ΔE 时，则在碰撞中这部分能量可能被氩原子吸收，这时的碰撞属于非弹性碰撞。ΔE 称为临界能量。在 G_2-A 区间，电子受阻，被拒斥电场吸收能量。若电子进入此区间时的能量小于 eU_{G_2A}，则不能到达板极。

由此可见，若 $eU_{G_2K} < \Delta E$，则电子带着 eU_{G_2K} 的能量进入 G_2-A 区域。随着 U_{G_2K} 的增加，电流 I 增加(如图 1.2.2 中 Oa 段)。

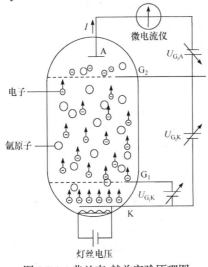

图 1.2.1　弗兰克-赫兹实验原理图

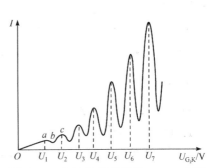

图 1.2.2　弗兰克-赫兹实验 U_{G_2K}-I 曲线

若 $eU_{G_2K} = \Delta E$，则电子在达到 G_2 处刚够临界能量，不过它立即开始消耗能量。继续增大 U_{G_2K}，电子能量被吸收的概率逐渐增加，板极电流逐渐下降(如图 1.2.2 中 ab 段)。

继续增大 U_{G_2K}，电子碰撞后的剩余能量也增加，到达板极的电子又会逐渐增多(如图 1.2.2 中 bc 段)。

若 $eU_{\mathrm{G_2K}} > n\Delta E$，则电子在进入 G₂-A 区域之前可能 n 次被氩原子碰撞而损失能量，极板电流 I 随加速电压 $U_{\mathrm{G_2K}}$ 变化的曲线就形成 n 个峰值，如图 1.2.2 所示。凡是在

$$U_{\mathrm{G_2K}} = n\Delta U \tag{1.2.2}$$

处，极板电流就会相应下跌，相邻峰值之间的电压差 ΔU 称为氩原子的第一激发电势。氩原子第一激发态与基态间的能级差为

$$\Delta E = e\Delta U \tag{1.2.3}$$

三、实验仪器

本实验仪器由操作主机和 EWF1 型电子管基座两部分组成，其中操作主机面板从左至右依次为触摸控制屏、操控电子编码器旋钮和线路接口，电子管基座由线路接口和电子管组成，具体接线方式如图 1.2.3 所示。

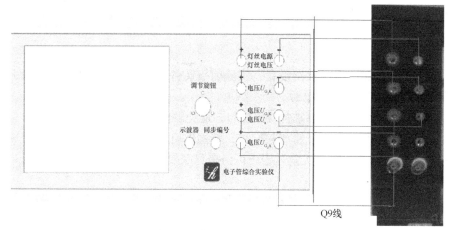

图 1.2.3　仪器面板接线示意图

四、实验内容

测量原子(以下以氩原子为例)的第一激发电势。通过 $U_{\mathrm{G_2K}}$-I 曲线，观察原子能量量子化情况，并求出氩原子的第一激发电势。

实验步骤以智能型弗兰克-赫兹实验仪为例，分为自动、手动和输出三种模式，其中输出模式为连接示波器时使用。

(1) 按上述接线方式将机箱与电子管测试架上的相应插座用专用连接线连好。

(2) 打开仪器电源和示波器电源。

(3) 点击屏幕上"手动模式"按钮选择手动模式。

(4) 各组电压都加载后，预热 10min 以上开始实验，设置好灯丝电流和反向

电压后，手动缓慢调节阳极电压并点击"记录数据"依次记录多点数据。

(5) 点击屏幕上"自动模式"按钮选择自动模式，点击"记录数据"，触摸屏上将同步显示实验曲线(步距为 0.08V)。

(6) 在自动测量状态下，第二栅压从 0 开始到 85V 结束，其间要注意观察触控屏(及示波器)上曲线峰值位置，并记录相应的第二栅压值。

(7) 自动状态测量结束后，再次点击屏幕上"手动模式"按钮选择手动模式，等待 5min 后再次进行手动测量。

(8) 改变第二栅压从 0 开始到 85V 结束，要求每改变 1V 记录相应 I 和 U_{G_2K} 值。

(9) 实验完毕后，关闭仪器电源和示波器电源。

实验要求

(1) 在坐标纸上描绘各组 $I-U_{G_2K}$ 数据对应曲线。

(2) 计算每两个相邻峰或谷所对应的 U_{G_2K} 之差值 ΔU_{G_2K}，并求出其平均值 $\bar{U}_0$。将实验值 $\bar{U}_0$ 与氩的第一激发电势 $U_0=13.1V$ 相比较，计算相对误差，并写出表达式。

五、注意事项

(1) 本仪器属于电子仪器设备，实验前拔插各连接线路时请确保电源及开关关闭，实验结束后请关闭电源。

(2) 实验过程中请勿触碰各线路接口，避免触电等其他危险。

(3) 实验用弗兰克电子管属易碎品，请确保电子管罩及电子管座接触严密。更换电子管时轻缓拔插；实验过程中请勿恶意超限调节电压、电流，以延长电子管使用寿命。

(4) 实验过程中出现任何异常现象请及时向实验老师报告，切勿擅自操作。

(5) 实验过程中，U_{G_2K} 最高不能超过 82V，否则弗兰克-赫兹管有被击穿的危险。

参考资料

1. 电子管综合实验说明书. 蜀汉量子, 2016.
2. 杨福家. 原子物理学. 5 版. 北京: 高等教育出版社, 2019.
3. 丁慎训, 张连芳. 物理实验教程. 北京: 清华大学出版社, 2002.
4. 马文蔚, 周雨青, 解希顺. 物理学. 6 版. 北京: 高等教育出版社, 2014.
5. 何光宏, 汪涛, 韩忠. 大学物理实验. 北京: 科学出版社, 2017.

实验 1.3　金属逸出功的测定

金属中存在大量的自由电子，但电子在金属内部所具有的能量低于在外部所具有的能量,因而电子逸出金属时需要给电子提供一定的能量,这份能量称为电子逸出功。

研究电子逸出是一项很有意义的工作,很多电子器件都与电子发射有关,如电视机的电子枪,它的发射效果会影响电视机的质量,因此研究这种材料的物理性质对提高材料的性能是十分重要的。

一、实验目的

(1) 用理查森(Richardson)直线法测定金属钨的电子逸出功。

(2) 学习数据处理的方法。

二、实验原理

1. 热电子发射测量电子逸出功的基本原理

真空二极管的阴极(用被测金属钨丝做成)通以电流加热以提高阴极温度,温度的升高改变了金属钨丝内电子的能量分布,使动能大于 E_F 的电子增多,使动能大于 E_b 的电子数达到可观测的数目,使从金属表面发射出来的热电子达到可检测的数目,因此在阳极 A 未加正电压(图 1.3.1 中 $U_a = 0$)时,连接两个电极的外电路中也将会检测到有热发射电流 I (称为零场电流)通过。此零场电流强度 I 由理查森-热西曼公式确定,有

$$I = AST^2 \exp\left(-\frac{e\varphi}{kT}\right) \tag{1.3.1}$$

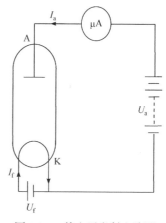

图 1.3.1　热电子发射电路图

它就是热电子发射测量电子逸出功的基本原理公式。式中,A 为和阴极表面化学纯度有关的系数(单位为 A/(m$^2 \cdot$ K^2));S 为阴极的有效发射面积(单位为 m^2);T 为发射热电子的阴极的绝对温度(单位为 K);k 为玻尔兹曼常量。此式显示出电子逸出功 ($e\varphi$) 对热电子发射的强弱有着决定性作用。

将式(1.3.1)两边除以 T^2,再取对数,得

$$\lg\frac{I}{T^2} = \lg AS - \frac{e\varphi}{2.30kT} = \lg AS - 5.04\times10^3\,\varphi\,\frac{1}{T} \tag{1.3.2}$$

此式显示 $\lg\dfrac{I}{T^2}$ 与 $\dfrac{1}{T}$ 呈线性关系。如以 $\lg\dfrac{I}{T^2}$ 为纵坐标,$\dfrac{1}{T}$ 为横坐标作图,由直线斜率即可求出电子的逸出电势 φ 和逸出功 $e\varphi$。这样的数学处理方法叫理查森直

线法。

2. 零场电流 I 的测量

当热电子不断从阴极射出飞向阳极的过程中形成了空间电荷，空间电荷的电场阻碍后续的电子飞往阳极，这就严重地影响了零场电流的测量。为了克服空间电荷电场的影响，使电子一旦逸出就能迅速飞往阳极，不得不在阳极和阴极之间加一个加速场 E_a。但是，E_a 的存在又会产生肖特基效应，使阴极表面的势垒 E_b 降低，电子逸出功减小，发射电流变大，因而测量得到的电流是在加速电场 E_a 的作用下阴极表面发射电流 I_a，而不是零场电流 I。可以证明零场电流 I 与 I_a 的关系为

$$I_a = I \exp\left(\frac{0.439\sqrt{E_a}}{T}\right)$$

对上式取对数，曲线取直，有

$$\lg I_a = \lg I + \frac{0.439\sqrt{E_a}}{2.30T} \tag{1.3.3}$$

通常把阴极和阳极做成共轴圆柱形，忽略接触电势差和其他影响，则加速电场可表示为 $E_a = \dfrac{U_a}{r_1 \ln(r_2/r_1)}$，其中 r_1 和 r_2 分别为阴极和阳极的半径，U_a 为阳极电压。

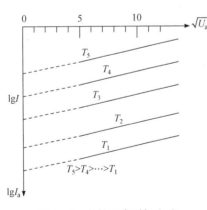

图 1.3.2 外推法求零场电流

把 E_a 代入上式得

$$\lg I_a = \lg I + \frac{0.439}{2.30T} \frac{1}{\sqrt{r_1 \ln(r_2/r_1)}} \sqrt{U_a}$$

$$\tag{1.3.4}$$

此式是测量零级电流的基本公式。对于一定尺寸的二极管，当阴极的温度 T 一定时，$\lg I_a$ 和 $\sqrt{U_a}$ 呈线性关系。如果以 $\lg I_a$ 为纵坐标、以 $\sqrt{U_a}$ 为横坐标作图(图 1.3.2)，则这些直线的延长线与纵坐标的交点为 $\lg I$。求反对数，可求出在一定温度下的零场电流 I。

三、实验仪器

本实验仪器由操作主机和 SHZ-EWF1 型电子管基座两部分组成，其中操作主机面板从左至右依次为触摸控制屏、操控电子编码器旋钮和线路接口，电子管基座由线路接口和电子管组成，具体接线方式如图 1.3.3 所示。

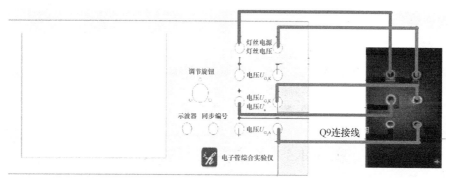

图 1.3.3　实验接线示意图

四、实验内容

(1) 按照图 1.3.4 连接好实验电路，接通电源，预热 10min。

(2) 调节理想二极管灯丝电流 I_f 在 0.6～0.7A，每隔 0.05A 进行一次测量，对应温度按照 $T = 920 + 1600 I_f$ 求得(如果阳极电流 I_a 偏小或偏大，也可适当增加或降低灯丝电流 I_f)。对应每一灯丝电流，在阳极上依次加上电压 25V、36V、49V、64V、81V、100V、121V、144V，各测出一组阳极电流 I_a 。

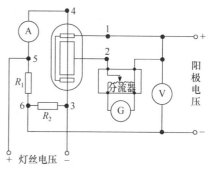

图 1.3.4　实验电路图

(3) 作 $\lg I_a$-$\sqrt{U_a}$ 图线，求出截距 $\lg I$ ，即可得在不同阴极温度时的零场热电子发射电流 I 。

(4) 作 $\lg \dfrac{I}{T^2}$-$\dfrac{1}{T}$ 图线。由直线斜率求电子逸出电势，计算出逸出功 $e\varphi$ ，并与公认值 4.54eV 比较，计算相对误差。

五、注意事项

(1) 实验开始前连接线路及实验后拔除线路时，请勿触碰线路金属部分，避免高压对身体造成伤害。

(2) 因实验时可能长期处于高压状态，故机箱温度较高，实验数据采集结束后请及时降压或关闭实验仪，同时注意降温。

(3) 实验所用电子管因生产原因其性能不会完全一致，故在实验室相同条件下不同灯管所逸出的电子数量不会完全一致，建议多次进行实验，计算曲线斜率，以减小误差。

参考资料

1. 电子管综合实验说明书. 蜀汉量子, 2016.
2. 杨福家. 原子物理学. 5 版. 北京: 高等教育出版社, 2019.
3. 丁慎训, 张连芳. 物理实验教程. 北京: 清华大学出版社, 2002.
4. 马文蔚, 周雨青, 解希顺. 物理学. 6 版. 北京: 高等教育出版社, 2014.

实验 1.4　X 射线谱与吸收实验

一、实验目的

(1) 了解 X 射线与物质的相互作用及其在物质中的吸收规律。

(2) 测量不同能量的 X 射线在金属铝中的吸收系数。

(3) 了解元素的特征 X 射线能量与原子序数的关系。

二、实验原理

1. X 射线的吸收

X 射线是一种电磁波, 它的波长为 100~0.01Å。如图 1.4.1 所示, 当一束单色的 X 射线垂直入射到吸附体上, 通过吸收体后, 其强度减弱, 即 X 射线被物质吸收。这一过程可分为光电吸收和散射两部分。

(1) 光电吸收: 入射 X 射线打出原子的内层电子, 如 K 层电子, 结果在 K 层出现一个空位, 接着发生两种可能的过程: ①当 L 层或高层电子迁移到 K 层空位上时, 发出 KX 射线(对重元素发生概率较大); ②发出俄歇电子(对轻元素发生概率较大)。

(2) 散射: 是电磁波与原子或者分子中的电子发生作用。散射也分为两种。①波长不改变的散射, X 射线使原子中的电子发生振动, 振动的电子向各方向辐射电磁波, 其频率与 X 射线的频率相同, 这种散射称为汤姆孙散射; ②波长改变的散射, 即康普顿散射。对于铝, 当 X 射线的能量低于 0.04MeV 时, 光电效应占优势, 康普顿散射可以忽略。

如图 1.4.1 所示, 设一厚度及成分均匀的吸收体, 其厚度为 d, 每立方厘米有 N 个原子。若能量为 $h\nu$ 的准直光束单位时间内垂直入射到吸收体单位面积上的光子数为 I_0, 则通过厚度为 x 的物质后透射出去的光子数为 $I(x)$, 并且

$$I(x) = I_0 e^{-\mu x} \tag{1.4.1}$$

式(1.4.1)中的 μ 定义为线性吸收系数, 即 $\mu = N\sigma$, σ 为截面, 其单位为 $\mathrm{cm}^2 \cdot \mathrm{atom}^{-1}$, μ 的量纲为 cm^{-1}。对于原子序数为 Z 的原子, K 层的光电截面为 $\sigma_{\mathrm{ph}}(\mathrm{cm}^2 \cdot \mathrm{electron}^{-1})$。

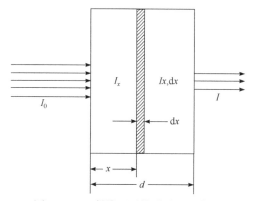

图 1.4.1　X 射线通过物质时的示意图

$$\sigma_{\mathrm{ph}} = \varphi_0 Z^5 \alpha^4 2^{5/2} (m_0 c^2 / h\nu)^{7/2} \tag{1.4.2}$$

其中，$\varphi_0 = \dfrac{8}{3}\pi r_0^2$，$r_0 = e^2 / m_0 c^2$，$\alpha = 2\pi e^2 / hc \sim \dfrac{1}{137.04}$。

对于汤姆孙散射，每一个电子的截面是 $\sigma_{\mathrm{T}}\,(\mathrm{cm}^2 \cdot \mathrm{electron}^{-1})$，

$$\alpha_{\mathrm{T}} = \frac{8\pi}{3}\left(\frac{e^2}{m_0 c^2}\right)^2 = 0.6652 \times 10^{-24}\,(\mathrm{cm}^2 \cdot \mathrm{electron}^{-1}) \tag{1.4.3}$$

$$\mu_{\mathrm{ph}} = N\sigma_{\mathrm{ph}} \tag{1.4.4}$$

$$\mu_{\mathrm{T}} = NZ\sigma_{\mathrm{T}} \tag{1.4.5}$$

总的线性吸收系数 μ 是二者之和，即

$$\mu = \mu_{\mathrm{ph}} + \mu_{\mathrm{T}} \tag{1.4.6}$$

质量吸收系数为

$$\mu_{\mathrm{m}} = \frac{\mu}{\rho}\left(\frac{\mathrm{cm}^2}{\mathrm{g}}\right) = \sigma \frac{N_{\mathrm{A}}}{A} \tag{1.4.7}$$

所以式(1.4.1)又可表示为

$$I = I_0 \mathrm{e}^{-\mu_{\mathrm{m}}\rho x} \tag{1.4.8}$$

式(1.4.7)中的 N_{A} 为阿伏伽德罗常量，A 是原子量。图 1.4.2 表示了金属铅、铜、铝的质量吸收系数随波长的变化。在能量低于 0.1MeV 时，随着能量减小，截面显示出尖锐的突变。实验表明，吸收系数随着 X 射线能量的增加而减小，突然下降的波长(吸收限)与 K 系激发限的波长很接近。在长波长区还有 L 突变与 M 突变的存在，由于 L 层和 M 层构造的复杂性，这些突变不如 K 突变那么明显，并且有几个最大值。

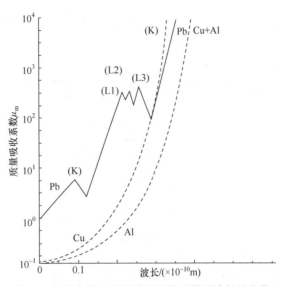

图 1.4.2　铅、铜、铝的质量吸收系数随波长的变化

各种元素对不同波长入射 X 射线的吸收系数由实验确定。元素的质量吸收系数与入射 X 射线能量之间的关系可以用经验公式表示。

对于 $E' > E > E_K$

$$\mu_m = C'_K \varphi^n (\text{cm}^2 / \text{g}) \tag{1.4.9}$$

或

$$\mu_m = C'_K (12.3981 / E)^n$$

对铝吸收体，E' 为 6.20keV，E_K 为 1.5596keV，C'_K 为 16.16，n 为 2.7345。

2. X 射线的特征谱

原子可以通过核衰变过程转换及轨道电子俘获，也可以通过外部射线，如 X 射线、β(电子束)、α粒子及其他带电粒子，与原子中电子相互作用产生内层电子空位，在电子跃迁中产生特征 X 射线。玻尔理论指出电子跃迁时放出的光子具有一定的波长，它的能量为

$$h\nu = Z^2 \frac{2\pi^2 m_0 e^4}{h^2} \left(\frac{1}{n_1^2} - \frac{1}{n_2^2} \right) \tag{1.4.10}$$

或

$$h\nu = (\alpha Z)^2 \frac{m_0 c^2}{2} \left(\frac{1}{n_1^2} - \frac{1}{n_2^2} \right) \tag{1.4.11}$$

其中，n_1、n_2 分别为电子终态、始态所处壳层的主量子数。对 K_α 线系，$n_1 = 1$，

$n_2 = 2$；对 L_α 线系，$n_1 = 2$，$n_2 = 3$。根据特征 X 射线的能量，可以辨认激发原子的原子序数。

莫塞莱在实验中发现，轻元素的原子序数与 K_α 及 L_α 线系特征 X 射线的频率 $\nu^{1/2}$ 之间存在线性关系。对于 K_α 线系可以表示为

$$\nu^{1/2} = 常数(Z-1) \tag{1.4.12}$$

对 L_α 线系也表示为

$$\nu^{1/2} = 常数(Z-7.4) \tag{1.4.13}$$

图 1.4.3 表示 K_α 线系的 $\nu^{1/2}$ 与原子序数的关系，可以看到原子内存在的 K，L，… 层电子对核场屏蔽作用，使有效电荷小于 Ze。不同电子壳层，屏蔽效应不同，L 层电子跃迁到 K 层，其有效屏蔽常数为 1，M 层电子跃迁到 L 层，其有效屏蔽常数为 7.4。

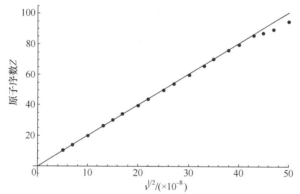

图 1.4.3　K_α 线系的 $\nu^{1/2}$ 与原子序数的关系，直线在 Z 较高处弯曲，是由于有效核电荷的变化

3. 低能 X 射线谱仪

该低能 X 射线谱仪是由正比计数器、电荷灵敏放大器、线性放大器、定标器、多道分析仪等仪器组成的。

正比计数器工作在气体探测器特性曲线的正比区，在这个区域，由于气体空间电场强度较大，电离产生的电子在两次碰撞中受电场加速而获得的能量 E 很大，可以使气体分子再电离，因而最后收集到的电离数比原初电离数大很多，并且在确定的工作条件下，气体放大倍数 M 与原初电离无关，因此正比计数器既能输出较大的脉冲又能保持与初电离的正比关系，这就使得正比计数器既能用于粒子探测器又能作能谱测量。

设 N 为原初电离的离子对数，则电流脉冲输出总电荷量 $Q = MNe$，式中 M 为气体放大倍数，N 为初电离离子对数，输出电压脉冲幅度 $V \propto Q/C_f$，C_f 为放大器反馈电容。正比计数器在测量低能射线方面得到广泛应用。

在低能 X 射线范围内，常用 ^{55}Fe 源作为测量探测器能谱分辨率的参考源，正

比计数器的能量分辨率比闪烁体计数器好 2～3 倍，但仍不如 Si(Li)探测器。在低能区，分辨率一般在 14%～20%，谱线的展宽除由于电离对数的统计涨落和气体放大倍数的统计涨落外，还有电子线路、工艺、制造商的原因。

正比计数器的能量分辨率估算公式为

$$\eta = \frac{\Delta E}{E} = 2.36\sqrt{(F + 0.68)\frac{1}{N}} \tag{1.4.14}$$

其中，F 为法诺因子，对气体，F 为 1/3～1/2，对 Ar 气体，F 为 0.2；N 为原始电离对数，$N = E/W$，E 为 X 射线能量，W 为气体平均电离功，对 CO_2，$W = 32.9\text{eV}$，对 Ar，$W = 26.4\text{eV}$，对 Xe，$W = 22.6\text{eV}$。

在低能情况下，由于入射 X 射线在气体中的吸收主要是光电效应，在能谱上最显著的谱形是一个相当于 X 射线的光电峰。但在工作气体中会有特征 X 射线放出，它有可能从计数器中逃逸出去，因此在能谱上也会看到逃逸峰。用一个充 Ar 气体的正比计数器测得的 ^{55}Fe 源的能谱，如图 1.4.4 所示，从图中可以看出低能部分就有逃逸峰。光电峰与逃逸峰的能量差就是工作气体所产生的特征 X 射线能量。对于 Ar、Xe，特征 X 射线的能量分别为 2.96keV 与 29.7keV。在复杂 X 射线谱的分析中要仔细辨别逃逸峰。

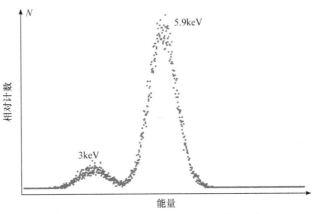

图 1.4.4　Ar 正比计数管测 ^{55}Fe 源 X 射线谱形

三、实验仪器

虚拟核仿真信号源 NEK0600-01G 一台；通用数据采集器 AV6012-GE 一台。

如图 1.4.5 所示，本实验中使用虚拟核仿真信号源产生核脉冲信号，从而代替了放射源、探测器、高压电源与电荷灵敏放大器；通用数据采集器使用多道分析功能，对信号源输出的核脉冲进行线性放大并进行多道能谱测量与分析。通过软件控制虚拟核仿真信号源的电压值、靶材料、放射源、吸收片厚度等状态量，可以得到相应的核脉冲信号，经过多道分析可以观察到相应的物理现象。

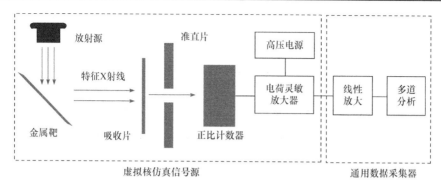

图 1.4.5　X 射线能谱测量及 X 射线吸收实验装置连接图

四、实验内容

1. 测量不同元素的特征 X 射线谱

打开实验软件，加载探测器高压，添加 ^{238}Pu 放射源，预热 5min；添加 Pb 靶样品，打开多道分析仪软件测量 Pb 靶的特征 X 射线能谱，测量时间为 5min，测量结束后寻峰并记录其特征峰位。依次将靶换成 Zn、Cu、Fe、Ni，重复以上步骤，从资料中查出相应样品的特征 X 射线能量，作峰位-能量关系曲线。

2. 测量不同能量的 X 射线在铝中的吸收系数

点击实验软件第二步，将 Zn 样品作为靶片，从 0 片开始依次增加 Al 吸收片至 5 片，每次测量 5min，固定每次的多道寻峰范围，记录净面积。结果按式(1.4.8)用最小二乘法拟合，求出 μ_m 值。将样品更换为铜，依照上述步骤进行测量及处理。

五、思考题

(1) ^{238}Pu 源的 X 射线能量在 11.6～21.6keV，说明其能否激发 Ag 的 K_α 线?

(2) 试比较每个原子的汤姆孙散射截面与铝原子的光电效应截面。你认为汤姆孙散射截面重要吗?

(3) 假设一束非理想准直束，其发射角为 10°、25°，估计其对铝的线性吸收系数实验值的影响。

参考资料

1. 杨福家. 原子物理学. 5 版. 北京: 高等教育出版社, 2019.
2. 吴思诚, 荀坤. 近代物理实验. 4 版. 北京: 高等教育出版社, 2015.
3. 马洪良, 裴宁, 王叶, 等. 近代物理实验. 上海: 上海大学出版社, 2005.

附录

各种元素 K 吸收限及特征 X 射线参数表见表 1.4.1。

表 1.4.1　元素 K 吸收限及特征 X 射线参数表

原子序数	元素		密度(标准温度压力下)/(g/cm²)	K 吸收限 能量/keV	质量吸收系数/(cm²/g)		主要 K 系特征 X 射线						荧光产额 ω_k	L 吸收限能量/keV			主要 L 系特征 X 射线能量/keV					荧光产额 ω_k
					μ_1	μ_2	Kα1 能量/keV	Kα2 能量	Kβ1 能量	Kβ1 比例	Kβ2 能量	Kβ2 比例		L_I	L_II	L_III	Lα1	Lα2	Lβ1	Lβ2	Lγ1	
1	H	氢	8.98×10⁻⁵	0.0136																		
2	He	氦	1.78×10⁻⁴	0.0246																		
3	Li	锂	0.53	0.055			0.052															
4	Be	铍	1.84	0.116			0.110															
5	B	硼	2.34	0.192			0.185															
6	C	碳	2.25	0.283	1000		0.282						0.001									
7	N	氮	1.25×10⁻³	0.339	840		0.392						0.002									
8	O	氧	1.43×10⁻³	0.531	720	11000	0.523						0.003									
9	F	氟	1.70×10⁻³	0.687	600	8600	0.677						0.005									
10	Ne	氖	0.90×10⁻³	0.874	500	6800	0.851						0.008	0.048	0.022	0.022						
11	Na	钠	0.97	1.08	420	5400	1.041		1.067				0.013	0.055	0.034	0.034						
12	Mg	镁	1.74	1.303	350	4500	1.254		1.297				0.019	0.063	0.050	0.049						
13	Al	铝	2.7	1.559	300	3700	1.487	1.486	1.553				0.026	0.087	0.073	0.072						
14	Si	硅	2.35	1.838	250	3000	1.740	1.739	1.832				0.036	0.118	0.099	0.098						
15	P	磷	2.2	2.142	215	2500	2.015	2.014	2.136				0.047	0.154	0.129	0.128						
16	S	硫	2	2.470	185	2100	2.308	2.306	2.464				0.061	0.193	0.264	0.163						

续表

原子序数	元素	密度(标准温度压力下)/(g/cm²)	K吸收限能量/keV	质量吸收系数/(cm²/g) μ₁	μ₂	Kα1能量/keV	Kα2能量	Kα2比例	Kβ1能量	Kβ1比例	Kβ2能量	Kβ2比例	荧光产额 ωk	L I	L II	L III	Lα1	Lα2	Lβ1	Lβ2	Lγ1	荧光产额 ωk
17	Cl 氯	3.21×10^{-3}	2.826	160	1800	2.622	2.621		2.815				0.078	0.238	0.203	0.202						
18	Ar 氩	1.78×10^{-3}	3.203	140	1500	2.957	2.955		3.192				0.097	0.287	0.247	0.245						
19	K 钾	0.86	3.607	120	1250	3.313	3.310		3.589				0.118	0.341	0.297	0.294						
20	Ca 钙	1.54	4.038	104	1050	3.691	3.688	52	4.012	19			0.142	0.399	0.352	0.349	0.341		0.344			0.001
21	Sc 钪	3	4.496	91	900	4.090	4.085	52	4.460	18			0.168	0.462	0.411	0.406	0.395		0.399			0.001
22	Ti 钛	4.5	4.964	80	760	4.510	4.504	51	4.931	17			0.197	0.530	0.460	0.454	0.452		0.458			0.001
23	V 钒	5.9	5.463	72	660	4.952	4.944	51	5.427	17			0.227	0.604	0.519	0.512	0.510		0.519			0.002
24	Cr 铬	6.9	5.988	64	580	5.414	5.405	51	5.946	16			0.258	0.679	0.583	0.574	0.571		0.581			0.002
25	Mn 锰	7.42	6.537	57	500	5.898	5.887	51	6.490	16			0.291	0.762	0.65	0.639	0.636		0.647			0.003
26	Fe 铁	7.9	7.111	51	450	6.403	6.390	50	7.057	16			0.324	0.849	0.721	0.708	0.704		0.717			0.003
27	Co 钴	8.9	7.709	45	390	6.930	6.915	50	7.649	16			0.358	0.929	0.749	0.779	0.775		0.790			0.004
28	Ni 镍	8.8	8.331	42	345	7.477	7.460	50	8.264	17	8.328		0.392	1.015	0.871	0.853	0.849		0.866			0.005
29	Cu 铜	8.9	8.980	37	310	8.047	8.027	50	8.904	17	8.976		0.425	1.100	0.953	0.933	0.928		0.948			0.006
30	Zn 锌	7.1	9.660	33.5	275	8.638	8.615	50	9.571	18	9.657		0.458	1.200	1.045	1.022	1.009		1.032			0.007
31	Ga 镓	5.9	10.368	30.5	245	9.251	9.234	50	10.263	19	10.365	0.4	0.489	1.30	1.134	1.117	1.096		1.122			0.009
32	Ge 锗	5.46	11.103	27.5	220	9.885	9.854	50	10.981	19	11.100	0.6	0.520	1.42	1.248	1.217	1.186		1.216			0.010

续表

原子序数	元素		密度(标准温度压力下)(g/cm²)	K吸收限 能量/keV	质量吸收系数/(cm²/g)		主要 K 系数特征 X 射线							荧光产额 ωκ	L 吸收限能量/keV			主要 L 系特征 X 射线能量/keV					荧光产额 ωκ
					μ1	μ2	Kα1 能量/keV	Kα2 能量	比例	Kβ1 能量	比例	Kβ2 能量	比例	ωκ	LI	LII	LIII	Lα1	Lα2	Lβ1	Lβ2	Lγ1	ωκ
33	砷	As	5.7	11.863	25	200	10.543	10.507	50	11.725	20	11.861	0.9	0.549	4.529	1.359	1.323		1.282	1.317			0.012
34	硒	Se	4.5	12.652	23	180	11.221	11.181	50	12.495	20	12.651	1.3	0.577	1.652	1.473	1.434		1.379	1.419			0.014
35	溴	Br	3.1	13.475	21.4	162	11.923	11.877	50	13.290	21	13.465	1.7	0.604	1.794	1.599	1.552		1.480	1.526			0.016
36	氪	Kr	3.71×10⁻³	14.323	19.6	150	12.648	12.597	50	14.112	21	14.313	2.1	0.629	1.931	1.727	1.675		1.587	1.638			0.019
37	铷	Rb	1.5	15.201	18.2	134	13.394	13.335	50	14.960	22	15.184	2.4	0.653	2.067	1.866	1.806	1.694	1.692	1.752			0.021
38	锶	Sr	2.55	16.106	16.9	121	14.164	14.097	50	15.834	22	16.083	2.8	0.675	2.221	2.008	1.941	1.806	1.805	1.872			0.024
39	钇	Y	4.5	17.037	15.5	111	14.957	14.882	50	16.736	22	17.011	3.1	0.695	2.369	2.154	2.079	1.922	1.92	1.996			0.027
40	锆	Zr	6.54	17.998	14.4	102	15.774	15.690	50	17.666	23	17.969	3.4	0.715	2.547	2.305	2.22	2.042	2.04	2.124	2.219	2.302	0.031
41	铌	Nb	8.57	18.987	13.4	94	16.614	16.520	50	18.621	23	18.951	3.7	0.732	2.706	2.467	2.374	2.166	2.163	2.257	2.367	2.462	0.035
42	钼	Mo	10.2	20.002	12.5	86	17.478	17.373	50	19.607	24	19.964	4	0.749	2.884	2.627	2.523	2.293	2.29	2.395	2.518	2.623	0.039
43	锝	Tc	11.2	21.054	11.7	79	18.410	18.328	50	20.585	24	21.012	4.2	0.765	3.054	2.795	2.677	2.424	2.42	2.528	2.674	2.792	0.043
44	钌	Ru	12.1	22.118	11.0	73	19.278	19.149	50	21.655	24	22.072	4.4	0.779	3.236	2.966	2.837	2.558	2.554	2.683	2.836	2.964	0.047
45	铑	Rh	12.4	23.224	10.2	67	20.214	20.072	50	22.721	25	23.169	4.6	0.792	3.419	3.145	3.002	2.696	2.692	2.834	3.001	3.114	0.052
46	钯	Pd	12.2	24.347	9.8	62	21.175	21.018	50	23.816	25	24.297	4.8	0.805	3.617	3.329	3.172	2.838	2.833	2.990	3.172	3.328	0.058
47	银	Ag	10.5	25.517	9.2	58	22.162	21.988	51	24.942	25	25.454	5	0.816	3.810	3.528	3.352	2.984	2.978	3.151	3.384	3.519	0.063
48	镉	Cd	8.6	26.712	8.6	53	23.172	22.982	51	26.093	26	26.641	5	0.827	4.019	3.727	3.538	3.133	3.127	3.316	3.528	3.716	0.069

续表

原子序数	元素		密度(标准温度压力下)/(g/cm²)	K吸收限 能量/keV	质量吸收系数/(cm²/g)		主要 K 系特征 X 射线							荧光产额 ω_k	L 吸收限能量/keV			主要 L 系特征 X 射线能量/keV					荧光产额 ω_k
					μ_1	μ_2	$K_{\alpha 1}$ 能量/keV	$K_{\alpha 2}$ 能量	比例	$K_{\beta 1}$ 能量	比例	$K_{\beta 2}$ 能量	比例		L_I	L_{II}	L_{III}	$L_{\alpha 1}$	$L_{\alpha 2}$	$L_{\beta 1}$	$L_{\beta 2}$	$L_{\gamma 1}$	
49	铟	In	7.3	27.928	8.2	49	24.207	24.000	51	27.274	26	27.859	5	0.836	4.237	3.939	3.729	3.287	3.279	3.487	3.713	3.920	0.075
50	锡	Sn	7.3	29.190	7.7	46	25.270	25.042	51	28.483	26	29.106	5	0.845	4.464	4.157	3.928	3.444	3.435	3.662	3.904	4.131	0.081
51	锑	Sb	6.7	30.486	7.2	43	26.357	26.109	51	29.723	27	30.387	5	0.854	4.697	4.381	4.123	3.605	3.595	3.843	4.100	4.347	0.088
52	碲	Te	6.0	31.809	6.8	39.5	27.471	27.200	51	30.993	27	31.698	6	0.862	4.938	4.613	4.341	3.769	3.758	4.029	4.301	4.570	0.095
53	碘	I	4.9	33.164	6.5	37.0	28.610	28.315	51	32.292	27	33.016	6	0.869	5.190	4.856	4.559	3.937	3.926	4.220	4.507	4.800	0.102
54	氙	Xe	5.85×10⁻³	34.519	6.2	34.5	29.802	29.485	52	33.644	28	34.446	6	0.876	5.452	5.104	4.782	4.111	4.098	4.422	4.720	5.036	0.110
55	铯	Cs	1.87	35.959	5.8	32.0	30.970	30.623	52	34.984	28	35.819	6	0.882	5.720	5.358	5.011	4.286	4.272	4.620	4.936	5.280	0.118
56	钡	Ba	3.5	37.410	5.5	30.0	32.191	31.815	52	36.376	28	37.255	6	0.888	5.995	5.623	5.247	4.467	4.451	4.828	5.156	5.531	0.126
57	镧	La	6.1	38.931	5.2	28.5	33.440	33.033	52	37.799	28	38.728	6	0.893	6.283	5.894	5.489	4.651	4.635	5.043	5.384	5.789	0.135
58	铈	Ce	6.8	40.449	5.0	26.5	34.717	34.276	52	39.255	29	40.231	6	0.898	6.561	6.165	5.729	4.840	4.823	5.262	5.613	6.052	0.143
59	镨	Pr	6.8	41.998	4.75	25.0	36.023	35.548	52	40.746	29	41.772	6	0.902	6.846	6.443	5.968	5.034	5.014	5.489	5.850	6.322	0.152
60	钕	Nd	6.9	43.571	4.5	23.5	37.359	36.845	50	42.269	30	43.298	6	0.907	7.144	6.727	6.215	5.230	5.208	5.722	6.090	6.602	0.161
61	钷	Pm	6.78	45.207	4.35	22.5	38.649	38.160	52	43.945	30	44.955	7	0.911	7.448	7.018	6.466	5.431	5.408	5.956	6.336	6.891	0.171
62	钐	Sm	7.5	46.846	4.15	21.0	40.124	39.523	53	45.400	30	46.553	7	0.915	7.754	7.281	6.721	5.636	5.609	6.206	6.587	7.180	0.180
63	铕	Eu	5.26	48.515	4.0	19.5	41.529	40.877	53	47.027	30	48.241	7	0.918	8.069	7.624	6.983	5.846	5.816	6.456	6.842	7.478	0.190
64	钆	Gd	7.95	50.229	3.8	18.5	42.983	42.280	53	48.718	30	49.961	7	0.921	8.393	7.940	7.252	6.059	6.027	6.714	7.102	7.788	0.200

续表

原子序数	元素	密度(标准温度压力下)/(g/cm²)	K吸收限 能量/keV	质量吸收系数/(cm²/g) μ₁	μ₂	Kα1 能量/keV	Kα2 能量	Kα2 比例	Kβ1 能量	Kβ1 比例	Kβ2 能量	Kβ2 比例	荧光产额 ωκ	L吸收限 L_I	L_II	L_III	Lα1	Lα2	Lβ1	Lβ2	Lγ1	荧光产额 ωκ
65	铽 Tb	8.27	51.998	3.7	17.5	44.470	43.737	53	50.391	31	51.737	7	0.924	8.724	8.258	7.519	6.275	6.241	6.979	7.368	8.104	0.210
66	镝 Dy	8.54	53.789	3.55	16.5	45.985	45.193	53	52.178	31	53.491	7	0.927	9.083	8.261	7.850	6.495	6.457	7.249	7.638	8.418	0.220
67	钬 Ho	8.8	55.615	3.4	15.7	47.528	46.686	53	53.934	31	55.292	7	0.930	9.411	8.920	8.074	6.27	6.680	7.528	7.912	8.748	0.231
68	铒 Er	9.05	57.483	3.25	14.8	49.099	48.205	53	55.690	32	57.088	7	0.932	9.776	9.263	8.364	6.948	6.904	7.810	8.188	9.089	0.240
69	铥 Tm	9.33	59.335	3.15	14.0	50.730	49.762	54	57.576	32	58.969	7	0.934	10.14	9.628	8.652	7.181	7.135	7.103	8.472	9.424	0.251
70	镱 Yb	6.98	61.303	3.0	13.3	52.360	51.326	54	59.352	32	60.959	8	0.937	10.49	9.977	8.943	7.414	7.367	8.401	8.758	9.779	0.262
71	镥 Lu	9.84	63.304	2.9	12.7	54.063	52.959	54	61.282	32	62.946	8	0.939	10.87	10.35	9.241	7.654	7.604	8.708	9.048	10.412	0.272
72	铪 Hf	13.3	65.313	2.85	12.1	55.757	54.576	54	63.209	33	94.936	8	0.941	11.26	10.73	9.556	7.898	7.843	9.021	9.346	10.514	0.283
73	钽 Ta	16.6	67.400	2.75	11.8	57.524	56.270	54	65.210	33	66.999	8	0.942	11.68	11.13	9.876	8.145	8.087	9.341	9.649	10.892	0.293
74	钨 W	19.3	69.503	2.7	11.3	59.310	57.973	54	67.233	33	69.090	8	0.944	12.09	11.54	10.2	8.396	8.333	9.670	9.959	11.283	0.304
75	铼 Re	21	71.662	2.6	10.5	61.131	59.707	54	69.298	34	71.220	8	0.945	12.52	11.96	10.53	8.651	8.584	10.008	10.273	11.684	0.314
76	锇 Os	22.5	73.860	2.5	10.2	62.991	61.477	54	71.404	34	73.393	9	0.947	12.97	12.38	10.87	8.910	8.840	10.354	10.596	12.094	0.325
77	铱 Ir	22.4	76.097	2.4	9.7	64.886	63.278	55	73.549	34	75.605	9	0.948	13.41	12.82	11.21	9.173	9.098	10.706	10.918	12.509	0.335
78	铂 Pt	21.4	78.379	2.35	9.3	66.820	65.111	55	75.236	34	77.866	9	0.949	13.87	13.27	11.56	9.441	9.360	11.069	11.249	12.939	0.345
79	金 Au	19.3	80.713	2.3	8.8	68.794	66.980	55	77.968	35	80.165	9	0.951	14.35	13.73	11.92	9.711	9.625	11.439	11.582	13.379	0.356
80	汞 Hg	13.6	83.106	2.2	8.4	70.821	68.894	55	80.258	35	82.526	10	0.952	14.84	14.21	12.29	9.987	9.896	11.823	11.923	13.828	0.366

续表

原子序数	元素		密度(标准温度压力下)/(g/cm²)	K吸收限 能量/keV	质量吸收系数/(cm²/g)		主要 K 系数特征 X 射线							荧光产额 ωₖ	L 吸收限能量/keV			主要 L 系特征 X 射线能量/keV					荧光产额 ωₖ
					μ₁	μ₂	Kα1 能量/keV	Kα2 能量	比例	Kβ1 能量	比例	Kβ2 能量	比例		L_I	L_II	L_III	Lα1	Lα2	Lβ1	Lβ2	Lγ1	
81	Ti	铊	11.9	85.517	2.15	8.0	72.860	70.820	55	82.558	35	84.904	10	0.953	15.35	14.7	12.66	10.266	10.170	12.210	12.268	14.288	0.376
82	Pb	铅	11.3	88.001	2.1	7.7	74.957	72.794	55	84.922	35	87.343	10	0.954	15.87	15.21	13.04	10.549	10.448	12.611	12.620	14.762	0.386
83	Bi	铋	9.8	90.521	2.04	7.3	77.097	74.805	55	87.335	36	89.833	10	0.954	16.39	15.72	13.42	10.836	10.729	13.021	12.977	15.244	0.396
84	Po	钋		93.112	2.0	7.0	79.296	76.868	56	89.809	36	92.386	11	0.955	16.94	16.24	13.82	11.128	11.014	13.441	13.338	15.740	0.405
85	At	砹		95.740	1.93	6.6	81.525	78.956	56	92.319	36	94.976	11	0.956	17.49	16.78	14.22	11.424	11.304	13.873	13.705	16.248	0.415
86	Rn	氡	9.73×10⁻³	98.418	1.9	6.3	83.800	81.080	56	94.877	37	97.616	11	0.957	18.06	17.39	14.62	11.724	11.597	14.316	14.077	16.768	0.425
87	Fr	钫		101.147	1.83	6.0	86.119	83.243	56	97.483	37	100.305	12	0.958	18.64	17.9	15.03	12.029	11.894	14.770	14.459	17.301	0.434
88	Ra	镭		103.927	1.76	5.75	88.485	85.446	56	100.14	37	103.048	12	0.958	19.23	18.48	15.44	12.338	12.194	15.233	14.839	17.845	0.443
89	Ac	锕		106.759	1.72	5.5	90.894	87.681	56	102.85	37	105.838	13	0.959	19.84	19.08	15.87	12.650	12.499	15.712	15.227	18.405	0.452
90	Th	钍	11.5	109.630	1.67	5.2	93.334	89.942	56	105.59	38	105.671	13	0.959	20.46	19.69	16.3	12.966	12.808	16.200	15.620	18.977	0.461
91	Pa	镤		112.581	1.64	4.95	95.851	92.271	56	108.41	38	111.575	13	0.960	21.1	20.31	16.63	13.291	13.120	16.700	16.022	19.559	0.469
92	U	铀		115.591	1.62	4.7	98.428	94.648	56	111.29	38	114.549	14	0.960	21.75	30.94	17.16	13.613	13.438	17.218	16.425	20.163	0.478
93	Np	镎	19.0	118.619	1.57	4.55	101.005	97.023	57	114.18	39	117.533	14	0.960	22.42	21.6	17.61	13.945	13.758	17.740	16.837	20.774	0.486
94	Pu	钚	19.7	121.720	1.53	4.35	103.653	99.457	57	117.15	39	120.592	15	0.960	23.1	22.26	18.07	14.279	14.082	18.278	17.254	21.401	0.494
95	Am	镅		124.876	1.50	4.15	106.351	101.932	57	120.16	39	123.706	15	0.960	23.79	22.94	18.53	14.618	14.411	18.829	17.677	22.042	0.502
96	Cm	锔		128.088	1.47	4.0	109.098	104.448	57	123.24	39	126.875	15	0.961	24.5	23.64	18.99	14.961	14.473	19.393	18.106	22.699	0.510
97	Bk	锫		131.357			111.896	107.023	57	126.36	40	130.101	16	0.961	25.23	24.35	19.46	15.309	15.079	19.971	18.540	23.370	0.517
98	Cf	锎		134.683			114.745	109.603	57	129.54	40	133.383	16	0.961	25.97	25.08	19.94	15.661	15.420	20.562	18980	24.056	0.524
99	Es	锿		138.067			117.646	112.244	57	132.78	40	136.724	17	0.961	26.73	25.82	20.42	16.018	15.764	21.166	19.426	24.758	0.531
100	Fm	镄		141.510			120.598	114.926	58	136.08	40	140.122	17	0.961	27.5	26.58	20.91	16.379	16.113	21.785	19879	25.475	0.538

实验 1.5　　电子荷质比的测定

1897 年，英国物理学家汤姆孙(J.J.Thomson，1856～1940)在剑桥卡文迪什实验室研究气体放电时，通过实验证实阴极射线是由微粒(后来人们把这种微粒称为电子)组成的，与容器内气体的性质和阴极的材料无关。后来他又发现电子也可以用其他方式获得，如热金属发射，从而进一步加强了他关于一切物质中都含有电子的论断。他首次测量了阴极射线的电荷与质量的比值(荷质比，也称比荷，e/m)。他考虑到原子既然呈现电中性，那么原子内部存在带负电的电子的同时还应有带等量正电的不明粒子，因此，在世界上第一次提出了原子结构的枣糕模型(也称西瓜模型)，即带正电的粒子均匀分布并充满于原子内部，带负电的电子镶嵌其中。1912 年，他通过对某些元素的极隧射线的研究，指出了同位素的存在。汤姆孙于1906 年获诺贝尔物理学奖，后来，他的儿子 G.P.汤姆孙因发现电子的波动性在1937年也获得了诺贝尔物理学奖。父子俩都因在电子研究方面而获得诺贝尔奖，在物理学史上成为佳话。

一、实验目的

(1) 观察电子束在电场作用下的偏转。
(2) 观察运动电荷在磁场中受洛伦兹力作用后的运动规律。
(3) 测定电子的荷质比。

二、实验原理

在物理学中，测定电子荷质比的实验方法多种多样，但其基本原理都差不多，即采用电场或磁场或者电场联合磁场的方法来控制电子的运动，从而测定电子的荷质比。本实验用亥姆霍兹线圈产生的磁场控制洛伦兹力管中电子的运动，通过电子轨迹参数的测量来测定电子的荷质比。

以速度 v 运动的电子，进入均匀磁场 B 中，将受到洛伦兹力的作用。洛伦兹力为

$$F = ev \times B \qquad (1.5.1)$$

根据矢量关系可知，当 v 和 B 平行时，力 F 等于零，磁场对电子的运动无影响。当 v 和 B 垂直时，力 F 垂直于速度 v 和磁感应强度 B 所决定的平面，电子在垂直于 B 的平面内做匀速率圆周运动，如图 1.5.1 所示。当 v 和 B 垂直时，洛伦兹力使得电子做圆周运动，则

图 1.5.1　电子在均匀磁场中运动

$$F = evB = m\frac{v^2}{R} \tag{1.5.2}$$

式中，R 为电子运动轨道的半径。由式(1.5.2)得电子荷质比为

$$\frac{e}{m} = \frac{v}{RB} \tag{1.5.3}$$

由式(1.5.3)可知，只要测定了电子运动的轨道半径 R、速度 v 和磁感应强度 B，即可测定电子的荷质比。

电子运动的速度 v 是由加速电极间的电压 U 决定的。一般电子离开阴极时的初速度相对较小，可以忽略，则

$$eU = \frac{1}{2}mv^2 \tag{1.5.4}$$

将式(1.5.2)代入式(1.5.3)，有

$$\frac{e}{m} = \frac{2U}{B^2R^2} \tag{1.5.5}$$

根据相关参数，即可测量出电子的荷质比。

三、实验仪器

本实验以 DH4520 型电子荷质比测定仪为例，仪器组成包括洛伦兹力管、亥姆霍兹线圈、供电电源和读数标尺等，安装在木制暗箱内，便于观察、测量、携带和储存，如图 1.5.2 所示。

图 1.5.2　电子荷质比测定仪

1. 洛伦兹力管

洛伦兹力管又称威尔尼管，是本实验仪的核心器件。它是一个直径为 153mm 的大灯泡，泡内抽真空后，充入一定压强的混合惰性气体。泡内装有一个特殊结构的电子枪，由热阴极、调制板、锥形加速阳极和一对偏转极板组成，如图 1.5.3 所示。经阳极加速后的电子，经过锥形加速阳极前端的小孔射出，形成电子束。具有一定能量的电子束与惰性气体分子碰撞后，使惰性气体发光，从而使电子束的运动轨迹可见。

2. 亥姆霍兹线圈

亥姆霍兹线圈是由一对绕向一致、彼此平行且共轴的圆形线圈组成，如图 1.5.4

所示。当两线圈正向串联并通以电流 I 且距离 a 等于线圈的半径 r 时，可以在线圈的轴线上获得不太强的均匀磁场。若两线圈间的距离 a 不等于 r，则轴线上的磁场就不均匀。

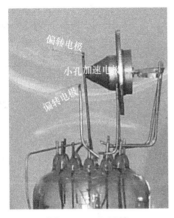

图 1.5.3　电子枪

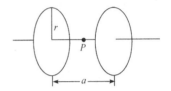

图 1.5.4　亥姆霍兹线圈

根据两个单线圈轴线上 P 点磁感应强度 B 的叠加，求出当 $a=r$ 时亥姆霍兹线圈轴线上总的磁感应强度为

$$B = 0.716 \frac{\mu_0 NI}{r}$$

式中，μ_0 为真空中的磁导率，$\mu_0 = 4\pi \times 10^{-7} \mathrm{H \cdot m^{-1}}$；$N$ 为每个线圈的匝数，$N=140$ 匝；r 为亥姆霍兹线圈的等效半径，$r=0.140\mathrm{m}$。根据以上数据，计算得

$$B = 9.00 \times 10^{-4} I (\mathrm{T}) \tag{1.5.6}$$

3. 供电电源

供电电源的前面板如图 1.5.5 所示。

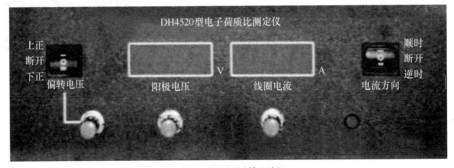

图 1.5.5　电源前面板

偏转电压：偏转电压开关分"上正""断开""下正"三挡。置"上正"时上偏转板接正电压，下偏转板接地；置"下正"时则相反；置"断开"时，上下偏转板均无电压接入。观察与测量电子束在洛伦兹力作用下的运动轨迹时，应置"断开"位置。偏转电压的大小由偏转电压开关下面的电位器调节。电压值从 50～250V 连续可调，无显示。

阳极电压：阳极电压接洛伦兹力管内的加速电极，用于加速电子的运动速度。电压值由数字电压表显示，值的大小由电压表下的电位器调节。实验时的电压范围为 100～200V。

线圈电流：线圈电流(励磁电流)方向开关分"顺时""断开""逆时"三挡。置"顺时"时，线圈中的电流方向为顺时针方向，线圈上的顺时指示灯亮，产生的磁场方向指向机内；置"逆时"时则相反；置"断开"时，线圈上的电流方向指示灯全熄灭，线圈中没有电流。电流值由数字电流表指示，值的大小由电流表下面的电位器调节。

请注意：在转换线圈电流的方向前，应先将线圈电流值调到最小，以免转换电流方向时产生强电弧烧坏开关的接触点。

在观察电子束在电场力的作用下发生偏转时，应将此开关置"断开"位置。

在仪器后盖上设有外接电流表和外接电压表接线柱，以备在作课堂演示时外接大型电压表和电流表。

读数装置：在亥姆霍兹线圈的前后线圈上分别装有单爪数显游标尺和镜子，以便在测量电子束圆周的直径 D 时，使游标尺上的爪子、电子束轨迹、爪子在镜中的像三者重合，构成一线，以减小视差，提高读数的准确性。游标读数分 inch 和 mm 两种刻度，请选用 mm 刻度。

四、实验内容

根据仪器的相关参数，将式(1.5.6)代入式(1.5.5)，可得电子荷质比

$$\frac{e}{m} = 2.47 \times 10^6 \frac{U}{R^2 I^2} (\text{C} \cdot \text{kg}^{-1})$$

如果用电子束轨迹的直径 D 表示，则

$$\frac{e}{m} = 9.88 \times 10^6 \frac{U}{D^2 I^2} (\text{C} \cdot \text{kg}^{-1}) \tag{1.5.7}$$

式中，U、D、I 都可以通过实验测得，电子荷质比也可由此求出。

如果电子运动的速度 v 和磁感应强度 B 不完全垂直，电子束将做螺旋线运动。

在开始通电实验前，应将仪器面板上各控制开关和旋钮放在下述位置上：偏转电压开关置"断开"，电位器逆时针转到电压最小(50V，无显示)。阳极电压的

电位器也逆时针调到零。线圈电流方向开关置"断开"，线圈电流的电位器也逆时针调到零。以上调节是为了保护仪器不受大电流高电压的冲击，延长洛伦兹力管的使用寿命。

打开电源，预热 5min。逐渐增加阳极电压至 100～200V，即可看到一束淡蓝绿色的光束从电子枪中射出，这就是电子束。

1. 观察电子束在电场作用下的偏转

转动洛伦兹力管，使角度指示为 90°，即电子束指向左边并与线圈轴线垂直。在转动洛伦兹力管时，务必用手抓住胶木管座，切勿手抓玻璃泡转动，以免管座松动。

将偏转电压开关拨到"上正"位置，这时上偏转板为正，下偏转板接地，观察电子束的偏转方向。加大偏转板上的偏转电压，观察偏转角度的变化情况。在偏转电压不变的情况下，加大阳极电压，观察偏转角度的变化情况。再将偏转电压调至最小，偏转开关拨到"下正"位置，作与上相同的观察。

记录观察到的现象，并作出理论解释。

2. 观察电子束在磁场中的运动轨迹

将偏转电压开关拨到"断开"位置。线圈电流方向开关拨到"顺时"位置，线圈上的顺时指示灯亮，加大线圈电流和阳极电压，观察电子束在磁场中运动轨迹的变化情况。转动洛伦兹力管，作进一步观察。

记录观察到的现象，并作出理论解释。

3. 测量电子的荷质比

根据以上所述，将电子束轨迹调整成一个闭合的圆。利用读数装置，在不同的阳极电压 U 和不同的线圈电流 I 下，仔细测量电子束轨迹的直径，计算电子荷质比。

具体内容建议：

(1) 固定阳极电压，改变线圈电流，作多次测量。

(2) 固定线圈电流，改变阳极电压，作多次测量。

欲使实验结果比较准确，关键是测准电子束轨迹的直径 D。圆的直径取为 4～9cm 时较为合适。

实验结束后，将阳极电压和线圈电流调到最小，偏转电压开关和线圈电流开关都拨到"断开"位置，然后关闭电源。

五、思考题

(1) 为什么电子束在旋转过程中，轨迹变得愈来愈粗，愈来愈模糊，这是正常的吗？请作理论分析。

(2) 试从测量误差角度讨论读数装置中采用的游标尺的分度值为 0.01mm 是否合理？为什么？采用多大的分度值更为合理？

(3) 讨论：若电子做螺旋运动，其螺距与哪些因素相关？等于多少？

参考资料

1. 杭州大华仪器制造有限公司仪器使用说明书.
2. 杨福家. 原子物理学. 5 版. 北京: 高等教育出版社, 2019.

实验 1.6　冉绍尔-汤森效应的研究

1921 年，德国物理学家冉绍尔(Carl Ramsauer)用磁偏转法分离出单一速度的电子，对极低能量 0.75～1.1eV 的电子在各种气体中的平均自由程做了研究。结果发现，氩气(Ar)中的平均自由程 $\bar{\lambda}e$ 远大于经典力学的理论计算值。以后，他又把电子能量扩展到 100eV 左右，发现 Ar 原子对电子的弹性散射截面 Q(与 $\bar{\lambda}e$ 成反比)随电子能量的减小而增大，在 10 eV 左右达到极大值，而后又随着电子能量的减小而减小。1922 年，现代气体放电理论的奠基人、英国物理学家汤森(J.S. Townsend)和贝利(Bailey)也发现了类似的现象。进一步的研究表明，无论哪种气体原子的弹性散射截面(或电子平均自由程)，在低能区都与碰撞电子的能量(或运动速度 v)明显相关，而且类似的原子具有相似的行为，这就是著名的冉绍尔-汤森效应。

冉绍尔-汤森效应是量子力学理论极好的实验例证，通过该实验，可以了解电子碰撞管的设计原则，掌握电子与原子的碰撞规则和测量原子散射截面的方法，测量低能电子与气体原子的散射概率以及有效弹性散射截面与电子速度的关系。

一、实验目的

(1) 了解电子碰撞管的设计原则，掌握电子与原子的碰撞规则和测量原子散射截面的方法。

(2) 测量低能电子与气体原子碰撞的散射概率 P_s 与电子速度的关系。

(3) 测量气体原子的有效弹性散射截面 Q 与电子速度的关系，测定散射截面最小时的电子能量。

(4) 验证冉绍尔-汤森效应，并学习用量子力学理论加以解释。

二、实验原理

1. 理论原理

冉绍尔在研究极低能量电子(0.75～1.1eV)的平均自由程时，发现氩气中电子自由程比用气体分子运动论计算出来的数值大得多。后来，把电子的能量扩展到一个较宽的范围内进行观察，发现氩原子对电子的弹性散射总有效截面 Q 随着电子能量的减小而增大，约在 10eV 附近达到一个极大值，而后开始下降，当电子能量逐渐减小到 1eV 左右时，总有效散射截面 Q 出现一个极小值。也就是说，对于能量为 1eV 左右的电子，氩气好像是透明的。电子能量小于 1eV 以后 Q 再度增大。此后，冉绍尔又对各种气体进行了测量，发现无论哪种气体的总有效散射截面都和碰撞电子的速度有关，并且，结构上类似的气体原子或分子，它们的总有

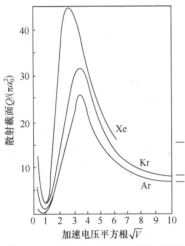

图 1.6.1　氙、氪、氩的冉绍尔曲线

效散射截面对电子速度的关系曲线 $Q = F(\sqrt{V})$（V 为加速电压值）具有相同的形状，称为冉绍尔曲线。图 1.6.1 为氙(Xe)、氪(Kr)、氩(Ar)三种惰性气体的冉绍尔曲线。图中横坐标是与电子速度成正比的加速电压平方根，纵坐标是散射截面 Q，这里采用原子单位，其中 a_0 为原子的玻尔半径。图中右方的横线表示用气体分子运动论计算出的 Q 值。显然，用两个钢球相碰撞的模型来描述电子与原子之间的相互作用是无法解释冉绍尔效应的，因为这种模型得出的散射截面与电子能量无关。要解释冉绍尔效应需要用到粒子的波动性质，即把电子与原子的碰撞看成是入射粒子在原子势场中的散射，其散射程度用总散射截面来表示。

以下是冉绍尔-汤森效应的量子力学简单定性解释，仅供参考。

设 ψ 为电子的波函数，$V(r)$ 为电子与原子之间的相互作用势。理论计算表明，只要 $V(r)$ 取得适当，那么在边条件

$$\psi \xrightarrow{r \to \infty} \mathrm{e}^{ikz} + f(\theta)\frac{\mathrm{e}^{ikz}}{r} \quad (k = \sqrt{2mE/h^2}) \tag{1.6.1}$$

下求解薛定谔方程

$$\left[-\frac{h^2}{2m}\nabla^2 + V(r)\right]\psi = E\psi \tag{1.6.2}$$

是可以给出与实验曲线相吻合的 $Q = F(\sqrt{V})$ 理论曲线的。对于氙、氪、氩原子来说，的确能够得到在 1eV 附近散射截面取极小值的结果。

$V(r)$ 究竟取什么形式合适取决于将所设的 $V(r)$ 代入薛定谔方程，能否对冉绍尔曲线做解释。最简化的一个模型是一维方势阱。解一维薛定谔方程可以得出：

对于一个给定的势阱 V_0，当入射粒子的能量满足条件

$$k'a = n\pi, \quad n = 1, 2, 3, \cdots \tag{1.6.3}$$

(其中 $k' = \sqrt{2m(E+V_0)/h^2} = 2\pi/\lambda$)时，或者说当势阱宽度是入射粒子半波长的整数倍时，便发生共振透射现象。按照这个模型，在散射截面-电子能量关系曲线中，随着电子能量的改变，散射界面应该周期性地出现极小值。实际情况并非如此，例如图 1.6.1 所示的氙、氪、氩的冉绍尔曲线，只在 1eV 附近出现了一个极小值。如果把惰性气体的势场看成是一个三维方势阱，则可以定性地说明冉绍尔曲线的形状。

三维方势阱由下式表示：

$$V(r) = \begin{cases} -V_0, & r < a \\ 0, & r > a \end{cases} \tag{1.6.4}$$

由于 $V(r)$ 只与电子和原子之间的相对位置有关而与角度无关，所以 $V(r)$ 为中心力场。对于中心力场，波函数可以表示为具有不同角动量 l 的各入射波与出射波的相干叠加。对于每一个 l 称为一个分波，中心力场 $V(r)$ 的作用是使它的径向部分产生一个相移，而总散射截面为

$$Q = \frac{4\pi}{k^2} \sum_{l=0}^{\infty} (2l+1)\sin\delta_l \tag{1.6.5}$$

计算总散射截面的问题归结为计算各分波的相移 δ_l。δ_l 可以通过解径向方程

$$\frac{1}{r^2}\frac{\mathrm{d}}{\mathrm{d}r}\left(r^2\frac{\mathrm{d}}{\mathrm{d}r}R_l\right) + \left[k^2 - \frac{l(l+1)}{r^2} - U(r)\right]R_l = 0 \tag{1.6.6}$$

求出

$$R_l \xrightarrow{kr \to \infty} \frac{1}{kr}\sin\left(kr - \frac{l\pi}{2} + \delta_l\right) \tag{1.6.7}$$

其中

$$k^2 = 2mE/\hbar^2, \quad U(r) = 2mV(r)/\hbar^2, \quad l = 0, 1, 2, \cdots \tag{1.6.8}$$

对于低能的情况，即 $ka \ll 1$ 时，高 l 分波的贡献很小，可以只计算 $l=0$ 的分波的相移 δ_0。此时式(1.6.5)变为

$$Q_0 = \frac{4\pi}{k^2}\sin^2\delta_0 \tag{1.6.9}$$

可见，对于非零的 k，当 $\delta_0 = \pi$ 时，$Q_0 = 0$，这就是说，当 $l=0$ 的分波过零而高 l

分波的截面 Q_1，Q_2，…又非常小时，总散射截面就可能显示出一个极小值。另外，解 $l = 0$ 时的方程(1.6.6)可以得到使 $\delta_0 = \pi$ 的条件为

$$\tan(k'a) \approx k'a \tag{1.6.10}$$

其中，$k' = \sqrt{2m(E + V_0)/\hbar^2}$。由此可见，调整势阱参数 V_0 和 a，可以使入射粒子能量为 1eV 时散射截面出现一个极小值，即出现共振透射现象；而当能量逐渐增大时，高 l 分波的贡献便成为不可忽略的，在这种情况下需要解 $l \neq 0$ 时的方程(1.6.6)。各 l 分波相移的总和使 Q 值不再出现类似一维情形的周期下降，这样三维方势阱模型定性地说明了冉绍尔曲线。若更精确地计算散射截面，则需要用到哈特里-福克(Hartree-Fock)自洽场方法，这里不再详述。从上面的论述可以看出，从弹性散射截面对电子能量关系的分析中，我们可以得到有关原子势场的信息。

2. 测量原理

测量气体原子对电子的总散射截面的方法很多，装置也各式各样。如图 1.6.2 所示为充氙电子碰撞管的结构示意图，管子的屏极 S(shield)为盒状结构，中间由一片开有矩形孔的隔板把它分成左右两个区域。左面区域的一端装有圆柱形旁热式氧化物阴极 K(kathode)，内有螺旋式灯丝 H(heater)，阴极与屏极隔板之间有一个通道式栅极 G(grade)；右面区域是等电势区，通过屏极隔离板孔的电子与氙原子在这一区域进行弹性碰撞，该区内的板极 P(plate)收集未被散射的透射电子。图 1.6.3 为测量气体原子总散射截面的原理图。当灯丝加热后，就有电子自阴极逸出，设阴极电流为 I_K，在加速电压的作用下，有一部分电子在到达栅极之前被屏极接收，形成电流 I_{S1}；有一部分穿越屏极上的矩形孔，形成电流 I_0。由于屏极上的矩形孔与板极 P 之间是一个等势空间，所以电子穿越矩形孔后就以恒速运动，受到气体原子散射的电子则到达屏极，形成散射电流 I_{S2}，而未受到散射的电子则到达板极 P，形成板流 I_P，因此有

$$I_K = I_0 + I_{S1} \tag{1.6.11}$$

$$I_S = I_{S1} + I_{S2} \tag{1.6.12}$$

$$I_0 = I_P + I_{S2} \tag{1.6.13}$$

电子在等势区内的散射概率为

$$P_S = 1 - \frac{I_P}{I_0} \tag{1.6.14}$$

可见，只要分别测量出 I_P 和 I_0 即可以求得散射概率。从上面论述可知，I_P 可以直接测得，至于 I_0 则需要用间接的方法测定。由于阴极电流 I_K 分成两部分，即 I_{S1} 和

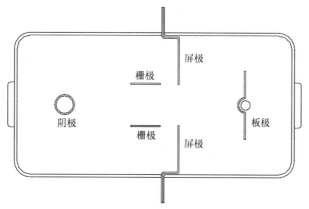

图 1.6.2 充氙电子碰撞管的结构示意图

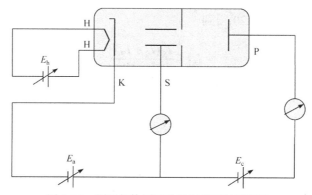

图 1.6.3 测量气体原子总散射截面的原理图

I_0，它们不仅与 I_K 成比例，而且它们之间也有一定的比例关系，这一比值称为几何因子 f，即有

$$f = \frac{I_0}{I_{S1}} \tag{1.6.15}$$

几何因子 f 是由电极间相对张角及空间电荷效应所决定，即 f 与管子的几何结构及所用的加速电压、阴极电流有关。将式(1.6.15)代入式(1.6.14)得到

$$P_S = 1 - \frac{1}{f}\frac{I_P}{I_{S1}} \tag{1.6.16}$$

为了测量几何因子 f，我们把电子碰撞管的管端部分浸入温度为 77K 的液氮中，这时，管内气体冻结。在这种低温状态下，气体原子的密度很小，对电子的散射可以忽略不计，几何因子 f 就等于这时的板流 I_P^* 与屏流 I_S^* 之比，即

$$f \approx \frac{I_P^*}{I_S^*} \tag{1.6.17}$$

如果这时阴极电流和加速电压保持与式(1.6.14)和式(1.6.15)时的相同，那么上式中的 f 值与式(1.6.16)中 f 相等，因此有

$$P_S = 1 - \frac{I_P}{I_{S1}}\frac{I_S^*}{I_P^*} \tag{1.6.18}$$

由式(1.6.12)和式(1.6.13)得到

$$I_S + I_P = I_{S1} + I_0 \tag{1.6.19}$$

由式(1.6.15)和式(1.6.17)得到

$$I_0 = I_{S1}\frac{I_P^*}{I_S^*} \tag{1.6.20}$$

再根据式(1.6.19)和式(1.6.20)得到

$$I_{S1} = \frac{I_S^*(I_S + I_P)}{(I_S^* + I_P^*)} \tag{1.6.21}$$

将上式代入式(1.6.18)得到

$$P_S = 1 - \frac{I_P}{I_P^*}\frac{(I_S^* + I_P^*)}{(I_S + I_P)} \tag{1.6.22}$$

式(1.6.22)就是我们实验中最终用来测量散射概率的公式。

电子总有效散射截面 Q 和散射概率有如下简单关系：

$$P_S = 1 - \exp(-QL) \tag{1.6.23}$$

式中，L 为屏极隔离板矩形孔到板极之间的距离。由式(1.6.22)和式(1.6.23)可以得到

$$QL = \ln\left(\frac{I_P^*(I_S + I_P)}{I_P(I_S^* + I_P^*)}\right) \tag{1.6.24}$$

因为 L 为一个常数，所以作 $\dfrac{I_P^*(I_S + I_P)}{I_P(I_S^* + I_P^*)}$ 和 $\sqrt{E_c}$ 的关系曲线，即可以得到电子总有效散射截面与电子速度的关系。

三、实验仪器

FD-RTE-A 冉绍尔-汤森效应实验仪(图 1.6.4)由两台主机(一台为电源组，另外一台是微电流计和交流测量装置)、电子碰撞管(包括管固定支架)、低温容器(盛放液氮，液氮温度为 77K)组成，实验时还需要一台双踪示波器。

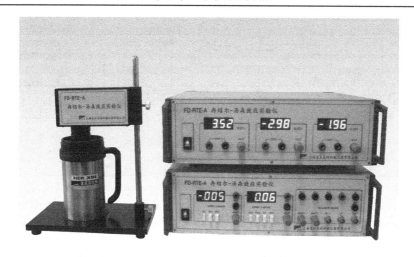

图 1.6.4　FD-RTE-A 冉绍尔-汤森效应实验仪

四、实验内容

1. 交流观察

测量线路如图 1.6.5 所示，仪器连接如图 1.6.6 所示。

(1) 理解图 1.6.5 所示的线路图，按照图 1.6.6，将两台 FD-RTE-A 冉绍尔-汤森效应实验仪主机和电子碰撞管及双踪示波器相连。

(2) 打开主机和示波器电源，调节电子碰撞管阴极电源"E_H"至"2V"左右，(灯丝的正常工作电压为 6.3V，实验中应该降压使用，例如 2V 或者 3V)，补偿电压"E_C"先调节至"0V"。

(3) 示波器触发源选"外接"，触发耦合选择"AC"，选 CH1，CH2"双踪"观察方式，置 CH1 为"AC"耦合，"50mV"或者"100mV"挡。置 CH2 为"AC"耦合，"50mV"或者"100mV"挡。

(4) 调节电位器"ADJUST1"可以改变交流加速电压的幅度，调节电位器"ADJUST2"的大小，改变示波器 x 轴的扫描幅度。这时可以在示波器上定性观察到电流 I_P 和 I_S 与加速电压的关系。

(5) 注意：此时的加速电压不宜过大，否则气体原子将被电离，使管流急剧增加，此时应将加速电压降低到气体原子的电离电势以下(氙的电离电势约为 12.13V)。

(6) 先在保温杯中注入液氮，再把碰撞管下部约 1/2 浸入液氮(注意：电子碰撞管应该缓慢浸入液氮，以避免管壳突然受冷而爆裂)，在双踪示波器上观察 S 板和 P 板电流的变化，并与室温下曲线做比较，思考变化的原因。

(7) 在低温下调节 E_c 使 I_c、I_p 同时出现电流，记下 E_c 初调值。

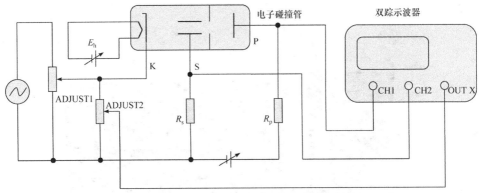

图 1.6.5　交流测量冉绍尔-汤森效应实验线路图

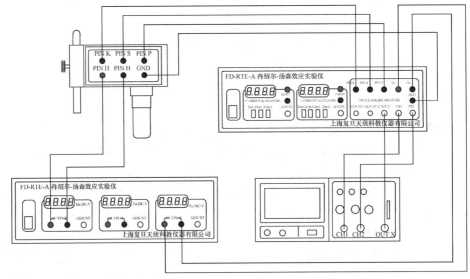

图 1.6.6　交流测量冉绍尔-汤森效应实验仪器连接图

2. 直流测量

测量线路如图 1.6.7 所示，仪器连接如图 1.6.8 所示。

(1) 在前面交流测量冉绍尔-汤森效应实验的基础上(即保证示波器观察到的波形符合实验要求)，理解图 1.6.7 所示直流测量冉绍尔-汤森效应实验线路图。按照图 1.6.8 所示的仪器连接图，将两台 FD-RTE-A 冉绍尔-汤森效应实验仪主机和电子碰撞管相连。

(2) 首先打开 FD-RTE-A 冉绍尔-汤森效应实验仪微电流计主机，调节微电流计 "CURRENT I_p MEASURE" 和 "CURRENT I_S MEASURE" 的调零电位器，将示值全部调节为 "0.000"(注意：此时应该将两个换挡开关全部置于最小，即左边 "CURRENT I_p MEASURE" 置于 "2 μA" 挡，右边 "CURRENT I_S MEASURE"

置于"20μA"挡)。

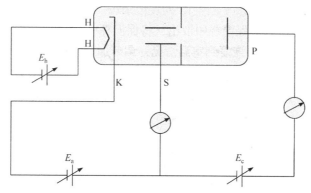

图 1.6.7　直流测量冉绍尔-汤森效应实验线路图

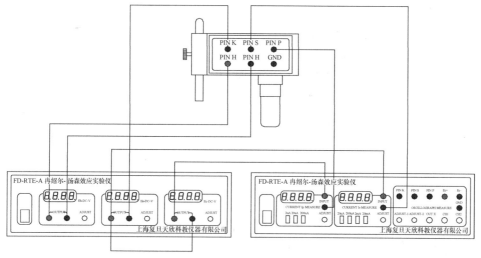

图 1.6.8　直流测量冉绍尔-汤森效应实验仪器连接图

(3) 打开 FD-RTE-A 冉绍尔-汤森效应实验仪电源组主机电源开关,将灯丝电压"E_h"调至"2.000V",直流加速电压"E_a"和补偿电压"E_c"全部调节至"0.000V"。

(4) 关闭 FD-RTE-A 冉绍尔-汤森效应实验仪电源组主机电源开关,等到微电流计主机上两个表头示值全部为"0.000"时,把碰撞管下部约 1/2 浸入液氮(注意:电子碰撞管应该缓慢浸入液氮,以避免管壳突然受冷而爆裂),慢慢调节加速电压 E_a 从−1V 变化到 1V,观察此过程中微电流计两个表头是否同时有读数出现。如果不是同时出现电流,适当改变补偿电压 E_c 的值,使之同时出现电流,并记录下此时的 E_c 值和刚出现电流时的 E_a 值。

(5) 低温下(液氮温度为 77K),即将电子碰撞管下半部分浸入液氮,从刚才记

录的 "E_a" 值开始逐渐增加加速电压(2V 以下每隔 0.1V 记录一次数据，2～3V 每隔 0.2V 测量，以后每隔 0.5V 测量)，列表记录每一点对应的电流 I_P^* 和 I_S^* 的大小。

(6) 将电子碰撞管从保温杯中取出，将保温杯中剩余的液氮注入大的液氮杜瓦瓶中，等到电子碰撞管恢复到室温情况，调节加速电压为零，此时为保持阴极温度不变，改变灯丝电压 E_h 的大小，使得在加速电压 $E_a = 1V$ 的情况下 $I_P + I_S = I_P^* + I_S^*$，这是因为在加速电压为 1V 时的散射概率最小，最接近真空的情况。参照室温下的情况，逐渐增加加速电压，列表记录每一点对应的电流 I_P 和 I_S 的大小。作 $\ln\left[\dfrac{I_P^*(I_S + I_P)}{I_P(I_S^* + I_P^*)}\right]$-$V_a$ 关系图，或者根据公式(1.6.14)作 P_S-V_a 的关系图，测量低能电子与气体原子的散射概率 P_S 随着电子能量变化的关系。

五、注意事项

(1) 将电子碰撞管浸入液氮中进行低温测量时，注意不要将管子金属底座浸入液氮，以防止管子炸裂。

(2) 电子碰撞管上下端的限位螺丝的作用是，在将电子碰撞管浸入液氮时，限制管子突然或者全部浸入液氮引起管子炸裂。

(3) 为了保证室温和低温两种测量条件下阴极的发射情况基本一致，应该保证加速电压 $E_a = 1V$ 时，$I_P + I_S = I_P^* + I_S^*$，这是因为室温下加速电压为 1V 时的散射概率最小，最接近真空的情况。

六、思考题

(1) 影响电子实际加速电压值的因素有哪些？有什么修正方法？

(2) 仪器选用的电子碰撞管灯丝的正常工作电压为 6.3V，实验中应该降压使用，例如 2V 或者 3V，为什么？

(3) 已知标准状态下氩原子的有效半径为 0.2nm，按照经典气体分子运动论计算其散射截面及电子平均自由程，与实验结果比较，并进行讨论。

(4) 屏极隔板小孔以及板极的大小对散射概率和弹性散射截面的测量有何影响？

参考资料

1. 吴思诚, 荀坤. 近代物理实验. 4 版. 北京: 高等教育出版社, 2015.

2. 戴道宣, 戴乐山. 近代物理实验. 2 版. 北京: 高等教育出版社, 2006.

3. 曾谨言. 量子力学(卷 I). 4 版. 北京: 科学出版社, 2007.

4. 曾谨言. 量子力学导论. 北京: 北京大学出版社, 1998.

5. FD-RTE-A 冉绍尔-汤森效应实验仪仪器使用指导. 上海: 上海复旦天欣科教仪器有限公司, 2014.

实验 1.7　光电效应与普朗克常量的测定

1887 年赫兹发现紫外线照射在火花缝隙的电极上有助于放电。1888 年以后，哈耳瓦克斯、斯托列托夫、勒纳德等对光电效应作了长时间的研究，并总结了光电效应的现象。但这些现象都无法用当时的经典理论加以解释。1905 年，爱因斯坦根据普朗克的黑体辐射量子假说大胆提出了"光子"概念，成功地解释了光电效应，建立了著名的爱因斯坦方程，使人们对光的本性认识有了一个新的飞跃，推动了量子理论的发展。此后，密立根立即对光电效应开展全面详细的实验研究，证实了爱因斯坦方程的正确性，并精确测出了普朗克常量。爱因斯坦和密立根都因光电效应等方面的杰出贡献，分别于 1921 年和 1923 年获得诺贝尔物理学奖。

普朗克常量联系着微观世界普遍存在的波粒二象性和能量交换量子化的规律，在近代物理学中有着重要的地位。进行光电效应实验测量普朗克常量，有助于学生理解光的量子性和更好地认识 h 这个普适常量。

一、实验目的

(1) 了解光电效应的基本规律，加深对光的量子性的理解。

(2) 验证爱因斯坦方程，测量普朗克常量。

(3) 测定光电管的光电特性曲线，验证饱和光电流和入射光强度成正比。

二、实验原理

当一定频率的光照射在金属表面时，就会有电子从其表面逸出，这种现象称为光电效应。爱因斯坦认为，从一点发出的光不是按麦克斯韦电磁学说指出的那样以连续分布的形式把能量传播到空间，而是频率为 ν 的光以 $h\nu$ 为能量单位(光量子)的形式一份一份地向外辐射。根据这一理论，在光电效应中，当金属中的自由电子从入射光中吸收一个光子的 $h\nu$ 能量后，如在途中不因碰撞而损失能量，则一部分用于逸出功 W_s，剩下就是电子逸出金属表面后具有的最大动能，即

$$mv_{max}^2/2 = h\nu - W_s \tag{1.7.1}$$

这就是著名的爱因斯坦方程。式中 h 为普朗克常量，公认值为 $6.6260755 \times 10^{-34}$ J·s。

式(1.7.1)成功地解释了光电效应的规律：

(1) 当光子能量 $h\nu < W_s$ 时，不能产生光电效应。

(2) 只有当入射光的频率大于阈频率 $\nu_0 = W_s/h$ 时，才能产生光电效应。入射光的频率越高，逸出来的光电子的初动能必然越大。

(3) 光强的大小意味着光子流密度的大小，即光强只影响光电子形成光电流的大小。

本实验采用减速场法。如图 1.7.1 所示，频率为 ν，强度为 P 的光照射到光电管的阴极 K 上，从 K 发射的光电子向阳极 A 运动，在外回路形成光电流。在阴极与阳极之间加有反向电压 u_{KA}，就在电极 K、A 间建立起阻止电子向阳极运动的拒斥电场。随着电压 u_{KA} 的增加，到达阳极的光电子将逐渐减小，直到动能最大的光电子也被阻止，外回路的光电流为零。此时的电压值 u_{KA} 称为截止电压 U_s，即

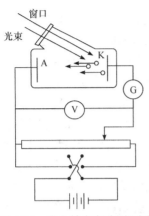

图 1.7.1 光电效应实验原理图

$$eU_s = mv_{max}^2 / 2$$

代入式(1.7.1)得

$$eU_s = h\nu - W_s \tag{1.7.2}$$

由于金属材料的逸出功 W_s 是金属的固有属性，它与入射光的频率无关。即对同一种光电阴极来说，截止频率 U_s 与入射光的频率 ν 呈线性关系，直线的斜率 k 为 h/e。由此可见，只要对不同频率的光测量出截止频率 U_s，作出 U_s-ν 曲线，并求出此曲线的斜率即可求出普朗克常量 h 值，其中电子电量 $e = 1.60 \times 10^{-19}$ C。

图 1.7.2 所示的光电流随电压变化的曲线是理论值。实际测量中还有一些不利因素会影响测量结果，稍不注意就会带来很大的误差。

(1) 暗电流。它是光电管在没有光照射时，热电子发射和管壳漏电等造成的。暗电流与外加电压基本上呈线性关系。

(2) 阳极发射电流。光电管的阳极使用逸出电势较高的铂、钨等材料做成，在使用时由于沉积了阴极材料，因而遇见可见光照射也会发射光电子，对阴极发射的拒斥电场对阳极发射就会形成反向饱和电流。仪器虽避免了光束直射阳极，但从阴极散射的光是不可避免的。

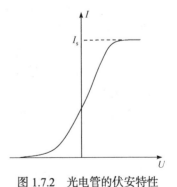

图 1.7.2 光电管的伏安特性

(3) 光电管的阴极采用逸出电势低的碱金属材料制成，这种材料在高真空中也有易被氧化的趋势，这样阴极表面的逸出电势不尽相同。随着反向电压的增加，光电流不是陡然截止，而是在较快的降低后平缓地趋近零点，故需极高灵敏度的电流计才能检测。

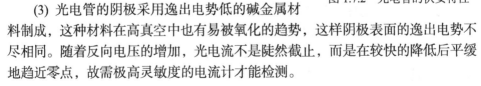

由于以上各种原因,光电管的 I-U 特性曲线如图 1.7.3 所示。实测曲线上每一点的电流值,实际上包括上述两种电流和由阴极光电效应所产生的正向电流三部分,所以伏安曲线并不与 U 轴相切。由于暗电流与阴极正向电流相比其值很小,因此可忽略其对截止电压的影响。阳极发射电流虽然在实验中较显著,但它服从一定的规律。据此,确定截止电压值可采用以下两种方法。

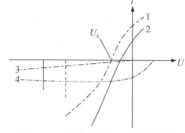

图 1.7.3 光电管的 I-U 特性曲线
1-理想阴极发射电流;2-实测曲线;
3-暗电流;4-阳极发射电流

(1) 交点法。光电管阳极用逸出功较大的材料制作,制作过程中尽量防止阴极材料蒸发,实验前对光电管阳极通电,减少其上溅射的阴极材料。实验中避免入射光直接照射到阳极上,这样可大大减少它的反向电流。其伏安特性曲线与图 1.7.2 十分接近,因此实测曲线与 U 轴交点的电势差值近似等于截止电压 U_s,此即交点法。

(2) 拐点法。光电管阳极发射光电流虽然较大,但在结构设计上,若使阳极电流能较快地饱和,则伏安特性曲线在阴极电流进入饱和段后有着明显的拐点。如图 1.7.3 所示,此拐点的电势差即为截止电压 U_s。

本实验采取的是拐点法。

三、实验仪器

光电管(带暗盒),GO-1 型光电效应测试仪高压汞灯光源,NG 型组合滤波片。

(1) GDH-1 型光电管:阳极为镍圈,阴极为银-氧-钾(Ag-O-K),光谱范围为 340~700nm,光窗为无铅多硼硅玻璃,最高灵敏波长是 (410 ± 10) nm,暗电流约为 10^{-12} A。

为了避免杂散光和外界电磁场对微弱电流的干扰,光电管安装在铝制暗盒中,暗盒窗口可以安放 $\phi 5$mm 的光阑孔和 $\phi 36$mm 的各种带通滤波片。此外还装有单色仪匹配头,方便操作者从单色仪中取得单色光来进行实验。

(2) 高压汞灯在 302.3~872nm 的谱线范围内有 365nm、405nm、436nm、492nm、546nm、577nm 等谱线可供实验使用。

(3) NG 型滤色片:是一组外径为 $\phi 36$mm 的宽带通型有色玻璃组合滤色片,它具有滤选 365nm、405nm、436nm、492nm、546nm、577nm 等谱线的能力。

(4) GP-1 型微电流测量放大器:电流测量范围为 $10^{-6} \sim 10^{-13}$ A,分 6 挡 10 进变换,机后附有配记录仪的输出端子(满度输出 50mV)。机内附有稳定度 ≤1‰、–3~+3V 精密连续可调的光电管工作电源;电压量程分 0~±1~±2~±3V 六段读数，读数精度为 0.02V；为配合 X-Y 函数记录仪自动描绘出光电管的 I-U 特性曲线，机内设有幅度为 3V、周期约为 50V 的锯齿波，可分–3～0V、–2.5～0.5V、–2.0～1.0V、–1.5～1.5V 等 4 段平移，以适应不同性能的光电管。测量放大器可以连续工作 8h 以上。

四、实验内容

(1) 在 365nm、405nm、436nm、546nm、577nm 五种单色光下分别测出光电管的 I-U 特性曲线，并根据此曲线确定其对应的截止电压。

实验前注意事项：微电流测量放大器需预热 20～30min；光源汞灯需预热；光源出射孔对准暗盒窗口，并且暗盒距离光源 30～50cm，取下遮光罩换上滤波片(滤波片从短波长起逐次更换)进行实验。

(2) 作 v-U_s 的关系曲线，由它的斜率计算普朗克常量 h，并与公认值比较。

(3) 选 d 作为光源与光电管的距离，而照射在光电管的光强正比于 $1/d^2$。根据此测定光电管的光电特性曲线，即饱和光电流与照射光强度的关系。

五、思考题

(1) 光电流是否随光源的强度变化而变化。截止电压是否因光强不同而改变。

(2) 理论上 v-U_s 直线的截距是阴极材料的逸出电势 $\varphi(W_s/e)$，实际上阴极与阳极之间存在接触电势差，因而实测曲线的截距不等于 φ。试解释接触电势差是怎么产生的，它对本实验有无影响。

(3) 讨论光电效应对建立量子概念和认识光的波粒二象性的重要意义。

参考资料

1. G. L. 特里格. 现代物理学中的关键性实验. 北京: 科学出版社, 1983.
2. GP-1 型普朗克常量测定仪使用说明. 南京工学院电子管厂, 1983.
3. 光电效应实验仪指导及操作说明书. 成都世纪中科, 2014.

第 2 章 原子核物理实验

实验 2.1 放射性衰变统计规律的研究

放射性同位素发生衰变而放出的射线与物质相互作用，会直接或间接地产生电离或激发等效应，利用这些效应，可以探测放射性的存在、放射性同位素的性质和放射性强度等。放射性同位素衰变是一个相互独立、彼此无关的过程，它的统计规律服从泊松分布和正态分布。本实验通过多次测量放射源在一段时间内的放射性强度，并以其作为一个随机性事件，取一个样本容量为 N 的样本来分析其结果所服从的分布规律。

一、实验目的

(1) 了解并验证原子核衰变及放射性计数的统计规律。
(2) 了解统计误差的意义，掌握计算统计误差的方法。
(3) 学习检验测量数据的分布类型的方法。

二、实验原理

1. 放射性衰变的统计规律

由于放射性衰变的统计涨落，在作放射性多次测量时，即使放射源的强度及各种实验条件都保持不变，每次测量所得结果都不一样，有时甚至有很大的差别，但有一定的统计规律，它们总是围绕某一平均值 $\bar{N}$ 上下涨落，也就是说测量结果具有偶然性(随机性)。物理测量的随机性不仅来源于测量时的偶然误差，而且也来源于物理现象(当然包括放射性核衰变)本身的随机性质，即物理量的实际数值时刻围绕着平均值发生微小起伏。在微观现象领域，特别是在高能物理实验中，物理现象本身的统计性更为突出。

假设某系统有 N_0 个原子核，单位时间内原子核可能发生的事件只有两种：A 类为发生核衰变，B 类为不发生核衰变。若放射性原子核的衰变常数为 λ，设 A 类事件的概率为 $p = 1 - \mathrm{e}^{-\lambda t}$，其中 $1 - \mathrm{e}^{-\lambda t}$ 为原子核发生衰变的概率；B 类事件的概率为 $q = 1 - p = \mathrm{e}^{-\lambda t}$。

由二项式分布可以知道，在 t 时间内的核衰变数 n 为一随机变量，其概率

$P(n)$ 为

$$P(n) = \frac{N_0!}{(N_0-n)!N!} p^n (1-p)^{N_0-n} \tag{2.1.1}$$

在 t 时间内，发生衰变的粒子数为 $m = N_0 p = N_0(1-\mathrm{e}^{-\lambda t})$，对应方根差为 $\sigma = \sqrt{N_0 pq} = \sqrt{m(1-p)}$。假如时间 t 远比半衰期小，则 $\lambda t \ll 1$，那么 q 趋近于 1，则 σ 可简化为 $\sigma = \sqrt{m}$。

在放射性衰变中，原子核数目 N_0 很大而 p 相对而言很小，且如果满足 $\lambda t \ll 1$，则二项式分布可以简化为泊松分布，即

$$P(N) = \frac{N_0^n}{N!} p^n \mathrm{e}^{-pN_0} = \frac{m^n}{N!} \mathrm{e}^{-m} \tag{2.1.2}$$

可以证明，服从泊松分布的随机变量的期望值和方差分别为 $E(x) = m$，$\sigma^2 = m$。在核衰变测量中常数 $m = N_0 p$ 的意义是明确的，即单位时间内 N_0 个原子核发生衰变的概率 p 为 m/N_0，因此 m 是单位时间内衰变的粒子数。

现在讨论泊松分布中 N_0 很大，从而使 m 具有较大数值的极限情况。在 n 较大时，$n!$ 可以写成 $n! = \sqrt{2\pi n} n^n \mathrm{e}^{-n}$，代入式(2.1.2)，并记 $\Delta = n-m$，则有

$$P(n) = \frac{m^n}{n!} \mathrm{e}^{-m} \approx \frac{1}{\sqrt{2\pi m}} \left(\frac{m}{n}\right)^{n+1/2} \mathrm{e}^{n-m} = \frac{\mathrm{e}^{\Delta}}{\sqrt{2\pi m}} \frac{1}{(1+\Delta/m)^{m+\Delta+1/2}} \tag{2.1.3}$$

经过一系列数学处理，可以得到 $\left(1+\dfrac{\Delta}{m}\right)^{m+\Delta+1/2} \approx \mathrm{e}^{\Delta+\frac{\Delta^2}{2m}}$，所以有

$$P(N) = \frac{1}{\sqrt{2\pi m}} \mathrm{e}^{-\frac{\Delta^2}{2m}} = \frac{1}{\sqrt{2\pi m}} \exp\left[-\frac{(n-m)^2}{2\sigma^2}\right] \tag{2.1.4}$$

式中 $\sigma^2 = m$。即当 N 很大时，原子核衰变数趋向于正态分布，可以证明 σ^2 和 m 就是高斯(正态)分布的方差和期望值。

正态分布是一种非常重要的概率分布，在近代物理实验中，凡是属于连续型的随机变量几乎都属于正态分布。在自然界中，凡由大量的、相互独立的因素共同微弱作用下所得到的随机变量也都服从正态分布。即使有些物理量不服从正态分布，但(或它的测量平均值)也往往以正态分布为它的极限分布，泊松分布就是一个很好的例子。

原子核衰变的统计常常用计数或计数率来表征发生核衰变的原子核数或单位时间内发生核衰变的原子核数。可以证明，原子核衰变的计数或计数率也服从泊松分布和正态分布，只需将分布公式中的放射性核衰变数 n 换成计数 N，将衰变

掉粒子的平均数 m 换成计数的平均值 M 就可以了。

$$P(N) = \frac{M^N}{N!} e^{-M} \tag{2.1.5}$$

$$P(N) = \frac{1}{\sqrt{2\pi}\sigma} e^{-\frac{(N-M)^2}{2\sigma^2}} \tag{2.1.6}$$

对于有限次的重复测量，例如测量次数为 K，则标准偏差 S_x 为

$$S_x = \sqrt{\frac{\sum_{i=1}^{K}(N_i - \bar{N})^2}{K-1}} \tag{2.1.7}$$

其中，$\bar{N} = M = \frac{1}{K}\sum_{i=1}^{K} N_i$，为测量计数的平均值。核衰变的统计性涨落大小可以用方均根差 σ 来表示。正态分布决定于平均值 $\bar{N}$ 及方差 σ 两个参数，它对称于 $N = \bar{N}$。

如果对某一放射源进行多次重复测量，得到一组数据，其平均值为 $\bar{N}$，那么计数值 N 落在 $\bar{N} \pm \sigma$ (即 $\bar{N} \pm \sqrt{\bar{N}}$)范围内的概率为

$$\int_{\bar{N}-\sigma}^{\bar{N}+\sigma} P(N)\mathrm{d}N = \int_{\bar{N}-\sqrt{\bar{N}}}^{\bar{N}+\sqrt{\bar{N}}} \frac{1}{\sqrt{2\pi}} e^{-\frac{(N-\bar{N})^2}{2\sigma^2}} \mathrm{d}N \tag{2.1.8}$$

用变量 $z = \dfrac{N - \bar{N}}{\sigma}$ 来代换成标准正态分布有

$$\int_{-1}^{1} \frac{1}{\sqrt{2\pi}} e^{-\frac{z^2}{2}} \mathrm{d}z = 0.683 \tag{2.1.9}$$

上式说明，某次测量的计数值为 N_i，则 N_i 落在区间($\bar{N}-\sigma$, $\bar{N}+\sigma$)内的概率为 68.3%，或者说在($\bar{N}-\sigma$, $\bar{N}+\sigma$)范围内包含真值的概率是 68.3%。根据统计原理可证，N_i 落在区间($\bar{N}-2\sigma$, $\bar{N}+2\sigma$)内的概率为 95.5%，N_i 落在区间($\bar{N}-3\sigma$, $\bar{N}+3\sigma$)内的概率为 99.7%。

由于放射性衰变的统计涨落，每次测量所得结果总是围绕某一平均值 $\bar{N}$ 上下涨落。当平均值 $\bar{N}$ 小时遵从泊松分布，当平均值 $\bar{N}$ 大时(如 $\bar{N} > 20$)遵从高斯分布，表达式为

$$P(N) = \frac{1}{\sqrt{2\pi\bar{N}}} e^{\frac{(\bar{N}-N)^2}{2\bar{N}}} \tag{2.1.10}$$

其中，$P(N)$ 是计数为 N 时的概率密度；$\bar{N}$ 为多次测量的平均值。高斯分布说明：偏差 $\Delta = (N_i - \bar{N})$（对于过 $\bar{N}$ 值点的轴线来说具有对称性，在 $\Delta = 0$ 处概率密度取极大值，随 Δ 的增大 $P(N)$ 变小）。

2. 闪烁探测器的坪曲线

NaI(Tl)单晶 γ 闪烁谱仪是核物理实验中一种常用的探测器。在进行核衰变的统计规律实验时，绝对不能使工作条件(包括几何条件和探测器状态)有丝毫改变。但在实际情况下工作电压的少量漂移在所难免，因此需要测定 NaI(Tl)闪烁探测器的坪曲线，以确定合适的工作电压，即选择计数率随电压漂移变化较小的工作点。

坪曲线是入射粒子的强度不变时计数器的计数率随工作电压变化的曲线。图 2.1.1 是由某次实验所得的闪烁计数器的坪曲线。曲线(1)是本底计数率与工作电压的关系，曲线(2)是源计数率与工作电压的关系；从曲线可以看出本底计数率相对很低。本底计数率主要是光电倍增管的暗电流、电子学噪声、宇宙射线及环境辐射产生的。工作电压应选择源计数率随电压变化较小(曲线较平部分)以及源计数率高而本底计数率相对较低的电压，如图 2.1.1 中，就可以选取 850V。

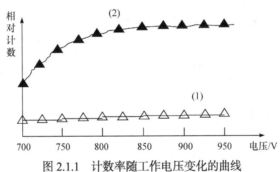

图 2.1.1　计数率随工作电压变化的曲线

3. 频率直方图

测量一组数据，按一定区间把它们分组，统计测量结果出现在各区间的次数 k_i 或频率 k_i/k，以次数 k_i 或频率 k_i/k 作为纵坐标，以测量值为横坐标，作出的图形在统计学上称为频率直方图。将该图与理论的正态分布进行比较，就能粗略判断放射性衰变的计数分布是否是正态分布。

本实验中，测得 A 个数据后，计算算术平均值 $\bar{N}$ 和方均根差的估计值

$$\sigma = \sqrt{\frac{\sum_{i=1}^{k}(N_i - \bar{N})^2}{k-1}}$$

(k 为总测量次数)，将平均值 $\bar{N}$ 置于中央，以 $\sigma/2$ 为组距把数据分组，算出相应的实验组频率 $\dfrac{k_i}{A}$。以 $(N-\bar{N})/\sigma$ 为横坐标，组频率为纵坐标，作直方图，即为频率直方图。

4. χ^2 检验法

对随机变量的概率密度函数的假设检验是判断放射性核衰变的测量计数是否符合正态分布或泊松分布或者其他分布的一个很重要的问题。可以通过计算平均值与子样方差，比较两者的偏离程度即可简单判断实验装置是否存在除统计误差外的随机误差。同时，可由一组数据的频率直方图与理论正态分布或泊松分布的比较来判断放射性衰变是否服从正态分布或泊松分布。而 χ^2 检验法是从数理统计意义上给出比较精确的判别准则。χ^2 检验法的基本思想是比较理论分布与实测数据分布之间的差异，然后根据小概率事件在一次测量中不会发生的基本原理来判断这种差别是否显著，从而接受或拒绝理论分布的。

设对某一放射源进行重复测量得到了 N 个数值，对它们进行分组，序号用 i 表示，$i=1, 2, 3, \cdots, K$，令

$$\chi^2 = \sum_{i=1}^{K} \frac{(f_i - f_i')^2}{f_i'}$$

其中，K 为分组数；f_i 为各组实际观测到的次数；f_i' 为根据理论分布计算得到的各组理论次数。理论次数可以从正态分布概率积分表上查出各区间的正态面积再乘以总次数得到。

可以证明，χ^2 统计量服从 χ^2 分布，其自由度为 $m-l-1$，l 是在计算理论次数时所用的参数个数：对于具有正态分布的自由度为 $m-3$，泊松分布为 $m-2$。与此同时，χ^2 分布的期望值即为其自由度：$\langle \chi^2 \rangle = v = m-l-1$。根据实测数据算出统计量 χ^2 后，先设定一个小概率 α，即显著水平，由 χ^2 分布表找拒绝域的临界值，若计算量 χ^2 落入拒绝域，即 $\chi^2 \geqslant \chi^2_{1-\alpha}(m-l-1)$，则拒绝理论分布；反之则接受。

三、实验仪器

本实验的实验装置如图 2.1.2 所示。主要实验仪器包括：

(1) NaI(Tl)闪烁探测器；

(2) γ 射线放射源(^{60}Co 或 ^{137}Cs)；

(3) 高压电源、线性放大器和多道脉冲幅度分析器。

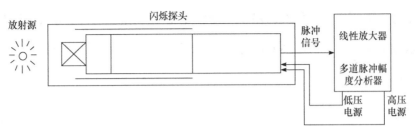

图 2.1.2　实验装置图

四、实验内容

(1) 连接好实验仪器后，须经教师检查同意后方可接通电源。

(2) 开机预热后，粗测，判断仪器是否工作正常。

(3) NaI(Tl)闪烁探测器坪曲线的测绘：

采用定时计数的方法。一般取 $t=200s$，以减小统计涨落；电压可以从 $U=700V$(或 600V)开始，取 $\Delta V = 20\sim40V$，改变工作电压；一般工作电压不宜超过 1000V，以免光电倍增管发生连续放电而缩短使用寿命。

(4) 根据测绘的坪曲线选取适当的工作电压,确定放大倍数使谱形在多道脉冲幅度分析器上分布合理。

(5) 工作状态稳定后，重复进行至少 100 次独立测量放射源总计数率的实验，每次定时 15s 或 20s，并算出这组数据的平均值。

(6) 实验结果分析与数据处理。

① 频率直方图分析: 根据测得的数据并结合概率论及统计学方面的知识，求出期望值和方差的无偏估计，画出放射性计数的频率直方图并与理论分布曲线作比较。记录落在 $\bar{N}\pm\sigma$、$\bar{N}\pm2\sigma$、$\bar{N}\pm3\sigma$ 范围内的频数，并与理论值作比较。

② χ^2 检验: 作本底的实验及理论分布曲线，对此组数据进行 χ^2 检验。

五、思考题

(1) 什么叫放射性衰变涨落? 它服从什么规律? 如何检验?

(2) 什么是坪曲线?

(3) 用单次测量结果与多次测量结果表示放射性测量结果时，哪一种方法的精确度高，为什么?

(4) 对实验结果进行检验时，如何正确选择概率分布类型?

参考资料

1. 黄润生, 沙振舜, 唐涛. 近代物理实验. 2 版. 南京: 南京大学出版社, 2008.

2. 复旦大学, 清华大学, 北京大学. 原子核物理实验方法. 北京: 原子能出版社, 1985.

3. C. E. 克劳塞梅尔. 应用 γ 射线能谱学. 北京: 原子能出版社 1977.

4. 中国科学院. 无中微子双贝塔衰变实验. 北京: 科学出版社, 2020.

实验 2.2　环境样品中放射性核素的测量与评价

随着社会的进步和经济的发展，人类赖以生存的自然环境越来越引起人们的重视。环境样品放射性水平测量是关系人们健康生活的一项重要工作。早在 20 世纪 80 年代初，国家环境保护局就决定在全国范围内开展环境放射性水平调查，并积累了大量的实验数据，为环境的保护和治理以及自然资源的开发利用提供了重要的数据资料。目前，人们使用的建筑材料、装饰材料等，可能取材于一些天然材料，而这些材料中就有可能含有一定数量的放射性元素，对这些放射性元素的测量及其对环境影响的评价具有重要的现实意义。

γ 射线能谱分析是环境辐射测量的主要内容之一。γ 射线是一种强电磁波，它的波长比 X 射线还要短，一般波长小于 0.001nm。在原子核反应中，当原子核发生 α、β 衰变到某个激发态后，原子核处于激发态仍不稳定，并且会进一步释放能量跃迁到基态，而这些能量的释放将可能通过 γ 射线辐射来实现。

γ 射线与物质的相互作用机制不同于 α、β 射线的多次小相互作用，γ 射线穿透物质后强度减小但能量几乎不降低，α、β 射线穿透物质后强度减小，能量也降低。γ 射线具有极强的穿透本领。人体受到 γ 射线照射时，γ 射线可以进入到人体的内部，并与体内细胞发生电离作用，电离产生的离子能侵蚀复杂的有机分子，如蛋白质、核酸和酶，它们都是构成活细胞组织的主要成分，一旦遭到破坏，就会导致人体内的正常化学过程受到干扰，严重的可以使细胞死亡，从而对生物体造成伤害。

一、实验目的

(1) 学习放射性的基本概念和测量方法。

(2) 学习建筑材料、装饰材料放射性测量的原理及具体的测量方法。

(3) 掌握 BH1224F 低本底环境 γ 谱仪的原理和使用方法。

(4) 根据 GB 6566—2001 相关规定，掌握环境样品的采集、制样、测试及分析评价方法。

二、实验原理

在放射性测量中，我们首先应该理解放射性活度和放射性比活度的概念。放射性活度是指处于某一特定能态的放射性元素在单位时间内的衰变次数，常用 A 表示，即 $A=dN/dt$，它表征了放射性元素的放射性强度。放射性活度的国际单位是贝克勒尔(Bq)，其意义是：若样品每秒钟发生 1 次放射性衰变，则称样品的放射性活度为 1 贝克勒尔。放射性活度的常用单位是居里(Ci)，贝克勒尔(Bq)与居里(Ci)的换算关系为 1 Ci=3.7×10¹⁰ Bq。放射性比活度也称为比放射性，是指放射源的放射性活度与其质量之比，即单位质量物质中所含某种核素的放射性活度。其符号为 C，单位是贝克勒尔/克(Bq·g⁻¹)。在放射性溶液中，比活度常用单位体积溶液中的活度表示，单位为贝克勒尔/毫升(Bq·ml⁻¹)。

1. NaI(Tl)闪烁晶体探测射线的基本原理

γ射线是原子核衰变过程中放出的一种辐射，它本质上是一种比可见光和 X 射线的能量都高得多的电磁辐射。利用γ射线和物质相互作用的规律，人们设计和制造了各种各样的γ射线探测器。本实验使用的β H1224F 低本底环境γ谱仪所用的 NaI(Tl)闪烁探测器即是其中之一。NaI(Tl)闪烁探测器是利用某些物质在射线作用下发光的特性来探测射线的，既可测量射线的强度，也可测量射线的能量，在核物理研究和放射性同位素测量中应用十分广泛。

NaI(Tl)晶体是一种无色透明的无机闪烁晶体，在 NaI 中通过掺铊(Tl)来激活成为发光中心。NaI(Tl)晶体密度约为 3.67g·cm⁻³，其中因为含有高原子序数的碘元素(Z=53，含量占重量的 85%)，当用它来探测 X 或γ射线时，与三种次级效应(即光电效应、康普顿效应和电子对效应)相对应的吸收系数比较大。而且当次级电子能量在 0.001～6MeV 范围内时，光能输出(即脉冲高度)与电子能量成正比，从而可以利用这一性质来测定 X 和γ射线的能量。NaI(Tl)晶体发光光谱平均波长为 410nm，能与光电倍增管的光谱响应相匹配。NaI(Tl) 晶体发光衰减时间为 0.25μs。NaI(Tl) 晶体发光效率高，对γ射线的能量分辨率较高。由于本实验进行的是低本底探测，所以要求探测效率也高，这就要求 NaI(Tl)晶体的直径(圆柱形)大一些。通常 NaI(Tl)单晶γ闪烁谱仪的能量分辨率以 ¹³⁷Cs 的 0.661MeV 单能γ射线为标准，它的值一般是 10%左右，最好可达 6%～7%。

NaI(Tl)晶体存在易于潮解的缺点，潮解后晶体会发黄变质，因此常用 200μm 厚的铝膜来密封，这一方面起到密封晶体的作用，另一方面可以尽量减少β射线在密封材料中的能量损失。

2. NaI(Tl)单晶γ谱仪记录γ光子的过程

(1) γ光子进入闪烁体，与之发生相互作用，在闪烁体中产生次级电子。

(2) 次级电子在闪烁体中损失能量引起原子、分子电离和激发，受激原子、分子退激时发射荧光光子。

(3) 荧光光子经过闪烁体的包装及光导(有机玻璃)进入光电倍增管。

(4) 由于光电效应，荧光光子打在光电倍增管的光阴极上产生电子，电子在管内各个联极(又称打拿极)上放大，光电子在光电倍增管中倍增，数量由一个增加到 $10^4 \sim 10^9$ 个，最后在阳极上收集到经过放大的电子流。

(5) 阳极收集电子，在输出回路上产生电压脉冲。

(6) 电压脉冲经射极输出器输出送给放大器，放大后的脉冲由多道分析器采集获取数据。

(7) 多道分析器采集获取的数据通过计算机记录和分析。

3. 低本底γ能谱分析

所谓射线的能谱是指各种不同能量粒子的相对强度分布。如果以射线的能量 E(电压脉冲幅度)为横坐标，以单位时间内测到的射线粒子数为纵坐标作图，将获得一条曲线。根据这条曲线，我们可以清楚地看到该种射线中各种能量的粒子所占的百分比。

γ能谱的分析是利用脉冲分析器来进行的。脉冲分析器分为单道和多道脉冲分析器。在单道脉冲分析器中，在检测脉冲幅度时设计了一个窗宽 ΔV，使幅度大于 $V_0 + \Delta V$ 的脉冲亦被挡住，只让幅度为 $V_0 \sim V_0 + \Delta V$ 的信号通过。可见，单道脉冲分析器的功能是把线性脉冲放大器的输出脉冲按高度分类。例如，线性脉冲放大器的输出是 $0 \sim 10V$，如果把它按脉冲高度分成 500 级，或称为 500 道，则每道宽度为 0.02V，也就是输出脉冲的高度按 0.02V 的级差来分类，逐点增加 V_0，就可以测出整个谱形来。

单道脉冲分析器是逐点改变甄别电压进行计数，测量不太方便而且费时，因而在本实验装置中采用了多道脉冲分析器。多道脉冲分析器的作用相当于数百个单道分析器，它主要由 $0 \sim 10V$ 的 A/D 转换器和存储器组成，脉冲经过 A/D 转换器后即按高度大小转换成与脉高成正比的数字输出，因此可以同时对不同幅度的脉冲进行计数。例如，512 道的多道脉冲分析器，即将探测器输出的电压脉冲幅度范围 $0 \sim 10V$ 平均分成 512 份，由此得到的道宽为 $10 / 512 \approx 19.5(\text{mV})$。不同的脉冲幅度就落入相应的 $V + \Delta V$ 的道宽内，经过 A/D 转换器后就得到与脉高成正比的数字，这样就可以得到探测器输出脉冲在 $0 \sim 512$ 道内的幅度分布图，即能谱。多道脉冲分析器可一次测量得到整个能谱曲线，既省时又方便可靠。

三、实验仪器

γ 能谱仪是放射性测量的常用仪器，它往往被用于测量岩石、土壤或其他相关材料的镭、钍、钾等含量。本实验所用β H1224F 低本底环境γ 谱仪是通过测量样品中放射性元素的某一特定能量的γ 射线的能谱，来测定放射性元素在样品中的含量。

1. 仪器组成

β H1224F 低本底环境γ 谱仪主要由 NaI(Tl)闪烁探头、高压电源、线性脉冲放大器、多道脉冲幅度分析器、数据采集分析系统、铅屏蔽室和定标放射源等部分组成。

NaI(Tl)闪烁探头由 NaI(Tl)闪烁晶体、光电倍增管和电子仪器三部分组成。其基本结构如图 2.2.1 所示。

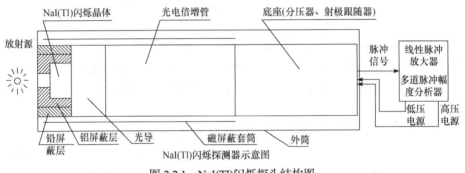

图 2.2.1　NaI(Tl)闪烁探头结构图

2. 光电倍增管的倍增原理

光电倍增管在近代实验中使用很广，基本原理非常清楚。前面对 NaI(Tl)闪烁晶体的性能作了介绍，下面对光电倍增管的倍增原理进行说明。光电倍增管和普通光电管一样，是利用光电效应把光转换为光电子而产生电流脉冲的方法来记录微弱的光。所不同的是，在光电倍增管的阴极和阳极之间有许多能够发射次级电子的电子倍增极(或称打拿极、联极)使光电子数倍增，以获得更大的电流脉冲。光电倍增管的构造包括三个主要部分。

(1) 光电阴极：通常是把半导体光电材料如 Sb-Cs 等镀在光电倍增管透光窗的内表面上。入射光就在这上面打出光电子。

(2) 电子倍增极：通常用 Sb-Cs 或 Ag-Mg 合金做成。由光阴极发射出来的光电子经过聚焦和加速打到电子倍增极上。一般光电倍增管有 4～14 个光电倍增极，在各电子倍增极间加上一定的电压。一个到达倍增极的电子在倍增极上可打出

3～6 个次级电子。这些次级电子经过加速后打到下一个倍增极。如此重复倍增下去，倍增系数高达 10^4～10^9，电子倍增系数 M 与加在极上的总电压 V 的七次方成正比($M \propto V^7$，故 $\Delta M / M = 7\Delta V / V$)，所以要使倍增系数稳定在 1%以内，就必须让电压稳定度好于 0.1%。

(3) 阳极：经过倍增后的电子收集在阳极上，并在输出端形成电压脉冲。光电倍增管按电子倍增极分为环形聚焦型、直线聚焦型、百叶窗式无聚焦型和"匣子"式无聚焦型。本实验装置中用的是百叶窗式无聚焦型。

百叶窗式光电倍增管(图 2.2.2)中的电子束是平行于管轴方向行进的，被电场加速但没有聚焦作用，这类管子脉冲幅度分辨率较好，适用于能谱测量。光电倍增管是真空玻璃管，易打碎，在加电压时是一个放大微弱电流的器件，所以在工作时外面一定要加避光罩。如果电压接通时透入了外界环境的光，那么光电倍增管就会因过载而烧坏。

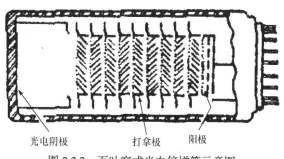

光电阴极　　　　打拿极　　阳极

图 2.2.2　百叶窗式光电倍增管示意图

3. 高压电源、放大器

实验所用的高压电源与放大器装在一个仪器盒中。

(1) 高压：在 0～1500V 范围内连续可调，电压大小由十圈电位器调节(每圈相当于 150V)并有数码管显示电压值，输出高压极性为正。高压稳定性优于0.1%。

(2) 放大器：放大器的功能是对 NaI(Tl)探测器的输出脉冲幅度进行放大。放大系数可以在仪器盒内进行粗调(通常为 4、8、16、32，本实验中设为 4)，细调用十圈电位器调节。

4. 仪器参数

该仪器采用了 ϕ75×75NaI(Tl)低钾探头和专用的 NG401-261 型铅室。其技术参数如下。

(1) 线性：≤1%(60keV～2.0MeV)；

(2) 能量分辨率：≤9%(^{137}Cs)；

(3) 稳定性：连续工作 8h，漂移≤1%；

(4) 本底：<500cpm①(60keV～2.0MeV)；

(5) 误差：样品中镭-226、钍-232 和钾-40 总放射性比活度大于 37Bq/kg 时，测量值与实际值误差不大于 20%。

四、实验内容

本实验将对建筑材料中天然放射性核素镭-226、钍-232、钾-40 的放射性比活度进行测量，并根据国家标准《建筑材料放射性核素限量》(GB 6566—2001)进行放射性评价。标准中建筑材料是指：用于建造各类建筑物所使用的无机非金属类材料。本标准将建筑材料分为：建筑主体材料和装修材料。建筑主体材料是指建造建筑物主体工程所使用的建筑材料，包括：水泥与水泥制品、砖、瓦、混凝土、混凝土预制构件、砌块、墙体保温材料、工业废渣、掺工业废渣的建筑材料及各种新型墙体材料等。建筑装修材料是指建筑物室内、外面所用的建筑材料，包括花岗石、建筑陶瓷、石膏制品、吊顶材料、粉刷材料及其他新型饰面材料等。

1. 仪器调节与定标

按β H1224F 低本底环境γ 谱仪仪器使用说明操作、调整整套装置，使谱仪至正常工作状态。

把 ^{226}Ra、^{232}Th、^{40}K 的标准样品分别放入铅屏蔽室内，进行放射性比活度测量，根据标准源的比活度标准值，对仪器进行定标。

2. 样品采集与制作

样品采集必须符合代表性、均匀性和适时性原则。按照国家标准《建筑材料放射性核素限量》(GB 6566—2001)，在采样的每一种样品随机采集两份，每份 3kg(精确到克)，一份保存，另一份作为检测样品。样品采回后放入烘箱中进行烘干，然后取出大约 0.5kg 的样品放入研磨机中破碎磨细，直至颗粒直径小于 0.16mm，再把其放入与装标准样品 ^{226}Ra、^{232}Th、^{40}K 大小完全一样的塑料盒中，称重，最后密封待测。

3. 样品比活度测量

在铅屏蔽室内放入样品，对样品进行镭-226、钍-232 和钾-40 的放射性比活度

---

① cpm 代表每分钟多少次衰变。

测量。利用 SPAN/NaI γ 射线谱分析软件，对谱形进行光滑、寻峰、曲线拟合等，最终分析出样品的放射性比活度。图 2.2.3 为某样品的放射性谱图。

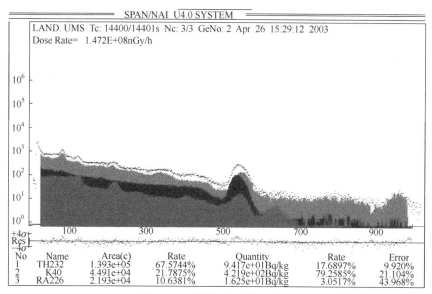

图 2.2.3　某样品的放射性谱图

4. 计算样品的照射指数

放射性照射指数分为内照射指数和外照射指数。《建筑材料放射性核素限量》(GB 6566—2001)中内照射指数是指：建筑材料中天然放射性核素镭-266 的放射性比活度除以本标准规定的限量而得的商。表达式为

$$I_{Ra} = C_{Ra}/200 \tag{2.2.1}$$

式中，I_{Ra} 为内照射指数；C_{Ra} 为建筑材料中天然放射性核素镭-226 的放射性比活度，单位为 $Bq \cdot kg^{-1}$；200 为仅考虑内照射情况下，标准规定的建筑材料中放射性核素镭-226 的放射性比活度限量，单位为 $Bq \cdot kg^{-1}$。

外照射指数是指：建筑材料中天然放射性核素镭-226、钍-232 和钾-40 的放射性比活度分别除以其各自单独存在时本标准规定限量而得的商之和。表达式为

$$I_\gamma = C_{Ra}/370 + C_{Th}/260 + C_K/420$$

式中，I_γ 为外照射指数；C_{Ra}、C_{Th}、C_K 分别为建筑材料中天然放射性核素镭-226、钍-232 和钾-40 的放射性比活度，单位为 $Bq \cdot kg^{-1}$；370、260、4200 为分别为仅考虑外照射情况下，标准规定的建筑材料中天然放射性核素镭-226、钍-232 和钾-40 在其各自单独存在时本标准规定的限量，单位为 $Bq \cdot kg^{-1}$。

5. 样品放射性评价

根据《建筑材料放射性核素限量》(GB 6566—2001)，评价被测样品的放射性水平。标准规定，当建筑主体材料中天然放射性核素镭-226、钍-232、钾-40 的放射性比活度同时满足内照射指数 $I_{Ra} \leqslant 1.0$ 和外照射指数 $I_{\gamma} \leqslant 1.0$ 时，其产销与使用范围不受限制。对于空心率(空心建材制品的空心体积与整个空心建材制品体积之比的百分率)大于 25% 的建筑主体材料，其天然放射性核素镭-226、钍-232、钾-40 的放射性比活度同时满足 $I_{Ra} \leqslant 1.0$ 和 $I_{\gamma} \leqslant 1.3$ 时，其产销与使用范围不受限制。

根据《建筑材料放射性核素限量》(GB 6566—2001)，可将装修材料放射性水平划分为以下三类。

(1) A 类装修材料：装修材料中天然放射性核素镭-226、钍-232、钾-40 的放射性比活度同时满足 $I_{Ra} \leqslant 1.0$ 和 $I_{\gamma} \leqslant 1.3$ 要求的为 A 类装修材料。A 类装修材料产销与使用范围不受限制。

(2) B类装修材料：不满足 A 类装修材料要求但同时满足 $I_{Ra} \leqslant 1.3$ 和 $I_r \leqslant 1.9$ 要求的为B类装修材料。B类装修材料不可用于 I 类民用建筑的内饰面，但可用于 I 类民用建筑的外饰面及其他一切建筑物的内、外饰面。

(3) C 类装修材料：不满足 A、B 类装修材料要求但满足 $I_r \leqslant 2.8$ 要求的为 C 类装修材料。C 类装修材料只可用于建筑物的外饰面及室外其他用途。$I_r > 2.8$ 的花岗石只可用于碑石、海堤、桥墩等人类很少涉及的地方。

五、思考题

(1) 什么是放射源的主要特性?

(2) γ 射线是怎样被转换成可测量的电压脉冲的?

(3) 什么是γ 能谱?

(4) 光电倍增管是如何实现倍增的?

(5) 为什么要对建筑材料进行放射性评价?

参考资料

1. 吴思诚, 荀坤. 近代物理实验. 4 版. 北京: 高等教育出版社, 2015.

2. 杨福家. 原子物理学. 5 版. 北京: 高等教育出版社, 2019.

3. 中华人民共和国国家标准: GB 6566—2001 建筑材料放射性核素限量. 北京: 中国标准出版社, 2021.

4. 国际放射防护委员会. 限制公众遭受天然辐射源照射的原则. 潘自强译. 北京: 原子能出版社, 1986.

5. 吴成祥, 李彦. 环境放射学. 北京: 中国环境科学出版社, 1991.

实验 2.3　α 粒子的能量损失实验

一、实验目的

(1) 了解金硅面垒半导体探测器、α 谱仪的工作原理和特性。

(2) 了解α 粒子通过物质时的能量损失及规律。

(3) 学习从能量损失测量求薄膜厚度的方法。

二、实验原理

1. 半导体能谱仪的基本工作原理

半导体能谱仪的组成如图 2.3.1 所示。

金硅面垒探测器是用一片 n 型硅, 蒸上一层薄金层(100~200Å), 接近金膜的那一层硅具有 p 型硅的特性, 这种方式形成的 pn 结靠近表面层, 结区即为探测粒子的灵敏区。探测器工作时加反向偏压, 粒子在灵敏区内损失的能量转变为与其能量成正比的电脉冲信号, 脉冲信号经放大并由多道分析器输出, 从而给出带电粒子的能谱。偏置放大器的作用是当多道分析器的道数不够用时, 利用它切割, 展宽脉冲宽度, 以利于脉冲幅度的精确分析。为了

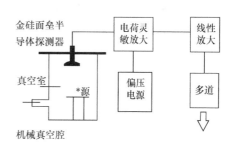

图 2.3.1　半导体能谱仪结构图

提高谱仪的能量分辨率, 探测器最好放在真空室中。另外, 金硅面垒探测器一般具有光敏的特性, 在使用过程中应有光屏蔽措施。

金硅面垒型半导体α 谱仪具有能量分辨率好, 能量线型范围宽, 脉冲上升时间短, 体积小和价格便宜等优点。带电粒子进入灵敏区, 损失能量产生电子-空穴对。形成一堆空穴所需的能量 W 和半导体材料有关, 与入射粒子类型和能量无关。对于硅, 300K 时 W 为 3.62eV, 77K 时 W 为 3.76eV。对于锗, 在 77K 时为 2.96eV。若灵敏区的厚度大于入射粒子在硅中的射程, 则带电粒子的能量 E 全部损失在其中, 产生的总电荷量 Q 等于$(E/W)e$。E/W 为产生的电子-空穴对数, e 为电子电量。当外加偏压时, 灵敏区的电场强度很大, 产生的电子-空穴对全部被收集, 最后在两极形成电荷脉冲。它在持续时间内的积分等于总电荷量 Q。通常在半导体探测器设备中使用电荷灵敏放大器。它的输出信号与输入到放大器的电荷成正比。

当探测器输出回路时间常数远大于电子空穴对收集时间时, 输出电压脉冲

幅度

$$V_0 = \frac{Q}{C_0} = \frac{Q}{C_d + C_i + C'} = \frac{Q}{C_1 + C_i}, \quad C_1 = C_d + C' \tag{2.3.1}$$

其中，C_d 是探测器结电容；C_i 是前置放大器的输入电容；C' 是分布电容。当 C_0 不变时 $V_0 \propto Q$，但 C_d 与所加反向偏压有关，任何偏压的微小变化或实用中有时要根据被测粒子射程而对偏压进行适当的调节，都会使输出脉冲幅度(对同一个 Q)变化，这对能谱测量不利，因此半导体探测器都采用电荷灵敏前置放大器。图 2.3.2 表示探测器和电荷灵敏放大器的等效电路。其中 K 是放大器的开环增益，C_f 是反馈电容，放大器的等效输入电容为 $(1+K)C_f$。只要 $KC_f \gg C_f$ 就有

$$V_0 = -\frac{KQ}{C_1 + (1+K)C_f} \approx -\frac{Q}{C_f} \tag{2.3.2}$$

这样，由于选用了电荷灵敏放大器作为前级放大器，它的输出信号与输入电荷 Q 成正比，而与探测器的结电容 C_d 无关。但是结电容的大小直接影响噪声，结电容大噪声就大。只要探测器结区厚度大于 α 粒子在其中的射程，输出幅度就与入射粒子能量有线性关系。

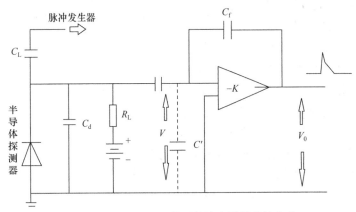

图 2.3.2　探测器和电荷灵敏放大器的等效电路

2. 确定半导体探测器的偏压

对 n 型硅，探测器灵敏区的厚度 d_n 和结电容 C_d 与探测器偏压 V 的关系如下：

$$d_n = 0.5(\rho_n V)^{1/2}(\mu m) \tag{2.3.3}$$

$$C_d = 2.1 \times 10^4 (\rho_n V)^{-\frac{1}{2}}(\mu m \cdot F \cdot cm^{-2}) \tag{2.3.4}$$

其中，ρ_n 为材料电阻率 $(\Omega \cdot cm)$。因灵敏区的厚度和结电容的大小取决于外加偏

压，所以偏压的选择首先要使入射粒子的能量全部损耗在灵敏区中，由它产生的电荷完全被收集，电子-空穴复合和"陷落"的影响可以忽略；其次还要考虑到探测器结电容对前置放大器来说还起着噪声源的作用。电荷灵敏放大器的噪声水平随着外接电容的增加而增加，探测器的结电容就相当于它的外接电容。因此，提高偏压，降低电容相当于减少噪声，增加信号幅度，提高了信噪比，从而改善探测器的能量分辨率。从上述观点来看，要求偏压加得高一点，但是偏压过高，探测器的漏电流也增大而使能量分辨率变坏。因此为了得到最佳分辨率，探测器的偏压应选择最佳范围，实验上可通过测量不同偏压下的α能谱求得，如图 2.3.3 所示。由此实验数据，分析作出一组峰位和能量分辨率对应不同偏压的曲线，如图 2.3.4 和图 2.3.5 所示。分析以上结果，并考虑到需要测量的α 粒子的能量范围，确定探测器的最佳偏压值。

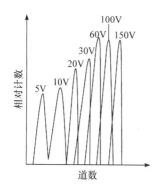

图 2.3.3　不同偏压的α 谱曲线

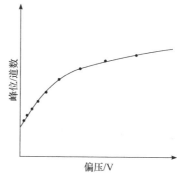

图 2.3.4　峰位曲线

3. α 谱仪的能量刻度和能量分辨率

谱仪的能量刻度就是确定α 粒子能量和脉冲幅度之间的对应关系。脉冲幅度大小以谱线峰位在多道分析器中的道址来表示。α 谱仪系统的能量刻度有两种方法。

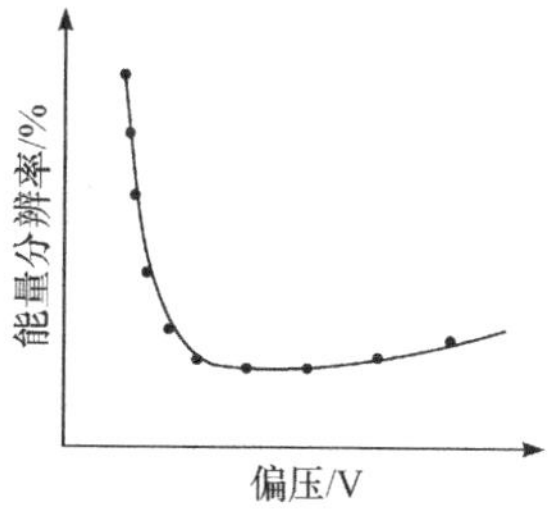

(1) 用 ^{239}Pu 和 ^{241}Am 的α 粒子放射源，已知各核素α 粒子的能量，测出该能量在多道分析器上所对应的谱峰位道址，作能量对应道址的刻度曲线，并表示为

$$E = Gd + E_0 \qquad (2.3.5)$$

图 2.3.5　能量分辨率偏压曲线

其中，E 为α 粒子能量(keV)；d 为对应能谱峰位所在道址(道)；G 为直线斜率(keV/每道)，称为能量刻度常数；E_0 为直线截距(keV)，是由于α 粒子穿过探测器金层表面所损失的能量。

(2) 用一个已知能量的单能α源，配合线性良好的精密脉冲发生器来做能量刻度。这是在α源种类较少的实验条件下常用的方法。一般谱仪的能量刻度线性可大0.1%左右。常用谱仪的刻度源能量可查常用核素表。

在与能量刻度相同的测量条件下(如偏压、放大倍数、几何条件等)测量位置α源的脉冲谱，由谱线峰位求得对应α粒子的能量，从而确定未知α源成分。

A谱仪的能量分辨率也用谱线的半高宽度(FWHM)表示。FWHM是谱线最大计数一半处的宽度，以道数表示，还可由谱仪的能量刻度常数转换为能量ΔE，以keV表示。在实用中，谱仪的能量分辨率还用能量展宽的相对百分比表示，如

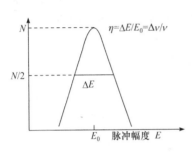

图2.3.6 α谱仪的能量分辨率

图2.3.6所示。例如本实验采用金硅面垒探测器，测得^{241}Am源的5.48MeV的α粒子谱线宽度为17keV(0.31%)。半导体探测器的突出优点是能量分辨率好，影响能量分辨率的主要因素有：①产生电子-空穴对数的统计涨落(ΔE_n)；②探测器的噪声(ΔE_d)；③电子学噪声，主要是前置放大器的噪声(ΔE_e)；④α粒子穿过的探测器的窗厚和放射源厚度的不均匀性所引起的能量展宽(ΔE_s)。实验测出的谱线宽度ΔE是由以上因素所造成的影响的总和，表示为

$$\Delta E = (\Delta E_n^2 + \Delta E_d^2 + \Delta E_e^2 + \Delta E_s^2)^{1/2} \tag{2.3.6}$$

4. α粒子的能量损失

天然放射性物质放出的α粒子，能量范围是3～8MeV。在这个能区内，α粒子的核反应截面很小，因此可以忽略。α粒子与原子核之间虽然有可能产生卢瑟福散射，但概率很小，它与物质的相互作用主要是与核外电子的相互作用。α粒子与电子碰撞，将使原子电离、激发而损失其能量。在一次碰撞中，由于其质量较大，α粒子只有一小部分能量转移给电子，当它通过吸收体后，经过多次碰撞才会损失较多能量。每次碰撞基本不发生偏转，因而它通过物质的射程几乎接近直线。带电粒子在吸收体内单位长度的能量损失率，称为线性阻止本领

$$S = -\frac{dE}{dx} \tag{2.3.7}$$

它的单位是erg·cm^{-1}，实用上常换算成keV·μm^{-1}或eV·μg^{-1}·cm^{-2}。把S除以吸收体单位体积内的原子数N，称为阻止截面，用Σ_e表示，并常取eV·10^{15}atom^{-1}·cm^{-2}为单位。

$$\Sigma_e = -\frac{1}{N}\frac{dE}{dx} \tag{2.3.8}$$

对非相对论性 α 粒子 $(v \ll c)$，线性阻止本领可表示为

$$-\frac{dE}{dx} = \frac{4\pi z^2 e^4 NZ}{m_0 v^2}\ln\frac{2m_0 v^2}{I} \tag{2.3.9}$$

式中，z 为入射粒子的电荷数；Z 为吸收体的原子序数；e 为电子的电荷；v 为入射粒子的速度；N 为单位体积内的原子数；I 是吸收体中原子的平均激发能。由于对数项随能量的变化是缓慢的，因此可近似表示为

$$\frac{dE}{dx} \propto -\frac{常数}{E} \tag{2.3.10}$$

当 α 粒子穿过厚度为 ΔX 薄吸收体后，能量由 E_1 变为 E_2，可写成

$$\Delta E = E_1 - E_2 = -\left(\frac{dE}{dx}\right)_{平均}\Delta x \tag{2.3.11}$$

$(dE/dx)_{平均}$是平均能量$(E_1+E_2)/2$ 的能量损失率，这样测定了 α 粒子在通过薄膜后的能量损失 ΔE，利用上式可以求出薄膜的厚度，即

$$\Delta x = \frac{\Delta E}{-\left(\dfrac{dE}{dx}\right)_{平均}} \approx \frac{\Delta E}{-\left(\dfrac{dE}{dx}\right)_{E_1}} \tag{2.3.12}$$

当 α 粒子能量损失比较小时，可以用上式来计算厚度，当薄膜比较厚时，α 粒子能量在通过薄膜后损失很大，就应该用下式计算：

$$\Delta x = \int_{E_2}^{E_1}\frac{dE}{(-dE/dx)_E} \approx \sum_{E_1}^{E_2}\frac{\delta E}{-\left(\dfrac{dE}{dx}\right)_{E_1}} \tag{2.3.13}$$

一般来说，α 粒子能量在 1keV 和 10MeV 之间时，在铝膜中的阻止截面可由以下经验公式确定：

$$\Sigma_e = \frac{A_1 E^{A_2}\left[\dfrac{A_3}{E/1000}\ln\left(1+\dfrac{A_4}{E/1000}+\dfrac{A_5 E}{1000}\right)\right]}{A_1 E^{A_2}+\dfrac{A_3}{E/1000}\ln\left(1+\dfrac{A_4}{E/1000}+\dfrac{A_5 E}{1000}\right)} \tag{2.3.14}$$

式中，A_1，A_2，A_3，A_4，A_5 为常数，见表 2.3.1；α 粒子能量 E 以 keV 为单位，得到的 Σ_e 以 $eV \cdot 10^{15}atom^{-1} \cdot cm^{-2}$ 为单位。对于化合物，它的阻止本领可由布拉格

相加规则，将化合物的各组成成分的阻止本领$(dE/dx)_i$相加得到，即

$$\left(\frac{dE}{dx}\right)_c = \frac{1}{A_c}\sum Y_i A_i \left(\frac{dE}{dx}\right)_i \left(keV \cdot \mu g^{-1} \cdot cm^{-2}\right) \tag{2.3.15}$$

其中，Y_i、A_i分别为化合物分子中的第i种原子数目、原子量，A_i等于$\sum_i Y_i A_i$化合物的分子量。

利用已知的阻止截面，通过α粒子在铝膜中能量损失的测量，可以快速无损地测定薄膜的厚度，α粒子的能量可用多道分析器测量，峰位可按最简单的重心法得到。

表 2.3.1　低能氦粒子阻止本领的系数(固体)

靶	A_1	A_2	A_3	A_4	A_5
H[1]	0.9661	0.4126	6.92	8.831	2.582
C[6]	4.232	0.3877	22.99	35	7.993
O[8]	1.776	0.5261	37.11	15.24	2.804
Al[13]	2.5	0.625	45.7	0.1	4.359
Ni[28]	4.652	0.4571	80.73	22	4.952
Cu[29]	3.114	0.5236	76.67	7.62	6.385
Ag[47]	5.6	0.49	130	10	2.844
Au[79]	3.223	0.5883	232.7	2.954	1.05

三、实验仪器

虚拟核仿真信号源 NEK0600-01G 一台；通用数据采集器 AV6012-GE 一台。

如图 2.3.7 所示，本实验中使用虚拟核仿真信号源产生核脉冲信号，从而代替了放射源、探测器、高压电源与电荷灵敏放大器；通用数据采集器使用多道分析功能，对信号源输出的核脉冲进行线性放大并进行多道能谱测量与分析。通过软件控制虚拟核仿真信号源的电压、真空、源的状态，可以得到相应的核脉冲信号，经过多道分析可以观察到相应的物理现象。

四、实验内容 I

(1) 调整谱仪参数，测量不同偏压下的α粒子的能谱，并确定探测器的工作偏压。

(2) 测量 241Am 放射源(5.486MeV)以及 239Pu(5.155MeV)的能谱，对能量刻度定标。

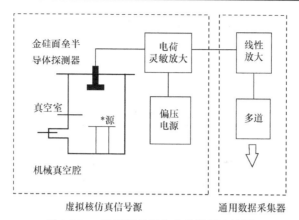

图 2.3.7　α粒子能量损失实验装置连接图

(3) 测量 241Am 的α粒子通过铝箔及 Mylar 薄膜后的能谱，并计算出其阻止本领和薄膜厚度。

五、实验内容 II

(1) 打开本实验的软件，先设定放射源为 ^{241}Am，再对仪器抽取真空，再加载偏压，每隔 10V 测一次，等待信号输出指示灯亮起时，就可以点击开始测量，然后打开多道分析仪测量α粒子能谱。每一次测量都要确定峰位和能谱分辨率，作出相应的峰位和偏压以及能谱分辨率和偏压的关系图。

(2) 在最佳偏压 120V 下分别测量 ^{241}Am 的能谱和 ^{239}Pu 的能谱，对多道谱仪进行定标。

(3) 选择放射源为 ^{241}Am，偏压为 120V，测量α粒子分别被铝箔和 Mylar 膜($C_{10}H_8O_4$)吸收后的能谱，并计算出阻止本领和薄膜厚度。已知碳、氢、氧的原子密度分别为：$N(C)=1.136\times10^{23}$atm·cm^{-3}，$N(H)=5.376\times10^{23}$atm·cm^{-3}，$N(O)=5.367\times10^{23}$atm·cm^{-3}。质量密度为 $\rho_C = 2.267$g·cm^{-3}，$\rho_H = 8.998\times10^{-5}$g·cm^{-3}，$\rho_O = 0.001428$g·cm^{-3}。

六、思考题

(1) 试定性讨论α粒子穿过吸收体后能谱展宽的原因。

(2) 设阻止本领为 S，薄膜厚度为 ΔX，试计算α粒子倾斜入射，与表面法线交角为 4°、6°时能量损失为多少？

参考资料

1. α粒子的能量损失. 武汉: 尼姆数字技术有限公司, 2017.

2. 杨福家. 原子物理学. 5 版. 北京: 高等教育出版社, 2019.

3. 曾谨言. 量子力学(卷 I). 4 版. 北京: 科学出版社, 2007.

附录

Am 和 Pu 的衰变表见表 2.3.2。

表 2.3.2　Am 和 Pu 的衰变表

Nuclide	J^{π}	Mass excess/MeV	Natural abundance or half life	Decay modes		Major radiations			σ/b*	
94 Pu 228	0+	36.0882	1.1s+20−5	α	100%					
94 Pu 229	(3/2+)	37.3997	>2μs	α	100%					
94 Pu 230	0+	36.9336	1.70min 17	α	84%					
				ε	16%					
94 Pu 231	(3/2+)	38.2854	8.6min 5	ε	≤99.8%					
				α	≥0.2%					
94 Pu 232	0+	38.3655	33.1min 8	ε	80%	α	6542	7.6%		
				α	20%		6600	15%		
94 Pu 233		40.0518	20.9min 4	ε	99.88%					
				α	0.12%					
94 Pu 234	0+	40.3496	8.8h1	ε	～94%	α	6151	1.9%		
				α	～6%		6202	4.1%		
94 Pu 235	(5/2+)	42.1837	25.3min 5	ε	99.9972%	Y	49.1	2.4%		
				α	0.0028%					
94 Pu 236	0+	42.9027	2.858 y 8	α	100%	α	5720.87	30.8%	σ_f	170　35
				SF	1.9×10⁻⁷%		5767.53	69.1%		
94 Pu 237	7/2−	45.0933	45.2 d 1	ε	99.9958%	Y	59.54	3.28%	σ_f	2455　295
					0.0042%					
94 Pu 237m	1/2+	45.2393	0.18 s 2	IT	100%					
94 Pu 238	0+	46.1647	87.74 y 3	α	100%	α	5456.3	28.98%	σ_Y	540　7
				SF	1.9×10⁻⁷%		5499.03	70.91%	σ_f	17.9　4

* 1b=10⁻²⁸m²。

续表

Nuclide	J^π	Mass excess/MeV	Natural abundance or half life	Decay modes		Major radiations			σ/b*	
94 Pu 239	1/2+	48.5899	24100 y 11	α	100%	α	5105.5	11.94%	σ_γ 269.3	2.9
				SF	3×10^{-10}%		5144.3	17.11%	σ_f 748.1	20
							5156.59	70.77%		
94 Pu 240	0+	50.1270	6561 y 7	α	100%	α	5123.68	27.10%	σ_γ 289.5	14
				SF	5.7×10^{-6}%		5168.17	72.80%	σ_f 0.056	30
94 Pu 241	5/2+	52.9568	14.33 y 4	β^-	99.9975%	β^-	20.78	100.00%	σ_γ 362.1	51
				α	0.0025%				σ_f 1011.1	62
				SF	$<2\times10^{-14}$%					
94 Pu 242	0+	54.7184	$3.73\times10^{+5}$y3	α	99.99945%	α	4858.1	23.48%	σ_γ 18.5	5
				SF	0.00055%		4902.2	76.49%	σ_f <0.2	
				β^-	100%	β^-	579	59.00%		
94 Pu 243	7/2+	57.7555	4.956 h 3				495	21.00%	σ_γ 87	10
						γ	84	23.0%	σ_f 196	16
							25.2	8.300%		
94 Pu 244	0+	59.8056	$8.00\times10^{+7}$y9	α	99.88%	α	4546	19.4%		
				SF	0.12%		4589	80.5%		
				β^-	100%	β^-	1234	12.00%		
94 Pu 245	(9/2−)	63.1061	10.5 h 1				954	51%		
						γ	327.43	25%		
							560.13	5.4%		
				β^-	100%	β^-	401	1.0%		
94 Pu 246	0+	65.3952	10.84 d 2				177	91%		
						γ	43.81	25%		
							223.75	24%		
94 Pu 247		68.9960 syst	2.27 d 23	β^-	100%					

Nuclide	J^π	Mass excess/MeV	Natural abundance or half life	Decay modes		Major radiations			σ/b*
95 Am 231		42.4390 syst	~10s	ε	?				
				α	?				
95 Am 232		43.3980 syst	79 s 2	ε	~98%				
				α	~2%				
95 Am 233		43.1730 syst	3.2min 8	α	>3%				
				ε	?				
95 Am 234		44.5340 syst	2.32 min 8	ε	>99.96%				
				α	<0.04%				
95 Am 235?		44.6620 syst	10.3 min 6	ε	99.6%				
				α	0.4%				
95 Am 236?	5–	46.1830 syst	3.6 min 1	ε	99.996%	Y	582.8	38%	
				α	0.004%		653.68	32%	
95Am 236m		46.1830 syst	0.6 y 2	ε	100%				
95Am 237	5/2(–)	46.5710 syst	73.0min 10	ε	99.97%	Y	280.23	47.3%	
				α	0.03%		438.4	8.3%	
95Am 238	1+	48.4231	98min 2	ε	99.9999%	Y	962.8	28%	
				α	0.0001%		918.7	23%	
95 Am 238m		48.4231	3.8 y	α	100%				
95 Am 239	(5/2)–	49.3920	11.9 h 1	ε	99.99%	Y	277.6	15.0%	
				α	0.01%		228.18	11.3%	
95 Am 240	(3–)	51.5118	50.8 h 3	ε	99.99981%	Y	987.76	73%	
				α	0.00019%		888.8	25.1%	
				α	100%	α	5485.56	84.8%	

续表

Nuclide	J^π	Mass excess/MeV	Natural abundance or half life	Decay modes		Major radiations			σ/b^*		
95 Am 241	5/2−	52.9360	432.6 y 6	SF	4×10^{-10}%		5442.8	13.1%	σ_γ	533	13
							5388.2	1.660%	σ_γ^m	54	5
				Y			59.54	35.9%	σ_f	3.20	9
							26.34	2.27%			
95 Am 242	1−	55.4697	16.02 h 2	β−	82.7%	β−	622.7	38%	σ_γ	330	50
				ε	17.3%		664.8	31%	σ_f	2100	200
				IT	99.55%				σ_γ	1290	300
95 Am 242m₁	5−	55.183	141 y 2	α	0.45%				σ_f	6200	200
				SF	$<47\times10^{-9}$%						
95 Am 242m₂	(2+,3−)	57.6697	14.0 ms 10	α	<0.005%						
				IT	?						
				α	100%	α	5275.3	87.1%			
				SF	3.7×10^{-9}%		5233.3	11.2%			
95 Am 243	5/2−	57.1761	7370 y 17				5181	1.360%	σ_γ	3.8	4
						Y	74.66	67.2%	σ_f	0.1983	43
							43.53	5.90%			
				β−	100%	β−	387.9	100.0%			
95 Am 244	(6−)	59.8810	10.1 h 1			Y	743.97	66%	σ_f	1600	300
							897.85	28%			
95 Am 244m	1+	59.9671	26 min 1	β−	99.96%	β−	430	0.56%			
				ε	0.04%		1471.2	27%			
95 Am 244m		59.8810	0.90 ms 15	SF	≤100%				σ_f	2300	300
95 Am 245m	(5/2)+	61.8997	2.05 h 1	β−	100%	β−	894.7	76%			
						Y	252.72	6.1%			
				β−	100%	β−	1197	100.0%			

续表

Nuclide	J^π	Mass excess/MeV	Natural abundance or half life	Decay modes		Major radiations			σ/b^*
95 Am 246	(7−)	64.9946	39 min 3			Y	679	64%	
							205	44%	
				β^-	100%	β^-	2376	3.500%	
95 Am 246m	2(−)	64.9946	25.0 min 2	IT	<0.02%		1297	37.3%	
						Y	1078.86	27.8%	
							798.8	24.8%	
				β^-	100%	β^-	1620	3%	
95 Am 247	(5/2)	67.1540 syst	23.0 min 13				1392.61	29%	
						Y	258	25%	
							226	5.8%	
95 Am 248		70.5620 syst	~10 min	β^-	100%				
95 Am 249		73.1040 syst	~2min	β^-	?				

实验 2.4 β射线的吸收实验

一、实验目的

(1) 了解β射线在物质中的吸收规律。

(2) 利用吸收系数法和最大射程法确定β射线的最大能量。

二、实验原理

1. β射线的吸收

原子核在发生β衰变时放出的β粒子，其强度随能量变化为一条从 0 开始到最大能量 $E_{\beta max}$ 的连续分布曲线。一般来说，核素不同其最大能量 $E_{\beta max}$ 也不同。因此，测定β射线最大能量便提供了一种鉴别放射性核素的依据。

一束β射线通过吸收物质时，其强度随吸收层厚度增加而逐渐减弱的现象称为β吸收。如图 2.4.1 所示，对大多数β谱，吸收曲线的开始部分在半对数坐标纸

上是一条直线，这表明它近似地服从指数衰减规律

$$I = I_0 \mathrm{e}^{-\mu d} = I_0 \mathrm{e}^{-\left(\frac{\mu}{\rho}\right)(\rho d)} = I_0 \mathrm{e}^{-\mu_m d_m} \tag{2.4.1}$$

式中，I_0 为始强度；I 为通过物质后的强度；d 和 d_m 分别为吸收物质的厚度和质量厚度(单位分别为 cm 和 $\mathrm{g \cdot cm^{-2}}$)；ρ 为物质的密度($\mathrm{g \cdot cm^{-3}}$)；μ 和 μ_m 分别为线性吸收系数($\mathrm{cm^{-1}}$)和质量吸收系数($\mathrm{cm^2 \cdot g^{-1}}$)。

　　连续β谱的吸收曲线是很多单能电子吸收曲线的叠加；同时β射线穿过吸收物质时，受到原子核的多次散射，原定方向有很大改变，因此无确定的射程可言，也不能如同单能α粒子的吸收那样，用平均射程反映粒子能量。确定β射线最大能量的方法，常用的有以下两种。

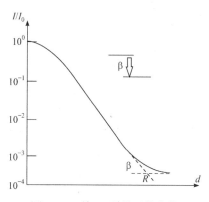

图 2.4.1　单一β谱的吸收曲线

　　1) 吸收系数法

　　实验证明，不同的吸收物质，μ_m 随物质的原子序数 Z 的增加而缓慢增加。对一定的吸收物质，μ_m 还与 $E_{\beta max}$ 有关。对于铝有以下经验公式：

$$\mu_m = \frac{17}{E_{\beta max}^{1.14}} \tag{2.4.2}$$

其中，μ_m 的单位取 $\mathrm{cm^2 \cdot g^{-1}}$；$E_{\beta max}$ 的单位取 MeV。可见只要取吸收曲线(在半对数坐标或者对公式(2.4.1)两边取对数)的直线部分数据，进行直线拟合求出 μ_m，代入式(2.4.2)就可算出 $E_{\beta max}$。

　　2) 最大射程法

　　一般用β射线吸收物质中的最大射程 R_β 来代表它在该物质中的射程，因此全吸收厚度就代表 R_β。通过 R_β 和 $E_{\beta max}$ 的经验公式即可得到 $E_{\beta max}$。经验表明在铝中的 $R_\beta(\mathrm{g \cdot cm^{-2}})$ 和 $E_{\beta max}(\mathrm{MeV})$ 的关系如下。

　　当 $E_{\beta max} > 0.8\mathrm{MeV}$ 时($R_\beta > 0.3 \mathrm{g \cdot cm^{-2}}$)

$$E_{\beta max} = 1.85 R_\beta + 0.245 \tag{2.4.3}$$

　　当 $0.15\mathrm{MeV} < E_{\beta max} < 0.8\mathrm{MeV}$ 时($0.03 \mathrm{g \cdot cm^{-2}} < R_\beta < 0.3 \mathrm{g \cdot cm^{-2}}$)

$$E_{\beta max} = 1.92 R_\beta^{0.725} \tag{2.4.4}$$

当 $E_{\beta max} < 0.2\,\text{MeV}$ 时

$$R_\beta = 0.385 E_{\beta max}^{1.67} \tag{2.4.5}$$

在这种方法中，$E_{\beta max}$ 的不确定性与 R_β 和射程-能量关系式的准确程度有关，实际测量中，常把计数率降到原始计数率万分之一（$I/I_0 = 10^{-4} \Leftrightarrow \lg(I/I_0) = -4$）处的吸收厚度作为 R_β。在测量吸收曲线时，γ 射线和轫致辐射的干扰能够使得在吸收厚度超过 R_β 后仍有较高的计数，例如当其为原始计数率的 1% 时，就会给射程的估计带来很大误差，通常可以通过直接外推法处理。

将吸收曲线上各点计数作本底和空气吸收厚度校正后，连接成一条新曲线。若采用半对数坐标，理想情况下也是一条直线。在新曲线上，计数率降低为原始计数率万分之一处对应的横坐标之值($\text{g} \cdot \text{cm}^{-2}$)，即为最大射程 R_β。对曲线不够长的，需按照趋势外推到万分之一处，故称为直接外推法。这种处理方法对单纯 β 源求得的射程较精确，但是当源较弱或者同时放出两种以上 β 射线且有 γ 射线时，外推法的误差较大。

本实验为级联 β 衰变。由实验数据作出 $\lg(I/I_0)$-d_m 曲线(图 2.4.2 是在半对数坐标纸上求得的，采用一般坐标轴则需取对数)，为减小外推法的误差，对曲线的前段和后段线性较好的部分分别作线性拟合得到 y_1，y_2，求得 y_1 的纵截距为 h，这时把计数率降至 $\lg(I/I_0) = -4 + h$ 处的质量厚度作为 R_β。

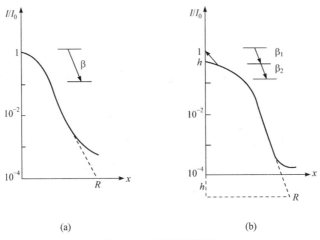

图 2.4.2　β 射线的射程
(a) 单级 β 衰变；(b) 级联 β 衰变

目前物质对 β 射线的吸收规律广泛应用于监测膜厚、监测 PM2.5&PM10、辐射防护等许多领域。

2. β射线强度的测量原理

β射线强度的测量时使用 G-M 计数管，也称气体放电计数器。一个密封玻璃管，中间是阳极，用钨丝材料制作，玻璃管内壁涂一层导电物质，或是一个金属圆管作阴极，内部抽空充惰性气体(氖、氩)、卤族气体。当射线进入计数管后气体被电离，负离子由阴极吸引移向阳极时，带电粒子在电场中的加速运动又会引起次级电离，造成雪崩放电现象，在这一过程中卤族气体发挥淬灭作用终止雪崩放电，这样在阳极丝上会形成一个较大的脉冲信号。单道分析器可以将这一脉冲信号转换成标准脉冲，定标器可以测量标准脉冲的个数，进而得到射线的强度。

正常的 G-M 计数管在强度不变的放射源照射下，测量计数随极间电压的关系曲线称为坪曲线(图 2.4.3)。

在电压低于 V_0 时，粒子虽进入计数管但不能引起计数，这是因为此时所形成的电压脉冲高度不足以触发定标器的阈值。随着外加电压的升高，计数管开始有计数，此时对应的外加电压 V_0 称为起始电压或阈电压。随着外加电压的继续升高，计数率也迅速增加，但外加电压在 $V_1 \sim V_2$ 这一范围内，计数率却几乎不变，这一段外加电压的范围称为坪区，V_2-V_1 的电压值

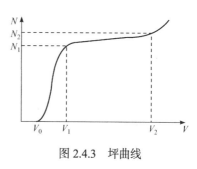

图 2.4.3　坪曲线

称为坪长。计数管的工作电压就应选择在此范围的中心附近。一般卤素管的坪长约为 100V，工作电压约为 350V。不过计数管的坪区也并非完全平坦，随着外加电压的进一步升高，计数率也稍有增加。其原因主要是猝灭不够完全，即猝灭气体的正离子到达计数管阴极时有少数也还可能产生次级电子，引起假计数。这些假计数是随外加电压的升高而增加的。

当计数管两极上所加电压超过 V_2 时，计数率会明显上升，这说明已进入连续放电区，猝灭气体已失去作用。此时计数管不能正常使用且很容易损坏，实验中应尽量避免外加电压超过坪区。

通过测量计数管的坪曲线，可以得出计数管的起始电压、坪长、坪斜等参数，并可选择正确的工作电压。

3. 放射性衰变的统计误差

设时间间隔 t 内产生的放射性粒子计数均值为 $\bar{n}$，方差为 σ^2，则在此实验时间 t 内核衰变产生的放射性粒子计数为 n 的概率 $p(n)$ 服从统计分布。

当 $\bar{n}$ 较小(如 10 以下)时，服从泊松分布

$$p(n) = \frac{(\bar{n})^n}{n!}\mathrm{e}^{-\bar{n}} \quad \text{(一般取 } \bar{n} \text{ 在 3～7 范围内)} \tag{2.4.6}$$

当平均计数 $\bar{n}$ 较大(如 20 以上)时，服从高斯分布

$$p(n) = \frac{1}{\sqrt{2\pi}\sigma}\mathrm{e}^{-\frac{(n-\bar{n})^2}{2\sigma^2}} \tag{2.4.7}$$

定义粒子计数的统计误差为它的统计分布的相对标准不确定度。对泊松分布和高斯分布，若计数为 N，则统计误差等于 $1/\sqrt{N}$。若要求统计误差小于 1%，则有 $1/\sqrt{N} < 1\% \Rightarrow N > 10000$。

三、实验仪器

虚拟核仿真信号源 NEK0600-01G 一台；通用数据采集器 AV6012-GE 一台。

如图 2.4.4 所示，本实验中使用虚拟核仿真信号源产生核脉冲信号，从而代替了放射源、探测器与高压电源；通用数据采集器使用单道分析定标计数功能，对信号源输出的核脉冲进行计数测量。

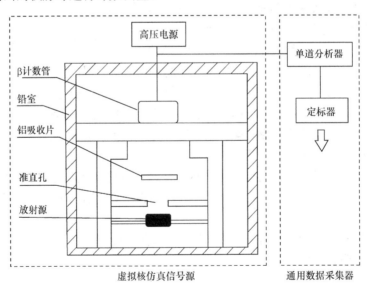

图 2.4.4　β射线吸收实验装置连接图

通过软件控制虚拟核仿真信号源的电压、吸收片、源的状态，可以得到相应的核脉冲信号，经过单道定标计数测量后可以观察到相应的物理现象。

四、实验内容

1. 测量 G-M 计数管的坪曲线，确定工作电压

根据坪曲线定义，在放射源强度不变的条件下，测量计数率随外加电压变化的关系，即得到坪曲线。G-M 计数管的工作电压取坪区中心电压，确定了工作电压后，在实验过程中计数管就一直在此电压下工作。

打开实验软件，放置放射源 ^{90}Sr-^{90}Y，加载高压至 260V 开始找阈电压 V_0，找到 V_0 后，以 10V 为步长测坪曲线，测到 490V，每点测 30s。

表 2.4.1 为测 G-M 计数管坪曲线的数据表。

表 2.4.1　测 G-M 计数管坪曲线的数据表

电压/V								
计数 N								

在坐标纸上绘出坪曲线，并在图上标出 G-M 计数管的工作电压。

2. 选取合适的工作电压，测量铝片对β射线的吸收曲线

从 0 片开始依次增加吸收片至 20 片，用定标器测量计数；记录每次的计数与测量时间(注：每片铝片的质量为 1.54g，长宽分别为 6.31cm、5.00cm，由 $I = I_0 \mathrm{e}^{-\mu d} = I_0 \mathrm{e}^{-\left(\frac{\mu}{\rho}\right)(\rho d)} = I_0 \mathrm{e}^{-\mu_m d_m}$ 得质量厚度 $d_m = \rho d = \rho V \dfrac{d}{V} = m / S$)。

实验要求：铝片质量厚度小于 $200\mathrm{mg} \cdot \mathrm{cm}^{-2}$ 时，要求统计误差小于 2%；质量厚度为 $200 \sim 600\mathrm{mg} \cdot \mathrm{cm}^{-2}$ 时，统计误差小于 3%；质量厚度大于 $600\mathrm{mg} \cdot \mathrm{cm}^{-2}$ 时，要求统计误差小于 4%。

3. 移除放射源，其他实验条件不变，测量本底 5min，记录本底计数

表 2.4.2 为测量穿过不同厚度铝片的β射线的强度。

表 2.4.2　测量穿过不同厚度铝片的β射线的强度

铝片数						
质量厚度 /(g·cm^{-2})						
计数 N						
时间/s						
本底计数						
强度 $\log_{10}\dfrac{I}{I_0}$						

4. 降高压, 关闭仪器电源

5. 分别用吸收系数法和外推最大射程法求出该β射线的最大能量

五、思考题

(1) 通常人体肌肉组织的密度约为 $1.10g \cdot cm^{-3}$, 空气密度为 $1.29 \sim 10^{-3}g \cdot cm^{-3}$, 根据实验结果分别估算 ^{90}Sr-^{90}Y 发射的β射线在人体肌肉、空气中的射程(单位: cm)。

(2) 调研并简述利用物质对β射线的吸收规律监测大气中 PM2.5 的原理。

参考资料

1. β射线吸收. 武汉: 武汉尼姆数字技术有限公司, 2017.
2. 杨福家. 原子物理学. 5 版. 北京: 高等教育出版社, 2019.
3. 曾谨言. 量子力学(卷 I). 4 版. 北京: 科学出版社, 2007.

实验 2.5 γ射线的吸收实验

一、实验目的

学习闪烁γ谱仪的工作原理和实验方法。

二、实验原理

1.γ射线与物质的相互作用

1) 光电效应

当能量为 E_γ 的入射γ光子与物质中原子的束缚电子相互作用时, 光子可以把全部能量转移给某个束缚电子, 使电子脱离原子束缚而发射出去, 光子本身消失, 发射出去的电子称为光电子, 这种过程称为光电效应。发射出光电子的动能为

$$E_e = E_\gamma - B_i \tag{2.5.1}$$

B_i 为束缚电子所在壳层的结合能。原子内层电子脱离原子后留下空位形成激发原子, 其外部壳层的电子会填补空位并放出特征 X 射线。例如, L 层电子跃迁到 K 层, 放出该原子的 K 系特征 X 射线。

2) 康普顿效应

γ光子与自由静止的电子发生碰撞, 而将一部分能量转移给电子, 使电子成为反冲电子, γ光子被散射改变了原来的能量和方向。计算给出反冲电子的动能为

$$E_e = \frac{E_\gamma^2 (1 - \cos\theta)}{m_0 c^2 + E_\gamma (1 - \cos\theta)} = \frac{E_\gamma}{1 + \dfrac{m_0 c^2}{E_\gamma (1 - \cos\theta)}} \tag{2.5.2}$$

式中，$m_0 c^2$ 为电子静止质量；θ 为 γ 光子的散射角，见图 2.5.1。由图可看出，反冲电子以角度 ϕ 出射，ϕ 与 θ 间有以下关系：

$$\cot\phi = \left(1 + \frac{E_\gamma}{m_0 c^2}\right) \tan\frac{\theta}{2} \tag{2.5.3}$$

由式(2.5.2)给出，当 $\theta = 180°$ 时，反冲电子的动能 E_e 有最大值

$$E_{\max} = \frac{E_\gamma}{1 + \dfrac{m_0 c^2}{2 E_\gamma}} \tag{2.5.4}$$

这说明康普顿效应产生的反冲电子的能量有一上限最大值，称为康普顿边界 E_c。

3) 电子对效应

当 γ 光子能量大于 $2m_0 c^2$ 时，γ 光子从原子核旁边经过并受到核的库仑场作用，可能转化为一个正电子和一个负电子，称为电子对效应。此时光子能量可表示为两个电子的动能与静止能量之和，如

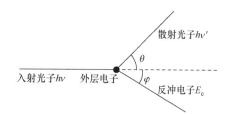

图 2.5.1　康普顿效应示意图

$$E_\gamma = E_e^+ + E_e^- + 2m_0 c^2 \tag{2.5.5}$$

其中，$2m_0 c^2 = 1.02\text{MeV}$。

综上所述，γ 光子与物质相遇时，通过与物质原子发生光电效应、康普顿效应或电子对效应而损失能量，其结果是产生次级带电粒子，如光电子、反冲电子或正负电子对。次级带电粒子的能量与入射 γ 光子的能量直接相关，因此可通过测量次级带电粒子的能量求得 γ 光子的能量。

2. 闪烁 γ 能谱仪

1) 闪烁谱仪的结构框图及各部分的功能

闪烁谱仪的结构框图示于图 2.5.2 中，它可分为闪烁探头与高压、信号放大与多道分析等两大部分。以下分别介绍各部分的功能。

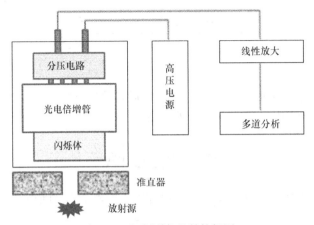

图 2.5.2　闪烁谱仪的结构框图

(1) 闪烁探头与高压。

闪烁探头包括闪烁体、光电倍增管、分压电路及屏蔽外壳。实验中测量γ能谱多使用无机闪烁体，如 NaI (T1)晶体。闪烁体的功能是在次级带电粒子的作用下产生数目与入射γ光子能量相关的荧光光子。这些荧光光子被光导层引向加载高压的光电倍增管，并在其光敏阴极再次发生光电效应而产生光电子，这些光电子经过一系列倍增极的倍增放大，从而使光电子的数目大大增加，最后在光电倍增管的阳极上形成脉冲信号。脉冲数目是和进入闪烁体γ光子数目相对应的。而脉冲的幅度与在闪烁体中产生的荧光光子数目成正比，从而和γ射线在闪烁体中损失的能量成正比。整个闪烁探头应安装在屏蔽暗盒内，以避免可见光对光电倍增管的照射而引起损坏。

(2) 信号放大与多道分析。

由于探头输出的脉冲信号幅度很小，需要经过线性放大器将信号幅度按线性比例进行放大，然后使用多道脉冲幅度分析器测量信号多道能谱。多道脉冲幅度分析器的功能是将输入的脉冲按其幅度不同分别送入相对应的道址(即不同的存储单元)中，通过软件可直接给出各道址(对应不同的脉冲幅度)中所记录的脉冲数目，即得到了脉冲的幅度概率密度分布。由于闪烁γ能谱仪输出的信号幅度与射线在晶体中沉积的能量成正比，所以就得到了γ射线的能谱。

2) γ能谱的形状

闪烁γ能谱仪可测得γ能谱的形状,图 2.5.3 所示是典型 ^{137}Cs 的γ射线能谱图。图中纵轴为各道址中的脉冲数目，横轴为道址，对应于脉冲幅度或γ射线的能量。

从能谱图上看，有几个较为明显的峰，光电峰 E_e，又称全能峰，其能量就对应γ射线的能量 E_γ。这是由于γ射线进入闪烁体后，由于光电效应产生光电子，量关系见式(2.5.1)，其全部能量被闪烁体吸收。光电子逸出原子会留下空位，必然有外壳层上的电子跃入填充，同时放出能量 $E_z = B_i$ 的 X 射线。一般来说，闪烁体对低能 X 射线有很强的吸收作用，这样闪烁体就吸收了 $E_e + E_z$ 的全部能量，所以光电峰的能量就代表γ射线的能量，对 ^{137}Cs ，此能量为 0.661MeV。

E_c 即为康普顿边界，对应反冲电子的最大能量。

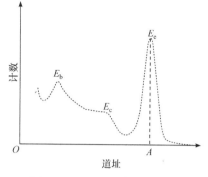

图 2.5.3　^{137}Cs 的γ射线能谱图

背散射峰 E_b 是由射线与闪烁体屏蔽层等物质发生反向散射后进入闪烁体内而形成的光电峰，一般背散射峰很小。

3) 谱仪的能量刻度和分辨率

(1) 谱仪的能量刻度。

闪烁谱仪测得的γ射线能谱的形状及其各峰对应的能量值由核素的蜕变纲图所决定，是各核素的特征反映，但各峰所对应的脉冲幅度是与工作条件有关系的。如光电倍增管高压改变、线性放大器放大倍数不同等，都会改变各峰位在横轴上的位置，也即改变了能量轴的刻度。因此，应用γ谱仪测定未知射线能谱时，必须先用已知能量的核素能谱来标定γ谱仪。

由于能量与各峰位道址是线性的：$E_\gamma = kN + b$，因此能量刻度就是设法得到 k 和 b。例如选择 ^{137}Cs 的光电峰 $E_\gamma = 0.661$MeV 和 ^{60}Co 的光电峰 $E_{\gamma 1} = 1.17$MeV，如果对应 $E_1 = 0.661$MeV 的光电峰位于 N_1 道，对应 $E_2 = 1.17$MeV 的光电峰位于 N_2 道，则有能量刻度

$$k = \frac{1.17 - 0.661}{N_2 - N_1} \text{MeV}, \quad b = \frac{(0.661 + 1.17) - k(N_1 + N_2)}{2} \text{MeV} \quad (2.5.6)$$

将测得的未知光电峰对应的道址 N 代入 $E_\gamma = kN + b$ 即可得到对应的能量值。

(2) 谱仪分辨率。

γ能谱仪的一个重要指标是能量分辨率。由于闪烁谱仪测量粒子能量过程中伴随着一系列统计涨落过程，如γ光子进入闪烁体内损失能量、产生荧光光子、荧光光子在光阴极上打出光电子、光电子在倍增极上逐级倍增等，这些统计涨落使脉冲的幅度服从统计规律而有一定分布。

定义谱仪能量分辨率为

$$\eta = \frac{\text{FWHM}}{E_\gamma} \times 100\% \tag{2.5.7}$$

其中，FWHM 为选定能谱峰的半高全宽；E_γ 为与谱峰对应的 γ 光子能量；η 为闪烁谱仪在测量能量时能够分辨两条靠近的谱线的本领。目前一般的 NaI 闪烁谱仪对 ^{137}Cs 光电峰的分辨率在 10% 左右。对 η 的影响因素很多，如闪烁体、光电倍增管等。

三、实验仪器

虚拟核仿真信号源 NEK0600-01G 一台；通用数据采集器 AV6012-GE 一台。

如图 2.5.4 所示，本实验中使用虚拟核仿真信号源产生核脉冲信号，从而代替了放射源、探测器与高压电源；通用数据采集器使用多道分析功能，对信号源输出的核脉冲进行线性放大并进行多道能谱测量与分析。通过软件控制虚拟核仿真信号源的电压和放射源的状态，可以得到相应的核脉冲信号，经过多道分析可以观察到相应的物理现象。

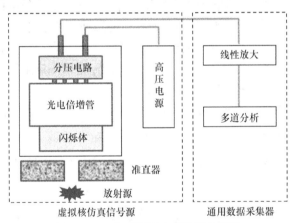

图 2.5.4　γ 能谱测量实验装置连接图

四、实验内容

(1) 打开实验软件，加载探测器高压，设置放射源为 ^{137}Cs，预热 5min 后，打开多道分析仪软件，测量 γ 能谱，并用多道分析仪软件测出 ^{137}Cs 光电峰和背散射峰的峰位，结合光电峰和背散射峰的能量，定出谱仪的能量刻度，并通过光电峰 FWHM 估算谱仪的能量分辨率。

(2) 将放射源换成 ^{60}Co，测量其 γ 能谱，记录其光电峰峰位，由上一步的能量刻度计算其能量，比较其是否符合实际值。

五、思考题

用闪烁谱仪测量γ能谱时，要求在多道分析仪的道址范围内能同时测量出 ^{137}Cs 和 ^{60}Co 的光电峰，应如何选择何时的工作条件？在测量中高压工作条件可否改变？

参考资料

1. γ 能谱测量实验. 武汉: 武汉尼姆数字技术有限公司, 2017.

2. 杨福家. 原子物理学. 5 版. 北京: 高等教育出版社, 2019.

3. 曾谨言. 量子力学(卷 I). 4 版. 北京: 科学出版社, 2007.

附录

^{60}Co 和 ^{137}Cs 衰变纲图见图 2.5.5。

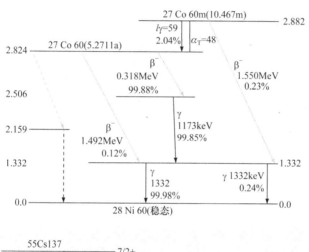

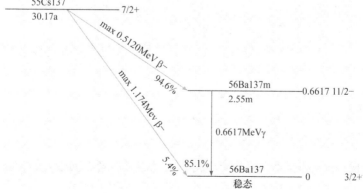

图 2.5.5　^{60}Co 和 ^{137}Cs 衰变纲图

实验 2.6　卢瑟福散射与α粒子在空气中射程的测量

20 世纪初科学家们通过热力学理论和气体性质的研究，确定了原子的尺度约为 10^{-10}m 数量级。1897 年，汤姆孙(J.J.Thomson)发现了电子，而且建立了原子结构的 "枣糕模型"。1895 年，英国物理学家欧内斯特·卢瑟福(Ernest Rutherford，1871~1937)来到英国卡文迪许实验室，跟随汤姆孙学习，成为汤姆孙第一位来自海外的研究生。在汤姆孙的指导下，卢瑟福在做放射性吸收实验时发现了α射线。1909 年，卢瑟福和他的合作者盖革(H.Geiger)及马斯顿(E.Marsden)进行了α粒子的散射实验，发现了大角度散射的存在，而根据汤姆孙原子模型解释不了α粒子的散射实验结果，因此否定了汤姆孙的原子模型。卢瑟福经过仔细的计算和比较，发现只有假设正电荷都集中在一个很小的区域内，当α粒子穿过单个原子时才有可能发生大角度的散射，这个小区域就叫原子核，而电子在原子核外绕核做轨道运动，原子核带正电，电子带负电，原子的质量几乎全部集中在直径很小的核心区域，这就是卢瑟福建立的原子核式结构模型(又称有核原子模型、原子太阳系模型、原子行星模型)。他还指出了原子核的半径约为 10^{-15}m。该模型正确描绘了有关原子结构的图像，为现代核物理奠定了基础。卢瑟福获得了 1908 年度诺贝尔化学奖。α粒子散射实验为卢瑟福提出原子核式结构模型提供了很好的实验依据，因此被评为 "物理最美实验" 之一。

一、实验目的

(1) 掌握α粒子的基本性质，了解金硅面垒 Si(Au) α粒子探测系统的工作原理。

(2) 观察并测量α粒子的大角度散射，分析实验结果与原子结构的关系。

(3) 学会测量α粒子在空气中的射程。

(4) 学习α粒子的微分散射截面的测量方法，验证散射角与微分散射截面的关系。

二、实验原理

1. 瞄准距离与散射角的关系

假如把α粒子和原子都看成点电荷，而且假设两者之间唯一的相互作用力是静电斥力。现设一个α粒子以速度 v_0 沿 AT 方向入射(图 2.6.1)，由于受到核电荷的库仑作用，α粒子将沿轨道 ABC 出射。通常，散射原子的质量比α粒子的质量大得多，可以近似认为核静止不动。按库仑定律，相距为 r 的α粒子和原子核之

间的库仑磁力的大小为

$$F = \frac{2Ze^2}{4\pi\varepsilon_0 r^2} \tag{2.6.1}$$

式中，Z 为靶核电荷数。α粒子的轨迹为双曲线的一支，如图 2.6.1 所示。原子核与α 粒子入射方向之间的垂直距离 b 称为瞄准距离(或碰撞参数)，θ 是入射方向与散射方向之间的夹角。由牛顿第二定律，可以导出散射角与瞄准距离之间的关系为

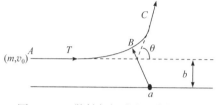

图 2.6.1　α散射角与瞄准距离的关系

$$\cot(\theta/2) = 2b/D \tag{2.6.2}$$

其中

$$D = \frac{1}{4\pi\varepsilon_0} \cdot \frac{2Ze^2}{mv_0^2/2} \tag{2.6.3}$$

式中，m 为α 粒子的质量。

2. 微分散射截面及其与散射角的关系

由散射角与瞄准距离的关系式(2.6.2)可以看出，瞄准距离 b 越大，散射角 θ 就越小；反之，b 越小，θ 就越大。只要瞄准距离 b 足够小，θ 就可以足够大，这就解释了大角度散射的可能性。但要从实验上来验证式(2.6.2)，显然是不可能的，因为我们无法测量瞄准距离 b。然而我们可以求出α粒子按瞄准距离的分布，根据这种分布和式(2.6.1)，就可以推出散射α粒子的角分布，而这个角分布是可以测量的。图 2.6.2 为入射α 粒子散射到 $\mathrm{d}\theta$ 角度范围内的概率。

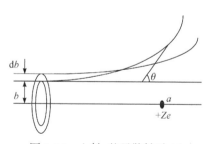

图 2.6.2　入射α粒子散射到 $\mathrm{d}\theta$ 角度范围内的概率

设有截面为 S 的α粒子束射到厚度为 t 的靶上。其中某一α 粒子在通过靶时相对于靶中某一原子核 a 的瞄准距离在 $b \sim b + \mathrm{d}b$ 之间的概率应等于圆心在 a 而圆周半径分别为 b、$b + \mathrm{d}b$ 的圆环面积与入射截面 S 之比。

若靶的原子数密度为 n，则α 粒子束所经过的这块体积内共有 nSb 个原子核，因此，该α粒子相对于靶中任一原子核的瞄准距离在 $b \sim b + \mathrm{d}b$ 之间的概率为

$$\mathrm{d}w = 2\pi ntb\mathrm{d}b \tag{2.6.4}$$

这就是该α粒子被散射到$\theta \sim \theta + \mathrm{d}\theta$之间的概率，即落到角度为$\theta$和$\theta + \mathrm{d}\theta$的两个圆锥面之间的概率。由式(2.6.2)求微分可得

$$b|\mathrm{d}b| = \frac{1}{2}\left(\frac{D}{2}\right)^2 \frac{\cos\left(\theta/2\right)}{\sin^3\left(\theta/2\right)}\mathrm{d}\theta \tag{2.6.5}$$

于是有

$$\mathrm{d}w = \pi\left(\frac{D}{2}\right)^2 nt \frac{\cos\left(\theta/2\right)}{\sin^3\left(\theta/2\right)}\mathrm{d}\theta \tag{2.6.6}$$

另外，由角度为θ和$\theta + \mathrm{d}\theta$的两个圆锥面所围成的立体角为

$$\mathrm{d}\Omega = \frac{\mathrm{d}A}{r^2} = \frac{2\pi r \sin\theta r \mathrm{d}\theta}{r^2} = 2\pi \sin\theta\mathrm{d}\theta \tag{2.6.7}$$

因此，α粒子被散射到该范围内单位立体角内的概率为

$$\frac{\mathrm{d}w}{\mathrm{d}\Omega} = \left(\frac{D}{4}\right)^2 nt \frac{1}{\sin^4\left(\theta/2\right)} \tag{2.6.8}$$

把上式两边除以单位面积的靶原子数nt可得微分散射截面

$$\frac{\mathrm{d}\sigma}{\mathrm{d}\Omega} = \left(\frac{D}{4}\right)^2 \frac{1}{\sin^4\left(\theta/2\right)} = \left(\frac{1}{4\pi\varepsilon_0}\right)^2 \left(\frac{Ze^2}{mv_0^2}\right)^2 \frac{1}{\sin^4\left(\theta/2\right)} \tag{2.6.9}$$

这就是α粒子的散射公式。

代入各常数值，以E代表入射α粒子的能量，得到

$$\frac{\mathrm{d}\sigma}{\mathrm{d}\Omega} = 1.296\left(\frac{2Z}{E}\right)^2 \frac{1}{\sin^4\left(\theta/2\right)} \tag{2.6.10}$$

在实际测量中，设探测器的灵敏面积对靶所张的立体角为$\Delta\Omega$，由α散射公式可知在某段时间间隔内所观察到的α粒子数N是

$$N = \left(\frac{1}{4\pi\varepsilon_0}\right)^2 \left(\frac{Ze^2}{mv_0^2}\right)^2 nt \frac{\Delta\Omega}{\sin^4\left(\theta/2\right)}T \tag{2.6.11}$$

式中，T为该时间间隔内射到靶上的α粒子总数。由于N、$\Delta\Omega$、θ等都是可测量的，所以式(2.6.11)可和实验进行比较。由该式可见，在θ方向上$\Delta\Omega$内所观察到的α粒子数N与散射靶的核电荷数Z、α粒子的动能$mv^2/2$及散射角θ等因素都有关。我们将用具体的实验来验证N与散射角θ的相互关系。

三、实验仪器

为了测量α粒子在空气中的射程和在不同角度上出射α粒子的计数率，将用到金硅面垒 Si(Au) α粒子探测系统(生产单位：清华大学应用物理系)。在这一系统中，使用了 ^{241}Am 作为α粒子源，这种源放射出的单能α射线的能量为5.486MeV。考虑到α粒子是重带电粒子，在空气中具有很强的电离作用，系统设计了一个低真空散射室来测量 N 与散射角 θ 的相互关系。因此，这个测量系统主要由三个部分组成，即散射真空室部分、电子学系统部分和步进电机控制部分。下面作一简要介绍。

1. 散射真空室部分

散射真空室里主要包括：

(1) α放射源 ^{241}Am (镅)。该α放射源放射出的单能α粒子的能量是 5.486MeV。

(2) 散射样品台。该样品台上设有样品架，样品架由一高一低的两根开槽的立柱构成。低的一边不会挡住α放射源放射出的α粒子，可以此方向为角度的正方向。

(3) 金硅面垒α粒子探头。

(4) 步进电机及传动机构。

2. 电子学系统部分

为了测量α粒子的微分散射截面，由式(2.6.11)可知，需要测量在不同角度的出射α粒子的计数率。所用的α粒子探测器为金硅面垒探测器，本部分还包括电荷灵敏前置放大器、主放大器、计数器、探测器偏置电源、NIM 机箱与低压电源等。其结构如图 2.6.3 所示。

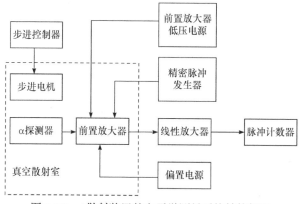

图 2.6.3　α散射装置的电子学测量系统结构框图

3. 步进电机及其控制部分

在测量过程中，有时需要在真空条件下测量不同散射角的出射α粒子的计数率，这样就需要经常变换散射角度。在实验装置中，可利用步进电机来控制散射角θ，在不打开真空室的情况下，通过在真空室外控制步进电机的转动来调节相应的角度即可。由于步进电机具有定位准确的特性，简单的开环控制即可达到所需的精度。仪器的控制精度为1°。步进电机与控制系统、驱动器及负载一起组成步进电机驱动系统，如图2.6.4所示。

图 2.6.4　步进电机驱动系统框图

四、实验内容

1. 金对α粒子大角度散射的观测

(1) 确定α粒子源正对探测器，即确定系统的零位置。在这一步骤中，先让探测器的准直孔基本对准α粒子源的准直孔，把该位置确定为 $N°$，然后在 $(N+15)°$ 和 $(N-15)°$ 的方向上每隔 1°测量一组计数，最后把计数的峰位置确定为 0°，并让α粒子源回到 0°处且使系统的位置记录器置零。

(2) 安装金箔靶，使孔径为 5mm 的一面正对α粒子放射源。

(3) 盖上真空室密封盖，将真空室抽真空，使真空度达到 8Pa 以下。

(4) 从 0°开始，每隔 1°(当散射角大于 35°后间隔 5°)测量一组α粒子的散射计数率 N，直到散射角 $θ = 90°$；散射角大于 90°后，间隔 15°测量一组α粒子的散射计数率 N，直到 150°。当散射角较大时，应增加测量时间。

2. α粒子在空气中的射程的测量

α粒子在空气中的射程即为α粒子在空气中的平均射程 $\overline{R}$。实验中，可按以下步骤来进行测量。

(1) 确定α粒子源正对探测器，即确定系统的零位置。在这一步骤中，先让探测器的准直孔基本对准α粒子源的准直孔，把该位置确定为 $N°$，然后在 $(N+15)°$ 和 $(N-15)°$ 的方向上每隔 1°测量一组计数，最后把计数的峰位置确定为 0°，并让α粒子源回到 0°处且使系统的位置记录器置零。

(2) 在 0°位置，让探测器离α粒子源最近，测量α粒子通过一定厚度的空气层后的计数率。

(3) 不断增加α粒子源与探测器之间的距离，逐次测量α粒子通过不同厚度的空气层后的计数率，直到计数率为零。

(4) 作出计数率 n 与空气层厚度 d 的关系曲线，确定计数率为 $n_0/2$ 时的空气层厚度为 α 粒子在空气中的射程 $\overline{R}$。

(5) 在实验装置中，α 放射源表面与放射源屏蔽体表面的距离为 20.0mm，探测器表面与探测器准直器表面的距离为 2.5mm。所以，不可能从 $d=0$ 处开始测量，而只能从 $d=22.5$mm 开始测量。但是，在 $n\text{-}d$ 关系曲线的起始部分，计数率基本不变，因此，可以把 n 保持不变的那一段的计数率的平均值作为 $d=0$ 处的计数率。记录下测量参数：室温 $T=$＿＿℃，气压 $p=$＿＿mmHg，采样时间 $t=$＿＿s，偏置电压 $U=$＿＿V，α 放射源准直器直径为：$\phi 1=4$mm，探测器灵敏区的直径为：$\phi 2=5$mm。

3. α粒子微分散射截面与散射角关系的测定

在对α散射的研究中，最突出、最重要的特征就是式(2.6.11)中的散射计数率与散射角的关系。实验中，我们使α粒子放射源发出的α粒子经过准直器后，准直为直径约 4mm 的α粒子束。准直后的α粒子沿准直方向轰击金靶并发生散射。金靶入射面设有直径为 5mm 的孔，也起到准直作用，金靶的出射面孔径为 8mm。在靶上散射后的α粒子进入金硅面垒探测器，在探测器中形成脉冲信号。探测器每输出一个脉冲信号则表示探测到一个散射的α粒子，记录探测器输出的脉冲计数率随散射角度的变化，则对α粒子在金箔靶上的微分散射截面进行了相对测量。通过分析散射角 θ 与散射计数率 N 的关系，就可以验证式(2.6.11)的正确性。具体的测量步骤如下：

(1) 让放射源正对探测器，即使系统处在 0 位置；

(2) 安装金箔靶，使孔径为 5mm 的一面正对α粒子放射源；

(3) 盖上真空室密封盖，将真空室抽真空，使真空度达到 8Pa 以下；

(4) 从 0°开始，每隔 1°(当散射角大于 35°后间隔 5°)测量一组α粒子的散射计数率 N，直到散射角 $\theta=90°$；

(5) 对 N 与 $\sin^4(\theta/2)$ 的关系进行拟合，确定拟合参数 P；验证α 粒子微分散射截面与散射角关系。

4. 数据处理建议

(1) α粒子在空气中的射程测量。

根据测量获得的数据，可以算出几乎没有变化的计数率为 $\overline{n}_0=\left(\sum\limits_{i=1}^{k} n_i\right)\Big/K$，作出 $n\text{-}d$ 关系曲线。由曲线找出与计数率为 $\overline{n}_0/2$ 所对应的空气层厚度 d，d 即为α粒子在空气中的射程 $\overline{R}$。根据经验公式，α粒子在标准状态的空气中的射程为

$$R_{0\alpha}=(0.285+0.005E_\alpha)E_\alpha^{3/2}$$

将我们所用的单能 α 粒子的能量 $E_\alpha = 5.486\text{MeV}$ 代入上式有：$R_{0\alpha} = (0.285 + 0.005E_\alpha)E_\alpha^{3/2} = (0.285 + 0.005 \times 5.486) \times 5.486^{3/2} = 4.02(\text{cm}) = 40.2(\text{mm})$，将这一理论结果与实验测得的 α 粒子在空气中的射程 $\overline{R}$ 相比较，计算其相对误差。

(2) 微分散射截面及其与散射角的关系的验证。

对所采集的数据按 3σ 原则去掉异常数据以后，通过对可靠组数据求算术平均值，得到拟合参数的平均值为 $\overline{P}$。验证这些数据中的所有 N 与 $\sin^4(\theta/2)$ 在误差范围内是否符合函数关系式(2.6.11)的等价式

$$N = \overline{P}/\sin^4(\theta/2) \tag{2.6.12}$$

从测量的结果来分析当 $\theta < 2°$ 和 $\theta \geqslant 85°$ 时，N 与 θ 的关系和式(2.6.12)是否符合。

(3) 观察在角度很大时是否检测到了一定数量的 α 粒子，讨论 α 粒子散射是否存在大角度散射。在实验误差范围内证明式(2.6.11)中散射角与散射计数率关系的正确性，从而验证 α 粒子的微分散射截面与散射角的关系。

五、思考题

(1) 金对 α 粒子是否存在大角度散射？若存在，如何解释？

(2) α 粒子在空气中的射程大约是多少？对 α 射线的危害应如何考虑？

(3) 根据 α 粒子的性质，应该怎样防护 α 射线？

参考资料

(1) 杨福家. 原子物理学. 5 版. 北京: 高等教育出版社, 2019.

(2) 曾谨言. 量子力学(卷Ⅰ). 4 版. 北京: 科学出版社, 2007.

实验 2.7　康普顿散射实验

"康普顿效应"的发现者康普顿(Arthur Holly Compton)是美国著名的物理学家。1923 年，康普顿在研究 X 射线通过实物发生散射的实验时发现了一个新的现象，即散射光中除了有原波长 λ_0 的 X 射线外，还产生了波长 $\lambda > \lambda_0$ 的 X 射线，其波长的增量随散射角的不同而不同，这种现象被称为康普顿效应(Compton effect)。如果用经典电磁理论来解释这一现象，将遇到了困难。康普顿借助于爱因斯坦的光子理论，认为该效应是入射光子与物质中原子核外的电子发生非弹性碰撞而被散射的结果。入射光子把部分能量转移给电子，使它脱离原子成为反冲电子，而散射光子的能量和运动方向发生变化，从而导致了波长的变化。我国物理学家吴有训也参与了康普顿散射实验的研究工作，作出了巨大的贡献。康普顿效应是射

线与物质相互作用的三种效应之一。由于康普顿对"康普顿效应"的一系列实验研究和成功的理论解释，因此与英国的威尔逊一起分享了 1927 年的诺贝尔物理学奖。

一、实验目的

(1) 掌握康普顿散射的物理模型。

(2) 通过实验来验证康普顿散射的γ光子能量及微分散射截面与散射角的关系。

(3) 学习测量微分散射截面的实验技术。

二、实验原理

1. 康普顿散射

当入射光子与电子发生康普顿效应时，其散射示意图如图 2.7.1 所示，其中 $h\nu$ 是入射γ光子的能量，$h\nu'$ 是散射γ光子的能量，θ 是散射角，e 是反冲电子，Φ 是反冲角。

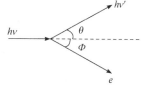

由于发生康普顿散射的γ光子的能量比电子的束缚能要大得多，所以入射γ光子与原子中的电子作用时，可以把电子的束缚能忽略，看成是自由电子，并视为散射发生以前电子是静止的，动能为 0，只有静

图 2.7.1　康普顿散射示意图

止能量 m_0c^2。散射后，电子获得速度 V，此时电子的能量 $E = m_0c^2 / \sqrt{1-\beta^2}$，动量为 $mV = m_0V / \sqrt{1-\beta^2}$，其中 $\beta = V/c$，c 为光速。

用相对论的能量和动量守恒定律就可以得到

$$m_0c^2 + h\nu = m_0c^2 / \sqrt{1-\beta^2} + h\nu' \tag{2.7.1}$$

$$h\nu / c = h\nu' / c \cdot \cos\theta + m_0V / \sqrt{1-\beta^2} \cdot \cos\Phi \tag{2.7.2}$$

$$h\nu' / c \cdot \sin\theta = m_0v / \sqrt{1-\beta^2} \cdot \sin\Phi \tag{2.7.3}$$

由式(2.7.1)、式(2.7.2)、式(2.7.3)可得出

$$h\nu' = \frac{h\nu}{1 + \dfrac{h\nu}{m_0c^2}(1-\cos\theta)} \tag{2.7.4}$$

其中，$h\nu/c$ 是入射γ光子的动量；$h\nu'/c$ 是散射γ光子的动量。此式就表示散射γ光

子能量与入射γ光子能量及散射角的关系。

2. 康普顿散射的微分截面

康普顿散射的微分截面的意义是：一个能量为 $h\nu$ 的入射γ光子与一个电子作用后被散射到 θ 方向单位立体角里的概率，记作 $\dfrac{\mathrm{d}\sigma(\theta)}{\mathrm{d}\Omega}$。它的表达式为

$$\frac{\mathrm{d}\sigma(\theta)}{\mathrm{d}\Omega} = \frac{r_0}{2}\left(\frac{h\nu}{h\nu}\right)^2\left(\frac{h\nu}{h\nu'} + \frac{h\nu'}{h\nu} - \sin^2\theta\right) \quad (\mathrm{cm}^2/\text{单位立体角}) \qquad (2.7.5)$$

其中，$r_0 = 2.818 \times 10^{-13}\mathrm{cm}$ 是光电子的经典半径，此式通常称为克莱因-仁科公式。此式所描述的就是微分截面与入射γ光子能量及散射角的关系。

本实验用闪烁谱仪测量各散射角的散射γ光子能谱，用光电峰峰位及光电峰面积得出散射γ光子能量 $h\nu$，并计算出微分截面的相对值：$\dfrac{\mathrm{d}\sigma(\theta)}{\mathrm{d}\Omega}\bigg/\dfrac{\mathrm{d}\sigma(\theta_0)}{\mathrm{d}\Omega}$。

3. $h\nu''$ 及 $\left(\dfrac{\mathrm{d}\sigma(\theta)}{\mathrm{d}\Omega}\bigg/\dfrac{\mathrm{d}\sigma(\theta_0)}{\mathrm{d}\Omega}\right)'$ 的实验测定原理

1) $h\nu''$ 的测量

(1) 对谱仪进行能量刻度，作出能量-道数的曲线。

(2) 由散射γ光子能谱光电峰峰位的道数在刻度曲线上查出散射γ光子的能量 $h\nu''$。

需说明的是：实验装置中已考虑了克服地磁场的影响，光电倍增管已用圆筒形坡莫合金包住。即使这样，不同 θ 角的散射光子的能量刻度曲线仍有少量的差别。

2) $\left(\dfrac{\mathrm{d}\sigma(\theta)}{\mathrm{d}\Omega}\bigg/\dfrac{\mathrm{d}\sigma(\theta_0)}{\mathrm{d}\Omega}\right)'$ 的测量

根据微分散射截面的定义，当有 N_0 个光子入射时，与样品中 Ne 个电子发生作用，在忽略多次散射自吸收的情况下，散射到 θ 方向 Ω 立体角里的光子数 $N(\theta)$ 应为

$$N(\theta) = \frac{\mathrm{d}\sigma(\theta)}{\mathrm{d}\Omega} N_0 Ne\Omega f \qquad (2.7.6)$$

这里的 f 是散射样品的自吸收因子，我们假定 f 为常数，即不随散射γ光子能量变化。

由图 2.7.1 可以看出，在 θ 方向上，NaI 晶体对散射样品(看成一个点)所张的立体角 Ω 为 S/R^2，S 是晶体表面面积，R 是晶体表面到样品中心的距离。Ω 已知，

则 $N(\theta)$就是入射到晶体上的散射γ光子数。我们测量的是散射γ光子能谱的光电峰计数 $N_p(\theta)$，假定晶体的光电峰本征效率为 $\varepsilon_f(\theta)$，则有

$$N_p(\theta)=N(\theta)\varepsilon_f(\theta) \tag{2.7.7}$$

已知晶体对点源的总探测效率 $\eta(\theta)$，及晶体的峰总比 $R(\theta)$，设晶体的总本征效率为 $\varepsilon(\theta)$，则有

$$\frac{\varepsilon_f(\theta)}{\varepsilon(\theta)} = R(\theta) \tag{2.7.8}$$

$$\eta(\theta) = \frac{\Omega}{4\pi}\varepsilon(\theta) \tag{2.7.9}$$

由式(2.7.8)、式(2.7.9)可得

$$\varepsilon_f = R(\theta)\eta(\theta)\frac{4\pi}{\Omega} \tag{2.7.10}$$

将式(2.7.10)代入式(2.7.7)则有

$$N_p(\theta) = N(\theta)R(\theta)\eta(\theta)\frac{4\pi}{\Omega} \tag{2.7.11}$$

将式(2.7.6)代入式(2.7.11)则有

$$N_p(\theta) = \frac{d\sigma(\theta)}{d\Omega}R(\theta)\eta(\theta)\frac{4\pi}{\Omega}N_0 Ne\Omega f \tag{2.7.12}$$

由式(2.7.12)可得

$$\frac{d\sigma(\theta)}{d\Omega} = \frac{N_p(\theta)}{R(\theta)\eta(\theta)\cdot 4\pi\cdot N_0\cdot N_e\cdot f} \tag{2.7.13}$$

这里需要说明：η、R、ε、ε_f 都是能量的函数，但在具体情况下，散射γ光子的能量就取决于 θ，所以为了简便起见，我们都将它们写成 θ 的函数。

式(2.7.13)给出了微分截面 $\frac{d\sigma(\theta)}{d\Omega}$ 与各参量的关系，若各量均可测或已知，则微分截面可求。实际上有些量无法测准(如 N_0、N_e 等)，只能求得微分截面的相对值 $\left(\frac{d\sigma(\theta)}{d\Omega}\bigg/\frac{d\sigma(\theta_0)}{d\Omega}\right)'$，在此过程中，一些未知量都消掉了。例如我们取 $\theta=20°$，由式(2.7.13)不难得到

$$\left(\frac{\mathrm{d}\sigma(\theta)}{\mathrm{d}\varOmega}\bigg/\frac{\mathrm{d}\sigma(\theta_0)}{\mathrm{d}\varOmega}\right)' = \frac{N_{\mathrm{p}}(\theta)}{R(\theta)\eta(\theta)}\bigg/\frac{N_{\mathrm{p}}(\theta_0)}{R(\theta_0)\eta(\theta_0)} \tag{2.7.14}$$

由式(2.7.14)可看出，实验测量的就是 $N_{\mathrm{p}}(\theta)$。

注意，$N_{\mathrm{p}}(\theta)$ 和 $N_{\mathrm{p}}(\theta_0)$ 的测量条件应相同。

4. 误差简要分析

1) $h\nu'$ 测量中的误差主要来源

(1) 在测量过程中，散射γ光子峰位漂移。

(2) 调整散射角 θ 的偏差。

(3) 能量刻度曲线引起的误差。

2) $\dfrac{\mathrm{d}\sigma(\theta)}{\mathrm{d}\varOmega}\bigg/\dfrac{\mathrm{d}\sigma(\theta_0)}{\mathrm{d}\varOmega}$ 测量中的误差主要来源

(1) 所取光电峰峰位道数不准而产生的峰面积计数误差。

(2) 峰面积计数的统计误差。

(3) $R(\theta)$、$\eta(\theta)$ 引用的参照数据，与该实验的条件不完全一致。

(4) 自吸收因子 f 引进的误差。

三、实验仪器

康普顿散射实验仪(生产单位：北京核仪器厂)如图 2.7.2 所示，主要由放射源系统、电源、探头、放大器、微机、打印机等组成。

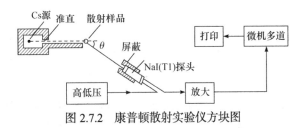

图 2.7.2　康普顿散射实验仪方块图

四、实验内容

1. 实验预习

(1) 复习康普顿散射的有关知识，弄清微分截面的概念及各公式的意义。

(2) 根据实验时提供的数据表作曲线。

(3) 计算不同散射角下的散射γ光子的能量 $h\nu'$(0=0°、20°、40°、60°、80°、100°、120°、180°)，并作 $h\nu'$-θ 曲线。

(4) 计算 $\dfrac{\mathrm{d}\sigma(\theta)}{\mathrm{d}\Omega}\Big/\dfrac{\mathrm{d}\sigma(\theta_0)}{\mathrm{d}\Omega}$ (已知：$h\nu$=662keV, m_0c^2=511keV, r_0=2.818×10^{-13}cm,

θ=20°), 并作 $\dfrac{\mathrm{d}\sigma(\theta)}{\mathrm{d}\Omega}\Big/\dfrac{\mathrm{d}\sigma(\theta_0)}{\mathrm{d}\Omega}$-$\theta$ 曲线。

2. 实验准备

(1) 将仪器各部件连接好，预热 30min。
(2) 调整仪器，使其处于较佳的工作状态。
(3) 双击桌面上的 UMS 图标，进入测量程序的显示状态。

3. 能量刻度

(1) 移动探头，使 θ=0°；取下散射样品，将放射源打开至标记位置。
(2) 按 F1 键进入待采状态，按 F10 键程序弹出"输入停止时间"窗口，输入测量所需的时间(单位默认为秒)后按回车键回到待采状态，再按 F1 键进入采集状态，即正在测量；测量完毕后，程序弹出"时间已到"窗口，此时按 ESC 键回到待采状态，再按 ESC 键回到显示状态，按 F3 键平滑曲线，记录光电峰峰位。
(3) 关闭 ^{137}Cs 源：将 ^{60}Co 源放在探头前方并对准探头的准直孔，按步骤(2)的测量方法测量，将得到的各光电峰峰位的道数值填入实验记录表内。
(4) 作能量刻度曲线。

4. 改变散射角 θ，测量其相应的散射光子能量及不同 θ 散射光子能峰的净峰面积

(1) 移动探头，使 θ=20°。
(2) 放上散射样品，打开放射源。
(3) 输入测量时间测量散射光子能谱即总谱，测量完毕经平滑后记录光电峰峰位、上下边界道数和总峰面积的值(具体测量方法同"能量刻度"(2))。上下边界道数的取法应为两边都取平坦部分且尽量接近散射峰(图 2.7.3)。
(4) 取下散射样品，在相同的测量时间内测量本底谱，测量完毕经平滑后在对应的上下边界道数间求出本底面积。
(5) 净峰面积=总峰面积–本底面积。
(6) 其他角度下的测量方法相同。
(7) 将放射源屏蔽后锁好。

5. 计算

(1) 根据各光电峰峰位的道数值在能量刻度曲线上找出对应的散射光子能量的实验值 $h\nu''$，再由此能量在 $\eta(\theta)$-E 和 $R(\theta)$-E 曲线上找出对应的 $\eta(\theta)$ 和 $R(\theta)$ 值，

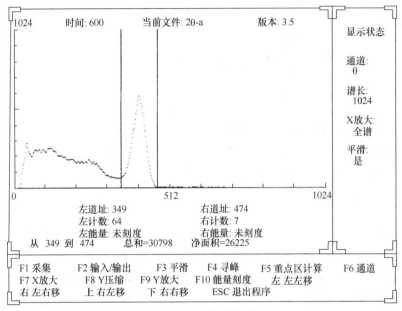

图 2.7.3   总峰面积的取值方法

计算出散射光子的 $\left(\dfrac{\mathrm{d}\sigma(\theta)}{\mathrm{d}\Omega}\Big/\dfrac{\mathrm{d}\sigma(\theta_0)}{\mathrm{d}\Omega}\right)'$ 值。

(2) 将散射光子能量的实验值 $h\nu''$-θ 曲线画在预习要求 3 的同一坐标纸上，计算实验值 $h\nu''$ 与理论值 $h\nu'$ 的误差。

(3) 将散射光子的微分截面的实验值 $\left(\dfrac{\mathrm{d}\sigma(\theta)}{\mathrm{d}\Omega}\Big/\dfrac{\mathrm{d}\sigma(\theta_0)}{\mathrm{d}\Omega}\right)'$-$\theta$ 曲线画在同一坐标纸上，计算实验值与理论值的误差。

参考资料

1. 杨福家. 原子物理学. 5 版. 北京: 高等教育出版社, 2019.

实验 2.8   验证快速电子的动量与动能的相对论关系

经典力学总结了低速物理的运动规律，它反映了牛顿的绝对时空观：时间和空间是两个独立的观念，彼此之间没有联系；同一物体在不同惯性参照系中观察到的运动学量(如坐标，速度)可通过伽利略变换而互相联系。这就是力学相对性原理：一切力学规律在伽利略变换下是不变的。19 世纪末 20 世纪初，人们试图将伽利略变换和力学相对性原理推广到电磁学和光学时遇到了困难。实验证明，对高速运动的物体进行伽利略变换是不正确的，实验还证明在所有惯性参照系中光在真空中的传播速度为同一常数。在此基础上，爱因斯坦于 1905 年提出了狭义相对论，并据此导出从一个惯性系到另一惯性系的变换方程，即洛伦兹变换。本实验通过验证高速电子的动量与动能的关系来验证洛伦兹变换及狭义相对论，同时在实验中发现，电子在能量较小的情况下其运动规律趋于经典理论。

一、实验目的

(1) 通过对快速电子的动量值及动能的同时测定来验证动量和动能之间的相对论关系。

(2) 了解 β 磁谱仪测量原理、闪烁计数器的使用方法及一些实验数据处理的思想方法。

二、实验原理

在洛伦兹变换下，静止质量为 m_0，速度为 v 的物体，狭义相对论定义的动量 p 为

$$p = \frac{m_0}{\sqrt{1-\beta^2}} v = mv \qquad (2.8.1)$$

式中，$m = m_0 / \sqrt{1-\beta^2}$，$\beta = v/c$。相对论能量 E 为

$$E = mc^2 \qquad (2.8.2)$$

这就是著名的质能关系。mc^2 是运动物体的总能量，当物体静止时 $v = 0$，物体的能量为 $E = m_0 c^2$，称为静止能量；两者之差为物体的动能 E_k，即

$$E_k = mc^2 - m_0 c^2 = m_0 c^2 \left(\frac{1}{\sqrt{1-\beta^2}} - 1 \right) \qquad (2.8.3)$$

当 $\beta^2 \ll 1$ 时，上式可展开为

$$E_k = m_0 c^2 \left(1 + \frac{1}{2} \frac{v^2}{c^2} + \cdots \right) - m_0 c^2 \approx \frac{1}{2} m_0 v^2 = \frac{1}{2} \frac{p^2}{m_0} \qquad (2.8.4)$$

即得经典力学中动量-能量关系。

由式(2.8.1)和式(2.8.2)可得

$$E^2 - c^2 p^2 = E_0^2 \qquad (2.8.5)$$

这就是狭义相对论的动量与能量关系。而动能与动量的关系为

$$E_k = E - E_0 = \sqrt{c^2 p^2 + m_0^2 c^4} - m_0 c^2 \tag{2.8.6}$$

这就是我们要验证的狭义相对论的动量与动能的关系。对于高速电子，其关系如图 2.8.1 所示，图中 pc 用 MeV 作单位。可以看到，当 $v/c \ll 1$ 即动量 p 较小时，狭义相对论动量和能量的关系趋于经典理论 $(E \propto p^2)$。

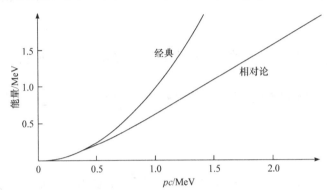

图 2.8.1　狭义相对论下高速电子动量和动能关系

三、实验仪器

(1) 真空、非真空半圆聚焦β磁谱仪；

(2) β放射源 ^{90}Sr-^{90}Y(强度≈1 毫居里)，定标用γ放射源 ^{137}Cs 和 ^{60}Co(强度≈2 微居里)；

(3) 200μmAl 窗 NaI(Tl)闪烁探头；

(4) 高压电源、放大器、多道脉冲幅度分析器。

仪器简要介绍：

β源射出的高速β粒子经准直后垂直射入一均匀磁场中($\bar{V} \perp \bar{B}$)，粒子因受到与运动方向垂直的洛伦兹力的作用而做圆周运动。如果不考虑其在空气中的能量损失(一般情况下为小量)，则粒子具有恒定的动量数值而仅仅是方向不断变化。粒子做圆周运动的方程为

$$\frac{\mathrm{d}p}{\mathrm{d}t} = -ev \times B \tag{2.8.7}$$

e 为电子电荷，v 为粒子速度，B为磁场强度。由式(2.8.1)可知 $p = mv$，对某一确定的动量数值 p，其运动速率为一常数，所以质量 m 是不变的，故

$$\frac{\mathrm{d}p}{\mathrm{d}t} = m\frac{\mathrm{d}v}{\mathrm{d}t}, \quad \left|\frac{\mathrm{d}v}{\mathrm{d}t}\right| = \frac{v^2}{R}$$

所以

$$p=eBR \qquad (2.8.8)$$

式中，R 为 β 粒子轨道的半径，为源与探测器间距的一半。

如图 2.8.2 所示，在磁场外距 β 源 X 处放置一个 β 能量探测器来接收从该处出射的 β 粒子，则这些粒子的能量(即动能)即可由探测器直接测出，而粒子的动量值即为 $p=eBR=eB\Delta X/2$。由于 β 源 $^{90}_{38}\mathrm{Sr}-^{90}_{39}\mathrm{Y}$ (0～2.27MeV)射出的 β 粒子具有连续的能量分布(0～2.27MeV)，因此探测器在不同位置(不同 ΔX)就可测得一系列不同的能量与对应的动量值。这样就可以用实验方法确定测量范围内动能与动量的对应关系，进而验证相对论给出的这一关系的理论公式的正确性。

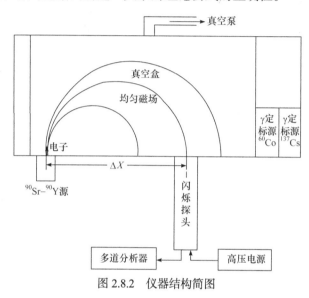

图 2.8.2　仪器结构简图

四、实验内容

(1) 检查仪器线路连接是否正确，然后开启高压电源，开始工作；

(2) 打开 ^{60}Co γ 定标源的盖子，移动闪烁探测器使其狭缝对准 ^{60}Co 源的出射孔并开始记数测量；

(3) 调整加到闪烁探测器上的高压和放大数值，使测得的 ^{60}Co 的 1.33MeV 峰位道数在一个比较合理的位置(建议：在多道脉冲分析器总道数的 50%～70%，这样既可以保证测量高能 β 粒子(1.8～1.9MeV)时不越出量程范围，又可以充分利用多道分析器的有效探测范围)；

(4) 选择好高压和放大数值后，稳定 10～20min；

(5) 正式开始对 NaI(Tl)闪烁探测器进行能量定标，首先测量 ^{60}Co 的 γ 能谱，等 1.33MeV 光电峰的峰顶记数达到 1000 以上后(尽量减小统计涨落带来的误差)，对能谱进行数据分析，记录下 1.17MeV 和 1.33MeV 两个光电峰在多道能谱分析器上对应的道数 CH₃、CH₄；

(6) 移开探测器，关上 ^{60}Co γ 定标源的盖子，然后打开 ^{137}Cs γ 定标源的盖子并移动闪烁探测器使其狭缝对准 ^{137}Cs 源的出射孔并开始记数测量，等 0.661MeV 光电峰的峰顶记数达到 1000 后对能谱进行数据分析，记录下 0.184MeV 反散射峰和 0.661 MeV 光电峰在多道能谱分析器上对应的道数 CH₁、CH₂；

(7) 关上 ^{137}Cs γ 定标源，打开机械泵抽真空(机械泵正常运转 2～3min 即可停止工作)；

(8) 盖上有机玻璃罩，打开β源的盖子开始测量快速电子的动量和动能，探测器与β源的距离 Δx 最近要小于 9cm、最远要大于 24cm,保证获得动能范围为 0.4～1.8MeV 的电子；

(9) 选定探测器位置后开始逐个测量单能电子能峰，记下峰位道数 CH 和相应的位置坐标 X；

(10) 全部数据测量完毕后关闭β源及仪器电源，进行数据处理和计算。

【数据记录和处理】

1. 能量定标(表 2.8.1)

表 2.8.1　能量定标

E/MeV	0.184	0.661	1.17	1.33
道数				

由最小二乘法拟合能量定标曲线

$$E = a + b \cdot CH$$

2. β粒子动能的能量损失修正

β 粒子与物质相互作用是一个很复杂的问题，如何对其损失的能量进行必要的修正十分重要。

1) β 粒子在 Al 膜中的能量损失修正

在计算β 粒子动能时还需要对粒子穿过 Al 膜 220μm(200μm 为 NaI(Tl)晶体的铝膜密封层厚度，20μm 为反射层的铝膜厚度)时的动能予以修正，计算方法如下。

设β⁻粒子在 Al 膜中穿越 Δx 的动能损失为 ΔE，则

$$\Delta E = \frac{dE}{dx\rho} \rho \Delta x \tag{2.8.9}$$

其中，$\dfrac{\mathrm{d}E}{\mathrm{d}x\rho}\left(\dfrac{\mathrm{d}E}{\mathrm{d}x\rho}<0\right)$ 是 Al 对β⁻粒子的能量吸收系数，(ρ是 Al 的密度)；$\dfrac{\mathrm{d}E}{\mathrm{d}x\rho}$ 是

关于 E 的函数，不同 E 情况下 $\dfrac{\mathrm{d}E}{\mathrm{d}x\rho}$ 的取值可以通过计算得到。可设 $\dfrac{\mathrm{d}E}{\mathrm{d}x\rho}\rho=K(E)$，

则 $\Delta E=K(E)\Delta x$；取 $\Delta x\to 0$，则β⁻粒子穿过整个 Al 膜的能量损失为

$$E_2 - E_1 = \int_x^{x+d} K(E)\mathrm{d}x \tag{2.8.10}$$

即

$$E_1 = E_2 - \int_x^{x+d} K(E)\mathrm{d}x \tag{2.8.11}$$

其中，d 为薄膜的厚度；E_2 为出射后的动能；E_1 为入射前的动能。由于实验探测到的是经 Al 膜衰减后的动能，所以经式(2.8.5)～式(2.8.9)可计算出修正后的动能(即入射前的动能)。表 2.8.2 列出了根据本计算程序求出的入射动能 E_1 和出射动能 E_2 之间的对应关系。

表 2.8.2 入射动能 E_1 和出射动能 E_2 之间的对应关系

E_1/MeV	E_2/MeV	E_1/MeV	E_2/MeV	E_1/MeV	E_2/MeV
0.317	0.200	0.887	0.800	1.489	1.400
0.360	0.250	0.937	0.850	1.536	1.450
0.404	0.300	0.988	0.900	1.583	1.500
0.451	0.350	1.039	0.950	1.638	1.550
0.497	0.400	1.090	1.000	1.685	1.600
0.545	0.450	1.137	1.050	1.740	1.650
0.595	0.500	1.184	1.100	1.787	1.700
0.640	0.550	1.239	1.150	1.834	1.750
0.690	0.600	1.286	1.200	1.889	1.800
0.740	0.650	1.333	1.250	1.936	1.850
0.790	0.700	1.388	1.300	1.991	1.900
0.840	0.750	1.435	1.350	2.038	1.950

2) β粒子在有机塑料薄膜中的能量损失修正

实验表明，封装真空室的有机塑料薄膜对β存在一定的能量吸收，尤其对小于 0.4MeV 的β粒子吸收近 0.02MeV。由于塑料薄膜的厚度及物质组分难以测量，可采用实验的方法进行修正。实验可测量不同能量下入射动能 E_k 和出射动能 E_0 (单位均为 MeV)的关系，采用分段插值的方法进行计算。具体数据见表 2.8.3。

表 2.8.3　不同能量下入射动能 E_k 和出射动能 E_0 的关系

E_k/MeV	0.382	0.581	0.777	0.973	1.173	1.367	1.567	1.752
E_0/MeV	0.365	0.571	0.770	0.966	1.166	1.360	1.557	1.747

3. 单能电子动能和动量的计算

(1) 将实验中测得的β粒子的道数代入求得的定标曲线，得动能 E_2。

(2) 在前面所给出的穿过铝膜前后的入射动能 E_1 和出射动能 E_2 之间的对应关系数据表中取 E_2 前后两点作线性插值，求出对应于出射动能 E_2 的入射动能 E_1。

(3) 上一步求得的 E_1 为β粒子穿过封装真空室的有机塑料薄膜后的出射动能 E_0，需要再次进行能量修正求出之前的入射动能 E_k，同上面一步，取 E_0 前后两点作线形插值，求出对应于出射动能 E_0 的入射动能 E_k 才是最后求得的β粒子的动能。

(4) 根据β粒子动能，由动能和动量的相对论关系求出动量 PC(为了与动能量纲统一，故把动量 P 乘以光速，这样两者单位均为 MeV)的理论值 PCT。

由 $E_k = E - E_0 = \sqrt{c^2 p^2 + m_0^2 c^4} - m_0 c^2$ 得出

$$PC = \sqrt{(E_k + m_0 c^2)^2 - m_0^2 c^4}$$

① 由 $P=eBR$ 求 PC 的实验值；

② 求该实验点的相对误差 DPC；

$$DPC = |PC - PCT| / PCT \times 100\%$$

已知 X_0=10.00cm；平均磁场强度为 642.8Gs。数据记录表格见表 2.8.4。

表 2.8.4　实验数据记录表

X_i/cm								
R_i/cm								
CH_i								
E_2/MeV								
$E_1 = E_0$/MeV								
E_k/MeV								
PCT/MeV								
PC								
DPC								

③ 以 PC 值作为横坐标，能量 E_k 作为纵坐标，作出相对论效应下的动能-动

量关系图。

④ 以 PC 值作为横坐标,根据经典理论 $\left(E_{\mathrm{k}} = \dfrac{1}{2}\dfrac{p^2}{m_0} \right)$ 求出能量 E_{k} 作为纵坐标,在同一张图中作出经典下的动能-动量关系图,并作比较。

五、注意事项

(1) 闪烁探测器上的高压电源、前置电源、信号线绝对不可以接错。

(2) 装置的有机玻璃防护罩打开之前应先关闭β源。

(3) 应防止β源强烈振动,以免损坏它的密封薄膜;移动真空盒时应格外小心,以防损坏密封薄膜。

六、思考题

(1) 观察狭缝的定位方式,试从半圆聚焦β磁谱仪的成像原理来论证其合理性。

(2) 本实验在寻求 P 与 ΔX 的关系时使用了一定的近似,能否用其他方法更为确切地得出 P 与 ΔX 的关系?

(3) 用γ放射源进行能量定标时,为什么不需要对γ射线穿过 $220\mu m$ 厚的铝膜时进行"能量损失的修正"?

(4) 为什么用γ放射源进行能量定标的闪烁探测器可以直接用来测量β粒子的能量?

(5) 试论述相对论效应实验的设计思想。

(6) 当相对论效应比较显著时,电子速度如何?

(7) 实验是否可以在非真空状态下进行?如何进行?

(8) 对实验误差进行分析。

参考资料

1. 吴治华. 原子核物理实验方法. 3 版. 北京: 原子能出版社, 1997.

2. 周世勋. 量子力学教程. 2 版. 北京: 高等教育出版社, 2009.

3. 同济大学. 相对论效应实验教学指导书. 2010.

第 3 章　微波与磁共振实验

实验 3.1　核磁共振实验

核磁共振的物理基础是原子核的自旋。泡利在 1924 年提出核自旋的假设，1930 年在实验上得到证实。1932 年人们发现中子，从此对原子核自旋有了新的认识：原子核的自旋是质子和中子自旋之和，只有质子数和中子数两者或者其中之一为奇数时，原子核具有自旋角动量和磁矩。核磁共振是指具有磁矩的原子核在恒定磁场中由电磁波引起的共振跃迁现象。1945 年 3 月，美国哈佛大学的珀塞尔等报道了他们在石蜡样品中观察到质子的核磁共振吸收信号；1946 年 1 月，美国斯坦福大学布洛赫等也报道了他们在水样品中观察到质子的核感应信号。两个研究小组用了稍微不同的方法，几乎同时在凝聚物质中发现了核磁共振。因此，布洛赫和珀塞尔荣获了 1952 年的诺贝尔物理学奖。

以后，许多物理学家进入了这个领域，取得了丰硕的成果。目前，核磁共振已经广泛地应用到许多科学领域，是物理、化学、生物和医学研究中的一项重要实验技术。核磁共振实验作为近代物理实验中具有代表性的重要实验，是测定原子的阿核磁矩和研究核结构的直接而又准确的方法，也是精确测量磁场的重要方法之一。

一、实验目的

(1) 了解核磁共振的原理及基本特点。

(2) 测定 H 核的 g 因子、旋磁比 γ 及核磁矩 μ 。

(3) 观察 F 的核磁共振现象，测定 F 核的 g 因子、旋磁比 γ 及核磁矩 μ。

(4) 改变振荡幅度，观察共振信号幅度与振荡幅度的关系，从而了解饱和过程。

(5) 通过变频扫场，观察共振信号与扫场频率的关系，从而了解消除饱和的方法。

二、实验原理

下面我们以氢核为主要研究对象，来介绍核磁共振的基本原理和观测方法。氢核虽然是最简单的原子核，但同时也是目前在核磁共振应用中最常见和最有用的核。

1. 核磁共振的量子力学描述

1) 单个核的磁共振

通常将原子核的总磁矩在其角动量 P 方向上的投影 μ 称为核磁矩，它们之间的关系通常写成

$$\mu = \gamma \cdot P$$

或

$$\mu = g \cdot \frac{e}{2m_p} \cdot P \tag{3.1.1}$$

式中，$\gamma = g \cdot \dfrac{e}{2m_p}$，为旋磁比；$e$ 为电子电荷；m_p 为质子质量；g 为朗德因子。

按照量子力学，原子核角动量的大小由下式决定：

$$P = I \cdot \hbar \tag{3.1.2}$$

式中，$\hbar = \dfrac{h}{2\pi}$，h 为普朗克常量；I 为核的自旋量子数，可以取 $I = 0, \dfrac{1}{2}, 1, \dfrac{3}{2}, \cdots$。

把氢核放入外磁场 B 中，可以取坐标轴 z 方向为 B 的方向。核的角动量在 B 方向上的投影值由下式决定：

$$P_B = m \cdot \hbar \tag{3.1.3}$$

式中，m 为磁量子数，可以取 $m = I, I-1, \cdots, -(I-1), -I$。核磁矩在 B 方向上的投影值为

$$\mu_B = g \frac{e}{2m_p} P_B = g\left(\frac{eh}{2m_p}\right) m$$

将它写为

$$\mu_B = g\mu_N m \tag{3.1.4}$$

式中，$\mu_N = 5.050787 \times 10^{-27} \mathrm{J \cdot T^{-1}}$ 称为核磁子，是核磁矩的单位。

磁矩为 μ 的原子核在恒定磁场 B 中具有的势能为

$$E = -\mu \cdot B = -\mu_B \cdot B = -g \cdot \mu_N \cdot m \cdot B$$

任何两个能级之间的能量差为

$$\Delta E = E_{m_1} - E_{m_2} = -g \cdot \mu_N \cdot B \cdot (m_1 - m_2) \tag{3.1.5}$$

考虑最简单的情况，对氢核而言，自旋量子数 $I = \dfrac{1}{2}$，所以磁量子数 m 只能取两个值，即 $m = \dfrac{1}{2}$ 和 $m = -\dfrac{1}{2}$。磁矩在外场方向上的投影也只能取两个值，如图 3.1.1(a)所示，与此相对应的能级如图 3.1.1(b)所示。

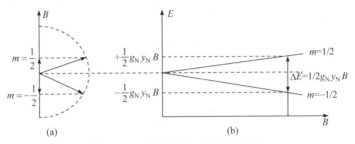

图 3.1.1 氢核能级在磁场中的分裂

根据量子力学中的选择定则，只有 $\Delta m = \pm 1$ 的两个能级之间才能发生跃迁，这两个跃迁能级之间的能量差为

$$\Delta E = g \cdot \mu_{\mathrm{N}} \cdot B \tag{3.1.6}$$

由这个公式可知：相邻两个能级之间的能量差 ΔE 与外磁场 B 的大小成正比，磁场越强，则两个能级分裂也越大。

如果实验时外磁场为 B_0，在该稳恒磁场区域又叠加一个电磁波作用于氢核，如果电磁波的能量 $h\nu_0$ 恰好等于这时氢核两能级的能量差 $g\mu_{\mathrm{N}}B_0$，即

$$h\nu_0 = g\mu_{\mathrm{N}}B_0 \tag{3.1.7}$$

则氢核就会吸收电磁波的能量，由 $m = \dfrac{1}{2}$ 的能级跃迁到 $m = -\dfrac{1}{2}$ 的能级，这就是核磁共振吸收现象。式(3.1.7)就是核磁共振条件。为了应用上的方便，常写成

$$\nu_0 = \left(\frac{g \cdot \mu_{\mathrm{N}}}{h}\right) B_0, \quad 即 \ \omega_0 = \gamma \cdot B_0 \tag{3.1.8}$$

2) 核磁共振信号的强度

上面讨论的是单个核放在外磁场中的核磁共振理论。但实验中所用的样品是大量同类核的集合。如果处于高能级上的核数目与处于低能级上的核数目没有差别，则在电磁波的激发下，上下能级上的核都要发生跃迁，并且跃迁概率是相等的，吸收能量等于辐射能量，我们就观察不到任何核磁共振信号。只有当低能级上的原子核数目大于高能级上的核数目时，吸收能量比辐射能量多，这样才能观察到核磁共振信号。在热平衡状态下，核数目在两个能级上的相对分布由玻尔兹

曼因子决定

$$\frac{N_1}{N_2} = \exp\left(-\frac{\Delta E}{kT}\right) = \exp\left(-\frac{g\mu_N B_0}{kT}\right) \tag{3.1.9}$$

式中，N_1 为低能级上的核数目；N_2 为高能级上的核数目；ΔE 为上下能级间的能量差；k 为玻尔兹曼常量；T 为绝对温度。当 $g\mu_N B_0 \ll kT$ 时，上式可以近似写成

$$\frac{N_1}{N_2} = 1 - \frac{g\mu_N B_0}{kT} \tag{3.1.10}$$

上式说明，低能级上的核数目比高能级上的核数目略微多一点。对氢核来说，如果实验温度 $T = 300\text{K}$，外磁场 $B_0 = 1\text{T}$，则

$$\frac{N_1}{N_2} = 1 - 6.75 \times 10^{-6}$$

或

$$\frac{N_1 - N_2}{N_1} \approx 7 \times 10^{-6}$$

这说明在室温下每百万个低能级上的核比高能级上的核只多出 7 个。这就是说，在低能级上参与核磁共振吸收的每 100 万个核中只有 7 个核的核磁共振吸收未被共振辐射所抵消。所以核磁共振信号非常微弱，检测如此微弱的信号，需要高质量的接收器。

由式(3.1.10)可以看出，温度越高，粒子差数越小，对观察核磁共振信号越不利。外磁场 B_0 越强，粒子差数越大，越有利于观察核磁共振信号。一般核磁共振实验要求磁场强一些，其原因就在这里。

另外，要想观察到核磁共振信号，仅仅磁场强一些还不够，磁场在样品范围内还应高度均匀，否则磁场多么强也观察不到核磁共振信号。原因之一是，核磁共振信号由式(3.1.7)决定，如果磁场不均匀，则样品内各部分的共振频率不同。对某个频率的电磁波，将只有少数核参与共振，结果信号被噪声所淹没，难以观察到核磁共振信号。

2. 核磁共振的经典力学描述

以下从经典理论观点来讨论核磁共振问题。把经典理论核矢量模型用于微观粒子是不严格的，但是它对某些问题可以做一定的解释。数值上不一定正确，但

可以给出一个清晰的物理图像，帮助我们了解问题的实质。

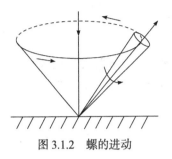

图 3.1.2 螺的进动

单个核的拉摩尔进动：我们知道，如果陀螺不旋转，当它的轴线偏离竖直方向时，在重力作用下，它就会倒下来。但是如果陀螺本身做自转运动，它就不会倒下而绕着重力方向做进动，如图 3.1.2 所示。

由于原子核具有自旋和磁矩，所以它在外磁场中的行为同陀螺在重力场中的行为是完全一样的。设核的角动量为 P ，磁矩为 μ ，外磁场为 B ，由经典理论可知

$$\frac{\mathrm{d}P}{\mathrm{d}t} = \mu \times B \tag{3.1.11}$$

由于 $\mu = \gamma \cdot P$ ，所以有

$$\frac{\mathrm{d}\mu}{\mathrm{d}t} = \lambda \cdot \mu \times B \tag{3.1.12}$$

写成分量的形式则为

$$\begin{cases} \dfrac{\mathrm{d}\mu_x}{\mathrm{d}t} = \gamma \cdot (\mu_y B_z - \mu_z B_y) \\[2mm] \dfrac{\mathrm{d}\mu_y}{\mathrm{d}t} = \gamma \cdot (\mu_z B_x - \mu_x B_z) \\[2mm] \dfrac{\mathrm{d}\mu_z}{\mathrm{d}t} = \gamma \cdot (\mu_x B_y - \mu_y B_x) \end{cases} \tag{3.1.13}$$

若设稳恒磁场为 B_0 ，且 z 轴沿 B_0 方向，即 $B_x = B_y = 0$ ， $B_z = B_0$ ，则上式将变为

$$\begin{cases} \dfrac{\mathrm{d}\mu_x}{\mathrm{d}t} = \gamma \cdot \mu_y B_0 \\[2mm] \dfrac{\mathrm{d}\mu_y}{\mathrm{d}t} = -\gamma \cdot \mu_x B_0 \\[2mm] \dfrac{\mathrm{d}\mu_z}{\mathrm{d}t} = 0 \end{cases} \tag{3.1.14}$$

由此可见，磁矩分量 μ_z 是一个常数，即磁矩 μ 在 B_0 方向上的投影将保持不变。将式(3.1.14)的第一式对 t 求导，并把第二式代入有

$$\frac{\mathrm{d}^2\mu_x}{\mathrm{d}t^2} = \gamma \cdot B_0 \frac{\mathrm{d}\mu_y}{\mathrm{d}t} = -\gamma^2 B_0{}^2 \mu_x$$

或

$$\frac{d^2\mu_x}{dt^2} + \gamma^2 B_0{}^2 \mu_x = 0 \tag{3.1.15}$$

这是一个简谐运动方程，其解为 $\mu_x = A\cos(\gamma \cdot B_0 t + \phi)$，由式(3.1.14)第一式得到

$$\mu_y = \frac{1}{\gamma \cdot B_0}\frac{d\mu_x}{dt} = -\frac{1}{\gamma \cdot B_0}\gamma \cdot B_0 A\sin(\gamma \cdot B_0 t + \phi) = -A\sin(\gamma \cdot B_0 t + \phi)$$

以 $\omega_0 = \gamma \cdot B_0$ 代入，有

$$\begin{cases} \mu_x = A\cos(\omega_0 t + \phi) \\ \mu_y = -A\sin(\omega_0 t + \phi) \\ \mu_L = \sqrt{(\mu_x + \mu_y)^2} = A = 常数 \end{cases} \tag{3.1.16}$$

由此可知，核磁矩 $\boldsymbol{\mu}$ 在稳恒磁场中的运动特点是：它围绕外磁场 $\boldsymbol{B}_0$ 做进动，进动的角频率为 $\omega_0 = \gamma \cdot B_0$，和 $\boldsymbol{\mu}$ 与 $\boldsymbol{B}_0$ 之间的夹角 θ 无关；它在 xy 平面上的投影 μ_L 是常数；它在外磁场 $\boldsymbol{B}_0$ 方向上的投影 μ_z 为常数。其运动图像如图 3.1.3 所示。

现在来研究如果在与 $\boldsymbol{B}_0$ 垂直的方向上加一个旋转磁场 $\boldsymbol{B}_1$，且 $B_1 \ll B_0$，会出现什么情况。如果这时再在垂直于 $\boldsymbol{B}_0$ 的平面内加上一个弱的旋转磁场 $\boldsymbol{B}_1$，$\boldsymbol{B}_1$ 的角频率和转动方向与磁矩 $\boldsymbol{\mu}$ 的进动角频率和进动方向都相同，如图 3.1.4 所示。这时，核磁矩 $\boldsymbol{\mu}$ 除了受到 $\boldsymbol{B}_0$ 的作用之外，还要受到旋转磁场 $\boldsymbol{B}_1$ 的影响。也就是说 $\boldsymbol{\mu}$ 除了要围绕 $\boldsymbol{B}_0$ 进动之外，还要绕 $\boldsymbol{B}_1$ 进动，所以 $\boldsymbol{\mu}$ 与 $\boldsymbol{B}_0$ 之间的夹角 θ 将发生变化。由核磁矩的势能

$$E = -\boldsymbol{\mu} \cdot \boldsymbol{B} = -\mu \cdot B_0 \cos\theta \tag{3.1.17}$$

可知 θ 的变化意味着核的能量状态变化。当 θ 值增加时，核要从旋转磁场 $\boldsymbol{B}_1$ 中吸收能量，这就是核磁共振。产生共振的条件为

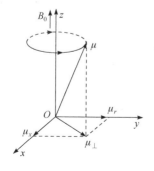

图 3.1.3　磁矩在外磁场中的进动

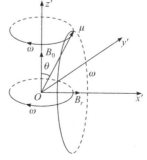

图 3.1.4　转动坐标系中的磁矩

$$\omega = \omega_0 = \gamma \cdot B_0 \qquad (3.1.18)$$

这一结论与量子力学得出的结论完全一致。

如果旋转磁场 B_1 的转动角频率 ω 与核磁矩 μ 的进动角频率 ω_0 不相等，即 $\omega \neq \omega_0$，则角度 θ 的变化不显著。平均说来，θ 角的变化为零。原子核没有吸收磁场的能量，因此就观察不到核磁共振信号。

上面讨论的是单个核的核磁共振。但我们在实验中研究的样品不是单个核磁矩，而是由这些磁矩构成的磁化强度矢量 M；另外，我们研究的系统并不是孤立的，而是与周围物质有一定的相互作用。只有全面考虑了这些问题，才能建立起核磁共振的理论。

因为磁化强度矢量 M 是单位体积内核磁矩 μ 的矢量和，所以有

$$\frac{\mathrm{d}M}{\mathrm{d}t} = \gamma \cdot (M \times B) \qquad (3.1.19)$$

它表明磁化强度矢量 M 围绕着外磁场 B_0 做进动，进动的角频率 $\omega = \gamma \cdot B$；现在假定外磁场 B_0 沿着 z 轴方向，再沿着 x 轴方向加上一射频场

$$B_1 = 2B_1 \cos(\omega \cdot t) e_x \qquad (3.1.20)$$

式中，e_x 为 x 轴上的单位矢量，$2B_1$ 为振幅。这个线偏振场可以看作是左旋圆偏振场和右旋圆偏振场的叠加，如图 3.1.5 所示。在这两个圆偏振场中，只有当圆偏振场的旋转方向与进动方向相同时才起作用。所以对于 γ 为正的系统，起作用的是顺时针方向的圆偏振场，即

$$M_z = M_0 = \chi_0 H_0 = \chi_0 B_0 / \mu_0 \qquad (3.1.21)$$

式中，χ_0 为静磁化率；μ_0 为真空中的磁导率；M_0 为自旋系统与晶格达到热平衡时自旋系统的磁化强度。

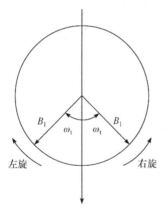

图 3.1.5　线偏正磁场分解为圆偏振磁场

原子核系统吸收了射频场能量之后，处于高能态的粒子数目增多，亦使得 $M_z < M_0$，偏离了热平衡状态。由于自旋与晶格的相互作用，晶格将吸收核的能量，使原子核跃迁到低能态而向热平衡过渡。表示这个过渡的特征时间称为纵向弛豫时间，用 T_1 表示(它反映了沿外磁场方向上磁化强度矢量 M_z 恢复到平衡值 M_0 所需时间的多少)。考虑了纵向弛豫作用后，假定 M_z 向平衡值 M_0 过渡的速度与 M_z 偏离 M_0 的程度 $(M_0 - M_z)$ 成正比，即有

$$\frac{\mathrm{d}M_z}{\mathrm{d}t} = -\frac{M_z - M_0}{T_1} \tag{3.1.22}$$

此外，自旋与自旋之间也存在相互作用，M 的横向分量也要由非平衡态时的 M_x 和 M_y 向平衡态时的 $M_x = M_y = 0$ 过渡，表征这个过程的特征时间为横向弛豫时间，用 T_2 表示。与 M_z 类似，可以假定

$$\begin{cases} \dfrac{\mathrm{d}M_x}{\mathrm{d}t} = \dfrac{M_x}{T_2} \\[3mm] \dfrac{\mathrm{d}M_y}{\mathrm{d}t} = -\dfrac{M_y}{T_2} \end{cases} \tag{3.1.23}$$

前面分别分析了外磁场和弛豫过程对核磁化强度矢量 M 的作用。当上述两种作用同时存在时，描述核磁共振现象的基本运动方程为

$$\frac{\mathrm{d}M}{\mathrm{d}t} = \gamma \cdot (M \times B) - \frac{1}{T_2}(M_x i + M_y j) - \frac{M_z - M_0}{T_1} k \tag{3.1.24}$$

该方程称为布洛赫方程。式中 i、j、k 分别是 x、y、z 方向上的单位矢量。

值得注意的是，式中 B 是外磁场 B_0 与线偏振场 B_1 的叠加。其中，$B_0 = B_0 k$，$B_1 = B_1 \cos(\omega \cdot t) i - B_1 \sin(\omega \cdot t) j$，$M \times B$ 的三个分量是

$$\begin{cases} (M_y B_0 + M_z B_1 \sin \omega \cdot t) i \\ (M_z B_1 \cos \omega \cdot t - M_x B_0) j \\ (-M_x B_1 \sin \omega \cdot t - M_y B_1 \cos \omega \cdot t) k \end{cases} \tag{3.1.25}$$

这样布洛赫方程写成分量形式即为

$$\begin{cases} \dfrac{\mathrm{d}M_x}{\mathrm{d}t} = \gamma \cdot (M_y B_0 + M_z B_1 \sin \omega \cdot t) - \dfrac{M_x}{T_2} \\[3mm] \dfrac{\mathrm{d}M_y}{\mathrm{d}t} = \gamma \cdot (M_z B_1 \cos \omega \cdot t - M_x B_0) - \dfrac{M_y}{T_2} \\[3mm] \dfrac{\mathrm{d}M_z}{\mathrm{d}t} = -\gamma \cdot (M_x B_1 \sin \omega \cdot t + M_y B_1 \cos \omega \cdot t) - \dfrac{M_z - M_0}{T_1} \end{cases} \tag{3.1.26}$$

在各种条件下解布洛赫方程，可以解释各种核磁共振现象。一般来说，布洛赫方程中含有 $\cos \omega \cdot t$、$\sin \omega \cdot t$ 这些高频振荡项，解起来很麻烦。如果能对它作一坐标变换，把它变换到旋转坐标系中去，解起来就容易得多。

如图 3.1.6 所示，取新坐标系 $x'y'z'$，z' 与原来的实验室坐标系中的 z 重合，

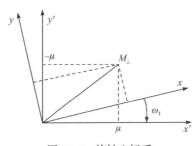

图 3.1.6　旋转坐标系

旋转磁场 B_1 与 x' 重合。显然，新坐标系是与旋转磁场以同一频率 ω 转动的旋转坐标系。

图中 $M_\perp$ 是 M 在垂直于恒定磁场方向上的分量，即 M 在 xy 平面内的分量。设 μ 和 v 是 $M_\perp$ 在 x' 和 y' 方向上的分量，则

$$\begin{cases} M_x = u\cos\omega\cdot t - v\sin\omega\cdot t \\ M_y = -v\cos\omega\cdot t - u\sin\omega\cdot t \end{cases} \tag{3.1.27}$$

把它们代入式(3.1.26)即得

$$\begin{cases} \dfrac{\mathrm{d}u}{\mathrm{d}t} = -(\omega_0 - \omega)v - \dfrac{u}{T_2} \\[2mm] \dfrac{\mathrm{d}v}{\mathrm{d}t} = (\omega_0 - \omega)u - \dfrac{v}{T_2} - \gamma\cdot B_1 M_z \\[2mm] \dfrac{\mathrm{d}M_z}{\mathrm{d}t} = \dfrac{M_0 - M_z}{T_1} + \gamma\cdot B_1 v \end{cases} \tag{3.1.28}$$

式中，$\omega_0 = \gamma\cdot B_0$。上式表明 M_z 的变化是 v 的函数而不是 u 的函数，而 M_z 的变化表示核磁化强度矢量的能量变化，所以 v 的变化反映了系统能量的变化。

从式(3.1.28)可以看出，它们已经不包括 $\cos\omega\cdot t$、$\sin\omega\cdot t$ 这些高频振荡项了。但要严格求解仍是相当困难的，通常是根据实验条件来对其进行简化。如果磁场或频率的变化十分缓慢，则可以认为 u、v、M_z 都不随时间发生变化，$\dfrac{\mathrm{d}u}{\mathrm{d}t} = 0$，$\dfrac{\mathrm{d}v}{\mathrm{d}t} = 0$，$\dfrac{\mathrm{d}M_z}{\mathrm{d}t} = 0$，即系统达到稳定状态，此时上式的解称为稳态解

$$\begin{cases} \mu = \dfrac{\gamma\cdot B_1 T_2^{\,2}(\omega_0 - \omega)M_0}{1 + T_2^{\,2}(\omega_0 - \omega)^2 + \gamma^2 B_1^{\,2} T_1 T_2} \\[4mm] v = \dfrac{\gamma\cdot B_1 M_0 T_2}{1 + T_2^{\,2}(\omega_0 - \omega)^2 + \gamma^2 B_1^{\,2} T_1 T_2} \\[4mm] M_z = \dfrac{\left[1 + T_2^{\,2}(\omega_0 - \omega)\right]M_0}{1 + T_2^{\,2}(\omega_0 - \omega)^2 + \gamma^2 B_1^{\,2} T_1 T_2} \end{cases} \tag{3.1.29}$$

根据式(3.1.29)中前两式可以画出 u 和 v 随 ω 而变化的函数关系曲线。根据曲线知道，当外加旋转磁场 B_1 的角频率 ω 等于 M 在磁场 B_0 中的进动角频率 ω_0 时，吸收信号最强，即出现共振吸收现象。

3. 结果分析

由上面得到的布洛赫方程的稳态解可以看出，稳态共振吸收信号有如下重要特点：

当 $\omega = \omega_0$ 时，v 值为极大，可以表示为 $v_{极大} = \dfrac{\gamma \cdot B_1 T_2 M_0}{1 + \gamma^2 B_1^2 T_1 T_2}$，可见，$B_1 = \dfrac{1}{\gamma \cdot (T_1 T_2)^{1/2}}$ 时，v 达到最大值 $v_{\max} = \dfrac{1}{2}\sqrt{\dfrac{T_2}{T_1}} M_0$，由此表明，吸收信号的最大值并不是要求 B_1 无限弱，而是要求它有一定的大小。

共振时 $\Delta\omega = \omega_0 - \omega = 0$，则吸收信号的表示式中包含有 $S = \dfrac{1}{1 + \gamma \cdot B_1^2 T_1 T_2}$ 项，也就是说，B_1 增加时，S 值减小，这意味着自旋系统吸收的能量减少，相当于高能级部分地被饱和，所以人们称 S 为饱和因子。

实际的核磁共振吸收不是只发生在由式(3.1.7)所决定的单一频率上，而是发生在一定的频率范围内，即谱线有一定的宽度。通常把吸收曲线半高度的宽度所对应的频率间隔称为共振线宽。由于弛豫过程造成的线宽称为本征线宽。外磁场 $\boldsymbol{B}_0$ 不均匀也会使吸收谱线加宽。由式(3.1.29)可以看出，吸收曲线半宽度为

$$\omega_0 - \omega = \frac{1}{T_2(1 - \gamma^2 B_1^2 T_1 T_2^{1/2})} \tag{3.1.30}$$

可见线宽主要由 T_2 值决定，所以横向弛豫时间是线宽的主要参数。图 3.1.7(a)所示是 CuSO$_4$、甘油、氟碳、纯水在不同振荡幅度下信号的变化，并同时表示了在多次共振状态下前次共振对下次的影响。扫场周期和弛豫时间与共振信号幅度的关系见图 3.1.7(b)。

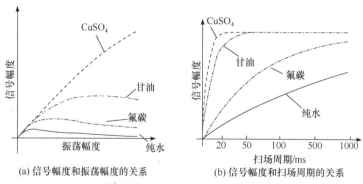

(a) 信号幅度和振荡幅度的关系　　　(b) 信号幅度和扫场周期的关系

图 3.1.7　共振信号幅度与振荡幅度、扫场周期的关系

三、实验仪器

实验仪器由专业级边限振荡器核磁共振实验仪、信号检测器、匀强磁场组件和观测试剂等四个主体部分组成。

1. 专业级边限振荡器核磁共振实验仪

专业级边限振荡器核磁共振实验仪(图 3.1.8)由边限振荡器、频率计、扫场电源等几个功能部分构成。

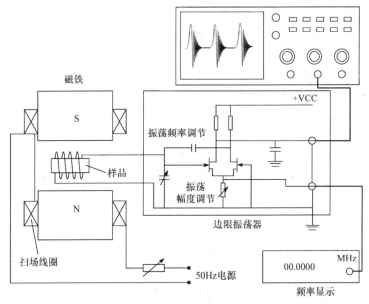

图 3.1.8　专业级边限振荡器核磁共振实验仪组成原理框图

边限振荡器：是处于振荡与不振荡边缘状态的 *LC* 振荡器(也称为边缘振荡器(marginal oscillator))，样品放在振荡线圈中，振荡线圈和样品一起放在磁铁中。当振荡器的振荡频率近似等于共振频率时，振荡线圈内射频磁场能量被样品吸收使得振荡器停振，振荡器的振荡输出幅度大幅度下降，从而检测到核磁共振信号。

频率计：可以调节并显示振荡线圈的频率大小和幅度。

扫场电源部分：扫场电源控制共振条件周期性发生以便示波器观察，同时可以减小饱和对信号强度的影响。其中："扫场控制"的"频率调节"旋钮和"速度调节"旋钮可以改变扫场电压的频率和单周期速度，如此可观测到共振信号的饱和现象；"相位调节"旋钮可改变扫场信号与共振信号之间的相位关系(必须将"同步信号"输出接到示波器的 CH1 或 CH2 通道时才可以调节相位)，"同步信号"输出和共振信号一起可以观察共振信号的李萨如图。

2. 信号检测器

信号检测器是对振荡线圈频率控制和对试件共振信号的检测和处理装置。

3. 匀强磁场

匀强磁场部分由两块永磁铁形成了一个恒定的磁场,该磁场为试剂核共振的主体。另外,匀强磁场中还有一个扫场线圈,通过改变扫场线圈的频率等可以提供一个叠加到恒定磁场上的旋进磁场。

4. 观测试剂

观测试剂共有 6 种,分别为:1%浓度的硫酸铜、1%浓度的三氯化铁、1%浓度的氯化锰、丙三醇、纯水和氟。前五种用于观测 H 核磁共振,后一种用于观测 F 核磁共振。

除了以上四个部分外,还需要一台双踪示波器,用于观测共振信号波形(学校自备)。

四、实验内容

1. 观察水中 H 核的共振信号

用红黑连线将实验仪的"扫场输出"与匀强磁场组件的"扫场输入"对应连接起来;用短 Q9 线将信号检测器左侧板的"探头接口"与匀强磁场组件的"探头"Q9 连接;将信号检测器的"共振信号"连接到示波器的"CH2"通道;将实验仪的"同步信号"连接到示波器的"外触发"接口。

打开电源,将 1%的 $CuSO_4$ 样品放入"试剂探头"插孔内(需保证试剂已经放入到插孔的底部),此时样品就处于磁场的中心位置。调节振荡幅度为 150~250。调节振荡线圈的频率的粗调旋钮,让频率逐步增大(或减小),当观测到有共振信号出现后,再改用细调旋钮,直到出现最佳的三峰等间隔为止。

当共振频率略高于振荡频率,共振磁场等于磁铁磁场时,共振信号如图 3.1.9(a)所示;相反,共振磁场小于磁铁磁场时共振信号如图 3.1.9(b)所示。当振荡频率等于共振频率时,共振信号如图 3.1.9(a)所示,称为三峰等间隔。此时实验仪显示的频率即为 H 核的共振频率。

2. 测量 H 核的 g 因子、旋磁比 γ 、核磁矩 μ

按照实验内容 1 的连接方法和调节方法,先以 1%的 $CuSO_4$ 样品为测试试剂。由式(3.1.8)可得

$$g = \frac{v_0/B_0}{\mu_N/h} = \frac{\gamma/2\pi}{\mu_N/h}$$

由此可计算 H 核的 g 因子和旋磁比 γ。再根据式(3.1.1)和式(3.1.2),并参考表 3.1.1,可得到核磁矩 μ。更换其他实验样品,调节其共振频率。

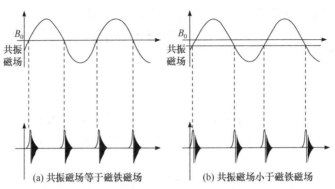

(a) 共振磁场等于磁铁磁场　　　(b) 共振磁场小于磁铁磁场

图 3.1.9　共振磁场与磁铁磁场之间的关系图

表 3.1.1　附表

元素	丰度/%	自旋量子数 I	回旋频率/(MHz·T^{-1})
^{1}H	99.9	1/2	42.577
^{19}F	100	1/2	40.055

需要注意的是,要观测到纯水的共振信号,应将振荡幅度调节到足够低(最好小于 100mV),其他的试剂振荡幅度可调到 150~250mV。

3. 改变振荡器振荡幅度观察 H 核的饱和现象

先依次将试剂放入试剂插孔内,调节振荡频率,使之出现合适的共振信号;然后改变振荡器幅度,从示波器上读出共振信号幅度,并得到各种试剂的共振信号幅度和振荡器幅度的关系曲线,和图 3.1.7(a)曲线进行比较。饱和现象是指共振信号的幅度达到最大的过程。

注意:在调节振荡幅度的时候,振荡频率也会发生一定变化,这就需要随时调整振荡频率,使得共振信号一直处于最佳位置。

4. 改变扫场频率观察 H 核的饱和现象

先以纯水试剂为观测样品(也可以用其他试剂),调节振荡频率,使之出现合适的共振信号;然后开始调节扫场电源的扫场频率和扫场速度,并观察共振信号的幅度随扫场频率增减的变化关系。了解变频扫场对饱和效应的影响(用长余辉示波器或数字记忆示波器更便于观察变频扫场的饱和现象)。

5. 观察 F 核磁共振信号，测量 F 的 g 因子、旋磁比 γ、核磁矩 μ

先将氟样品放入匀强磁场组件的试剂插孔中，调节振荡幅度为 $0.1\sim1.0\text{mV}$；然后按照 H 核的共振信号调节方法(第 2 项实验)调出共振信号，并调节至三峰等间隔。记录共振频率，并计算 F 的 g 因子、旋磁比 γ 及核磁矩 μ。

通过改变振荡幅度和扫场频率，观测 F 共振信号的饱和现象。

普朗克常量：$h = 6.626\times10^{-34}\text{J}\cdot\text{s}$。

五、注意事项

(1) 均匀磁场组件内部为强磁铁，不得将铁磁物质置于均匀磁场内部。

(2) 实验试剂要轻拿轻放，避免损坏。

(3) 均匀磁场组件上的螺钉不得随意拧动，否则将影响实验效果。

六、思考题

(1) 实验过程中，当 B_1 在共振频率附近时，随着扫描频率的增加，共振图像会发生怎样的变化？

(2) 实验中，当装有试剂的探头处于磁场中的不同位置时，共振图像有不同吗？为什么？

参考资料

1. ZKY- HG-Ⅱ专业级边限振荡器核磁共振实验仪 实验指导说明书. 成都世纪中科, 2014.
2. 高立模. 近代物理实验. 天津: 南开大学出版社, 2006.
3. 褚圣麟. 原子物理学. 北京: 高等教育出版社, 1979.
4. 王旗. 近代物理实验. 北京: 高等教育出版社, 2016.

实验 3.2 光 磁 共 振

20 世纪 50 年代初期，A·Kastler 等发展光抽运(optical pumping)技术，1966 年，A·Kastler 由于在这方面的贡献而荣获诺贝尔物理学奖。光抽运是用圆偏光束激发气态原子的方法以打破原子在所研究的能级间的玻尔兹曼热平衡分布，造成所需的布居数差，从而在低浓度的条件下提高了共振强度。在相应频率的射频场激励下，可观察到磁共振信号。在探测磁共振信号方面，不直接探测原子对射频量子的发射或吸收，而是采用光探测的方法探测原子对光量子的发射吸收。由于光量子的能量比射频量高七八个数量级，所以探测信号的灵敏度得以提高。气体原子塞曼子能级间的磁共振信号非常弱，用磁共振的方法难于观察，应用光抽运、光探测的方法既保持了磁共振分辨率高的优点，同时将探测灵敏度提高了几个以至十几个数量级。此方法一方面可用于基础物理研究，另一方面在量子频标、精确测定磁场等问题上都有很大的实际应用价值。

一、实验目的

(1) 加深对原子超精细结构、光跃迁及磁共振的理解。

(2) 测定铷原子超精细结构塞曼子能级的朗德因子。

二、实验原理

1. 铷(Rb)原子基态及最低激发态的能级

实验研究的对象是铷的气态自由原子。铷是碱金属原子，在紧束缚的满壳层外只有一个电子。铷的价电子处于第五壳层，主量子数 $n=5$。主量子数为 n 的电子，其轨道量子数 $L=0,1,\cdots,n-1$。基态的 $L=0$，最低激发态的 $L=1$。电子还具有自旋，电子自旋量子数 $S=1/2$。

由于电子的自旋与轨道运动的相互作用(即 LS 耦合)而发生能级分裂，称为精细结构。电子轨道角动量 P_L 与其自旋角动量 P_S 的合成电子的总角动量 $P_J = P_L + P_S$。原子能级的精细结构用总角动量量子数 J 来标记，$J=L+S,L+S-1,\cdots,|L-S|$。对于基态，$L=0$ 和 $S=1/2$，因此 Rb 基态只有 $J=1/2$，其标记为 $5^2S_{1/2}$。铷原子最低激发态是 $5^2P_{3/2}$ 及 $5^2P_{1/2}$。$5^2P_{1/2}$ 态的 $J=1/2$，$5^2P_{3/2}$ 态的 $J=3/2$。$5P$ 与 $5S$ 能级之间产生的跃迁是铷原子主线系的第 1 条线，为双线。它在铷灯光谱中强度是很大的。$5^2P_{1/2} \rightarrow 5^2S_{1/2}$ 跃迁产生波长为 7947.6Å 的 D_1 谱线，$5^2P_{3/2} \rightarrow 5^2S_{1/2}$ 跃迁产生波长为 7800Å 的 D_2 谱线。

原子的价电子在 LS 耦合中，其总角动量 P_J 与电子总磁矩 μ_J 的关系为

$$\mu_J = -g_J \frac{e}{2m} P_J \tag{3.2.1}$$

$$g_J = 1 + \frac{J(J+1) - L(L+1) + S(S+1)}{2J(J+1)} \tag{3.2.2}$$

g_J 是朗德因子，J 是电子总角动量量子数，L 是电子的轨道量子数，S 是电子自旋量子数。

核具有自旋和磁矩。核磁矩与上述电子总磁矩之间相互作用造成能级的附加分裂。该附加分裂称为超精细结构。铷的两种同位素的自旋量子数 I 是不同的。

核自旋角动量 P_I 与电子总角动量 P_J 耦合成原子的总角动量 P_F，有 $P_F = P_J + P_I$。
J-I 耦合形成超精细结构能级，由 F 量子数标记，$F = I+J$、…、$|I-J|$。Rb^{87} 的 $I=3/2$，
它的基态 $J=1/2$，具有 $F=2$ 和 $F=1$ 两个状态。Rb^{85} 的 $I=5/2$，它的基态 $J=1/2$，具
有 $F=3$ 和 $F=2$ 两个状态。

整个原子的总角动量 P_F 与总磁矩 μ_F 之间的关系可写为

$$\mu_F = -g_F \frac{e}{2m} p_F \tag{3.2.3}$$

其中，g_F 因子可按类似于求 g_J 因子的方法算出。考虑到核磁矩比电子磁矩小约
3 个数量级，μ_F 实际上为 μ_J 在 P_F 方向上的投影，从而得

$$g_F = g_j \frac{F(F+1)+J(J+1)-I(I+1)}{2F(F+1)} \tag{3.2.4}$$

g_F 是对应于 μ_F 与 P_F 关系的朗德因子。以上所述都是没有外磁场条件下的情况。

如果处在外磁场 B 中，由于总磁矩 P_F 与磁场 B 的相互作用，超精细结构中的
各能级进一步发生塞曼分裂形成塞曼子能级，用磁量子数 M_F 来表示，则 $M_F = F$，
$F-1$,…,$-F$，即分裂成 $2F+1$ 个子能级，其间距相等。μ_F 与 B 的相互作用能量为

$$E = -\mu_F B = g_F \frac{e}{2m} p_F B = g_F \frac{e}{2m} M_F (h/2\pi) B = g_F M_F \mu_B B \tag{3.2.5}$$

式中，μ_B 为玻尔磁子。各相邻塞曼子能级的能量差为

$$\Delta E = g_F \mu_B B \tag{3.2.6}$$

可以看出 ΔE 与 B 成正比。当外磁场为零时，各塞曼子能级将重新简并为原来
能级。

2. 圆偏振光对铷原子的激发与光抽运效应

一定频率的光可引起原子能级之间的跃迁。气态 Rb^{87} 原子受 $D_1\delta^+$ 左旋圆偏
振光照射时，遵守光跃迁选择定则 $\Delta F = 0$，±1，$\Delta M_F = +1$。在由 $5^2S_{1/2}$ 能级到
$5^2P_{1/2}$ 能级的激发跃迁中，由于 δ^+ 光子的角动量为 $+h/2\pi$，只能产生 $\Delta M_F = +1$ 的
跃迁。基态 $M_F = +2$ 子能级上原子若吸收光子就将跃迁到 $M_F = +3$ 的状态，但
$5^2P_{1/2}$ 各自能级最高为 $M_F = +2$。因此，基态中 $M_F = +2$ 子能级上的粒子就不能跃
迁，换言之其跃迁概率为零。由于 $D_1\delta^+$ 的激发而跃迁到激发态 $5^2P_{1/2}$ 的粒子可以
通过自发辐射退激回到基态。由 $5^2P_{1/2}$ 到 $5^2S_{1/2}$ 的向下跃迁(发射光子)中，
$\Delta M_F = 0$，±1 的各跃迁都是有可能的。

当原子经历无辐射跃迁过程从 $5^2 P_{1/2}$ 回到 $5^2 S_{1/2}$ 时，则原子返回基态各子能级的概率相等，这样经过若干循环之后，基态 $m_F = +2$ 子能级上的原子数就会大大增加，即大量原子被"抽运"到基态的 $m_F = +2$ 的子能级上。这就是光抽运效应。

各子能级上原子数的这种不均匀分布称为"偏极化"，光抽运的目的就是要造成偏极化，有了偏极化就可以在子能级之间得到较强的磁共振信号。

经过多次上下跃迁，基态中的 $M_F = +2$ 子能级上的原子数只增不减，这样就增大了原子布居数的差别。这种非平衡分布称为原子数偏极化。光抽运的目的就是要造成基态能级中的偏极化，实现了偏极化就可以在子能级之间进行磁共振跃迁实验。

3. 弛豫过程

在热平衡条件下，任意两个能级 E_1 和 E_2 上的粒子数之比都服从玻尔兹曼分布 $N_2 / N_1 = e^{-\Delta E / K_1}$，式中 $\Delta E = E_2 - E_1$ 是两个能级之差，N_1、N_2 分别是两个能级 E_1、E_2 上的原子数目，k 是玻尔兹曼常量。由于能量差极小，可以近似地认为各子能级上的粒子数是相等的。光抽运增大了粒子布居数的差别，使系统处于非热平衡分布状态。

系统由非热平衡分布状态趋向于平衡分布状态的过程称为弛豫过程。促使系统趋向平衡的机制是原子之间以及原子与其他物质之间的相互作用。在实验过程中要保持原子分布有较大的偏极化程度，就要尽量减少返回玻尔兹曼分布的趋势。但铷原子与容器壁的碰撞以及铷原子之间的碰撞都导致铷原子恢复到热平衡分布，失去光抽运所造成的碰撞(偏极化)。铷原子与磁性很弱的原子碰撞，对铷原子状态的扰动极小，不影响原子分布的偏极化。因此在铷样品泡中冲入 10 托的氮气，它的密度比铷蒸气原子的密度大 6 个数量级，这样可减少铷原子与容器及其他铷原子的碰撞机会，从而保持铷原子分布的高度偏极化。此外，处于 $5^2 P_{1/2}$ 的原子须与缓冲气体分子碰撞多次才能发生能量转移，由于所发生的过程主要是无辐射跃迁，所以返回到基态中八个塞曼子能级的概率均等，因此缓冲气体分子还有利于粒子更快地被抽运到 $M_F = +2$ 子能级的过程。

4. 塞曼子能级之间的磁共振

因光抽运而使 Rb[87] 原子分布偏极化达到饱和以后，铷蒸气不再吸收 $D_1 \delta^+$ 光，从而使透过铷样品泡的 $D_1 \delta^+$ 光增强。这时，在垂直于产生塞曼分裂的磁场 B 的方向加一频率为 ν 的射频磁场，当 ν 和 B 之间满足磁共振条件时，在塞曼子能级之间产生感应跃迁，称为磁共振。

$$h\nu = g_F \mu_B B \tag{3.2.7}$$

跃迁遵守选择定则 $\Delta F=0$，$\Delta M_F = \pm 1$ 原子将从 $M_F = +2$ 的子能级向下跃迁到各子能级上，即大量原子由 $M_F = +2$ 的能级跃迁到 $M_F = +1$，以后又跃迁到 $M_F = 0, -1, -2$ 等各子能级上。这样，磁共振破坏了原子分布的偏极化，而同时，原子又继续吸收入射的 $D_1\delta^+$ 光而进行新的抽运，透过样品泡的光就变弱了。随着抽运过程的进行，粒子又从 $M_F = -2, -1, 0, +1$ 各能级被抽运到 $M_F = +2$ 的子能级上。随着粒子数的偏极化，透射再次变强。光抽运与感应磁共振跃迁达到一个动态平衡。光跃迁速率比磁共振跃迁速度大几个数量级，因此光抽运与磁共振的过程就可以连续地进行下去。Rb^{85} 也有类似的情况，只是 $D_1\delta^+$ 光将 Rb^{85} 抽运到基态 $M_F = +3$ 的子能级上，在磁共振时又跳回到 $M_F = +2, +1, 0, -1, -2, -3$ 等能级上。

射频(场)频率 ν 和外磁场(产生塞曼分裂的) B 两者可以固定一个，改变另一个以满足磁共振条件(3.2.7)。改变频率称为扫频法(磁场固定)，改变磁场称为扫场法(频率固定)。本实验装置采用扫场法。

5. 光探测

投射到铷样品泡上的 $D_1\delta^+$ 光，一方面起光抽运作用，另一方面透射光的强弱变化反映样品物质的光抽运过程和磁共振过程的信息，用 $D_1\delta^+$ 光照射铷样品，并探测透过样品泡的光强，就实现了光抽运—磁共振—光探测。在探测过程中射频(10^6 Hz)光子的信息转换成了频率高的光频(10^{14}Hz)光子的信息，这就使信号功率提高了 8 个数量级。

样品中 Rb^{85} 和 Rb^{87} 都存在，都能被 $D_1\delta^+$ 光抽运而产生磁共振。为了分辨是 Rb^{85} 还是 Rb^{85} 参与磁共振，可以根据它们与偏极化有关能态的 g_F 因子的不同加以区分。对于 Rb^{85}，由基态中 $F=3$ 态的 g_F 因子可知 $V_0/B_0 = \mu_B g_F/h = 0.467$ MHz/Gs。对于 Rb^{87}，由基态中 $F=2$ 态的 g_F 因子可知 $V_0/B_0 = 0.700$MHz·Gs^{-1}.

三、实验仪器

实验采用 DH807A 型光磁共振实验装置，由主体单元(铷光谱灯、准直透镜、吸收池、聚光镜、光电探测器及亥姆霍兹线圈)、电源、辅助源、射频信号发生器、示波器组成。

1. 主体单元

主体单元是该实验装置的核心，如图 3.2.1 所示。由铷光谱灯、准直透镜、吸收池、聚光镜、光电探测器及线圈组成。天然铷和惰性缓冲气体被充在一个直径约为 52mm 的玻璃泡内，该铷泡两侧对称放置着一对小射频线圈，为铷原子跃迁提供射频磁场。这个铷吸收泡和射频线圈都置于圆柱形恒温槽内，称它为"吸收池"。槽内温度在 55℃ 左右。吸收池放置在两对亥姆霍兹线圈的中心，小的一对线圈产生的磁场用来抵消地磁场的垂直分量，大的一对线圈有两个绕组，一组为水平直流磁场线圈，它使铷原子的超精细能级产生塞曼分裂；另一组为扫场线圈，它使直流磁场上叠加一个调制磁场。铷光谱灯作为抽运光源，光路上有两个透镜，一个为准直透镜，另一个为聚光透镜，两透镜的焦距为 77mm，它们使铷灯发出的光平行通过吸收泡，然后再会聚到光电池上。干涉滤光镜(装在铷光谱灯的口上)从铷光谱中选出光(λ=7948Å)。偏振片和 1/4 波片(和准直透镜装在一起)使光成为左旋圆偏振光。偏振光对基态超精细塞曼能级有不同的跃迁概率，可以在这些能级间造成较大的粒子数差。当加上某一频率的射频磁场时，将产生"光磁共振"。在共振区的光强由于铷原子的吸收而减弱。通过大调场法，可以从终端的光电探测器上得到这个信号，经放大可从示波器上显示出来。

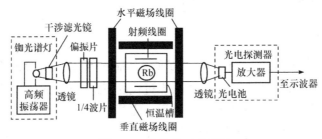

图 3.2.1　主体单元示意图

铷光谱灯是一种高频气体放电灯。它由高频振荡器、控温装置和铷灯泡组成。铷灯泡放置在高频振荡回路的电感线圈中，在高频电磁场的激励下产生无极放电而发光。整个振荡器连同铷灯泡放在同一恒温槽内，温度控制在 90℃ 左右。高频振荡器频率约为 65MHz。

光电探测器接收透射光强度变化，并把光信号转换成电信号。接收部分采用硅光电池，放大器倍数大于 100。

2. 电源

电源为主体单元提供三组直流电源，第Ⅰ路是 0～1A 可调稳流电源，为水平磁场提供电流。第Ⅱ路是 0～0.5A 可调稳流电源，为垂直磁场提供电流。第Ⅲ路是 24V/2A 稳压电源，为铷光谱灯、控温电路、扫场提供工作电压。

3. 辅助源

辅助源为主体单元提供三角波、方波扫场信号及温度控制电路等，并设有

"外接扫描"插座，可接 SBR—1 型示波器的扫描输出，将其锯齿扫描经电阻分压及电流放大，作为扫场信号源代替机内扫场信号，辅助源与主体单元由 24 线电缆连接。

4. 射频信号发生器

本实验装置中的射频信号发生器为通用仪器，可以选配，频率范围为 100kHz～1MHz，输出功率在 50Ω 负载上不小于 0.5W，并且输出幅度要可调节。射频信号发生器是为吸收池中的小射频线圈提供射频电流，使其产生射频磁场，激发铷原子产生共振跃迁。

四、实验内容

1. 仪器的调节

(1) 在装置加电之前，先进行主体单元光路的机械调整，再用指南针确定地磁场方向，主体装置的光轴要与地磁场水平方向相平行。用指南针确定水平场线圈、竖直场线圈及扫场线圈产生的各磁场方向与地磁场水平和垂直方向的关系，并作详细记录。

(2) 将"垂直场""水平场""扫场幅度"旋钮调至最小，按下辅助源的池温开关，接通电源。开射频信号发生器、示波器电源。电源接通约 30min 后，铷光谱灯点燃并发出紫红色光，池温灯亮，吸收池正常工作，实验装置进入工作状态。

(3) 主体装置的光学元件应调成等高共轴。调整准直透镜以得到较好的平行光束，通过铷样品泡并射到聚光透镜上。铷灯因不是点光源，不能得到一个完全平行的光束，但仔细调节，再通过聚光透镜即可使铷灯到光电池上的总光量为最大，便可得到良好的信号。

(4) 调节偏振片及 1/4 波片，使 1/4 波片的光轴与偏振光偏振方向的夹角为 π/4，以获得圆偏振光。写出调节步骤和观察到的现象。

2. 光抽运信号的观察

先按扫场方式选择"方波"，调大扫场幅度，再将指南针置于吸收池上边，设置扫场方向与地磁场方向相反，然后拿开指南针。预置垂直场电流为 0.07A 左右，用来抵消地磁场分量。旋转偏振片的角度，调节扫场幅度及垂直场大小和方向，使光抽运信号幅度最大，再仔细调节光路聚焦，使光抽运信号幅度最大。

铷样品泡开始加上方波扫场的一瞬间，基态中各塞曼子能级上的粒子数接近热平衡，即各子能级上的粒子数大致相等，因此这一瞬间有总粒子数 7/8 的粒子在吸收 $D_1\delta^+$ 光，对光的吸收最强。随着粒子逐渐被抽运到 M_F=+2 子能级上，能吸收σ^+的光粒子数减少，透过铷样品泡的光逐渐增强。当抽运到$M_F = +2$子能级上的粒子数达到饱和时，透过铷样品泡的光达到最大且不再变化。当磁场扫过零(指水平方向的总磁场为零)然后反向时，各塞曼子能级跟随着发生简并随即再分裂。能级简并时铷的子分布由于碰撞等导致自旋方向混杂而失去了偏极化，所以重新分裂后各塞曼子能级上的粒子数又近似相等，对$D_1\delta^+$光的吸收又达到最大值，这样就观察到了光抽运信号，见图3.2.2。

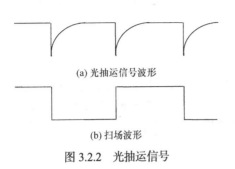

(a) 光抽运信号波形

(b) 扫场波形

图 3.2.2 光抽运信号

3. 磁共振信号的观察

扫场方式选择"三角波"，将水平场电流预置为 0.7A 左右，并使水平磁场方向与地磁场水平分量和扫场方向相同(由指南针判断)。垂直场的大小和偏振镜的角度保持前面的状态不变。调节射频信号发生器频率，可以观察到共振信号，见图3.2.3，对应波形，可读出频率ν_1及对应的水平电流 I。再按动水平场方向开关，使水平场方向与地磁场水平分量和扫场方向相反，同样可以得到ν_2。这样水平磁场所对应的频率为$\nu = (\nu_1 + \nu_2)/2$，即排除了地磁场水平分量及扫场直流分量的影响。

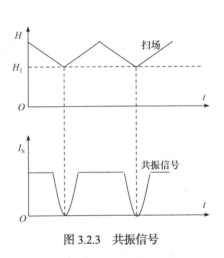

图 3.2.3 共振信号

用三角波扫场法观察磁共振信号，当磁场B_0值与射频频率ν_0满足共振条件式 (3.2.7)时，铷原子分布的偏极化被破坏，产生新的光抽运。因此，对于确定的频率，改变磁场值可以获得 Rb[87] 或 Rb[85] 的磁共振，可得到磁共振信号的图像。对于确定的磁场值(例如三角波中的某一场值)，改变频率同样可以获得 Rb[87] 或 Rb[85] 的磁共振。实验中要求在选择适当频率(600kHz)及场强的条件下，观察铷原子两种同位素的共振信号，并详细记录所有参量。

4. 测量 g_F 因子

为了研究原子的超精细结构，测准g_F因子是很有用的。我们用的亥姆霍兹线圈轴线中心处的磁感强度，式中 N 为线圈匝数，r 为线圈有效半径(m)，

$$B = \frac{16\pi}{5^{3/2}} \frac{N}{r} I \times 10^{-7} \qquad (3.2.8)$$

I 为直流电流(安)，B 为磁感强度(特斯拉)。(3.2.7)式即 $h\nu = g_F \mu_B B$ 中，普朗克常量 $h = 6.626 \times 10^{-34} \mathrm{J \cdot s}$，玻尔磁子 $\mu_B = 9.274 \times 10^{-24} \mathrm{J \cdot T^{-1}}$。利用式(3.2.7)和式(3.2.8)可以测出 g_F 因子值。要注意，引起塞曼能级分裂的磁场是水平方向的总磁场(地磁场的竖直分量已抵消)，可视为 $B = B_{水平} + B_{地} + B_{扫}$，而 $B_{地}$、$B_{扫}$ 的直流部分和可能有的其他杂散磁场，所有这些都难以测定。这样给直接测量 g_F 因子带来困难，但只要参考霍尔效应实验中用过的换向方法，就不难解决了。测量 g_F 因子实验的步骤自己拟定。由实验测量的结果计算出 $\mathrm{Rb^{87}}$ 或 $\mathrm{Rb^{85}}$ 的 g_F 因子值，计算理论值并与测量值进行比较。

5. 选做(实验步骤自拟)

(1) 分析观察到的现象，设法估计光抽运时间常数。

(2) 测出重庆地磁场的竖直分量、水平分量及重庆地磁倾角。

五、注意事项

(1) 在实验过程中应注意区分 $\mathrm{Rb^{87}}$、$\mathrm{Rb^{85}}$ 的共振谱线，当水平磁场不变时，频率高的为 $\mathrm{Rb^{87}}$ 的共振谱线，频率低的为 $\mathrm{Rb^{85}}$ 的共振谱线。当射频频率不变时，水平磁场大的为 $\mathrm{Rb^{85}}$ 的共振谱线，水平磁场小的为 $\mathrm{Rb^{87}}$ 的共振谱线。

(2) 在精确测量时，为避免吸收池加热丝所产生的剩余磁场影响测量的准确性，可短时间断掉池温电源。

(3) 为避免光线(特别是灯光的 50Hz)影响信号幅度及线型，必要时主体单元应当罩上遮光罩。

(4) 在实验过程中，本装置主体单元一定要避开其他带有铁磁性的物体、强电磁场及大功率电源线。

(5) "外接扫描"是以 SB-1 型示波器"扫描输出"电压为参考的。

六、思考题

1. 分析观察到的现象，设法估计光抽运时间常数。

2. 测出本地地磁场的竖直分量、水平分量及本地地磁倾角。

参考资料

1. 褚圣麟. 原子物理学. 北京: 高等教育出版社, 1979.

2. 杨福家. 原子物理学. 5 版. 北京: 高等教育出版社, 2019.

3. 陈扬骎, 龚顺生. 光抽运技术——一种物理学的实验方法. 物理, 1981, 10(10): 584-591.

4. 龚顺生. 双共振实验. 物理实验, 1981.

5. 赵汝光等. 关于光泵磁共振实验中的几个问题. 物理实验, 1986.

6. 熊正烨, 吴奕初, 郑裕芳. 光磁共振实验中测量 g_F 值方法的改进. 物理实验, 2000, 20(1).

7. 吴思诚, 荀坤. 近代物理实验. 4 版. 北京: 高等教育出版社出版社, 2015.

8. 林木欣. 近代物理实验教程. 北京: 科学出版社, 1999.

9. DH807A 型光泵磁共振实验装置技术说明书. 北京大华无线电仪器厂, 2014.

实验 3.3　微波顺磁共振

微波顺磁共振(paramagnetic resonance, EPR), 又称电子自旋共振(electron spin resonance, ESR). 它是指处于恒定磁场中的电子自旋磁矩在射频电磁场作用下发生的一种磁能级间的共振跃迁现象. 这种共振跃迁现象只能发生在原子的固有磁矩不为零的顺磁材料中, 称为电子顺磁共振, 1944 年由苏联的柴伏依斯基首先发现. 它与核磁共振(NMR)现象十分相似, 所以 1945 年 Purcell、Paund、Bloch 和 Hanson 等提出的 NMR 实验技术后来也被用来观测 ESR 现象.

ESR 已成功地被应用于顺磁物质的研究, 目前在化学、物理、生物和医学等各方面都获得了极其广泛的应用, 例如发现过渡族元素的离子、研究半导体中的杂质和缺陷、离子晶体的结构、金属和半导体中电子交换的速度以及导电电子的性质等. 所以, ESR 也是一种重要的近代物理实验技术.

ESR 的研究对象是具有不成对电子的物质, 如①具有奇数个电子的原子, 如氢原子; ②内电子壳层未被充满的离子, 如过渡族元素的离子; ③具有奇数个电子的分子, 如 NO; ④某些虽不含奇数个电子, 但总角动量不为零的分子, 如 O_2; ⑤在反应过程中或物质因受辐射作用产生的自由基; ⑥金属半导体中的未成对电子等. 通过对电子自旋共振波谱的研究, 即可得到有关分子、原子或离子中未偶电子的状态及其周围环境方面的信息, 从而得到有关物理结构和化学键方面的知识.

一、实验目的

(1) 了解和掌握各个微波波导器件的功能和调节方法.

(2) 了解电子自旋共振的基本原理, 比较电子自旋共振与核磁共振各自的特点.

(3) 观察在微波段的电子自旋共振现象, 测量 DPPH 样品自由基中电子的朗德因子.

(4) 理解谐振腔中 TE_{10} 波形成驻波的情况, 调节样品腔长, 测量不同的共振点, 确定波导波长.

(5) 根据 DPPH 样品的谱线宽度, 估算样品的横向弛豫时间(选做)。

二、实验原理

1. 顺磁共振及实验样品

顺磁共振是磁共振波谱学的一个分支, 研究的对象是顺磁性物质。顺磁性物质中对磁共振起作用的是未成对的电子的自旋磁矩。当原子磁矩不为零的顺磁物质置于恒定外磁场 B_0 中时, 电子自旋磁矩与外加磁场的相互作用导致电子基态塞曼能级分裂, 分裂之后的两能级差为各磁能且是等距分裂的, 两相邻磁能级之间的能量差为

$$\Delta E = g\mu_B B_0 = \omega_0 \hbar \tag{3.3.1}$$

μ_B 为电子的玻尔磁子, 若在垂直于恒定外磁场 B_0 方向上加一交变电磁场, 其频率满足

$$\omega \hbar = \Delta E \tag{3.3.2}$$

当 $\omega = \omega_0$ 时, 电子在相邻能级间就有跃迁。这种在交变磁场作用下电子自旋磁矩与外磁场相互作用所产生的能级间的共振吸收(和辐射)现象, 称为顺磁共振(EPR)。

本实验测量的标准样品为含有自由基的有机物 DPPH(di-phenyl-picryl-hydrazyl), 称为二苯基苦酸基联氨, 分子式为 $(C_6H_5)_2N—NC_6H_2(NO_2)_3$, 结构式如图 3.3.1 所示。

它的第二个 N 原子少了一个共价键, 有一个未偶电子, 或者说一个未配对的"自由电子", 是一个稳定的有机自由基。对于这种自由电子, 它只有自旋角动量而没有轨道角动量, 或者说它的轨道角动量完全猝灭

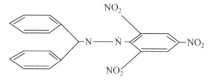

图 3.3.1 DPPH 的分子结构式

了。所以在实验中能够容易地观察到电子自旋共振现象。由于 DPPH 中的"自由电子"并不是完全自由的, 其 g 因子标准值为 2.0036, 标准线宽为 $2.7\times10^{-4}T$。

2. 顺磁共振与核磁共振的比较

顺磁共振(EPR)和核磁共振(NMR)分别研究未偶电子和磁性核塞曼能级间的共振跃迁, 在基本原理和实验方法上有许多共同之处, 如共振与共振条件的经典处理, 量子力学描述、弛豫理论及描述宏观磁化矢量的唯象布洛赫方程等。

由于玻尔磁子和核磁子之比等于质子质量和电子质量之比 1836.152710(37)
(1986 年国际推荐值),因此,在相同磁场下核塞曼能级裂距较电子塞曼能级裂距
小三个数量级。这样在通常磁场条件下顺磁共振的频率范围落在了电磁波谱的微
波段,所以在弱磁场的情况下可以观察电子自旋共振现象。根据玻尔兹曼分布规
律,能级裂距大,上、下能级间粒子数的差值也大,因此顺磁共振的灵敏度较 NMR
高,可以检测低至 10^{-4} mol 的样品,例如,半导体中微量的特殊杂质。此外,由
于电子磁矩较核磁矩大三个数量级,电子的顺磁弛豫相互作用较核弛豫相互作用
强很多,纵向弛豫时间 T_1 和横向弛豫时间 T_2 一般都很短,因此除自由基外,顺磁
共振谱线一般都较宽。

顺磁共振只能考察与未偶电子相关的几个原子范围内的局部结构信息,对有
机化合物的分析远不如 NMR 优越,但是 ESR 能方便地用于研究固体。ESR 的最
大特点在于它是检测物质中未偶电子唯一直接的方法,只要材料中有顺磁中心就
能够进行研究。即使样品中本来不存在未偶电子,也可以用吸附、电解、热解、
高能辐射、氧化还原等化学反应和人工方法产生顺磁中心。

3. 顺磁共振条件

由原子物理学可知,原子中电子的轨道角动量 P_l 和自旋角动量 P_s 会引起相应
的轨道磁矩 μ_l 和自旋磁矩 μ_s,而 P_l 和 P_s 的总角动量 P_j 引起相应的电子总磁矩为

$$\mu_j = -g \frac{e}{m_e} P_j \tag{3.3.3}$$

式中,m_e 为电子质量;e 为电子电荷;负号表示电子总磁矩方向与总角动量方向
相反;g 是一个无量纲的常数,称为朗德因子。按照量子理论中电子的 LS 耦合
结果,朗德因子为

$$g = 1 + \frac{J(J+1) + S(S+1) - L(L+1)}{2J(J+1)} \tag{3.3.4}$$

式中,L、S 分别为对原子角动量 J 有贡献的各电子所合成的总轨道角动量和自
旋角动量量子数。由上式可见,若原子的磁矩完全由电子自旋所贡献
($L=0, S=J$),则 $g=2$;反之,若磁矩完全由电子的轨道磁矩所贡献($L=J, S=0$),
则 $g=1$。若两者都有贡献,则 g 的值在 1 与 2 之间。因此,g 与原子的具体结
构有关,通过实验精确测定 g 的数值可以判断电子运动状态的影响,从而有助
于了解原子的结构。

通常原子磁矩的单位用玻尔磁子 μ_B 表示,这样原子中的电子的磁矩可以写成

$$\mu_j = -g\frac{\mu_{\mathrm{B}}}{\hbar}P_j = \gamma\,P_j \tag{3.3.5}$$

式中，γ 称为旋磁比

$$\gamma = -g\frac{\mu_{\mathrm{B}}}{\hbar} \tag{3.3.6}$$

由量子力学可知，在外磁场中角动量 P_j 和磁矩 μ_j 在空间的取向是量子化的。在外磁场方向(z 轴)的投影

$$P_z = m\hbar \tag{3.3.7}$$

$$\mu_z = \gamma m\hbar \tag{3.3.8}$$

式中，m 为磁量子数，$m = j, j-1, \cdots, -j$。

当原子磁矩不为零的顺磁物质置于恒定外磁场 B_0 中时，其相互作用能也是不连续的，其相应的能量为

$$E = -\mu_j B_0 = -\gamma\,m\hbar B_0 = -mg\mu_{\mathrm{B}}B_0 \tag{3.3.9}$$

由式(3.3.1)和式(3.3.2)可知共振条件为

$$\omega = g\frac{\mu_{\mathrm{B}}}{\hbar}B_0 \tag{3.3.10}$$

或者

$$f = g\frac{\mu_{\mathrm{B}}}{h}B_0 \tag{3.3.11}$$

对于样品 DPPH 来说，朗德因子参考值为 $g = 2.0036$，将 μ_{B}、h 和 g 值代入上式可得(这里取 $\mu_{\mathrm{B}} = 5.78838263(52)\times10^{-11}\,\mathrm{MeV\cdot T^{-1}}$，$h = 4.1356692\times10^{-21}\,\mathrm{MeV\cdot s}$)

$$f = 2.8043B_0 \tag{3.3.12}$$

这里 B_0 的单位为高斯($1\mathrm{Gs}=10^{-4}\,\mathrm{T}$)，$f$ 的单位为兆赫兹(MHz)，如果实验时用3cm波段的微波，频率为 9370MHz，则共振时相应的磁感应强度要求达到 3342Gs。

共振吸收的另一个必要条件是在平衡状态下，低能态 E_1 的粒子数 N_1 比高能态 E_2 的粒子数 N_2 多，这样才能够显示出宏观(总体)共振吸收，因为热平衡时粒子数分布服从玻尔兹曼分布

$$\frac{N_1}{N_2} = \exp\left(-\frac{E_2 - E_1}{kT}\right) \tag{3.3.13}$$

由式(3.3.13)可知，因为 $E_2 > E_1$，显然有 $N_1 > N_2$，即吸收跃迁$(E_1 \to E_2)$占优势。然而随着时间推移以及 $E_2 \to E_1$ 过程的充分进行，势必使 N_2 与 N_1 之差趋于减小，甚至可能反转，于是吸收效应会减少甚至停止。但实际并非如此，因为包含大量原子或离子的顺磁体系中，自旋磁矩之间随时都在相互作用而交换能量，同时自旋磁矩又与周围的其他质点(晶格)相互作用而交换能量，这使处在高能态的电子自旋有机会把它的能量传递出去而回到低能态，这个过程称为弛豫过程，正是弛豫过程的存在，才能维持着连续不断的磁共振吸收效应。

弛豫过程所需的时间称为弛豫时间 T，理论证明

$$T = \frac{1}{2T_1} + \frac{1}{T_2} \tag{3.3.14}$$

T_1 称为自旋-晶格弛豫时间，也称为纵向弛豫时间；T_2 称为自旋-晶格弛豫时间，也称为横向弛豫时间。

4. 谱线宽度

与光谱线一样，ESR 谱线也有一定的宽度。如果频宽用 δv 表示，则 $\delta v = \delta E / h$，相应有一个能级差 ΔE 的不确定量 δE，根据测不准原理，$\tau \delta E \sim h$，τ 为能级寿命，于是有

$$\delta v \sim \frac{1}{\tau} \tag{3.3.15}$$

这就意味着粒子在能级上的寿命的缩短将导致谱线加宽。导致粒子能级寿命缩短的基本原因是自旋-晶格相互作用和自旋-自旋相互作用。对于大部分自由基来说，起主要作用的是自旋-自旋相互作用。这种相互作用包括了未偶电子与相邻原子核自旋之间以及两个分子的未偶电子之间的相互作用。因此谱线宽度反映了粒子间相互作用的信息,是电子自旋共振谱的一个重要参数。

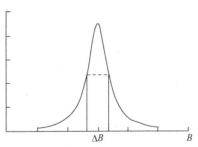

图 3.3.2　根据样品吸收谱线的半高宽计算横向弛豫时间

用移相器信号作为示波器扫描信号，可以得到如图 3.3.2 所示的图形。测定吸收峰的半高宽 ΔB (或者称谱线宽度)，如果谱线为洛伦兹型，那么有

$$T_2 = \frac{2}{\gamma \, \Delta B} \tag{3.3.16}$$

其中，旋磁比 $\gamma = g\dfrac{\mu_B}{\hbar}$ 。这样就可以计算出共振样品的横向弛豫时间 T_2。

5. 微波基础知识与微波器件

1) 微波及其传输

由于微波的波长短，频率高，它已经成为一种电磁辐射，所以传输微波就不能用一般的金属导线。常用的微波传输器件有同轴线、波导管、带状线和微带线等，引导电磁波传播的空心金属管称为波导管。常见的波导管有矩形波导管和圆柱形波导管两种。从电磁场理论知道，在自由空间传播的电磁波是横波，简写为 TEM 波。理论分析表明，在波导中只能存在下列两种电磁波：TE 波，即横电波，它的电场只有横向分量，而磁场有纵向分量；TM 波，即横磁波，它的磁场只有横向分量，而电场存在纵横分量。在实际使用中，总是把波导设计成只能传输单一波形。TE_{10} 波是矩形波导中最简单和最常使用的一种波型，也称为主波型。

一般截面为 $a \times b$ 的、均匀的、无限长的矩形波导管如图 3.3.3 所示，管壁为理想导体，管内充以介电常量为 ε，磁导率为 μ 的介质，则沿 z 方向传播的 TE_{10} 波的各分量为

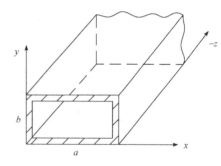

图 3.3.3　矩形波导管

$$E_y = E_0 \sin\frac{\pi x}{a} e^{i(\omega t - \beta z)} \qquad (3.3.17)$$

$$H_x = -\frac{\beta}{\omega\mu} \cdot E_0 \sin\frac{\pi \cdot x}{a} e^{i(\omega t - \beta z)} \qquad (3.3.18)$$

$$H_z = i\frac{\pi}{\omega\mu a} \cdot E_0 \cos\frac{\pi \cdot x}{a} e^{i(\omega t - \beta z)} \qquad (3.3.19)$$

$$E_x = E_z = H_y = 0 \qquad (3.3.20)$$

其中，$\omega = \beta / \sqrt{\mu\varepsilon}$ 为电磁波的角频率；$\beta = 2\pi / \lambda_g$ 为相位常数

$$\lambda_g = \frac{\lambda}{\sqrt{1 - (\lambda / \lambda_c)^2}} \qquad (3.3.21)$$

λ_g 为波导波长，$\lambda_c = 2a$ 为截止或临界波长(在微波电子自旋共振实验系统中 $a = 22.86\text{mm}$，$b = 10.16\text{mm}$)，$\lambda = c / f$ 为电磁波在自由空间的波长。

TE_{10} 波具有下列特性：

(1) 存在一个截止波长 λ_c，只有波长 $\lambda < \lambda_c$ 的电磁波才能在波导管中传播。

(2) 波长为 λ 的电磁波在波导中传播时，波长变为 $\lambda_g < \lambda_c$。

(3) 电场矢量垂直于波导宽壁(只有 E_y)，沿 x 方向两边为 0，中间最强，沿 y 方向是均匀的。磁场矢量在波导宽壁的平面内(只有 H_x、H_z)，TE_{10} 的含义是 TE 表示电场只有横向分量。1 表示场沿宽边方向有一个最大值，0 表示场沿窄边方向没有变化(例如 TE_{mn}，表示场沿宽边和窄边分别有 m 和 n 个最大值)。

实际使用时，波导不是无限长的，它的终端一般接有负载，当入射电磁波没有被负载全部吸收时，波导中就存在反射波而形成驻波，为此引入反射系数 Γ 和驻波比 ρ 来描述这种状态。

$$\Gamma = \frac{E_r}{E_i} = |\Gamma| e^{i\varphi} \tag{3.3.22}$$

$$\rho = \frac{|E_{max}|}{|E_{min}|} \tag{3.3.23}$$

其中，E_r、E_i 分别是某横截面处电场反射波和电场入射波；φ 是它们之间的相位差；E_{max} 和 E_{min} 分别是波导中驻波电场最大值和最小值。ρ 和 Γ 的关系为

$$\rho = \frac{1+|\Gamma|}{1-|\Gamma|} \tag{3.3.24}$$

当微波功率全部被负载吸收而没有反射时，此状态称为匹配状态，此时 $|\Gamma|=0$，$\rho=1$，波导内是行波状态。当终端为理想导体时，形成全反射，则 $|\Gamma|=1$，$\rho=\infty$，称为全驻波状态。当终端为任意负载时，有部分反射，此时为行驻波状态(混波状态)。

2) 微波器件

A. 固态微波信号源

教学仪器中常用的微波振荡器有两种，一种是反射式速调管振荡器，另一种是耿式二极管振荡器，也称为体效应二极管振荡器，或者称为固态源。

耿式二极管振荡器的核心是耿式二极管。耿式二极管主要是基于 n 型砷化镓的导带双谷——高能谷和低能谷结构。1963 年耿式在实验中观察到，在 n 型砷化镓样品的两端加上直流电压，当电压较小时样品电流随电压的增高而增大；当电压超过某一临界值 V_{th} 后，随着电压的增高电流反而减小，这种随着电场的增加电流下降的现象称为负阻效应。电压继续增大($V > V_b$)，则电流趋向于饱和，如图 3.3.4 所示，这说明 n 型砷化镓样品具有负阻特性。

　　砷化镓的负阻特性可以用半导体能带
理论解释，如图 3.3.5 所示，砷化镓是一种
多能谷材料，其中具有最低能量的主谷和能
量较高的临近子谷具有不同的性质，当电子
处于主谷时有效质量 m^* 较小，则迁移率 μ
较高；当电子处于子谷时有效质量 m^* 较大，
则迁移率 μ 较低。在常温且无外加磁场时，
大部分电子处于电子迁移率高而有效质量
低的主谷，随着外加磁场的增大，电子平均

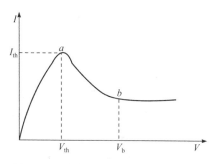

图 3.3.4　耿式二极管的电流-电压特性

漂移速度也增大；当外加电场大到足够使主谷的电子能量增加至 0.36eV 时，部分
电子转移到子谷，在那里迁移率低而有效质量较大，其结果是随着外加电压的增
大，电子的平均漂移速度反而减小。

　　图 3.3.6 所示为一耿式二极管示意图。在管两端加电压，当管内电场 E 略大
于 E_T（E_T 为负阻效应起始电场强度）时，由于管内局部电量的不均匀涨落（通常在
阴极附近），在阴极端开始生成电荷的偶极畴，偶极畴的形成使畴内电场增大而使
畴外电场下降，从而进一步使畴内的电子转入高能谷，直至畴内电子全部进入高
能谷，畴不再长大。此后，偶极畴在外电场作用下以饱和漂移速度向阳极移动直
至消失。而后整个电场重新上升，再次重复相同的过程，周而复始地出现畴的建
立、移动和消失，构成电流的周期性振荡，形成一连串很窄的电流。这就是耿式
二极管振荡原理。

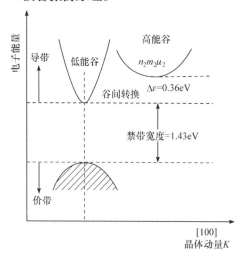

图 3.3.5　砷化镓的能带结构

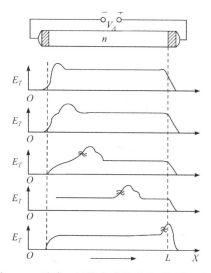

图 3.3.6　耿式二极管中畴的形成、传播和消失
过程

耿式二极管的工作频率主要由偶极畴的渡越时间决定，实际应用中，一般将耿式二极管装在金属谐振腔中做成振荡器，通过改变腔体内的机械调谐装置可以在一定范围内改变耿式二极管的工作频率。

B. 隔离器

隔离器是一种不可逆的衰减器，在正方向(或者需要传输的方向上)它的衰减量很小，约 0.1dB，反方向的衰减量则很大，达到几十 dB，两个方向的衰减量之比为隔离度。若在微波源后面加隔离器，它对输出功率的衰减量很小，但对于负载反射回来的反射波衰减量很大。这样，可以避免因负载变化使微波源的频率及输出功率发生变化，即在微波源和负载之间起到隔离的作用。

C. 环行器

环行器是一种多端口定向传输电磁波的微波器件，其中使用最多的是三端口和四端口环形器。

以下以三端口结型波导环行器为例来说明其特性。

由于三个分支波导交于一个微波结上，所以称为"结"型。这里分支传输线为波导，但也可以由同轴线或微带线等构成。该环形器内装有一个圆柱形铁氧体柱，为了使电磁波产生场移效应，通常在铁氧体柱上沿轴向施加恒磁场，根据场移效应原理，被磁化的铁氧体将对通过的电磁波产生场移，如图 3.3.7 所示。当电磁波由臂 1 馈入时，由于场移效应，它将向臂 2 方向偏移；同样，由臂 2 馈入的电磁波也只向臂 3 方向偏移而不馈入臂 1；依此类推，该环行器将具有向右定向传输的特性。

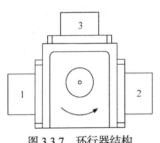

图 3.3.7　环行器结构

铁氧体环行器经常应用于微波源与微波腔体之间，特别是在反应环境十分恶劣的情况下能够保护发生电源与磁控管的安全。

D. 晶体检波器

微波检波系统采用半导体点接触二极管(又称微波二极管)。外壳为高频铝瓷管。如图 3.3.8 所示，晶体检波器就是一段波导和装在其中的微波二极管，将微波二极管插入波导宽臂中，对波导两宽臂间的感应电压(与该处的电场强度成正比)进行检波。

E. 双 T 调配器

调配器是用来使它后面的微波部件调成匹配，匹配就是使微波能够完全进入而一点也不能反射回来。微波段电子自旋共振使用的是双 T 调配器，其结构如图 3.3.9 所示，它是由双 T 接头构成，在接头的 H 臂和 E 臂内各接有可以活动的短路活塞，改变短路活塞在臂中的位置，便可以使得系统匹配。由于这种匹配器不妨害系统的功率传输且结构上具有某些机械的对称性，因此具有以下优点：

①可以使用在高功率传输系统，尤其是在毫米波波段；②有较宽的频带；③有很宽的驻波匹配范围。

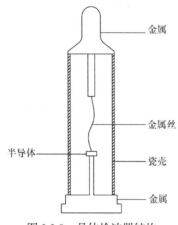

金属

金属丝

半导体　　　　　　　瓷壳

金属

图 3.3.8　晶体检波器结构

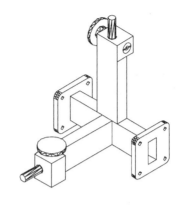

图 3.3.9　双 T 调配器

双 T 调配器调节方法：在驻波不太大的情况下，先调谐 E 臂活塞，使驻波减至最小，然后再调谐 H 臂活塞，就可以得到近似的匹配(驻波比 $s<1.10$)，如果驻波较大，则需要反复调谐 E 臂和 H 臂活塞，才能使驻波比降低到很小的程度(驻波比 $s<1.02$)。

F. 频率计

教学实验仪器中使用较多的是"吸收式"谐振频率计。谐振式频率计包含一个装有调谐柱塞的圆柱形空腔，腔外有 GHz 的数字读出器，空腔通过孔隙耦合到一段直波导管上，谐振式频率计的腔体通过耦合元件与待测微波信号的传输波导相连接，形成波导的分支，当频率计的腔体失谐时，腔里的电磁场极为微弱，此时它不吸收微波功率，也基本上不影响波导中波的传输。响应的系统终端输出端的信号检测器上所指示的为一恒定大小的信号输出，测量频率时，调节频率计上的调谐机构，将腔体调节至谐振，此时波导中的电磁场就有部分功率进入腔内，使得到达终端信号检测器的微波功率明显减小，只要读出对应系统输出为最小值时调谐机构上的读数，就能得到所测量的微波频率。

G. 扭波导

改变波导中电磁波的偏振方向(对电磁波无衰减)，主要作用是便于机械安装(因为磁铁产生磁场方向为水平方向，而磁铁产生磁场必须垂直于矩形波导的宽边，而前面的微波源、双 T 调配器以及频率计的宽边均为水平方向)。

H. 矩形谐振腔

矩形谐振腔是由一段矩形波导，一端用金属片封闭而成的，封闭片上开一小孔，让微波功率进入，另一端接短路活塞，组成反射式谐振腔，腔内的电磁波形成驻波，因此谐振腔内各点电场和磁场的振幅有一定的分布，实验时被测样品放在交变磁场最大处，而稳恒磁场垂直于波导宽边(这也是前面介绍的扭波导的作用体现，因为稳恒磁场处于水平方向比较容易)，这样可以保证稳恒磁场和交变磁场互相垂直。

I. 短路活塞

短路活塞是接在传输系统终端的单臂微波元件，如图 3.3.10 所示。它接在终端对入射微波功率几乎全部反射而不吸收，从而在传输系统中形成纯驻波状态。它是一个可移动金属短路面的矩形波导，也可称可变短路器。其短路面的位置可通过螺旋来调节并可直接读数。

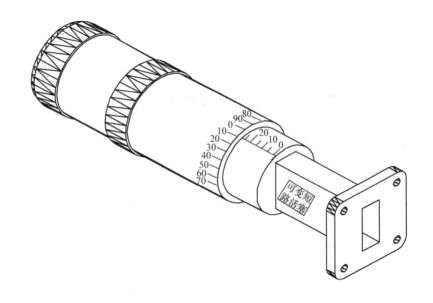

图 3.3.10　短路活塞装置图

在微波段电子自旋共振实验系统中短路活塞与矩形谐振腔组成一个可调式的矩形谐振腔。

整套微波系统安装完整后如图 3.3.11 所示，从左至右依次为微波源、隔离器、环行器(另一边有检波器)、双 T 调配器、频率计、扭波导、谐振腔、短路活塞。

三、实验仪器

FD-ESR-C 型微波段电子自旋共振实验仪，主要由四部分组成：磁铁系统、微波系统、实验主机系统以及双踪示波器。

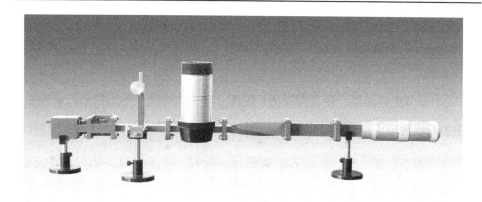

图 3.3.11　微波段电子自旋共振微波系统完整安装装置图

四、实验内容

(1) 将实验主机与微波系统、电磁铁以及示波器连接，开启实验主机和示波器的电源，预热 20min。

(2) 调节主机"电磁铁励磁电源"调节电位器，改变励磁电流，观察数字式高斯计表头读数。调节励磁电源使共振磁场在 3300Gs 左右记录电压读数与高斯计读数，做电压-磁感应强度关系图，找出关系式。在后面的测量中可以不用高斯计，而通过拟合关系式计算得出中心磁感应强度数值。

(3) 取下高斯计探头并放入样品，将扫描电源调到一较大值，调节双 T 调配器，观察示波器上信号线是否有跳动，如果有跳动说明微波系统工作，如无跳动，检查 12V 电源是否正常。将示波器的输入通道打在直流(DC)挡上，调节双 T 调配器，使直流(DC)信号输出最大，调节短路活塞，再使直流(DC)信号输出最小，然后将示波器的输入通道打在交流(AC)5mV 或 10mV 挡上，这时在示波器上应可以观察到共振信号，但此时的信号不一定为最强，可以再小范围地调节双 T 调配器和短路活塞使信号最大，如图 3.3.12(a)左侧所示，此时再细调励磁电源，使信号均匀出现，如图 3.3.12(b)左侧所示。图 3.3.12(a)、(b)中右侧图为通过移相器观察到的吸收信号的李萨如图。

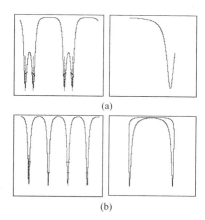

图 3.3.12　示波器观察电子
自旋共振信号

(4) 调节出稳定、均匀的共振吸收信号后，用前面计算得出的拟合公式计算此时的共振磁场磁感应强度 B，或者通过高斯计探头直接测量此时磁隙中心的磁感应强度 B。旋转频率计，观察示波器上的信号是否跳动，如果跳动，记下此时的微波频率 f，根据公式(3.3.11)，计算 DPPH 样品的 g 因子。

(5) 调节短路活塞，使谐振腔的长度等于半个波导波长的整数倍 $\left(l = P \dfrac{\lambda_g}{2} \right)$，谐振腔谐振，可以观测到稳定的共振信号，微波段电子自旋共振实验系统可以找出三个谐振点位置：L_1、L_2、L_3，按照 $\dfrac{\overline{\lambda}_g}{2} = \dfrac{1}{2}\left[(L_3 - L_2) + \dfrac{1}{2}(L_3 - L_1) \right]$ 计算波导波长，然后根据公式(3.3.21)计算微波的波长。

(6) 选做实验：用直接法测量共振吸收信号。方法为将检波器输出信号接入万用表，由小至大改变磁场强度，记录对应的检波器输出信号幅度大小，在共振点时可以观察到输出信号幅度突然减小，描点作图可以找出共振磁场的大小，并对共振吸收信号有一个直观的认识。

(7) 选做实验：根据 DPPH 谱线宽度估算其横向弛豫时间 T_2。

五、注意事项

(1) 磁极间隙在仪器出厂前已经调整好，实验时最好不要自行调节，以免偏离共振磁场过大。

(2) 保护好高斯计探头，避免弯折、挤压。

(3) 励磁电流要缓慢调整，同时仔细注意波形变化，才能辨认出共振吸收峰。

六、思考题

(1) 本实验中谐振腔的作用是什么？腔长和微波频率的关系是什么？

(2) 样品应位于什么位置？为什么？

(3) 扫场电压的作用是什么？

参考资料

1. 陈贤熔. 电子自旋共振实验技术. 北京: 科学出版社, 1986.
2. 裘祖文. 电子自旋共振波谱. 北京: 科学出版社, 1980.
3. 杨福家. 原子物理学. 5 版. 北京: 高等教育出版社, 2019.
4. 吴思诚, 王祖铨. 近代物理实验. 3 版. 北京: 高等教育出版社, 2005.
5. 向仁生. 顺磁共振测量和应用的基本原理. 北京: 科学出版社, 1965.
6. FD-ESR-C 型微波段电子自旋共振实验仪. 上海: 上海复旦天欣科教仪器有限公司, 2016.

实验 3.4　微波铁磁共振

　　铁磁共振(ferromagnetic resonance)是指铁磁介质在恒定外磁场条件下，对微波段电磁波的共振吸收现象。铁磁共振早在 1935 年由朗道和利弗席兹在理论上预言，直到 1946 年由于微波技术的发展和应用，才从实验中观察到。接着波尔德(Polder)和霍根(Hogan)在深入研究铁磁体的共振吸收和旋磁性的基础上，发明了铁氧体的微波线性器件，从而引起了微波技术的重大变革，因此铁磁共振不仅是磁性材料在微波技术应用的物理基础，而且也是研究其宏观性能与微观结构的有效手段。

　　在微波领域中，各种磁性器件及测量目前均采用铁氧体，在铁氧体中，优质的钇铁石榴石单晶目前已成为微波电子技术中唯一受欢迎的小损耗材料。钇铁石榴石(yttrium iron garnet，YIG)，其分子式为 $Y_2Fe_5O_{12}$。YIG 单晶在超高频微波场中磁损耗比其他任何品种的多晶、单晶铁氧体要低一个到几个数量级，因而 YIG 是超频铁氧体器件中的一种特殊材料，同时也是研究铁氧体在超高频场内若干特性不可缺少的样品。YIG 单晶小球的 ΔH 非常窄($<80A\cdot m^{-1}$)，因而可视为 Q 值极高的铁磁谐振子，用其制作成的微波电调滤波器、预选器、宽频带固态源等 YIG 电调器件正广泛应用在国防、科研等微波技术领域中。

　　本实验主要通过对一些典型铁氧体材料的共振谱线的测定和计算，掌握铁磁共振的基本原理和实验方法，并对它如何应用于磁性材料和固体物理的研究等方面有初步的了解。

一、实验目的

　　(1) 了解和掌握各个微波器件的功能及其调节方法。

　　(2) 了解铁磁共振的测量原理和实验条件，通过观测铁磁共振现象认识磁共振的一般特性。

　　(3) 通过示波器观察 YIG 多晶小球的铁磁共振信号，确定共振磁场，根据微波频率计算单晶样品的 g 因子和旋磁比 γ。

　　(4) 通过数字式检流计测量谐振腔输出功率与磁场的关系，描绘共振曲线，确定共振磁场 H_r，并根据测量曲线确定共振线宽 ΔH，估算 YIG 多晶样品的弛豫时间 τ。

　　(5) 通过示波器观察 YIG 单晶小球的铁磁共振信号，通过移相器观察单个共振信号，学会用示波器观测确定共振磁场的方法。

　　(6) 学习通过短路活塞测量波导波长 λ_g 以及谐振腔的谐振频率 f_0 的方法。

(7) 测量已经定向的 YIG 单晶样品共振磁场与 θ 的关系，确定易磁化轴共振磁场 $H_{0[111]}$ 与难磁化轴共振磁场 $H_{0[001]}$ 的大小，计算各向异性常数 K_1 与 g 因子。

二、实验原理

1. 铁磁共振原理

铁磁共振(FMR)观察的对象是铁磁介质中的未偶电子，因此可以说它是铁磁介质中的电子自旋共振。由磁学知识可知，物质的铁磁性主要来源于原子或离子在未满壳层中存在的非成对电子自旋磁矩。由于电子自旋磁矩之间存在着强耦合作用，铁磁介质中存在着许多自发磁化的小区域，这样的小区域称为磁畴。

一块宏观的铁磁材料包含有大量的磁畴区域，每一个磁畴都有一定的磁矩，并有各自的取向，在未加外磁场前，排列是无序的，对外的效果相互抵消，不显磁性；在外加磁场后，各磁畴的磁矩转变为有序，并趋向外磁场 H 的方向，对外显示出较强的磁性。

铁磁介质中的电子自旋磁矩(单位体积内的或每一个磁畴的磁矩)，用磁化强度矢量 M 表示(简称磁矩 M)。对各向同性的磁性介质，其磁化强度矢量 M 与磁场 H 以及磁感应强度 B 都在同一方向，因此有

$$\begin{cases} M = \chi H \\ B = \mu_0(H + M) = \mu_0(1 + \chi)H = \mu_0 \mu_r H \\ \mu_r = 1 + \phi \end{cases} \tag{3.4.1}$$

式中，磁化率 χ 和相对磁导率 μ_r 都是标量，它们是表征各向同性磁介质磁化特性的参量。

在恒定磁场作用下的铁氧体是一种非线性各向异性的磁性介质(铁氧体是铁和一种或多种适当的金属元素的复合化合物，是铁磁性介质的典型代表)，此时 M、H 和 B 三个矢量一般不在同一方向上，因此式(3.4.1)不再适用，需另外定义其磁化参量——张量磁化率 $\tilde{\chi}$ 和相对张量磁导率 $\tilde{\mu}_r$。

铁磁介质的磁导率主要由电子自旋所决定，按照经典力学原理，电子自旋角动量 J_m 与自旋磁矩 P_m 有如下关系：

$$P_m = \gamma J_m \tag{3.4.2}$$

式中

$$\gamma = -g\mu_B / \hbar \tag{3.4.3}$$

称为旋磁比。在外磁场 H 中自旋电子将受到一个力矩 T 的作用

$$T = P_m \times H \tag{3.4.4}$$

因而角动量 $\boldsymbol{J}_m$ 发生变化,其运动方程为

$$\frac{\mathrm{d}\boldsymbol{J}_m}{\mathrm{d}t} = \boldsymbol{T} \tag{3.4.5}$$

将式(3.4.2)、式(3.4.4)代入上式得到

$$\frac{\mathrm{d}\boldsymbol{P}_m}{\mathrm{d}t} = \gamma(\boldsymbol{P}_m \times \boldsymbol{H}) \tag{3.4.6}$$

若在铁氧体中单位体积内有 N 个自旋电子,则磁化强度 $\boldsymbol{M}$ 为

$$\boldsymbol{M} = N\boldsymbol{P}_m \tag{3.4.7}$$

因此有

$$\frac{\mathrm{d}\boldsymbol{M}}{\mathrm{d}t} = \gamma(\boldsymbol{M} \times \boldsymbol{H}) \tag{3.4.8}$$

若磁矩 $\boldsymbol{M}$ 按 $\boldsymbol{M} = m_{x,y}\mathrm{e}^{\mathrm{i}\omega_0 t}$ 规律进动,而恒磁场 $\boldsymbol{H} = H_0\boldsymbol{i}_z$,代入上式解此方程,得到

$$\omega_0 = \gamma H_0 \tag{3.4.9}$$

这就是通常称为拉莫尔(Larmor)进动的运动方式,如图 3.4.1 所示,ω_0 为磁矩 $\boldsymbol{M}$ 的自由进动角频率。

　　从量子力学的观点来看,共振吸收现象发生在电磁场的量子 $\hbar\omega$ 恰好等于系统 $\boldsymbol{M}$ 的两个相邻塞曼能级间的能量差,即

$$\hbar\omega = \Delta E = H_0 \frac{g\hbar e}{2mc} \Delta m \tag{3.4.10}$$

吸收过程中产生 $\Delta m = -1$ 的能级跃迁,因此这一条件等同于 $\omega = \gamma H_0 = \omega_0$,与经典力学的结论一致。

　　若取 $g \approx 2$,可得进动的频率为

$$f_0 = \frac{\omega_0}{2\pi} = \frac{\gamma}{2\pi} H_0 = 2.80 H_0 \tag{3.4.11}$$

如外加恒磁场 $H_0 = 0.3T$,则 $f_0 \approx 9000\mathrm{MHz}$,它在微波波段范围之内。

　　在外加恒定磁场 H_0 的作用下,磁矩 M 将围绕着磁场 H_0 进动。实际上这种进动是不会延续很久的,

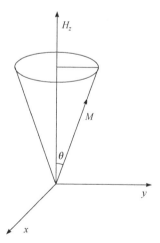

图 3.4.1　磁矩在磁场中做拉莫尔进动

因为磁介质内部有损耗存在,即磁矩进动受到某种阻力,这种阻力迫使进动角 θ 不

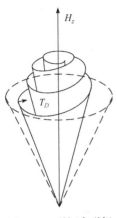

图 3.4.2　磁矩在磁场

中受阻尼进动

断减小，最后使 M 趋向于磁场 H_0，如图 3.4.2 所示。这个过程就是磁化过程，所以磁性介质能被磁化就说明其内部存在阻尼损耗。图中 T_D 表示阻尼力，其方向指向 H_0。磁矩 M 受阻尼力的作用很快地转向 H_0 方向，其周期为 $10^{-6} \sim 10^{-9}\,\mathrm{s}$。如果要维持其进动，必须另外提供能量。因此，一般来说，外加磁场 H 由两部分组成：一是外加恒磁场 H_0，二是交变磁场 h（即微波磁场）。现在我们假设外加磁场 H 为外加恒磁场 H_0 与交变磁场 h 之和，则

$$\begin{cases} \boldsymbol{H} = \boldsymbol{i}_z H_0 + \boldsymbol{h}\mathrm{e}^{\mathrm{j}\omega t} \\ \boldsymbol{M} = \boldsymbol{i}_z M_0 + \boldsymbol{m}\mathrm{e}^{\mathrm{j}\omega t} \end{cases} \tag{3.4.12}$$

式中，$\boldsymbol{m}$ 为磁矩 M 的交变分量。将此式代入式(3.4.8)，因 $H_0 > h, M_0 > m$，化简后有

$$\mathrm{j}\omega\boldsymbol{m} = \gamma M_0(\boldsymbol{i}_z \times \boldsymbol{h}) - \gamma H_0(\boldsymbol{i}_z \times \boldsymbol{m}) \tag{3.4.13}$$

此处略去直流分量与二倍频率的项。

采用直角坐标，写成分量形式有

$$\begin{cases} \boldsymbol{m} = \boldsymbol{i}_x m_x + \boldsymbol{i}_y m_y + \boldsymbol{i}_z m_z \\ \boldsymbol{h} = \boldsymbol{i}_x h_x + \boldsymbol{i}_y h_y + \boldsymbol{i}_z h_z \end{cases} \tag{3.4.14}$$

可得到式(3.4.13)三个分量的方程，为

$$\begin{cases} \mathrm{j}\omega m_x = -\omega_0 m_y - \gamma M_0 h_y \\ \mathrm{j}\omega m_y = \gamma M_0 h_z + \omega_0 m_z \\ \mathrm{j}\omega m_z = 0 \end{cases} \tag{3.4.15}$$

由此式可解出

$$\begin{cases} m_x = \dfrac{-\mathrm{j}\omega\gamma M_0}{\omega_0^2 - \omega^2} h_y - \dfrac{\omega_0\gamma M_0}{\omega_0^2 - \omega^2} h_z \\ m_y = \dfrac{\mathrm{j}\omega\gamma M_0}{\omega_0^2 - \omega^2} h_x - \dfrac{\omega_0\gamma M_0}{\omega_0^2 - \omega^2} h_y \end{cases} \tag{3.4.16}$$

令

$$\begin{cases} \chi = \dfrac{\omega_0 \omega_{\mathrm{m}}}{\omega_0^2 - \omega^2} \\[3mm] \zeta = \dfrac{-\omega \omega_{\mathrm{m}}}{\omega_0^2 - \omega^2} \\[3mm] \omega_{\mathrm{m}} = -\gamma M_0 \end{cases} \tag{3.4.17}$$

ω_{m} 称为铁氧体的本征角频率，由 M_0 决定，亦即由材料的性质所决定。

式(3.4.16)可写为

$$\begin{cases} m_x = \chi h_x - j\zeta h_y \\ m_y = j\zeta h_x - \chi h_y \\ m_z = 0 \end{cases} \tag{3.4.18}$$

上式写成张量形式

$$m = \ddot{\chi} \cdot \boldsymbol{h}$$
$$\ddot{\chi} = \begin{bmatrix} \chi & -j\zeta & 0 \\ j\chi & \chi & 0 \\ 0 & 0 & 0 \end{bmatrix} \tag{3.4.19}$$

$\ddot{\chi}$ 称为张量磁化率。

令磁感应强度 $\boldsymbol{B}$ 的交变分量为 b，则由 $\boldsymbol{B} = \mu_0(\boldsymbol{H} + \boldsymbol{M})$，有

$$b = \mu_0(h + m) = \mu_0(1 + \ddot{\chi}) \cdot \boldsymbol{h} = \ddot{\chi} \cdot \boldsymbol{h}$$
$$\ddot{\mu} = \begin{bmatrix} \mu & -j\kappa & 0 \\ j\kappa & \mu & 0 \\ 0 & 0 & \mu_0 \end{bmatrix} \tag{3.4.20}$$

$\ddot{\mu}$ 称为张量磁导率。

在进动方程(3.4.8)中，我们没有考虑阻尼项，在计及阻尼时方程应修改为(也称朗道-利弗席兹方程)

$$\frac{\mathrm{d}\boldsymbol{M}}{\mathrm{d}t} = \gamma(\boldsymbol{M} \times \boldsymbol{H}) + \boldsymbol{T}_{\mathrm{D}} \tag{3.4.21}$$

$\boldsymbol{T}_{\mathrm{D}}$ 是阻尼项。如果 $\boldsymbol{T}_{\mathrm{D}} = 0$，就是非阻尼进动(拉莫尔进动)；如果 $\boldsymbol{T}_{\mathrm{D}} \neq 0$，就是阻尼进动。磁化强度 $\boldsymbol{M}$ 进动时所受的阻尼作用是一个极其复杂的过程，不仅其微观机制目前还不十分清楚，其宏观表达式也没有唯一的方式，这里我们采用布洛赫在研究核磁共振时提出的方式

$$T_D = -\frac{1}{\tau}(\boldsymbol{M} - \chi_0 \boldsymbol{H}) \tag{3.4.22}$$

于是进动方程可写为

$$\begin{cases} \dfrac{\mathrm{d}M_x}{\mathrm{d}t} = \gamma(\boldsymbol{M} \times \boldsymbol{H})_x - \dfrac{M_x}{\tau_2} \\[2mm] \dfrac{\mathrm{d}M_y}{\mathrm{d}t} = \gamma(\boldsymbol{M} \times \boldsymbol{H})_y - \dfrac{M_y}{\tau_2} \\[2mm] \dfrac{\mathrm{d}M_z}{\mathrm{d}t} = \gamma(\boldsymbol{M} \times \boldsymbol{H})_z - \dfrac{M_z - M_0}{\tau_1} \end{cases} \tag{3.4.23}$$

式中，τ_1 为纵向弛豫时间；τ_2 为横向弛豫时间。仿照以上方法解式(3.4.23)，所导出的张量磁导率 $\tilde{\mu}$ 中的 μ 和 K 都是复数，即

$$\mu = \mu' - j\mu''; \quad k = k' - jk''$$

其中，实部 μ' 为铁磁介质在恒定磁场中的磁导率，它决定磁性材料中储存的磁能；虚部 μ'' 则反映交变磁场能在磁性材料中的损耗。

　　以上结论说明，在恒定磁场和微波磁场的同时作用下，b 和 h 的关系为张量形式，其原因是磁矩 $\boldsymbol{M}$ 在磁场的作用下做进动。这也是旋磁性的主要特征。由此可设计出多种不可逆转的微波器件，现在我们主要关心的是铁磁介质的另一个重要特征——铁磁谐振特性。当改变直流磁场 H_z 和微波频率 ω 时，总可以发现在某一条件下，铁磁体会出现一个最大的磁损耗，亦即进动的磁矩会对微波能量产生一个强烈的吸收，以克服由此损耗引起的阻力。现把 μ 的实部 μ' 和虚部 μ'' 写成如下形式：

$$\mu' = 1 + \frac{4\pi}{D}\left[M\gamma^2 H_z \left(1 + \frac{\lambda^2}{\gamma^2 M^2}\right)(\gamma^2 H_0^2 - \omega^2) + 2\omega^2 \frac{\lambda^2}{\chi_0} \right] \tag{3.4.24}$$

$$\mu'' = \frac{4\pi}{D}\lambda\omega\left(\gamma^2 H_0^2 + \omega^2\right) \tag{3.4.25}$$

其中

$$D = (\gamma^2 H_0^2 - \omega^2)^2 + 4\omega^2 \frac{\lambda^2}{\chi_0^2} \tag{3.4.26}$$

由式(3.4.26)可见，当 $\omega = \omega_0 = \gamma H_z$ 时，D 取最小值，相应地 μ'' 出现最大值，这就是共振吸收现象。图 3.4.3 给出了 μ'' 随 H_0 变化的规律，在共振曲线上峰值对应的 H_r 为共振磁场，而 $\mu'' = \dfrac{1}{2}\mu_m''$ 两点对应的磁场间隔 $H_2 - H_1$ 称为共振线宽 ΔH，实

用中铁磁谐振损耗并不用 μ'' 表示，而是采用共振线宽 ΔH 表示，所以 ΔH 是描述铁氧体材料的一个重要参数。ΔH 越窄，磁损耗越低。ΔH 的大小也同样反映磁性材料对电磁波的吸收性能，并在实验中直接测定。所以测量 ΔH 对研究铁磁共振的机理和提高微波器件性能是十分重要的。

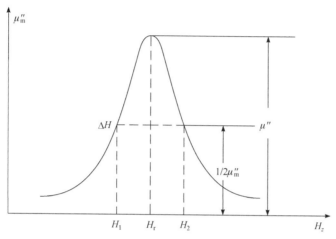

图 3.4.3　铁磁共振线宽 ΔH 的表示

共振线宽 ΔH 还与弛豫时间 τ 有关。磁矩 $\boldsymbol{M}$ 进动的阻尼作用也可用弛豫时间 τ 来表示。ΔH 与 τ 的关系可由张量磁化率导出，满足下列关系：

$$\Delta H = 2/\gamma\tau \tag{3.4.27}$$

以上讨论，我们认为样品是无限大的。因为铁磁介质具有很强的磁性，在外磁场和高频磁场的作用下，在样品表面产生"磁荷"，相应地在样品内部产生退磁场，这个退磁场会对共振产生影响，将使共振场发生很大的位移。这时共振条件 $\omega_0 = \gamma H_0$ 只适用于小球样品，因此，我们在实验中采用多晶或单晶铁氧体 YIG ($Y_3Fe_5O_{12}$ 钇铁石榴石)小球为样品。

2. 铁磁共振线宽 ΔH 的测量方法

图 3.4.4 给出了有阻尼作用时 YIG 的共振曲线。在共振点，YIG 样品对微波磁场有最大吸收，相当于最大功率吸收的一半的两个磁场之差称为样品的铁磁共振有载线宽，以 ΔH_L 表示。即有

$$P_{1/2} = \frac{P_0 + P_r}{2} \tag{3.4.28}$$

其中，P_0 为远离铁磁共振区时谐振腔的输出功率；P_r 为出现共振时的输出功率；$P_{1/2}$ 为半共振点的输出功率。如果检波晶体管的检波满足平方律关系，则检波电

流 $i \propto P$，则上式可变为

$$I_{1/2} = \frac{I_0 + I_r}{2}$$

所以有载线宽

$$\Delta H_L = H_2 - H_1 \tag{3.4.29}$$

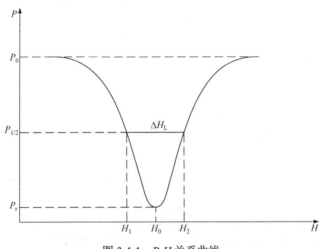

图 3.4.4 $P\text{-}H$ 关系曲线

本实验采用短路波导法测量 YIG 样品的共振线宽，将 YIG 样品小球放在短路波导中，靠近短路波导断面正中心(微波磁场最大位置处)，当铁磁共振发生时，可以把 YIG 样品小球等效为一个和传输线耦合的铁磁谐振器，则它的固有线宽 ΔH 为

$$\Delta H = \frac{\Delta H_L}{1 + \beta} \tag{3.4.30}$$

其中 β 称为耦合系数

$$\beta = \frac{1 + R_r}{1 - R_r} \tag{3.4.31}$$

其中，R_r 为共振反射系数，$R_r = \pm\sqrt{P_r / P_0} = \pm\sqrt{I_r / I_0}$，负号和正号分别对应于过耦合($\beta > 1$)和欠耦合($\beta < 1$)。实验中一般调节至欠耦合状态，即 R_r 取正号。可以得到共振线宽

$$\Delta H = \frac{\Delta H_L}{2}\left(1 + \frac{P_r}{P_0}\right) = \frac{\Delta H_L}{2}\left(1 + \frac{I_r}{I_0}\right) \tag{3.4.32}$$

这样就可以由 I-H 曲线来测定共振线宽 ΔH。

3. 磁晶各向异性与 K_1 的测量

实际上，铁磁共振具有不寻常的特点，铁磁共振发生时，共振角频率与外磁场的关系还与样品的其他参量有关。

首先必须考虑样品形状引起退磁场 H_d 的影响。因为铁磁体具有很强的磁性，在直流磁场和高频磁场作用下，在样品表面产生"磁荷"，相应地在样品内部产生恒定的高频退磁场，对共振产生影响，其作用是使共振场发生很大的位移。H_d 的大小与 M 成正比，并与"磁荷"的分布有关，"磁荷"的分布显然与样品形状有关，则

$$H_d = -NM \tag{3.4.33}$$

式中，N 为退磁因子或形状各向异性因子。基泰尔最早考虑了这一因素。对于椭球样品，共振角频率 ω 满足

$$\left(\frac{\omega}{\gamma}\right)^2 = [H + (N_x - N_z)M_S][H + (N_y - N_z)M_S] \tag{3.4.34}$$

式中，N_x、N_y、N_z 分别为椭球三个主轴方向上的退磁因子；M_S 为样品的饱和磁化强度。$N_x + N_y + N_z = 1$，$\boldsymbol{H} /\!/ z$。对于球状样品，纵向和横向退磁场相抵消，于是式(3.4.33)就变成了 $\omega = \gamma H$。这就是我们前面讨论的共振式，即该共振条件只适用于无限大或球状的多晶样品。对于其他形状样品，如圆片或长棒等，必须考虑其退磁因子的影响。

铁磁共振的另一特点是必须考虑磁晶各向异性。磁晶各向异性来源于各向异性交换作用及各向异性自旋——轨道耦合作用，有时也来源于各向异性磁偶极子相互作用，它使磁矩沿不同方向磁化的难易程度不同。铁磁性单晶体是各向异性的，即表现出共振时外加直流磁场的大小随其对晶体的晶轴取向不同而改变。这是由于磁晶各向异性场 H_{ax} 作用的影响。于是基泰尔对式(3.4.33)作了修正，即有

$$\left(\frac{\omega}{\gamma}\right)^2 = [H + H_{ax} + (N_x - N_z)M_S][H + H_{ay} + (N_y - N_z)M_S] \tag{3.4.35}$$

式中，H_{ax} 和 H_{ay} 分别代表由于 $\boldsymbol{M}$ 偏离 z 轴方向而在 x、y 两轴方向上所产生的磁晶各向异性场，也即在 x、y 两方向上各增加了一部分等效退磁场的作用。

我们实验用的样品为 YIG 单晶小球，属于立方晶系，如图 3.4.5 所示，并且为球形(忽略形状各向异性)，H 在(110)晶面内与[001]轴夹角为 θ，则

$$\begin{cases} H_{ax} = \left(1 - 2\sin^2\theta - \dfrac{3}{8}\sin^2 2\theta\right)\dfrac{2k_1}{\mu_0 M_S} \\[3mm] H_{ay} = \left(2 - \sin^2\theta - 3\sin^2 2\theta\right)\dfrac{k_1}{\mu_0 M_S} \end{cases} \tag{3.4.36}$$

式中，k_1 为磁晶各向异性常数，略去了高次磁晶各向异性常数 $k_2, k_3, \cdots$。当 $\dfrac{k_1}{\mu_0 M_S} \ll H$ 时，又可略去 $\dfrac{k_1}{\mu_0 M_S}$ 高次项，基泰尔铁磁共振公式可进一步简化为(一级近似)

$$\omega = \gamma\left[H + \left(2 - \frac{5}{2}\sin^2\theta - \frac{15}{8}\sin^2 2\theta\right)\frac{k_1}{\mu_0 M_S}\right] \tag{3.4.37}$$

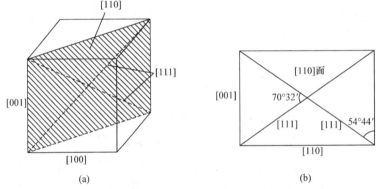

图 3.4.5　(a)YIG 单晶结构及(110)晶面；(b)(110)晶面内各晶轴及 H 的取向

将 $\theta = 0°$ 和 $\theta = \arcsin\sqrt{2/3} \approx 54°44'$ 分别代入式(3.4.36)，则得到(对于 $K_1 < 0$)

$$\omega(\theta = 0°) = \gamma\left(H_{[001]} + \frac{2K_1}{\mu_0 M_S}\right), \qquad H /\!/ [001]\text{轴} \tag{3.4.38}$$

$$\omega(\theta \approx 54°44') = \gamma\left(H_{[111]} - \frac{4K_1}{3\mu_0 M_S}\right), \qquad H /\!/ [111]\text{轴} \tag{3.4.39}$$

取 $\omega = \omega_0$ (相应的共振磁场表示为 H_0)，由式(3.4.37)和式(3.4.38)联立求解得

$$\frac{K_1}{\mu_0 M_S} = -\frac{3}{10}(H_{0[001]} - H_{0[111]}) \tag{3.4.40}$$

$$g = \frac{10\omega_0}{\dfrac{\mu_0 e}{2m}(4H_{0[001]} + 6H_{0[111]})} \tag{3.4.41}$$

为能准确测出 $H_{0[001]}$ 和 $H_{0[111]}$，首先必须对样品进行定向，即定出(110)晶面，并使其在整个共振测量过程中与直流磁场 H 共面。

比较式(3.4.37)和式(3.4.38)可知，[001]轴为难磁化轴，[111]轴为易磁化轴，采用磁场定向方法找出两根[111]轴(二者夹角为 $70°32'$)，由此定出(110)晶面，见图 3.4.5(b)。图 3.46 为微波铁磁共振实验仪微波系统完整安装。

三、实验仪器

FD-FMR-A 微波铁磁共振实验仪，组成部分依次为微波源、隔离器、直波导、频率计、环行器、隔离器、检波器、双 T 匹配器、扭波导、谐振腔、短路活塞(黑色为组合式磁铁)。图 3.4.6 为微波铁磁共振实验仪微波系统完整安装图。

图 3.4.6　微波铁磁共振实验仪微波系统完整安装图

四、实验内容

1. 仪器连接

将两台实验主机与微波系统、电磁铁以及示波器连接。

具体方法为：电磁铁励磁电源用两根红黑带手枪插线与电磁铁相连，注意红黑不要接反，磁铁扫描电源用两根 Q9 线一路接电磁铁，一路接示波器 CH1 通道，此时换向开关掷于"接通"端(此开关的作用是控制扫描电源与扫描线圈的通断，接通时用于示波器检测，断开时用于微电流计直接测量)，移相器用于示波器观察单个共振信号(李萨如图观察)，需要时接于示波器 CH1 通道。

另一台实验主机共振信号检测(微电流计)中"接检波器"Q9 座与检波器相连，"接示波器"Q9 座与示波器 CH2 通道相连，中间"转换"开关向左拨表示检波器输出接于微电流计，进行直接测量，向右拨表示检波器输出接于示波器，进行交流观察和测量。琴键开关可以选择"2mA"挡和"20mA"挡，一般情况下使用"20mA"挡。磁场测量(高斯计)中"信号输入"接高斯计探头，并将探头固定在电磁铁转动支架上，用同轴线将主机"DC12V"输出与微波源相连。

开启实验主机和示波器的电源，预热 20min。

2. 测量磁场

转动高斯计探头固定臂，将高斯计探头放入谐振腔中心孔中，并转动探头方向，使传感器与磁场方向垂直(根据霍尔效应原理，也就是使得传感器输出数值最大)，调节主机"电磁铁励磁电源""电压调节"电位器，改变励磁电流，观察数字式高斯计表头读数。如果随着励磁电流(表头显示为电压，因为线圈发热很小，电压与励磁电流呈线性关系)增加，高斯计读数增大说明励磁线圈产生磁场与永磁铁产生磁场方向一致，反之，则两者方向相反，此时只要将红黑插头交换一下即可。

由小至大改变励磁电流，记录电压读数与高斯计读数，做电压-磁感应强度关系图，找出关系式，在后面的测量中可以不用高斯计，而通过拟合关系式计算得出中心磁感应强度数值。

3. 示波器观测 YIG 多晶样品共振信号(图 3.4.7)

磁铁扫描电源换向开关掷于"接通"端，并旋转"电流调节"电位器至合适位置(一般取中间位置)，共振信号检测(微电流计)"转换"开关掷于"接示波器"端，仔细调节短路活塞至合适位置，根据前面测量得到的励磁电压与磁场的关系，调节励磁电源的"电压调节"电位器，将磁场调至 3360Gs 左右(因为微波频率在 9.4GHz 左右，根据共振条件，此时的共振磁场在 3360Gs 左右)，一般可以在示波器上观察到 YIG 多晶的铁磁共振信号，仔细调节励磁电压，使示波器上观察到的共振信号均匀分布(此时的磁场才为测量 g 因子的共振磁场)。单个观察要求能够出现如图 3.4.8 所示的图形。调节短路活塞，可以在两到三个位置能够观察到

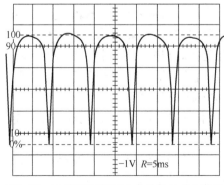

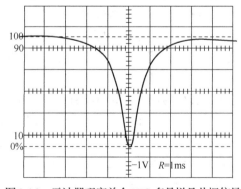

图 3.4.7　示波器观察 YIG 多晶样品共振信号　　图 3.4.8　示波器观察单个 YIG 多晶样品共振信号

均匀并且最大的铁磁共振信号(实验信号调节完成,可以记下这几个位置,以后的测量过程中只需调节到这几个合适位置即可)。

4. 确定共振磁场并测量微波频率,计算 YIG 多晶样品的旋磁比γ以及 g 因子

旋转频率计上端黑色旋钮,当达到微波频率时,能够在示波器上看到共振信号有突然的抖动,仔细调节确定抖动的位置,根据机械式频率计的读数测量微波频率 f_0(一般在 9.4GHz 左右)。将“磁铁扫描电源”转换开关拎于“断开”端,“共振信号检测(微电流计)”中“转换”开关拎于“接检波器”端,微电流计置于“20mA”挡,通过微电流计检测共振点磁场。方法为:由小至大改变励磁电压,可以看到微电流计数值在某一点会有突然的减小,减至最小值时的励磁电压即为共振磁场的电压值,根据前面计算得出的励磁电压与磁场的关系式,可以换算出共振磁场 H_0,也可以逐点测量,描绘出 I-H 曲线(因为检波晶体管满足平方律关系,即检波电流 $I \propto P$,所以此曲线也就是 P-H 曲线),根据测量得出的 f_0 和 H_0 的大小,由原理部分的公式(3.4.3)和(3.4.9),可以计算得出 YIG 单晶样品的旋磁比γ和 g 因子的大小。

5. 手动测量 YIG 多晶样品的共振线宽ΔH,估算样品的弛豫时间τ(分为描点和直接测量两种)

根据前面步骤 4 测量得出的共振曲线,可以用作图法找到半功率点,并得出共振线宽ΔH的大小。这里我们选用另外一种方法,通过电流计直接测量得到,方法是:仔细调节励磁电源的电压调节电位器,首先得到 I_0 和 I_r 的大小,根据原理部分公式(3.4.31)和(3.4.32)可知,只要测量得出 I_0 和 I_r,就可以得出 $I_{1/2}$ 的大小,根据 $I_{1/2}$ 的值,仔细调节找出两个半功率点的对应励磁电压,根据前面拟合的励磁电压与磁场的关系式计算得出ΔH,根据共振线宽的大小计算得出弛豫时间τ。

6. 示波器观察 YIG 单晶样品共振信号

利用同样的方法,放入已经定向的 YIG 单晶样品(带转盘的样品),重复步骤 3、4,我们同样可以在示波器上观察到 YIG 单晶的共振曲线(注意此时要调节励磁电压至合适的值,因为对应不同的方向,共振磁场的大小也不一样),如图 3.4.9 和图 3.4.10 所示。注意,YIG 单晶小球的共振线宽较窄(约 1Oe),所以描点测量或者电流计直接测量比较困难(我公司生产有 FD-FMR-B 型铁磁共振实验仪,采用了计算机采集,能够实时测量 YIG 单晶和多晶样品的共振曲线,并自动分析)。这里只作定性观察,另外将移相器的信号接入示波器的“CH1 通道”,YIG 单晶样品共振信号接入示波器“CH2 通道”,观察李萨如图可以得到图 3.4.11 所示的

图形。调节短路活塞以及励磁电源的电压值，使信号左右对称，再调节移相器"相位调节"电位器可以使两个共振信号重合，这时对应的磁场即为共振磁场，这种方法可以通过示波器来确定共振点磁场的大小。

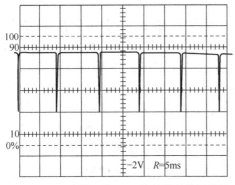

图 3.4.9　示波器观察 YIG 单晶样品共振信号　　图 3.4.10　示波器观察单个 YIG 单晶样品共振
信号

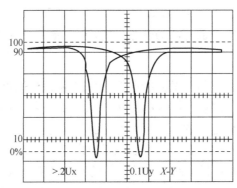

图 3.4.11　YIG 单晶共振信号李萨如图形观测

7. 测量已经定向的 YIG 单晶样品的各向异性常数以及 g 因子

在成功调出 YIG 单晶共振信号的基础上，旋转样品，可以发现在某一固定磁场，在固定角度才有信号出现在示波器上，这是因为共振磁场 H_0 在随 θ 而变化。用手动测量的方法可以得出共振场 H_0 随 θ 的变化曲线(两种方法，示波器观察与电流计观测)，其中 $H_{0\max}$ 和 $H_{0\min}$ 分别对应于 $H_{0[001]}$ 和 $H_{0[111]}$，根据原理部分公式(3.4.40)和式(3.4.41)，就可以计算得出各向异性常数 K_1 和 g 因子。

8. 测量波导波长 λ_g 以及谐振频率 f_0 (选做)

在调出 YIG 单晶信号的基础上，通过移相器观察共振信号，调节短路活塞位置，可以发现在可调节范围内能够观察到有三个点共振信号最大，如图 3.4.11 所示，记下这三个位置的读数，因为谐振腔发生谐振，腔长 l 必须为半个波导波长的整数倍，即 $l = p \dfrac{\lambda_g}{2}$，所以根据测量得到的位置读数，即可以计算得到波导波长 λ_g 以及谐振频率 f_0 的大小。

五、注意事项

(1) 磁极间隙在仪器出厂前已经调整好，实验时最好不要自行调节，以免偏离共振磁场过大。

(2) 保护好高斯计探头，避免弯折、挤压。

(3) 要缓慢调整励磁电源，同时仔细注意波形变化，才能辨认出共振峰。

(4) 检波器输出两线不得短路，否则将损坏检波晶体。

(5) 衰减器尽量调到衰减较大的位置，输出功率够用即可。

(6) 测量后将磁场和扫场调节至零，调整磁场和扫场应缓慢转动旋钮。

(7) 更换样品时要当心，防止样品损坏、破碎以及丢失。

六、思考题

(1) 本实验中谐振腔的作用是什么？腔长和微波频率的关系是什么？

(2) 样品应位于什么位置？为什么？

(3) 扫场电压的作用是什么？

(4) 为保证测量小损耗材料 ΔH 的精确度，需要考虑哪些因素？

(5) 讨论铁磁共振、电子自旋共振与核磁共振之间有什么相同和不同之处？

参考资料

1. 李荫远, 李国栋. 铁氧体物理学. 北京: 科学出版社, 1962.

2. 向仁生. 微波铁氧体线性器件原理. 北京: 科学出版社, 1979.

3. 杨福家. 原子物理学. 5 版. 北京: 高等教育出版社, 2019.

4. 吴思诚, 王祖铨. 近代物理实验. 3 版. 北京: 高等教育出版社, 2005.

5. 王魁香. YIG 单晶铁磁共振. 物理实验, 1987, 7(3): 101.

6. FD-FMR-A 型微波铁磁共振实验仪说明书. 上海: 上海复旦天欣科教仪器有限公司, 2008.

实验 3.5　微波参数测试

微波的用途极为广泛，已经成为我们日常生活中不可缺少的一项技术。微波通常是指波长从 1m(300MHz)到 1mm(300GHz)范围内的电磁波，其低频段与超短波段相衔接，高频端与远红外相邻，由于它比一般无线电波的波长要短得多，故把这一波段的无线电波称为微波，可划分为分米波、厘米波和毫米波。

微波的基本特性明显，如波长极短、频率极高、具有穿透性、似光性等。由于基本特性明显，所以微波被广泛应用于各类领域。在微波波段，集总参数的普通无线电元器件已不适用，其典型器件是代替了一般导线及振荡回路的波导管核空腔谐振器。波导管是一种空心金属管，常见的波导管有矩形和圆柱形两种，电磁波在波导管中传播。空腔谐振器是一种空心金属腔，有矩形、圆柱形谐振腔等，它们相当于一般电路中的 LC 振荡回路。微波技术不仅在国防、通信、工农业生产的各个方面有着广泛的应用，而且在当代尖端科学研究中也是一种重要手段，如高能粒子加速器、受控热核反应、射电天文与气象观测、分子生物学研究、等离子体参量测量、遥感技术等方面。近年来，微波技术与各类学科交叉衍生出各类微波边缘学科，如微波超导、微波化学、微波生物学、微波医学等，在各自领域都得到了长足的发展。

微波技术是一门独特的现代科学技术，其重要地位不言而喻，因此掌握它的基本知识和实验方法变得尤为重要。

一、实验目的

(1) 了解各种微波器件。
(2) 了解微波工作状态及传输特性。
(3) 了解微波传输场型特性。
(4) 熟悉驻波、衰减、波长(频率)和功率的测量。
(5) 学会测量微波介质材料的节点常数和损耗角正切值。

二、实验原理

微波是一种波长较短的电磁波。在电磁波波谱表中，微波的波长介于无线电波与光波之间。波长较长的分米波和无线电波的性能相近，波长较短的毫米波则与光波的性质相一致。本实验是使用厘米波中的 X 波段，其标称波长为 3.2cm，中心频率为 9375MHz。

由于微波所辐射的能量可与物质发生相互作用，在近代物理领域中已成为一种十分重要的研究手段。使用微波直线加速器和微波频谱仪可对原子和分子结构进行研究；微波衍射仪可用来研究晶体结构；微波波谱仪可测定物质的许多基本物理量；微波谐振腔又可用来测量低损耗物质的介质损耗及介质常数等。

微波的波长被规定在 1mm～1m 之间,其频率范围相当于 300GHz～300MHz。如此之高的振荡频率，势必会引起一系列新的问题。现将微波与无线电波的主要不同点简述如下。

微波的产生具有其独特性。电子管中，电子由阴极到达阳极的时间称为电子渡越时间，一般是在 10^{-9}s 的数量级。这对频率较低的无线电波来讲几乎可被忽略，但对频率高于 300MHz 的微波，则将受到制约。若想从电子管中获得微波信号，只能借助于电子流与谐振腔相互交换能量的方式来进行。

在研究方法上两者有明显的不同，在低频电路中，工作波长已远远超出实际电路的几何尺寸(例如对应于 50Hz 的电磁波其波长值为 6000km)。电路中各点的电流和电压值可被认为是在同一时刻建立起来的。微波系统则不然，由于微波器件的线度十分接近于工作波长，电压、电流等概念将有别于低频电路。为此，微波系统的研究方法必须从三度空间场的理论着手，把"路"的观点转化成"场"的观念，把"基尔霍夫定律"转化成"麦克斯韦方程组"，把"集总参数"转化成"分布参数"，才能认识和讨论有关问题。

微波在传输特性上类似于光波，微波与光波虽在波长值上有差异，但均远远小于地球上一般物体的实际尺寸。尤其对微波中的毫米波，其传输特性与光波更为接近，使用准光传输线就能同时传播微波与光波。同样，一般的光学器件和光学特性，微波也都具备。微波的突出贡献尤其表现在空间技术领域，使用会聚成束的微波电磁场能量，可以进行定向发射，并能顺利地穿透空间电离层，被人们称为"宇宙的窗口"。

微波基本参数的测量方法与低频电路大不相同，阻抗、波长、驻波比和功率等微波参数的测量方法有其独特之处。微波阻抗的测量是通过检测电场强度的相对值(即驻波比)来实现的。波长的测量可经校准过的谐振腔来进行(即通常所称的"吸收式波长计")。功率的测量是利用微波的热效应，通过热电换能器进行间接测量。

1. 驻波测量

用选频放大器测出波导测量线位于相邻波腹和波节点上的电流 I_{max} 和 I_{min}。当检波晶体工作在平方律检波情况时，驻波比 S 为

$$S = \sqrt{I_{max} / I_{min}} \tag{3.5.1}$$

2. 大驻波系数的测量

当被测件驻波系数很大时，驻波波腹点与波节点的电平相差较大，在一般的指示仪表上很难将两个电平同时准确读出，晶体检波律在的两个电平相差较大时可能也不同，因此用功率衰减法测量大驻波系数。

改变衰减器，将测量线的探针调到驻波波腹点，并增加精密衰减器的衰减量，

使电表指示恢复到上述指示值,读取精密衰减器刻度并换算出衰减量的分贝值 A。被测驻波系数为

$$S = 10^{A/20} \qquad\qquad (3.5.2)$$

3. 频率测量(谐振腔法)

用波长表测出微波信号源的频率。旋转波长表的测微头,当波长表与被测频率谐振时,将出现吸收峰。反映在检波指示器上的指示是一跌落点(参见图 3.5.1),此时,读出波长表测微头的读数,再从波长表频率与刻度曲线上查出对应的频率。检波指示器指示 I。

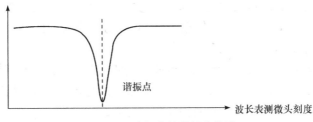

图 3.5.1　波长表的谐振点曲线

4. 波导波长的测量

由驻波相邻节点的位置 L_1、L_2,得

$$\frac{1}{2}\lambda_g = L_2 - L_1 \qquad\qquad (3.5.3)$$

即可求得波导波长 λ_g。为了提高测量精度,在确定 L_1、L_2 时,可采用等指示度法测出最小点 $I_{\min}$ 对应的 L(参看图 3.5.2),即可测出 I_1(I_1 略大于 $I_{\min}$),相对应的两个位置 X_1', X_1'',则

$$L_2 = \frac{X_2' + X_2''}{2} \qquad\qquad (3.5.4)$$

$$L_1 = \frac{X_1' + X_1''}{2} \qquad\qquad (3.5.5)$$

同理:即可求得精度较高的 λ_g。

5. 功率的测量

相对功率测量:波导开关旋至检波器通路,当检波器工作在平方律检波时,电表上的读数 I 与微波功率成正比:电流表的指示 $I \propto P$,即表示为相对功率。

绝对功率测量：波导开关旋至功率计通路，用功率计可测得绝对功率值。

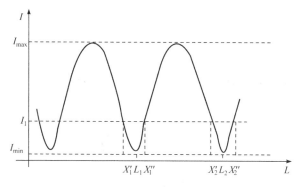

图 3.5.2 电场沿测量线分布图

6. 衰减的测量

$$A = 10\log\frac{P_1}{P_2} \tag{3.5.6}$$

衰减量的单位为 dB，P_1 为匹配状态下的输入功率，P_2 为匹配状态下的输出功率。

直接测量法：接入被测器件前，调整调配器，使测量线上测得的检波部分为匹配状态，电流为 I_1。接通电流 I_2，当检波器为平方律检波时

$$A = 10\log\frac{I_1}{I_2} \tag{3.5.7}$$

高频替代法：被测器件接入前，调节精密可变衰减器至 A_1，使指示器指示为 I。被测器件接入后，调节精密可变衰减器至 A_2，使指示器指示仍为 I。被测器件的衰减量 $A=A_2-A_1$，此法比直接测量法精确，其测试精度取决于衰减器的精度。

7. 介质 ε 及 $\tan\delta$ 测试系统

在样品未插入腔内时，找出样品谐振腔的谐振频率(即改变扫频信号源的扫频范围)，从示波器观察谐振腔的谐振曲线，用波长表测量腔的谐振频率 f_0(图 3.5.3)。利用波长表在示波器上形成的"缺口尖端"为标志点，测定示波器横轴的频标系数 K(即单位长度所对应的频率范围，以兆赫·格$^{-1}$表示)。做法是：调节波长表，使吸收峰在示波器横向移动适当距离 ΔL，由波长表读出相应的频率差值 Δf，则频标系数 $K=\Delta f/\Delta L$，一般可以做到 $K=0.4$ 兆赫·格$^{-1}$，谐振曲线的半功率频宽 $|f_1-f_2|$ 可以由 K 和半功率点的距离 $|L_1-L_2|$ 决定。在样品插入后，改变信号源的中心工作频率，使谐振腔处于谐振状态，再用上述方法测量的谐振频率 f_s 和半功率频宽 $|f_1'-f_2'|$。利用公式

$$Q_{\mathrm{L}} = \frac{f_0}{\,|\,f_1 - f_2\,|\,} \tag{3.5.8}$$

$$Q'_{\mathrm{L}} = \frac{f_s}{f'_1 - f'_2} \tag{3.5.9}$$

算出 Q_{L}、Q'_{L}，Q_{L} 为样品放入前的品质因数，Q'_{L} 为样品放入后的品质因数。利用公式

$$\frac{f_s - f_0}{f_0} = -2(\varepsilon' - 1)\frac{V_s}{V_0} \tag{3.5.10}$$

$$\frac{1}{2}\Delta\left(\frac{1}{Q}\right) = 2\varepsilon''\frac{V_s}{V_0} \tag{3.5.11}$$

可以算出 ε'，ε'' 和 $\tan\delta = \varepsilon'' / \varepsilon'$，$\varepsilon = \varepsilon' - \mathrm{j}\varepsilon''$。$f_0$ 为谐振腔未放入样品前的谐振频率，f_s 为谐振腔放入样品后的谐振频率，V_0 为谐振腔体积，V_s 为样品的体积。

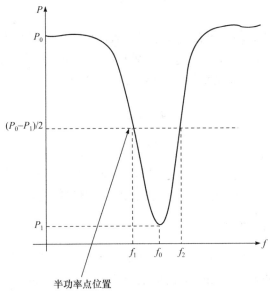

图 3.5.3　样品谐振腔的谐振曲线

三、实验仪器

图 3.5.4 为微波参数测试系统。组成部分为：三厘米固态信号源、速调管信号源、三厘米测量线、选频放大器、厘米波功率计、精密衰减器和 20MHz 示波器。

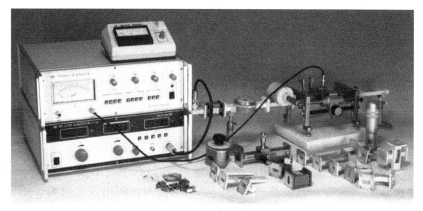

图 3.5.4　微波参数测试系统

四、实验内容

1. 驻波测量

按图 3.5.5 所示的框图连接成微波实验系统。调整微波信号源，使其工作在方波调制状态。左右移动波导测量线探针使选频放大器有指示值。用选频放大器测出波导测量线位于相邻波腹和波节点上的 I_{max} 和 I_{min}。当检波晶体工作在平方律检波情况时，驻波比 S 为

$$S=\sqrt{I_{max}/I_{min}}$$

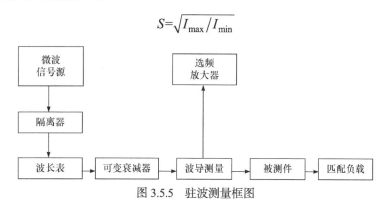

图 3.5.5　驻波测量框图

2. 大驻波系数的测量

按图 3.5.6 连接仪器，使系统正常工作，精密衰减器置于"零"衰减刻度。将测量线的探针调到驻波波节点，调节精密可变衰减器，使电表指示在 80 刻度附近，并记下该指示值。将测量线的探针调到驻波波腹点，并增加精密衰减器的衰减量，使电表指示恢复到上述指示值，读取精密衰减器刻度并换算出衰减量的分贝值 A。

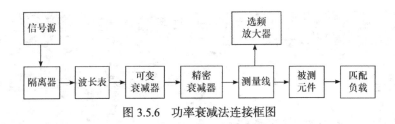

图 3.5.6　功率衰减法连接框图

3. 频率测量(谐振腔法)

将检波器及检波指示器接到被测件位置上。用波长表测出微波信号源的频率。旋转波长表的测微头,当波长表与被测频率谐振时,将出现吸收峰,读出波长表测微头的读数,再从波长表频率与刻度曲线上查出对应的频率,检波指示器指示 I。

4. 波导波长的测量

按图 3.5.7 连接测量系统,由于可变电抗的反射系数接近 1,在测量线中入射波与反射波的叠加为接近纯驻波的图形,只要测得驻波相邻节点的位置 L_1、L_2,可得

$$\frac{1}{2}\lambda_g = L_2 - L_1 \tag{3.5.3}$$

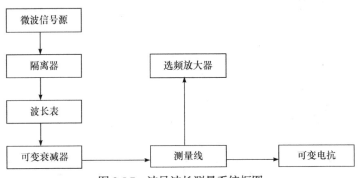

图 3.5.7　波导波长测量系统框图

5. 功率的测量

按图 3.5.8 连接仪器,使系统正常工作。注意:开机前系统中的全部仪器必须可靠接地,否则,功率头极易烧毁。

相对功率测量:波导开关旋至检波器通路,当检波器工作在平方率检波时,电表上的读数 I 与微波功率成正比:电流表的指示 $I \propto P$,即表示为相对功率。

绝对功率测量:波导开关旋至功率计通路,用功率计可测得绝对功率值。

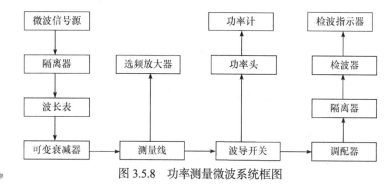

图 3.5.8　功率测量微波系统框图

6. 衰减的测量

$$A = 10\log\frac{P_1}{P_2} \tag{3.5.6}$$

衰减量的单位为 dB，P_1 为匹配状态下的输入功率，P_2 为匹配状态下的输出功率。

直接测量法：按图 3.5.9 所示的框图连接微波系统，使微波信号源处于最佳工作状态。接入被测器件前，调整调配器，使测量线上测得的检波部分为匹配状态，并从指示器上读得电流 I_1。接入被测器件后，从指示器上读得电流 I_2。当检波器为平方律检波时

$$A = 10\log\frac{I_1}{I_2} \tag{3.5.7}$$

高频替代法：被测器件接入前，调节精密可变衰减器至 A_1，使指示器指示为 I。被测器件接入后，调节精密可变衰减器至 A_2，使指示器指示仍为 I。被测器件的衰减量 $A = A_2 - A_1$，此法比直接测量法精确，其测试精度取决于衰减器的精度。

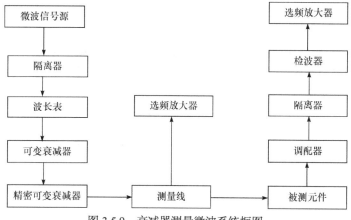

图 3.5.9　衰减器测量微波系统框图

7. 介质 ε 及 $\tan\delta$ 测试系统

按图 3.5.10 连接测试系统，使信号源处于扫频工作状态。在样品未插入腔内时，找出样品谐振腔的谐振频率(即改变扫频信号源的扫频范围)，从示波器观察谐振腔的谐振曲线，用波长表测量腔的谐振频率 f_0，利用波长表在示波器上形成的"缺口尖端"为标志点，测定示波器横轴的频标系数 K(即单位长度所对应的频率范围，以兆赫·格$^{-1}$表示)，做法是：调节波长表，使吸收峰在示波器横向移动适当距离 ΔL，由波长表读出相应的频率差值 Δf，则频标系数 $K=\Delta f/\Delta L$，一般可以做到 $K=0.4$ 兆赫·格$^{-1}$，谐振曲线的半功率频宽 $|f_1-f_2|$ 可以由 K 和半功率点的距离 $|L_1-L_2|$ 决定。在样品插入后，改变信号源的中心工作频率，使谐振腔处于谐振状态，再用上述方法测量谐振频率 f_s 和半功率频宽 $|f_1'-f_2'|$。

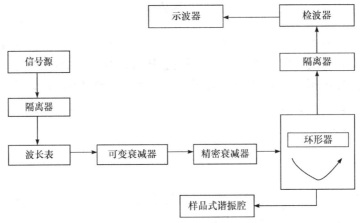

图 3.5.10　介质 ε 及 $\tan\delta$ 测试系统方框图

五、注意事项

(1) 用选频放大器测驻波比时，体效应微波源必须使用"方波"挡。由于仪器的灵敏度很高，可将"分贝"及"增益"旋钮作为"粗""细"调使用。切勿使电表指示超出 100mA，否则极易损坏电表。功率计探头的功率衰减为 100，故真实的功率应为功率计示值的 100 倍。

(2) 微波系统各元件器件的波导口应注意对齐，以减少因电波在参差的波导口多次反射而引入的寄生波。

六、思考题

(1) 一个完整的微波测量系统通常包括哪几部分?

(2) 连接微波系统时应注意什么?

(3) 如何改变微波信号源的频率使反射式谐振腔发生谐振?

(4) 为使 ε', ε'' 的测量更准确, 需要考虑哪些因素?

参考资料

1. 近代物理实验讲义. 浙江师范大学数理信息学院近代物理实验室, 2011.

2. 高立模, 夏顺保, 陆文强. 近代物理实验. 天津: 南开大学出版社, 2006.

3. 严利华, 姬宪法, 王江燕. 微波技术、测量与实验: 北京: 航空工业出版社, 2019.

4. Eriksson P, Jamali M, Mendrok J, et al. On the microwave optical properties of randomly oriented ice hydrometeors. Atmospheric Measurement Techniques, 2015, 8(5): 1913-1933.

5. DH406A0 型实验说明书. 北京大华无线电仪器厂, 2014.

6. 戴道宣, 戴乐山. 近代物理实验. 2 版. 北京: 高等教育出版社, 2006.

第4章 光学与光谱实验

实验 4.1 光速的测量

从 16 世纪伽利略第一次尝试测量光速以来,各个时期人们都采用最先进的技术来测量光速。现在,光在一定时间中走过的距离已经成为一切长度测量的单位标准,即"米的长度等于真空中光在 1/299792458s 的时间间隔中所传播的距离。"光速也已直接用于距离测量,在国民经济建设和国防事业上大显身手,光的速度又与天文学密切相关,光速还是物理学中一个重要的基本常量,许多其他常量都与它相关。例如,光谱学中的里德伯常量,电子学中真空磁导率与真空电导率之间的关系,普朗克黑体辐射公式中的第一辐射常量,第二辐射常量,质子、中子、电子、μ子等基本粒子的质量等常量都与光速 c 相关。正因为如此,共巨大的魅力把科学工作者牢牢地吸引到这个课题上来,几十年如一日,兢兢业业地埋头于提高光速测量精度的事业。本实验分别采用光拍法和相位法两种方法进行光速测量,并对其测量精度作出比较。

4.1.1 光拍法测量光速

一、实验目的

(1) 理解光拍频的概念。

(2) 掌握光拍法测光速的技术。

二、实验原理

1. 光拍的产生和传播

根据振动叠加原理,频差较小、速度相同的二同向传播的简谐波相叠加即形成拍。考虑频率分别为 f_1 和 f_2(频差 $\Delta f = f_1 - f_2$ 较小)的光束(为简化讨论,假定它们具有相同的振幅)

$$E_1 = E\cos(\omega_1 t - k_1 x + \varphi_1) \tag{4.1.1.1}$$

$$E_2 = E\cos(\omega_2 t - k_2 x + \varphi_2) \tag{4.1.1.2}$$

它们的叠加

$$E_s = E_1 + E_2$$
$$= 2E\cos\left[\frac{\omega_1 - \omega_2}{2}\left(t - \frac{x}{c}\right) + \frac{\varphi_1 - \varphi_2}{2}\right] \times \cos\left[\frac{\omega_1 + \omega_2}{2}\left(t - \frac{x}{c}\right) + \frac{\varphi_1 + \varphi_2}{2}\right] \quad (4.1.1.3)$$

是角频率为 $\frac{\omega_1 + \omega_2}{2}$，振幅为 $2E\cos\left[\frac{\omega_1 + \omega_2}{2}\left(t - \frac{x}{c}\right) + \frac{\varphi_1 + \varphi_2}{2}\right]$ 的前进波。注意到 E_s

的振幅以频率 $\Delta f = \frac{\omega_1 + \omega_2}{2\pi}$ 周期地变化，所以我们称它为拍频波，Δf 就是拍频，

如图 4.1.1.1 所示。

$$2E\cos\left[\frac{\omega_1 - \omega_2}{2}\left(t - \frac{x}{c}\right) + \frac{\varphi_1 - \varphi_2}{2}\right] \quad (4.1.1.4)$$

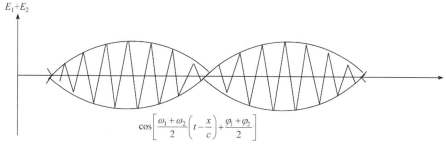

图 4.1.1.1　光拍频的形成

我们用光电检测器接收这个拍频波。因为光电检测器的光敏面上光照反应所产生的光电流随光强(即电场强度的平方)变化，故光电流为

$$i_o = gE_s^2 \quad (4.1.1.5)$$

g 为接收器的光电转换常数。把式(4.1.1.3)代入式(4.1.1.5)，同时注意：由于光频甚高($f_0 > 10^{14}\,\text{Hz}$)，光敏面来不及反映频率如此之高的光强变化，迄今仅能反映频率 $10^8\,\text{Hz}$ 左右的光强变化，并产生光电流；将 i_0 对时间积分，并取对光检测器的响应时间 t 的平均值。结果，i_0 积分中高频项为零，只留下常数项和缓变项，即

$$\overline{i_0} = \frac{1}{t}\int_t i \cdot \mathrm{d}t = gE^2\left\{1 + \cos\left[\Delta\omega\left(t - \frac{x}{c}\right) + \Delta\varphi\right]\right\} \quad (4.1.1.6)$$

其中，$\Delta\omega$ 是与 Δf 相应的角频率，$\Delta\varphi = \varphi_1 - \varphi_2$ 为初相。可见光检测器输出的光电流包含直流和光拍信号两种成分。滤去直流成分，即得频率为拍频 Δf，相位与初相和空间位置有关的输出光拍信号。

图 4.1.1.2 是光拍信号 i_0 在某一时刻的空间分布，如果接收电路将直流成分滤

掉, 即得纯粹的拍频信号在空间的分布。这就是说处在不同空间位置的光检测器, 在同一时刻有不同相位的光电流输出。这就提示我们可以用比较相位的方法间接地决定光速。

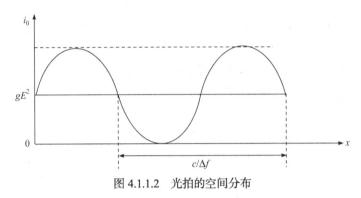

图 4.1.1.2　光拍的空间分布

事实上, 由式(4.1.1.6)可知, 光拍频的同相位诸点有如下关系:

$$\Delta\omega\frac{x}{c} = 2n\pi \quad 或 \quad x = \frac{nc}{\Delta f} \tag{4.1.1.7}$$

n 为整数, 两相邻同相点的距离 $\Lambda = \dfrac{c}{nf}$ 即相当于拍频波的波长。测定了 Λ 和光拍频 Δf, 即可确定光速 c。

2. 相拍二光束的获得

光拍频波要求相拍二束具有一定的频差。使激光束产生固定频移的办法很多, 一种最常用的办法是使超声与光波互相作用。超声(弹性波)在介质中传播, 引起介质光折射率发生周期性变化, 就成为一相位光栅。这就使入射的激光束发生了与声频有关的频移。

利用声光相互作用产生频移的方法有两种。一种是行波法。在声光介质与声源(压电换能器)相对的端面上敷以吸声材料, 防止声反射, 以保证只有声行波通过, 如图 4.1.1.3 所示。相互作用的结果是激光束产生对称多级衍射。第 1 级衍射光的角频率为 $\omega_l = \omega_0 + l \cdot \Omega$, 其中 ω_0 为入射光的角频率, Ω 为声角频率, 衍射级 $l = \pm1, \pm2, \cdots$, 如其中+1 级衍射光频为 $\omega_0 + 1 \cdot \Omega$, 衍射角为 $\alpha = \dfrac{\lambda}{\Lambda}$, λ 和 Λ 分别为介质中的光和声波长。通过仔细的光路调节, 我们可使+1 与零级二光束平行叠加, 产生频差为 Ω 的光拍频波。

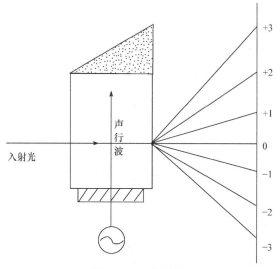

图 4.1.1.3　行波法

　　另一种是驻波法，如图 4.1.1.4 所示。利用声波的反射，使介质中存在驻波声场(相应于介质传声的厚度为半声波长的整数倍的情况)。它也产生 1 级对称衍射，而且衍射光比行波法时强得多(衍射效率高)，第 l 级的衍射光频为

$$\omega_{lm} = \omega_0 + (l + 2m) \cdot \Omega \tag{4.1.1.8}$$

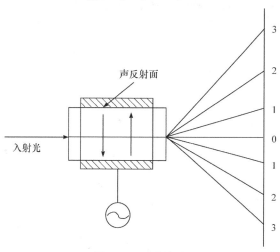

图 4.1.1.4　驻波法

其中，l，$m = 0$，±1，±2，…可见在同一级衍射光束内就含有许多不同频率的光波的叠加(当然强度不相同)，因此用不到光路的调节就能获得拍频波。例如选取第一级，由 $m = 0$ 和 -1 的两种频率成分叠加得到拍频为 2Ω 的拍频波。

　　两种方法比较，显然驻波法有利，我们就作此选择。

三、实验仪器

(1) 主要技术指标见表 4.1.1.1。

表 4.1.1.1　主要技术指标

仪器全长	拍频波频率	拍频波波长	可变光程	连续移相范围	移动尺	最小读数	测量精度
0.785×0.235m	150MHz	2m	0~2.4m	0~2π	2 根	0.1mm	≤0.5%(2π)

(2) LM2000C 光速测量仪外形结构见图 4.1.1.5。

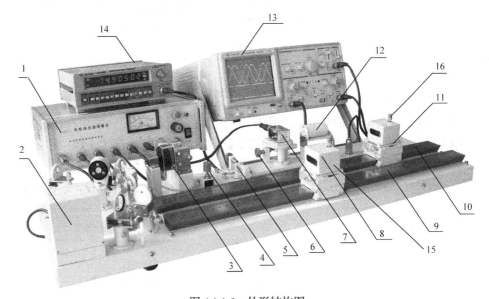

图 4.1.1.5　外形结构图

1. 电路控制箱；2. 光电接收盒；3. 斩光器；4. 斩光器转速控制旋钮；5. 手调旋钮 1；6. 手调旋钮 2；
7. 声光器件；8. 棱镜小车 B；9. 导轨 B；10. 导轨 A；11. 棱镜小车 A；12. 半导体激光器；13. 示波器(自备件)；
14. 频率计(自备件)；15. 新款 LM2000C 的此处有个棱镜小车横向移动手轮；16. 棱镜小车俯仰手轮

(3) LM2000C 光速测量仪光学系统示意图见图 4.1.1.6。

(4) LM2000C 光速测量仪光电系统框图见图 4.1.1.7。

(5) 双光束相位比较法测拍频波长。

用相位法测拍频波的波长，须经过很多电路，必然会产生附加相移。

我们以主控振荡器的输出端作为相位参考原点来说明电路稳定性对波长测量的影响。参见图 4.1.1.8，ϕ_1、ϕ_2 分别表示发射系统和接收系统产生的相移，ϕ_3、ϕ_4 分别表示混频电路 Ⅱ 和 Ⅰ 产生的相移，ϕ 为光在测线上往返传输产生的相移。由图看出，基准信号 u_1 到达测相系统之前相位移动了 ϕ_4，而被测信号 u_2 在到达测相系统之前的相移为 $\phi_1+\phi_2+\phi_3+\phi$。这样和 u_1 之间的相位差为 $\phi_1+\phi_2+\phi_3-\phi_4+\phi=\phi'+\phi$，其中$\phi$与电路的稳定性及信号的强度有关。如果在测量过程中$\phi$的变化很小以致可以忽略，则反射镜在相距为半波长的两点间移动时，ϕ对波长测量的影响可以被抵消掉；但如果ϕ的变化不可忽略，显然会给波长的测量带来误差。

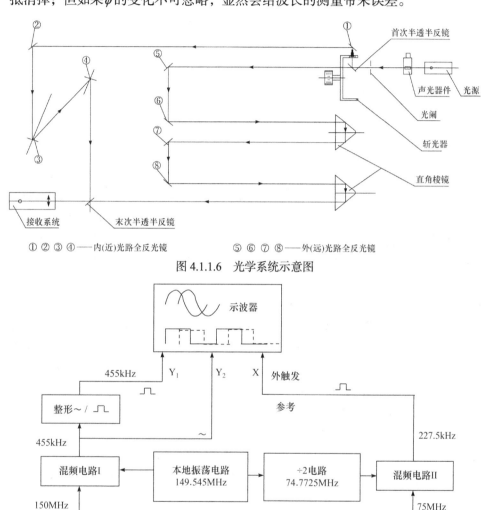

①②③④——内(近)光路全反光镜　　　⑤⑥⑦⑧——外(远)光路全反光镜

图 4.1.1.6　光学系统示意图

图 4.1.1.7　光电系统框图

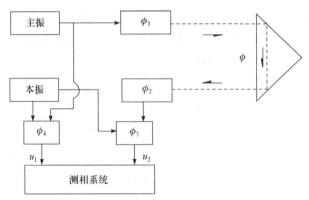

图 4.1.1.8　电路系统的附加

　　设置一个由电机带动的斩光器，使从声光器件射出来的光在某一时刻(t_0)只射向内光路，而在另一时刻(t_{0+1})只射向外光路，周而复始。同一时刻在示波器上显示的要么是内光路的拍频波，要么是外光路的拍频波。由于示波管的荧光粉的余辉和人眼的记忆作用，看起来两个拍频重叠显示在一起。两路光在很短的时间间隔内交替经过同一套电路系统，相互间的相位差仅与两路光的光程差有关，消除了电路附加相移的影响。

　　(6) 差频法测相位。

　　在实际测相过程中，当信号频率很高时，测相系统的稳定性、工作速度以及电路分布参量造成的附加相移等因素都会直接影响测相精度，对电路的制造工艺要求也较苛刻，因此高频下测相困难较大。例如，BX21 型数字式相位计中检相双稳电路的开关时间是 40ns 左右，如果所输入的被测信号频率为 100MHz，则信号周期 $T=1/f=$10ns，比电路的开关时间要短，可以想象，此时电路根本来不及动作。为使电路正常工作，就必须大大提高其工作速度。为了避免高频下测相的困难，人们通常采用差频的办法，把待测高频信号转化为中、低频信号处理。这样做的好处是易于理解的，因为两信号之间相位差的测量实际上被转化为两信号过零的时间差的测量，而降低信号频率 f 则意味着拉长了与待测的相位差 ϕ 相对应的时间差。下面证明差频前后两信号之间的相位差保持不变。

　　我们知道，将两频率不同的正弦波同时作用于一个非线性元件(如二极管、三极管)时，其输出端包含有两个信号的差频成分。非线性元件对输入信号 X 的响应可以表示为

$$y(x) = A_0 + A_1 x + A_2 x^2 + \cdots \tag{4.1.1.9}$$

忽略上式中的高次项，我们将看到二次项产生混频效应。

　　设基准高频信号为

$$u_1 = U_{10} \cos(\omega t + \varphi_0) \tag{4.1.1.10}$$

被测高频信号为

$$u_2 = U_{20} \cos(\omega t + \varphi_0 + \varphi) \tag{4.1.1.11}$$

现在我们引入一个本振高频信号

$$u' = U_0' \cos(\omega' t + \varphi_0) \tag{4.1.1.12}$$

式(4.1.1.10)～式(4.1.1.12)中，φ_0 为基准高频信号的初相位，φ_0' 为本振高频信号的初相位，φ 为调制波在测线上往返一次产生的相移量。将式(4.1.1.11)和式(4.1.1.12)代入式(4.1.1.9)有(略去高次项)

$$y(u_2 + u') \approx A_0 + A_1 u_2 + A_1 u' + A_2 u_2^2 + A_2 u'^2 + 2A_2 u_2 u' \tag{4.1.1.13}$$

展开交叉项

$$
\begin{aligned}
2A_2 u_2 u' &\approx 2A_2 U_{20} U_0' \cos(\omega t + \varphi_0 + \varphi) \cos(\omega' t + \varphi_0') \\
&= A_2 U_{20} U_0' \left\{ \cos\left[(\omega + \omega')t + (\varphi_0 + \varphi_0') + \varphi \right] + \cos\left[(\omega - \omega')t + (\varphi_0 - \varphi_0') + \varphi \right] \right\}
\end{aligned}
$$
$$\tag{4.1.1.14}$$

　　由上面推导可以看出，当两个不同频率的正弦信号同时作用于一个非线性元件时，在其输出端除了可以得到原来两种频率的基波信号以及它们的二次和高次谐波之外，还可以得到差频以及和频信号，其中差频信号很容易和其他的高频成分或直流成分分开。同样的推导，基准高频信号 u_1 与本振高频信号 u' 混频，其差频项为

$$A_2 U_{10} U_0' \cos\left[(\omega - \omega')t + (\varphi_0 - \varphi_0') \right] \tag{4.1.1.15}$$

为了便于比较，我们把这两个差频项写在一起。

　　基准信号与本振信号混频后所得差频信号为

$$A_2 U_{10} U_0' \cos\left[(\omega - \omega')t + (\varphi_0 - \varphi_0') \right] \tag{4.1.1.16}$$

被测信号与本振信号混频后所得差频信号为

$$A_2 U_{20} U_0' \cos\left[(\omega - \omega')t + (\varphi_0 - \varphi_0') + \varphi \right] \tag{4.1.1.17}$$

比较以上两式可见，当基准信号、被测信号分别与本振信号混频后，所得到的两个差频信号之间的相位差仍保持为 φ。

　　本实验就是利用差频检相的方法，将 150MHz 的高频基准信号和高频被测信号分别与本机振荡器产生的 $f=149.545$MHz 的高频振荡信号混频，得到频率为

455kHz、相位差依然为φ的低频信号，然后送到示波器或相位计中去比相，如图 4.1.1.9 所示。

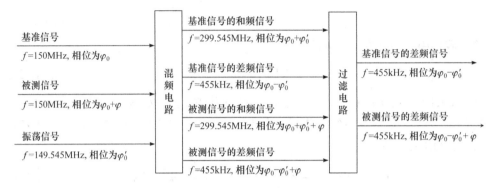

455kHz=150MHz−149.545MHz, 299.545MHz=150MHz+149.545MHz

图 4.1.1.9　差频检相

四、实验内容

(1) 预热。

电子仪器都有一个温漂问题，光速仪的声光功率源、晶振和频率计须预热半小时再进行测量。在这期间可以进行线路连接，光路调整(即下述步骤(3)～(7))，示波器调整等工作。因为由斩光器分出了内外两路光，所以在示波器上的曲线有些微抖，这是正常的。

(2) 连接。

图 4.1.1.10 是电路控制箱的面板，请按表 4.1.1.2 将其与 LM2000C 光学平台或其他仪器连接。

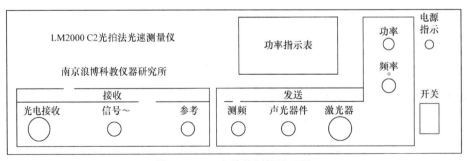

图 4.1.1.10　电路控制箱的面板

表 4.1.1.2 电路控制箱面板连接顺序

序号	电路控制箱面板	光学平台/频率计/示波器	连线类型 (电路控制箱—光学平台/其他测量仪器)
1	光电接收	光学平台上的光电接收盒	4 芯航空插头——由光电接收盒引出
2	信号(∽)	示波器的通道 1	Q9 —— Q9
3	参考	示波器的同步触发端	Q9 —— Q9
4	测频	频率计	Q9 —— Q9
5	声光器件	光学平台上的声光器件	莲花插头 —— Q9
6	激光器	光学平台上的激光器	3 芯航空插头 —— 3 芯航空插头

注意：电路控制箱面板上的功率指示表头中，读数值乘以 10 就是毫瓦数(即满量程是 1000mW)。

(3) 调节电路控制箱面板上的"频率"和"功率"旋钮，使示波器上的图形清晰、稳定(频率在(75±0.02)MHz，功率指示一般在满量程的 60%～100%)。

(4) 调节声光器件平台的手调旋钮 2，使激光器发出的光束垂直射入声光器件晶体，产生 Raman-Nath 衍射(可用一白屏置于声光器件的光出射端以观察 Raman-Nath 衍射现象)，这时应明确观察到 0 级光和左右两个(以上)强度对称的衍射光斑，然后调节手调旋钮 1，使某个 1 级衍射光正好进入斩光器。

(5) 内光路调节：调节光路上的平面反射镜，使内光程的光打在光电接收器入光孔的中心。

(6) 外光路调节：在内光路调节完成的前提下，调节外光路上的平面反射镜，使棱镜小车 A/B 在整个导轨上来回移动时，外光路的光也始终保持在光电接收器入光孔的中心。

(7) 反复进行步骤(5)和(6)，直至示波器上的两条曲线清晰、稳定、幅值相等。注意调节斩光器的转速要适中。过快，则示波器上两路波形会左右晃动；过慢，则示波器上两路波形会闪烁，引起眼睛观看的不适，另外，各光学器件的光轴设定在平台表面上方 62.5mm 的高度，调节时注意保持才不致调节困难。

下面就可以开始测量了。

(8) 记下频率计上的读数 f，在步骤(8)和(9)中应随时注意 f，如发生变化，应立即调节声光功率源面板上的"频率"旋钮，保持 f 在整个实验过程中的稳定。

(9) 利用千分尺将棱镜小车 A 定位于导轨 A 最左端某处(比如 5mm 处)，这个起始值记为 Da(0)；同样，从导轨 B 最左端开始运动棱镜小车 B，当示波器上的两条正弦波完全重合时，记下棱镜小车 B 在导轨 B 上的读数，反复重合 5 次，取这 5 次的平均值，记为 Db(0)。

(10) 将棱镜小车 A 定位于导轨 A 右端某处(比如 535mm 处，这是为了计算方便)，这个值记为 Da(2π)；将棱镜小车 B 向右移动，当示波器上的两条正弦波再次完全重合时，记下棱镜小车 B 在导轨 B 上的读数，反复重合 5 次，取这 5 次的平均值，记为 Db(2π)。

(11) 将上述各值填入表 4.1.1.3，计算出光速 V。

表 4.1.1.3　实验数据记录表

次数	Da(0)	Da(2π)	Db(0)	Db(2π)	f	$V = 2f[2(Db(2π)-Db(0))+ 2(Da(2π)-Da(0))]$	误差/%
1							
2							
3							

注：光在真空中的传播速度为 $2.99792×10^8 m·s^{-1}$。

五、注意事项

(1) 调节内、外光路时要求两光束在同一水平面内沿主轴从各镜中心反射传播。由于用眼睛直接看不清光线在各透镜中的具体位置，可用一白色小纸片挡在透镜前。这样方便直接准确地看到光线是否从各透镜中心反射。

(2) 实验要求滑块 A、B 在滑动时，光线应该固定在两滑块中心某一位置，这就要通过调节各透镜来达到要求效果。调节时可以把两滑块放至平板最右端，然后调节透镜使光线达到滑块中心位置，再缓慢向左移动滑块，看光线是否移动。这样调节相对于把滑块放左端要容易。

(3) 实验要求内、外光线都要通过光电接收器中心小孔。内光路调节相对容易，而外光路则不易调节。若通过调节透镜外光线仍无法完整地通过，则可以适当通过调节滑块的高度来达到目的。

(4) 调节各个透镜的螺旋时，应该轻缓。因为透镜上螺旋的细小变化对光路的变化影响都很大。

(5) 从实验结果可以发现频率对实验数据有一定影响。从实验数据可以看出，随着频率的细小增大，两正弦波重合的位置也相对右移。因为千分尺的长度一定，所以正弦波重合位置一定不能太靠右也不能太靠左，所以频率一定要求维持在 $(75±0.02)MHz$。

六、思考题

通过实验，你认为实验误差产生的原因有哪些？有什么方法来减小误差？

参考资料

1. 曹尔第. 近代物理实验. 上海: 华东师范大学出版社, 1992.
2. 林木欣. 近代物理实验. 广州: 广东教育出版社, 1994.
3. 吴思诚, 荀坤. 近代物理实验. 4 版. 北京: 高等教育出版社, 2015.
4. 母国光, 战元龄. 光学. 2 版. 南京: 高等教育出版社, 2009.
5. 黄润生, 沙振舜, 唐涛. 新编近代物理实验. 2 版. 南京: 南京大学出版社, 2008.
6. LM2000C 光拍法光速测量仪使用说明书/实验指导书. 南京: 南京浪博科教仪器研究所, 2000.

4.1.2 相位法测光速

一、实验目的

(1) 掌握一种新颖的光速测量方法。

(2) 了解和掌握光调制的一般性原理和基本技术。

二、实验原理

1. 利用波长和频率测速度

物理学告诉我们, 任何波的波长是一个周期内波传播的距离。波的频率是 1s 内发生了多少次周期振动, 用波长乘频率得 1s 内波传播的距离, 即波速

$$c = \lambda \cdot f \tag{4.1.2.1}$$

图 4.1.2.1 中, 第 1 列波在 1s 内经历 3 个周期, 第 2 列波在 1s 内经历 1 个周期, 在 1s 内二列传播相同距离, 所以波速相同, 仅仅第 2 列波的波长是第 1 列的 3 倍。

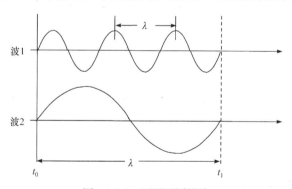

图 4.1.2.1 两列不同的波

利用这种方法, 很容易测得声波的传播速度, 但直接用来测量光波的传播速度, 还存在很多技术上的困难, 主要是光的频率高达 10^{14}Hz, 目前的光电接收器

中无法响应频率如此高的光强变化，迄今仅能响应频率在 10^8Hz 左右的光强变化并产生相应的光电流。

2. 利用调制波波长和频率测速度

如果直接测量河中水流的速度有困难，可以采用一种方法，即周期性地向河中投放小木块(f)，再设法测量出相邻两小木块间的距离(λ)，则依据公式(4.1.2.1)即可算出水流的速度。

周期性地向河中投放小木块，目的是在水流上作一特殊标记。我们也可以在光波上作一些特殊标记，称作"调制"。调制波的频率可以比光波的频率低很多，就可以用常规器件来接收。与木块的移动速度就是水流流动的速度一样，调制波的传播速度就是光波传播的速度。调制波的频率可以用频率计精确地测定，所以测量光速就转化为如何测量调制波的波长，然后利用公式(4.1.2.1)即可算得光传播的速度。

3. 相位法测定调制波的波长

波长为 0.65μm 的载波，其强度受频率为 f 的正弦型调制波的调制，表达式为

$$I = I_0\left\{1 + m\cos\left[2\pi f\left(t - \frac{x}{c}\right)\right]\right\} \tag{4.1.2.2}$$

式中，m 为调制度，$\cos 2\pi f(t-x/c)$ 表示光在测线上传播的过程中，其强度的变化犹如一个频率为 f 的正弦波以光速 c 沿 x 方向传播，我们称这个波为调制波。调制波在传播过程中其相位是以 2π 为周期变化的。设测线上两点 A 和 B 的位置坐标分别为 x_1 和 x_2，当这两点之间的距离为调制波波长 λ 的整数倍时，该两点间的相位差为

$$\varphi_1 - \varphi_2 = \frac{2\pi}{\lambda}(x_2 - x_1) = 2n\pi \tag{4.1.2.3}$$

式中，n 为整数。反过来，如果我们能在光的传播路径中找到调制波的等相位点，并准确测量它们之间的距离，那么该距离一定是波长的整数倍。

设调制波由 A 点出发，经时间 t 后传播到 A' 点，AA' 之间的距离为 $2D$，则 A' 点相对于 A 点的相移为 $\phi = wt = 2\pi ft$，见图 4.1.2.2(a)。然而用一台测相系统对 AA' 间的这个相移量进行直接测量是不可能的。为了解决这个问题，较方便的办法是在 AA' 的中点 B 设置一个反射器，由 A 点发出的调制波经反射器反射返回 A 点，见图 4.1.2.2(b)。由图显见，光线由 $A \longrightarrow B \longrightarrow A$ 所走过的光程亦为 $2D$，而且在 A 点，反射波的相位落后 $\phi = wt$。如果我们以发射波作为参考信号(以下称之为

基准信号),将它与反射波(以下称之为被测信号)分别输入到相位计的两个输入端,则由相位计可以直接读出基准信号和被测信号之间的相位差。当反射镜相对于 B 点的位置前后移动半个波长时,这个相位差的数值改变 2π,因此,只要前后移动反射镜,相继找到在相位计中读数相同的两点,该两点之间的距离即为半个波长。

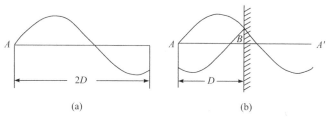

图 4.1.2.2　相位法测波长原理图

调制波的频率可由数字式频率计精确地测定,由 $c = \lambda \cdot f$ 可以获得光速值。

4. 差频法测相位

在实际测相过程中,当信号频率很高时,测相系统的稳定性、工作速度以及电路分布参量造成的附加相移等因素都会直接影响测相精度,对电路的制造工艺要求也较苛刻,因此高频下测相困难较大。例如,BX21 型数字式相位计中检相双稳电路的开关时间是 40ns 左右,如果所输入的被测信号频率为 100MHz,则信号周期 $T=1/f=10\text{ns}$,比电路的开关时间要短,可以想象,此时电路根本来不及动作。为使电路正常工作,就必须大大提高其工作速度。为了避免高频下测相的困难,人们通常采用差频的办法,把待测高频信号转化为中、低频信号处理。这样做的好处是易于理解的,因为两信号之间相位差的测量实际上被转化为两信号过零的时间差的测量,而降低信号频率 f 则意味着拉长了与待测的相位差 ϕ 相对应的时间差。下面证明差频前后两信号之间的相位差保持不变。

我们知道,将两频率不同的正弦波同时作用于一个非线性元件(如二极管、三极管)时,其输出端包含有两个信号的差频成分。非线性元件对输入信号 X 的响应可以表示为

$$y(x) = A_0 + A_1 x + A_2 x^2 + \cdots \tag{4.1.2.4}$$

忽略上式中的高次项,我们将看到二次项产生混频效应。

设基准高频信号为

$$u_1 = U_{10} \cos(\omega t + \varphi_0) \tag{4.1.2.5}$$

被测高频信号为

$$u_2 = U_{20} \cos(\omega t + \varphi_0 + \varphi) \tag{4.1.2.6}$$

现在我们引入一个本振高频信号

$$u' = U_0' \cos(\omega' t + \varphi_0') \tag{4.1.2.7}$$

式(4.1.2.5)~式(4.1.2.7)中，φ_0 为基准高频信号的初相位，φ_0' 为本振高频信号的初相位，φ 为调制波在测线上往返一次产生的相移量。将式(4.1.2.6)和式(4.1.2.7)代入式(4.1.2.4)有(略去高次项)

$$y(u_2 + u') \approx A_0 + A_1 u_2 + A_1 u' + A_2 u_2^2 + A_2 u'^2 + 2A_2 u_2 u' \tag{4.1.2.8}$$

展开交叉项

$$
\begin{aligned}
2A_2 u_2 u' &\approx 2A_2 U_{20} U_0' \cos(\omega t + \varphi_0 + \varphi) \cos(\omega' t + \varphi_0') \\
&= A_2 U_{20} U_0' \left\{ \cos\left[(\omega + \omega')t + (\varphi_0 - \varphi_0') + \varphi\right] + \cos\left[(\omega - \omega')t + (\varphi_0 - \varphi_0') + \varphi\right] \right\}
\end{aligned}
$$

$$\tag{4.1.2.9}$$

由上面推导可以看出，当两个不同频率的正弦信号同时作用于一个非线性元件时，在其输出端除了可以得到原来两种频率的基波信号以及它们的二次和高次谐波之外，还可以得到差频以及和频信号，其中差频信号很容易和其他的高频成分或直流成分分开。同样的推导，基准高频信号 u_1 与本振高频信号 u' 混频，其差频项为

$$A_2 U_{10} U_0' \cos\left[(\omega - \omega')t + (\varphi_0 - \varphi_0')\right] \tag{4.1.2.10}$$

为了便于比较，我们把这两个差频项写在一起。

基准信号与本振信号混频后所得差频信号为

$$A_2 U_{10} U_0' \cos\left[(\omega - \omega')t + (\varphi_0 - \varphi_0')\right] \tag{4.1.2.11}$$

被测信号与本振信号混频后所得差频信号为

$$A_2 U_{20} U_0' \cos\left[(\omega - \omega')t + (\varphi_0 - \varphi_0') + \varphi\right] \tag{4.1.2.12}$$

比较以上两式可见，当基准信号、被测信号分别与本振信号混频后，所得到的两个差频信号之间的相位差仍保持为 φ。

本实验就是利用差频检相的方法，将 $f=100\text{MHz}$ 的高频基准信号和高频被测信号分别与本机振荡器产生的高频振荡信号混频，得到两个频率为 455kHz、相位差依然为 φ 的低频信号，然后送到相位计中去比相。仪器方框图如图 4.1.2.3 所示，图中的混频 I 用以获得低频基准信号，混频 II 用以获得低频被测信号。低频被测信号的幅度由示波器或电压表指示。

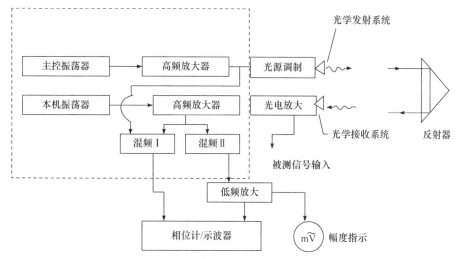

图 4.1.2.3　相位法测光速实验装置方框图

5. 数字测相

可以用数字测相的方法来检测"基准"和"被测"这两路同频正弦信号之间的相位差 φ。如图 4.1.2.4 所示，我们用

$$u_1 = U_{10} \cos \omega_L t \tag{4.1.2.13}$$

和

$$u_2 = U_{20} \cos(\omega_L t + \varphi) \tag{4.1.2.14}$$

分别代表差频后的低频基准信号和低频被测信号。将 u_1 和 u_2 分别送入通道 Ⅰ 和通道 Ⅱ 进行限幅放大，整形成为方波 u_1' 和 u_2'。然后令这两路方波信号去启闭检相双稳，使检相双稳输出一列频率与两待测信号相同、宽度等于两信号过零的时间差(因而也正比于两信号之间的相位差 φ)的矩形脉冲 u。将此矩形脉冲积分(在电路上即是令其通过一个平滑滤波器)得到

$$\begin{aligned}
\bar{u} &= \frac{1}{T} \int_0^T u \mathrm{d}t \\
&= \frac{1}{2\pi} \int_0^{2\pi} u \mathrm{d}(\omega_L t) \\
&= \frac{1}{2\pi} \int_0^{\varphi} u \mathrm{d}(\omega_L t) = \frac{u}{2\pi} \varphi
\end{aligned} \tag{4.1.2.15}$$

式中，u 为矩形脉冲的幅度，其值为一常数。由式(4.1.2.15)可见，u_1' 检相双稳输出的矩形脉冲的直流分量(我们称之为模拟直流电压)与待测的相位差 $\varphi u_2'$ 有一一对应的关系。BX21 型数字式相位计是将这个模拟直流电压通过一个模数转换系

统换算成相应的相位值，以角度数值用数码管显示出来。因此我们可以由相位计读数直接得到两个信号之间的相位差的读数。

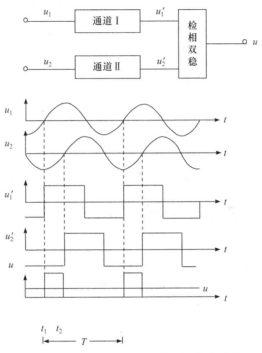

图 4.1.2.4 数字测相电路方框图及各点波形

6. 示波器测相

1) 单踪示波器法

将示波器的扫描同步方式选择在外触发同步，极性为+或–，"参考"相位信号接至外触发同步输入端，"信号"相位信号接至 Y 轴的输入端，调节"触发"电平，使波形稳定；调节 Y 轴增益，使有一个适合的波幅；调节"时基"，使在屏上只显示一个完整的波形，并尽可能地展开，如一个波形在 X 方向展开为 10 大格，即 10 大格代表为 360°，每 1 大格为 36°，可以估读至 0.1 大格，即 3.6°。

开始测量时，记住波形某特征点的起始位置，移动棱镜小车，波形移动，移动 1 大格即表示参考相位与信号相位之间的相位差变化了 36°。

有些示波器无法将一个完整的波形正好调至 10 大格，此时可以按下式求得参考相位与信号相位的变化量，参见图 4.1.2.5。

$$\Delta\phi = \frac{r}{r_0} \cdot 360° \qquad (4.1.2.16)$$

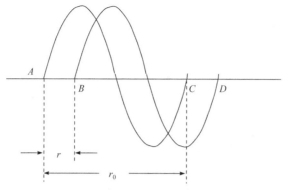

图 4.1.2.5　示波器测相位

2) 双踪示波器法

将"参考"相位信号接至 Y1 通道输入端,"信号"相位信号接至 Y2 通道, 并用 Y1 通道触发扫描, 显示方式为"断续"。(如采用"交替"会怎样?)

与单踪示波法操作一样, 调节 Y 轴输入"增益"挡, 调节"时基"挡, 使在屏幕上显示一个完整的大小适合的波形。

3) 数字示波器法

数字示波器具有光标卡尺测量功能, 移动光标, 很容易进行 T 和 ΔT 测量, 然后按

$$\Delta \phi = \frac{\Delta T}{T} 360° \qquad (4.1.2.17)$$

求得相位变化量, 比数字屏幕上格子的精度要高得多。信号线连接等操作同上。

三、实验仪器

主要技术指标如下:

仪器全长: 0.8m;　　　　　　　　可变光程: 0~1m;

移动尺最小读数: 0.1mm;　　　　调制频率: 100MHz;

测量精度: ≤1%(数字示波器测相);

　　　　　　≤2%(通用示波器测相)。

LM2000A 光速仪全长 0.8m, 由光学电路箱、棱镜小车、带标尺导轨等组成, 如图 4.1.2.6 所示。

1. 光学电路箱

电器盒采用整体结构, 稳定可靠, 端面安装有收发透镜组, 内置收、发电子线路板。侧面有两排 Q9 插座, 参见图 4.1.2.7。Q9 座输出的是将收、发正弦波信号经整形后的方波信号, 为的是便于用示波器来测量相位差。

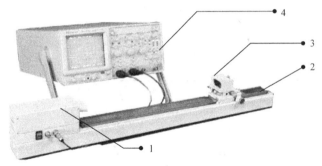

图 4.1.2.6　LM2000A 光速仪

1. 光学电路箱；2. 带刻度尺燕尾导轨；3. 带游标反射棱镜小车；4. 示波器/相位计(自备件)

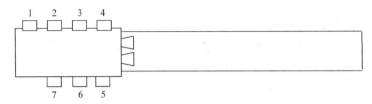

图 4.1.2.7　Q9 座接线图

1 和 2. 发送基准信号(5V 方波)；3. 调制信号输入(模拟通信用)；4. 测频；
5 和 6. 接收测相信号(5V 方波)；7. 接收信号电平(0.4～0.6V)

2. 棱镜小车

棱镜小车上有供调节棱镜左右转动和俯仰的两只调节把手。由直角棱镜的入射光与出射光的相互关系可以知道，其实左右调节时对光线的出射方向不起什么作用，在仪器上加此左右调节装置，只是为了加深对直角棱镜转向特性的理解。

在棱镜小车上有一只游标，使用方法与游标卡尺相同，通过游标可以读至 0.1mm，可进一步熟悉游标卡尺的使用。

3. 光源和光学发射系统

采用 GaAs 发光二极管作为光源。这是一种半导体光源，当在发光二极管上注入一定的电流时，在 pn 结两侧的 p 区和 n 区分别有电子和空穴的注入，这些非平衡载流子在复合过程中将发射波长为 0.65μm 的光，此即上文所说的载波。用机内主控振荡器产生的 100MHz 正弦振荡电压信号控制加在发光二极管上的注入电流，当信号电压升高时注入电流增大，电子和空穴复合的机会增加而发出较强的光；当信号电压下降时注入电流减小、复合过程减弱，所发出的光强度也相应减弱。用这种方法可实现对光强的直接调制。图 4.1.2.8 是发射、接收光学系统的原理图。发光管的发光点 S 位于物镜 L_1 的焦点上。

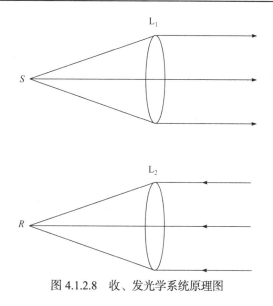

图 4.1.2.8　收、发光学系统原理图

4. 光学接收系统

用硅光电二极管作为光电转换元件，该光电二极管的光敏面位于接收物镜 L_2 的焦点 R 上，见图 4.1.2.8。光电二极管所产生的光电流的大小随载波的强度而变化，因此在负载上可以得到与调制波频率相同的电压信号，即被测信号。被测信号的相位对于基准信号落后了 $\phi = \omega t$，t 为往返一个测程所用的时间。

四、实验内容

1. 预热

电子仪器都有一个温漂问题，光速仪和频率计须预热半小时再进行测量。在这期间可以进行线路连接、光路调整、示波器调整和定标等工作。

2. 光路调整

先把棱镜小车移近收发透镜处，用小纸片挡在接收物镜管前，观察光斑位置是否居中，调节棱镜小车上的把手，使光斑尽可能居中，将小车移至最远端，观察光斑位置有无变化，并作相应调整，当小车前后移动时，光斑位置变化最小。

3. 示波器定标

按前述的示波器测相方法将示波器调整至一个适合的测相波形。

4. 测量光速

前面对由频率、波长乘积来测定光速的原理和方法已经作了说明。在实际测量时主要任务是如何测得调制波的波长，其测量精度决定了光速值的测量精度。一般可采用等距测量法和等相位测量法来测量调制波的波长。在测量时要注意两点，一是实验值要取多次多点测量的平均值；二是我们所测得的是光在大气中的传播速度，为了得到光在真空中的传播速度，要精密地测定空气折射率后作相应修正。

1) 测调制频率

为了匹配好，尽量用频率计附带的高频电缆线。调制波是用温补晶体振荡器产生的，频率稳定度很容易达到 10^{-6}，所以在预热后正式测量前测一次就可以了。

2) 等距测 λ 法

在导轨上任取若干个等间隔点(图 4.1.2.9)，它们的坐标分别为 x_0，x_1，x_2，x_3，$\cdots$，x_i。

$$x_1-x_0=D_1, \quad x_2-x_0=D_2, \quad \cdots, \quad x_i-x_0=D_i$$

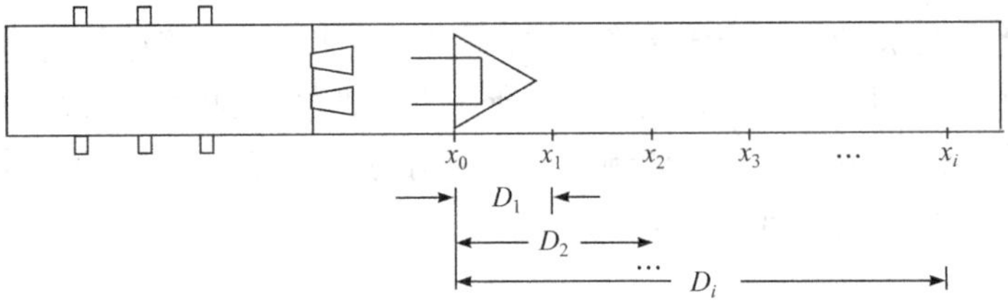

图 4.1.2.9　根据相移量与反射镜距离之间的关系测定光速

移动棱镜小车，由示波器或相位计依次读取与距离 D_1，D_2，$\cdots$，相对应的相移量 ϕ_i。

D_i 与 ϕ_i 间有

$$\frac{\phi_i}{2\pi}=\frac{2D_i}{\lambda}, \quad \lambda=\frac{2\pi}{\phi_i}\cdot 2D_i$$

求得 λ 后，利用 $c=\lambda\cdot f$，得到光速 c。

也可用作图法，以 ϕ 为横坐标，D 为纵坐标，作 D-ϕ 直线，则该直线斜率的 $4\pi f$ 倍即为光速 c。

为了减小由于电路系统附加相移量的变化给相位测量带来的误差，同样应采取 x_0-x_1-x_0 及 x_0-x_2-x_0 等顺序进行测量。

操作时移动棱镜小车要快、准，如果两次 x_0 位置时的读数值相差 $0.1°$ 以上，须重测。

3) 等相位测 λ

在示波器上或相位计上取若干个整度数的相位点，如 36°，72°，108°等；在导轨上任取一点为 x_0，并在示波器上找出信号相位波形上一特征点作为相位差 0°位，拉动棱镜，至某个整相位数时停，迅速读取此时的距离值作为 x_1，并尽快将棱镜返回至 0°处，再读取一次 x_0，并要求两次 0°时的距离读数误差不要超过 1mm，否则须重测。

依次读取相移量 ϕ_i 对应的 D_i 值，由

$$\lambda = \frac{2\pi}{\phi_i} 2D_i$$

计算光速值 c，可以看到，等相位测 λ 法比等距离测 λ 法有较高的测量精度。

五、注意事项

模拟通信收发器使用说明如下：

SO2000 模拟通信发送器、模拟通信接收器以光为载波介质，通过调制和检测信号来演示光通信的基本原理。它可分别配属于 SO2000 声光效应实验仪和 LM2000A 光速测量仪。以下介绍仅针对 LM2000A。

(1) 连接：所有连接线都是双 Q9 头的信号线。

模拟通信发送器：一根连接线连接"示波器"插口和示波器的一路通道；一根连接线连接"调制"插口和 LM2000A 光速测量仪的"调制"插口；

模拟通信接收器：一根连接线连接"示波器"插口和 LM2000A 光速测量仪的"测相"插口；"光电池"插口不用；

LM2000A：除以上连接线外，再用一根双 Q9 头的信号线连接备用的"测相"插口和示波器的一路通道。

(2) 面板介绍如下：

① 模拟通信发送器的"选曲"开关，有两种音乐信号可以调制到光载波上，用此开关选择；

② 模拟通信发送器的 "喇叭"开关，用于控制是否监听发送器发送的音频信号；

③ 模拟通信接收器的"音量"旋钮，模拟通信接收器检测出信号后会重放出来，用此旋钮来控制重放音量的大小。

(3) 使用如下：

① 接好线，打开所有的电源开关。

② 仔细调节光路，确保光从发射孔发出后准确地由入射孔返回，调节模拟通信接收器的"音量"旋钮，此时，模拟通信接收器应重放出发送器发出的音乐。

③ 可以在示波器上分别观察接收器和发送器的信号波形。请注意，这两路信号的频率相差很大，不可能同时观察它们。

④ 阻挡全部或部分光路，注意接收器接收信号的变化。

影响测量准确度和精度的几个问题：

用相位法测量光速的原理很简单，但是为了充分发挥仪器的性能，提高测量的准确度和精度，必须对各种可能的误差来源做到心中有数。下面就这个问题作一些讨论。由式(4.1.2.1)可知

$$\frac{\Delta c}{c} = \sqrt{\left(\frac{\Delta \lambda}{\lambda}\right)^2 + \left(\frac{\Delta f}{f}\right)^2} \qquad (4.1.2.18)$$

式中，$\Delta f / f$ 为频率的测量误差。由于电路中采用了石英晶体振荡器，其频率稳定度为 $10^{-7} \sim 10^{-6}$，故本实验中光速测量的误差主要来源于波长测量的误差。下面我们将看到，仪器中所选用的光源的相位一致性好坏、仪器电路部分的稳定性、信号强度的大小以及米尺准确度、噪声等诸因素都直接影响波长测量的准确度和精度。

1) 电路稳定性

我们以主控振荡器的输出端作为相位参考原点来说明电路稳定性对波长测量的影响。参见图 4.1.2.10，ϕ_1，ϕ_2 分别表示发射系统和接收系统产生的相移，ϕ_3，ϕ_4 分别表示混频电路 II 和 I 产生的相移，ϕ 为光在测线上往返传输产生的相移。由图看出，基准信号 u_1 到达测相系统前相位移动了 ϕ_4，而被测信号 u_2 在到达测相系统前的相移为 $\phi_1 + \phi_2 + \phi_3 + \phi$。这样和 u_1 之间的相位差为 $\phi_1 + \phi_2 + \phi_3 - \phi_4 + \phi = \phi' + \phi$，其中 ϕ' 与电路的稳定性及信号的强度有关。如果在测量过程中 ϕ' 的变化很小以致可以忽略，则反射镜在相距为半波长的两点间移动时，ϕ' 对波长测量的影响可以被抵消掉；但如果 ϕ' 的变化不可忽略，显然会给波长的测量带来误差。

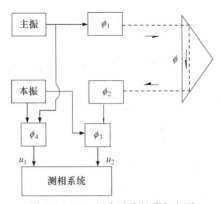

图 4.1.2.10　电路系统的附加相移

设反射镜处于位置 B_1 时，u_1 和 u_2 之间的相位差为

$$\Delta\phi_{B_1} = \phi'_{B_1} + \phi \tag{4.1.2.19}$$

反射镜处于位置 B_2 时，u_2 与 u_1 之间的相位差为

$$\Delta\phi_{B_1} = \phi'_{B_2} + \phi + 2\pi \tag{4.1.2.20}$$

那么，由于 $\phi'_{B_1} \neq \phi'_{B_2}$ 而给波长带来的测量误差为 $(\phi'_{B_1} \neq \phi'_{B_2})/(2\pi)$。若在测量过程中被测信号强度始终保持不变，则变化主要来自电路的不稳定因素。然而，电路不稳定造成的 ϕ' 变化是较缓慢的。在这种情况下，只要测量所用的时间足够短，就可以把 ϕ' 的缓慢变化作线性近似，按照图 4.1.2.11 中 B_1-B_2-B_1 的顺序读取相位值，以两次 B_1 点位置的平均值作为起点测量波长。用这种方法可以减小由于电路不稳定给波长测量带来的误差。(为什么？)

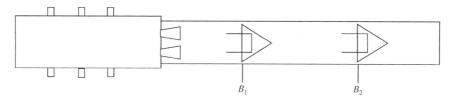

图 4.1.2.11　消除随时间作线性变化的系统误差

2) 幅度误差

上面谈到 ϕ' 与信号强度有关，这是因为被测信号强度不同时，图 4.1.2.4 所示的电路系统产生的相移量 ϕ_1，ϕ_2，ϕ_3 可能不同，因而 ϕ' 发生变化。通常把被测信号强度不同给相位测量带来的误差称为幅相误差。

3) 照准误差

本仪器采用的 GaAs 发光二极管并非是点光源而是成像在物镜焦面上的一个面光源。由于光源有一定的线度，故发光面上各点通过物镜而发出的平行光有一定的发散角 θ。图 4.1.2.12 示意地画出了光源有一定线度时的情形，图中 d 为面光

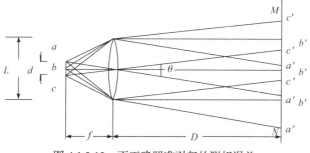

图 4.1.2.12　不正确照准引起的测相误差

源的直径，L 为物镜的直径，f 为物镜的焦距。由图看出 $\theta = d/f$。经过距离 D 后，发射光斑的直径 $MN = L + \theta D$。比如，设反射器处于位置 B_1 时所截获的光束是由发光面上 a 点发出来的光，反射器处于位置 B_2 时所截获的光束是由 b 点发出的光；又设发光管上各点的相位不相同，在接通调制电流后，只要 b 点的发光时间相对于 a 点的发光时间有 67ps 的延迟，就会给波长的测量带来接近 2cm 的误差($c \cdot t = 3 \times 10^{10} \times 67 \times 10^{-12} \approx 2.0$)。我们把由于采用发射光束中不同的位置进行测量而带给波长的误差称为照准误差。

为提高测量的准确度，应该在测量过程中进行细心的"照准"，也就是说尽可能截取同一光束进行测量，从而把照准误差限制到最低程度。

4) 米尺的准确度和读数误差

本实验装置中所用的米尺准确度为 0.01%。

5) 噪声

我们知道噪声是无规则的，因而它的影响是随机的。信噪比的随机变化会给相测量带来偶然误差，提高信噪比以及进行多次测量可以减小噪声的影响从而提高测量精度。

六、思考题

(1) 通过实验观察，你认为波长测量的主要误差来源是什么？为提高测量精度需做哪些改进？

(2) 本实验所测定的是 100MHz 调制波的波长和频率，能否把实验装置改成直接发射频率为 100MHz 的无线电波，并对它的波长和频率进行绝对测量。为什么？

(3) 如何将光速仪改成测距仪？

参考资料

1. 曹尔第. 近代物理实验. 上海: 华东师范大学出版社, 1992.

2. 林木欣. 近代物理实验. 广州: 广东教育出版社, 1994.

3. 吴思诚, 荀坤. 近代物理实验. 4 版. 北京: 高等教育出版社, 2015.

4. LM2000A1 光速测量仪使用说明书/实验指导书. 南京: 浪博科教仪器研究所, 2000.

实验 4.2　黑 体 辐 射

1790 年皮克泰(M. A. Pictet)认识到了热辐射问题，1800 年赫歇尔(F. W. Herschel)发现了红外线；1850 年，梅隆尼(M. Melloni)提出在热辐射中存在可见光部分；1860 年基尔霍夫从理论上导入了辐射本领、吸收本领和黑体概念，证明了一切物体的热辐射本领和吸收本领之比等于同一温度下黑体的辐射本领，黑体的辐射本领只由温度决定。在 1861 年进一步指出，在一定温度下用不透光的壁包围起来的空腔中的热辐射等同于黑体的热辐射；1879 年，斯特藩(J. Stefan)从实验中总结出了物体热辐射的总能量与物体绝对温度四次方成正比的结论；1884 年，玻尔兹曼对上述结论给出了严格的理论证明；1888 年，韦伯(F. Weber)提出了波长与绝对温度之积是一定的，维恩(W. Wien)从理论上进行了证明。黑体辐射实验是量子理论的实验基础，本实验通过对黑体辐射的研究，测定黑体辐射的光谱分布，验证普朗克辐射定律，验证斯特藩-玻尔兹曼定律，验证维恩位移定律，正确认识物质热辐射的量子特性，为进一步学习研究量子力学打下坚实的基础。

一、实验目的

(1) 掌握和了解黑体辐射的光谱分布——普朗克辐射定律。
(2) 掌握和了解黑体辐射的积分辐射——斯特藩-玻尔兹曼定律。
(3) 掌握和了解维恩位移定律。

二、实验原理

黑体是指能够完全吸收所有外来辐射的物体，处于热平衡时，黑体吸收的能量等于辐射的能量，由于黑体具有最大的吸收本领，因而黑体也就具有最大的辐射本领。这种辐射是一种温度辐射，辐射的光谱分布只与辐射体的温度有关，而与辐射方向及周围环境无关。一般辐射体其辐射本领和吸收本领都小于黑体，并且辐射能力不仅与温度有关，而且与表面材料的性质有关，实验中对于辐射能力小于黑体，但辐射的光谱分布与黑体相同的辐射体称为灰体。由于标准黑体的价格昂贵，本实验用钨丝作为辐射体，通过一定修正替代黑体进行辐射测量及理论验证。

1. 黑体辐射的光谱分布

19 世纪末，很多著名的科学家包括诺贝尔奖获得者，对于黑体辐射进行了大量实验研究和理论分析，实验测出黑体的辐射能量在不同温度下与辐射波长的关系曲线如图 4.2.1 所示。

对于此分布曲线的理论分析，历史上曾引起了一场巨大的风波，从而导致物理世界图像的根本变革。维恩试图用热力学的理论并加上一些特定的假设得出一个分布公式——维恩公式。这个分布公式在短波部分与实验结果符合较好，而长波部分偏离较大。瑞利和金斯利用经典电动力学和统计物理学也得出了一个分布公式，他们得出的公式在长波部分与实验结果符合较好，而在短波部分则完全不符。因此经典理论遭到了严重失败，物理学历史上出现了一个变革的转折点。普朗克研究这个问题时，本着从实际出发，并大胆引入了一个史无前例的特殊假设：一个原子只能吸收或者发射不连续的一份一份的能量，这个能量

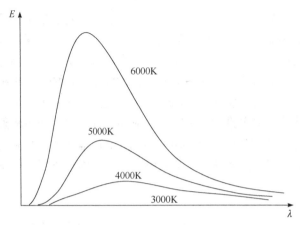

图 4.2.1　黑体辐射能量分布曲线

份额正比于它的振荡频率，并且这样的能量份额值必须是能量单元 $h\nu$ 的整数倍，即能量子的整数倍。h 是普朗克常量。由此得到了黑体辐射的光谱分布辐射度公式

$$E_{\lambda T} = \frac{C_1}{\lambda^5 \left(e^{\frac{C_2}{\lambda T}} - 1 \right)} (\mathrm{W \cdot m^{-3}}) \tag{4.2.1}$$

式中，第一辐射常量 $C_1 = 2\pi h c^2 = 3.74 \times 10^{-16} \mathrm{W \cdot m^2}$；第二辐射常量 $C_2 = hc/k = 1.4388 \times 10^{-2} \mathrm{mK}$。

黑体光谱辐射亮度由下式给出：

$$L_{\lambda T} = \frac{E_{\lambda T}}{\pi} (\mathrm{W \cdot m^{-3} \cdot sr^{-1}}) \tag{4.2.2}$$

2. 黑体的积分辐射——斯特藩-玻尔兹曼定律

斯特藩和玻尔兹曼先后(1879 年)从实验和理论上得出黑体的总辐射通量与黑体的绝对温度 T 的四次方成正比，即

$$E_T = \int_0^\infty E_{\lambda T} \mathrm{d}\lambda = \delta \cdot T^4 (\mathrm{W \cdot m^{-2}}) \tag{4.2.3}$$

式中，T 为黑体的绝对温度；δ 为斯特藩-玻尔兹曼常量

$$\delta = \frac{2\pi^5 k^4}{15 h^3 c^2} = 5.6705 \times 10^{-8} (\mathrm{W \cdot m^{-2} \cdot K^{-4}}) \tag{4.2.4}$$

式中，k 为玻尔兹曼常量；h 为普朗克常量；c 为光速。

由于黑体辐射是各向相同的，所以其辐射亮度与辐射度的关系为

$$L = \frac{E_T}{\pi} \quad\quad (4.2.5)$$

于是，斯特藩-玻尔兹曼定律的辐射亮度表达式为

$$L = \frac{\delta T^4}{\pi} (\text{W} \cdot \text{m}^{-3} \cdot \text{sr}^{-1}) \quad\quad (4.2.6)$$

3. 维恩位移定律

诺贝尔奖获得者维恩于 1893 年通过实验与理论分析,得到光谱亮度的最大值的波长 $\lambda_{\max}$ 与黑体的绝对温度 T 成反比

$$\lambda_{\max} = \frac{A}{T} \quad\quad (4.2.7)$$

式中, A 为常量, $A=2.896\times10^{-3}\text{m} \cdot \text{K}$。

光谱亮度的最大值为

$$L_{\max} = 4.10 T^5 \times 10^{-6} \text{W} \cdot \text{m}^{-3} \cdot \text{sr} \cdot \text{K}^{-5}$$

随温度的升高，绝对黑体光谱亮度的最大值的波长向短波方向移动。

4. 黑体修正

本实验用溴钨灯的钨丝作为辐射体，由于钨丝灯是一种选择性的辐射体，与标准黑体的辐射光谱有一定的偏差，因此必须进行一定修正。钨丝灯辐射光谱是连续光谱，其总辐射本领 R_T 由下式给出:

$$R_T = \varepsilon_T \sigma T^4 \quad\quad (4.2.8)$$

式中, ε_T 为钨丝的温度为 T 时的总辐射系数，其值为该温度下钨丝的辐射强度与绝对黑体的辐射强度之比

$$\varepsilon_T = \frac{R_T}{E_T} \quad\quad (4.2.9)$$

钨丝灯的辐射光谱分布 $R_{\lambda T}$ 为

$$R_{\lambda T} = \frac{C_1 \varepsilon_{\lambda T}}{\lambda^5 \left(e^{\frac{C_2}{\lambda T}} - 1 \right)} \quad\quad (4.2.10)$$

通过钨丝灯的辐射系数及测得的钨丝灯辐射光谱，用以上公式即可将钨丝灯的辐射光谱修正为绝对黑体的辐射光谱，从而进行黑体辐射定律的验证。

本实验通过计算机自动扫描系统和黑体辐射自动处理软件，可对系统扫描的谱线进行传递修正以及黑体修正，并给定同一色温下的绝对黑体的辐射谱线，以便进行比较验证。溴钨灯的工作电流与色温对应关系见表 4.2.1。

表 4.2.1　溴钨灯的工作电流与色温对应关系

电流/A	色温/K
1.40	2220
1.50	2330
1.60	2380
1.70	2450
1.80	2500
1.90	2550
2.00	2600
2.10	2680
2.20	2770
2.30	2860
2.50	2940

三、实验仪器

WGH-10 型黑体实验装置，由光栅单色仪、接收单元、扫描系统、电子放大器、A/D 采集单元、电压可调的稳压溴钨灯光源、计算机及输出设备组成。该设备集光学、精密机械、电子学、计算机技术于一体。光路图见图 4.2.2。

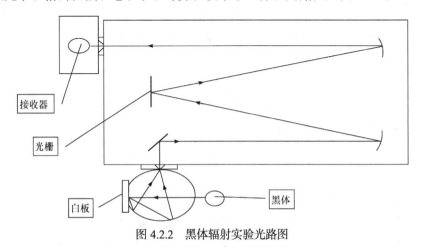

图 4.2.2　黑体辐射实验光路图

四、实验内容

(1) 打开黑体辐射实验系统电控箱电源及溴钨灯电源开关。

(2) 打开显示器电源开关及计算机电源开关启动计算机。

(3) 双击"黑体"图标进入黑体辐射系统软件主界面,设置:"工作方式"——"模式"为"能量"、"间隔"为"2nm"、"工作范围"——"起始波长"为"800.0nm"、"终止波长"为"2500.0nm"、"最大值"为"10000.0"、"最小值"为"0.0"。单击"传递函数"、"修正为黑体"。

(4) 调节溴钨灯工作电流为表 4.2.1,即色温为 2940K,单击"单程"计算传递函数。

(5) 单击选中"传递函数"、"修正为黑体"框。

(6) 单击黑体扫描记录溴钨灯光源在传递函数修正和黑体修正后的全谱存于寄存器-1 内。

(7) 改变溴钨灯工作电流,在表 4.2.1 中任选 5 个电流值,分别进行黑体扫描记录,输入相应的参数并分别存于 5 个寄存器内。

(8) 分别对各个寄存器内的数据进行归一化。

(9) 验证普朗克辐射定律(取 5 个点)。

(10) 验证斯特藩-玻尔兹曼定律。

(11) 验证维恩位移定律。

(12) 将以上所测辐射曲线与绝对黑体的理论曲线进行比较并分析之。

实验数据及数据处理如下:

(1) 验证普朗克辐射定律(取 5 个点)。

表 4.2.2　验证普朗克辐射定律数据记录表

I	T	λ/nm	$E_{\lambda T}$(理)	$E_{\lambda T}$(实)	η
2.50	2940	961.1	2828.4		
2.30	2860	1018.7	2467.4		
2.20	2770	1006.1	2095.4		
2.00	2600	1086.2	1529.8		
1.90	2550	1078.1	1381.2		

(2) 验证斯特藩-玻尔兹曼定律。

表 4.2.3　验证斯特藩-玻尔兹曼定律数据记录表

T	2940	2860	2770	2600	2550
E_T	3.9143	3.5290	3.0782	2.3570	2.1827

续表

T	2940	2860	2770	2600	2550
$T^4(10^{13})$	7.4712	6.6909	5.8873	4.5698	4.2283
$\sigma(10^{-14})$					
$\bar{\sigma}$					
$\sigma(理)$			5.670		
η					

(3) 验证维恩位移定律。

表 4.2.4　验证维恩位移定律数据记录表

$\lambda_{\max}$/nm	961.1	1017.8	1008.8	1058.3	1113.2
T/K	2940	2860	2770	2600	2550
A					
$\bar{A}$					
$A(理)$			2.896		
η					

五、注意事项

(1) 应先打开黑体实验装置，再运行程序，否则程序将报告硬件未准备好。

(2) 实验结束前，应先用检索功能将当前波长检索到 800nm，使机械系统受力最小，然后关闭应用程序，最后关闭黑体实验装置和溴钨灯。

(3) 调整狭缝时请注意调整范围(1～2.5mm)，不可过大或过小，以免造成对狭缝的损坏。

(4) 实验测得的数据是相对值。

六、思考题

(1) 实验为何能用溴钨灯进行黑体辐射测量并进行黑体辐射定律验证?

(2) 实验数据处理中为何要对数据进行归一化处理?

(3) 实验中使用的光谱分布辐射度与辐射能量密度有何关系?

参考资料

1. 汪志诚. 热力学 统计物理. 4 版. 北京: 高等教育出版社, 2008.

2. 黄昆. 固体物理学. 北京: 高等教育出版社, 2010.

3. 杨福家. 原子物理学. 5 版. 北京: 高等教育出版社, 2019.

4. WGH-10 型黑体实验装置说明书. 天津港东, 2009.

实验 4.3 热辐射成像

热辐射是 19 世纪发展起来的新学科, 至 19 世纪末该领域的研究达到顶峰, 以致量子论这个 "婴儿" 注定要从这里诞生。黑体辐射实验是量子论得以建立的关键性实验之一, 也是高校实验教学中一重要实验。物体由于具有温度而向外辐射电磁波的现象称为热辐射, 热辐射的光谱是连续谱, 波长覆盖范围理论上可从 0 到∞, 而一般的热辐射主要靠波长较长的可见光和红外线。物体在向外辐射的同时, 还将吸收从其他物体辐射的能量, 且物体辐射或吸收的能量与它的温度、表面积、黑度等因素有关。

一、实验目的

(1) 研究物体的辐射面、辐射体温度对物体辐射能力大小的影响, 并分析原因。

(2) 测量改变测试点与辐射体距离时, 物体辐射强度 P 和距离 S 以及距离的平方 S^2 的关系, 并描绘 P-S^2 曲线。

(3) 依据维恩位移定律, 测绘物体辐射能量与波长的关系图。

(4) 测量不同物体的防辐射能力, 你能够从中得到哪些启发? (选做)

(5) 了解红外成像原理, 根据热辐射原理测量发热物体的形貌(红外成像)。

二、实验原理

热辐射的真正研究是从基尔霍夫(G. R. Kirchhoff)开始的。1859 年他从理论上导入了辐射本领、吸收本领和黑体概念, 并利用热力学第二定律证明了一切物体的热辐射本领 $r(v, T)$ 与吸收本领 $\alpha(v, T)$ 成正比, 比值仅与频率 v 和温度 T 有关, 其数学表达式为

$$\frac{r(v,T)}{\alpha(v,T)} = F(v,T) \tag{4.3.1}$$

式中, $F(v,T)$ 是一个与物质无关的普适函数。1861 年他进一步指出, 在一定温度下用不透光的壁包围起来的空腔中的热辐射等同于黑体的热辐射。1879 年, 斯特藩(J. Stefan)从实验中总结出了黑体辐射的辐射本领 R 与物体绝对温度 T 四次方成正比的结论; 1884 年, 玻尔兹曼对上述结论给出了严格的理论证明, 其数学表

达式为

$$R_T = \sigma T^4 \tag{4.3.2}$$

即斯特藩-玻尔兹曼定律，其中 $\sigma = 5.673 \times 10^{-12} \, \mathrm{W \cdot cm^{-2} \cdot K^{-4}}$ 为玻尔兹曼常量。

1888 年，韦伯(H. F. Weber)提出了波长与绝对温度之积是一定的。1893 年维恩(W. Wien)从理论上进行了证明，其数学表达式为

$$\lambda_{\max} T = b \tag{4.3.3}$$

式中，$b = 2.8978 \times 10^{-3} \mathrm{m \cdot K}$ 为一普适常量，随温度的升高，绝对黑体光谱亮度的最大值的波长向短波方向移动，即维恩位移定律。

图 4.3.1 显示了黑体不同色温的辐射能量随波长的变化曲线，峰值波长 $\lambda_{\max}$ 与它的绝对温度 T 成反比。1896 年维恩推导出黑体辐射谱的函数形式

$$r_{(\lambda, T)} = \frac{\alpha c^2}{\lambda^5} \mathrm{e}^{-\beta c/(\lambda T)} \tag{4.3.4}$$

式中 α, β 为常数。该公式与实验数据比较，在短波区域符合得很好，但在长波部分出现系统偏差。为表彰维恩在热辐射研究方面的卓越贡献，1911 年授予他诺贝尔物理学奖。

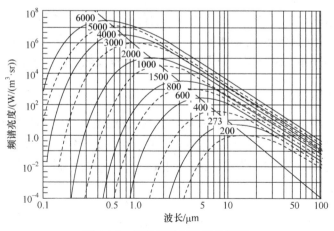

图 4.3.1　辐射能量与波长的关系

1900 年，英国物理学家瑞利(L. Rayleigh)从能量按自由度均分定律出发，推出了黑体辐射的能量分布公式

$$r_{(\lambda, T)} = \frac{2\pi c}{\lambda^4} KT \tag{4.3.5}$$

称为瑞利-金斯公式。该公式在长波部分与实验数据较相符，但在短波部分却出现了无穷值，而实验结果是趋于零。这部分严重的背离，称为"紫外灾难"。

1900 年德国物理学家普朗克(M. Planck)在总结前人工作的基础上，采用内插法将适用于短波的维恩公式和适用于长波的瑞利-金斯公式衔接起来，得到了在所有波段都与实验数据符合得很好的黑体辐射公式

$$r_{(\lambda,T)} = \frac{c_1}{\lambda^5} \cdot \frac{1}{e^{c_2/(\lambda T)} - 1} \tag{4.3.6}$$

式中，c_1，c_2 均为常数，但该公式的理论依据尚不清楚。

这一研究的结果促使普朗克进一步去探索该公式所蕴含的更深刻的物理本质。他发现如果作如下"量子"假设：对一定频率 ν 的电磁辐射，物体只能以 $h\nu$ 为单位吸收或发射它，也就是说，吸收或发射电磁辐射只能以"量子"的方式进行，每个"量子"的能量为 $E = h\nu$，称之为能量子。式中 h 是一个用实验来确定的比例系数，称为普朗克常量，它的数值是 6.62559×10^{-34} J · S。公式(4.3.6)中的 c_1，c_2 可表述为 $c_1 = 2\pi hc^2$，$c_2 = ch/k$，它们均与普朗克常量相关，分别称为第一辐射常量和第二辐射常量。

三、实验仪器

DHRH-1 测试仪、黑体辐射测试架、红外成像测试架、红外热辐射传感器、半自动扫描平台、光学导轨(60cm)、计算机软件以及专用连接线等。

四、实验内容

1. 物体温度以及物体表面对物体辐射能力的影响

(1) 将黑体热辐射测试架、红外传感器安装在光学导轨上，调整红外热辐射传感器的高度，使其正对模拟黑体(辐射体)中心，然后再调整黑体辐射测试架和红外热辐射传感器的距离为一较合适的距离并通过光具座上的紧固螺丝锁紧。

(2) 将黑体热辐射测试架上的加热电流输入端口和控温传感器端口分别通过专用连接线及 DHRH-1 测试仪面板上的相应端口相连；用专用连接线将红外传感器和 DHRH-I 面板上的专用接口相连；检查连线是否无误，确认无误后，开通电源，对辐射体进行加热，见图 4.3.2。

(3) 记录不同温度时的辐射强度，填入表 4.3.1 中，并绘制温度-辐射强度曲线图。

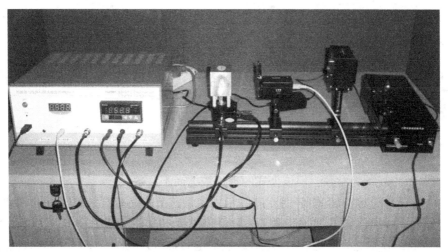

图 4.3.2　仪器连接图

表 4.3.1　黑体温度与辐射强度记录表

温度 t/℃	20	25	30	⋯	80
辐射强度 P/V					

注: 本实验可以动态测量, 也可以静态测量。静态测量时要设定不同的控制温度, 具体如何设置温度见控温表说明书。静态测量时, 由于控温需要时间, 用时较长, 故做此实验时建议采用动态测量。

(4) 将红外辐射传感器移开, 控温表设置在 60℃, 待温度控制好后, 将红外辐射传感器移至靠近辐射体处, 转动辐射体(辐射体较热, 请戴上手套进行旋转, 以免烫伤)测量不同辐射表面上的辐射强度(实验时, 保证热辐射传感器与待测辐射面距离相同, 便于分析和比较), 记录到表 4.3.2 中。

表 4.3.2　黑体表面与辐射强度记录表

黑体面	黑面	粗糙面	光面 1	光面 2(带孔)
辐射强度/V				

注: 光面 2 上有通光孔, 实验时可以分析光照对实验的影响。

(5) 黑体温度与辐射强度微机测量。

用计算机动态采集黑体温度与辐射强度之间的关系时, 先按照步骤(2)连好线, 然后把黑体热辐射测试架上的测温传感器 PT100Ⅱ 连至测试仪面板上的"PT100 传感器Ⅱ", 用 USB 电缆连接计算机与测试仪面板上的 USB 接口, 见图 4.3.2。

具体实验界面的操作以及实验案例详见安装软件上的帮助文档。

2. 探究黑体辐射和距离的关系

(1) 按照实验 1 的步骤(2)把线连接好, 连线图同图 4.3.2。

(2) 将黑体热辐射测试架紧固在光学导轨左端某处，红外传感器探头紧贴对准辐射体中心，稍微调整辐射体和红外传感器的位置，直至红外辐射传感器底座上的刻线对准光学导轨标尺上的一整刻度，并以此刻度为两者之间距离零点。

(3) 将红外传感器移至导轨另一端，并将辐射体的黑面转动到正对红外传感器。

(4) 将控温表头设置在 80℃，待温度控制稳定后移动红外传感器的位置，每移动一定的距离后记录测得的辐射强度，并记录在表 4.3.3 中，绘制辐射强度-距离图以及辐射强度-距离的平方图，即 $P\text{-}S$ 和 $P\text{-}S^2$ 图。

表 4.3.3　黑体辐射与距离关系记录表

距离 S/mm	400	380	⋯	0
辐射强度 P/mV				

注：实验过程中，辐射体温度较高，禁止触摸，以免烫伤。

(5) 分析绘制的图形，你能从中得出什么结论，黑体辐射是否具有类似光强和距离的平方成反比的规律？

3. 依据维恩位移定律，测绘物体辐射强度 P 与波长的关系图

(1) 按实验 1，测量不同温度时辐射体辐射强度和辐射体温度的关系并记录。
(2) 根据公式(4.3.3)，求出不同温度时的 λ_{max}。
(3) 根据不同温度下的辐射强度和对应的 λ_{max}，描绘 $P\text{-}\lambda_{max}$ 曲线图。
(4) 分析所描绘图形，并说明原因。

4. 测量不同物体的防辐射能力(选做)

(1) 分别测量在辐射体和红外辐射传感器之间放入物体板之前和之后，辐射强度的变化。

(2) 放入不同的物体板时，辐射体的辐射强度有何变化，分析原因，你能得出哪种物质的防辐射能力较好，从中你可以得到什么启发。

5. 红外成像实验(使用计算机)

(1) 将红外成像测试架放置在导轨左边，半自动扫描平台放置在导轨右边，将红外成像测试架上的加热输入端口和传感器端口分别通过专用连线同测试仪面板上的相应端口相连；将红外传感器安装在半自动扫描平台上，并用专用连接线将红外辐射传感器和面板上的输入接口相连，用 USB 连接线将测试仪与计算机连接起来，如图 4.3.3 所示。

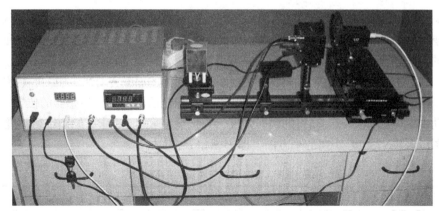

图 4.3.3   实验连接图

(2) 将一红外成像体放置在红外成像测试架上，设定温度控制器控温温度为 60℃或 70℃等，检查连线是否无误；确认无误后，开通电源，对红外成像体进行加热。

(3) 温度控制稳定后，将红外成像测试架向半自动扫描平台移近，使成像物体尽可能接近热辐射传感器(不能紧贴，防止高温烫坏传感器测试面板)。

(4) 启动扫描电机，开启采集器，采集成像物体横向辐射强度数据；手动调节红外成像测试架的纵向位置(每次向上移动相同坐标距离，调节杆上有刻度)，再次开启电机，采集成像物体横向辐射强度数据；计算机上将会显示全部的采集数据点以及成像图，软件具体操作详见软件界面上的帮助文档。

五、注意事项

(1) 实验过程中，当辐射体温度很高时，禁止触摸辐射体，以免烫伤。

(2) 测量不同辐射表面对辐射强度的影响时，辐射温度不要设置太高，转动辐射体时，应戴手套。

(3) 实验过程中，计算机在采集数据时不要触摸测试架，以免造成对传感器的干扰。

(4) 辐射体的光面 1 光洁度较高，应避免受损。

六、思考题

需要测量的是红外光辐射出射度，但采集卡采集到的只能是电压信号。应该如何给传感器定标呢？

参考资料

1. 杭州大华仪器制造有限公司. DHRH-1 热辐射与红外扫描成像装置实验说明书.

2. 安毓英, 刘继芳, 李庆辉. 光电子技术. 2 版. 北京: 电子工业出版社, 2007.

3. 汪志诚. 热力学 统计物理. 4 版. 北京: 高等教育出版社, 2008.

4. 杨福家. 原子物理学. 5 版. 北京: 高等教育出版社, 2019.

实验 4.4　氢原子光谱及里德伯常量的测量

20 世纪上半世纪中对氢原子光谱的种种研究在量子论的发展中多次起过重要作用。1913 年玻尔建立了半经典的氢原子理论, 成功地解释了包括巴耳末线系在内的氢光谱的规律。事实上氢的每一谱线都不是一条单独的线, 换言之, 都具有精细结构, 不过用普通的光谱仪器难以分析, 因而被当作单独一条而已。这一事实意味着氢原子的每一能级都具有精细结构。1916 年索末菲考虑到氢原子中电子在椭圆轨道上近日点的速度已经接近光速, 他根据相对论力学修正了玻尔的理论, 得到了氢原子能级精细结构的精确公式。但这仍是一个半经典理论的结果。1925 年薛定谔建立了波动力学(即量子力学中的薛定谔方程), 重新解释了玻尔理论所得到的氢原子能级。不久海森伯和约丹(1926 年)根据相对论性薛定谔方程推得一个比索末菲所得的在理论基础上更加坚实的结果; 将该结果与托马斯(1926 年)推得的电子自旋轨道相互作用的结果合并起来, 也得到了精确的氢原子能级精细结构公式。尽管如此, 根据该公式所得巴耳末系第一条的(理论)精细结构与不断发展着的精密测量中所得实验结果相比, 仍有约百分之几的微小差异。1947 年兰姆和李瑟福用射频波谱学方法, 进一步肯定了氢原子第二能级中轨道角动量为零的一个能级确实比上述精确公式所预言的高出 1057MHz(乘以普朗克常量即得相应的能量值), 这就是有名的兰姆移位。直到 1949 年, 利用量子电动力学理论将电子与电磁场的相互作用考虑在内, 这一事实才得到了解释, 成为量子电动力学的一项重要实验根据。

一、实验目的

(1) 观察氢原子的可见光谱。

(2) 了解读谱仪的结构, 掌握读谱仪的调节与使用方法。

(3) 通过测量氢原子可见光谱线的波长, 验证巴耳末公式。

(4) 测定氢原子的里德伯常量。

二、实验原理

1. 氢原子光谱线公式

在可见光区中氢的谱线可以用巴耳末的经验公式(1885 年)来表示, 即

$$\lambda = \lambda_0 \frac{n^2}{n^2 - 4} \tag{4.4.1}$$

式中，n 为整数，取值 3，4，5，…。通常这些氢谱线为巴耳末线系。为了更清楚地表明谱线分布的规律，将式(4.4.1)改写作

$$\frac{1}{\lambda} = \frac{4}{\lambda_0}\left(\frac{1}{4} - \frac{1}{n^2}\right) = R_H\left(\frac{1}{2^2} - \frac{1}{n^2}\right) \tag{4.4.2}$$

式中，R_H 称为氢的里德伯常量。上式右侧的整数 2 换成 1，3，4，…，可得氢的其他线系。以这些经验公式为基础，玻尔建立了氢原子的理论(玻尔模型)，从而解释了气体放电时的发光过程。根据玻尔理论，每条谱线对应于原子从一个能级跃迁到另一个能级所发射的光子。按照这个模型得到巴耳末线系的理论公式为

$$\frac{1}{\lambda} = \frac{1}{(4\pi\varepsilon_0)^2}\frac{2\pi^2 m e^4}{h^3 c\left(1 + \dfrac{m}{M}\right)}\left(\frac{1}{2^2} - \frac{1}{n^2}\right) \tag{4.4.3}$$

式中，ε_0 为真空中介电常量；h 为普朗克常量；c 为光速；e 为电子电荷；m 为电子质量；M 为氢核的质量。这样，不仅给予巴耳末的经验公式以物理解释，而且使里德伯常量和许多基本物理常量联系起来了。即

$$R_H = R_\infty\left(1 + \frac{m}{M}\right)^{-1} \tag{4.4.4}$$

其中，R_∞ 为将核的质量视为∞(即假定核固定不动)时的里德伯常量

$$R_\infty = \frac{1}{(4\pi\varepsilon_0)^2}\frac{2\pi^2 m e^4}{h^3 c} \tag{4.4.5}$$

比较式(4.4.2)和式(4.4.3)，可以看出它们在形式上是一样的。因此，式(4.4.3)和实验结果的符合程度成为检验玻尔理论正确性的重要依据之一。实验表明式(4.4.3)与实验数据的符合程度是相当高的。当然，就其对理论发展的作用来讲，验证公式(4.4.3)在目前的科学研究不再是个问题。但是，由于里德伯常量的测定比起一般的基本物理常量来可以达到更高的精度，因而成为调准基本物理常数值的重要依据之一，占有更重要的地位。目前的公认为

$$R_\infty = (10973731.534 \pm 0.013)\text{m}^{-1}$$

设 M 为质子的质量，则

$$m/M = (5446170.13 + 0.11)\times 10^{-10}$$

代入式(4.4.4)中可得

$$R_{\mathrm{H}} = (10967758.306 \pm 0.013)\mathrm{m}^{-1}$$

氢原子光谱系见表 4.4.1。

表 4.4.1　氢原子光谱

k	1	2	3	4	5	6
n	2、3、…	3、4、…	4、5、…	5、6、…	6、7、…	7、8、…
谱系名	莱曼	巴耳末	帕邢	布拉开	普—德	…
区段	紫外	可见	红外	红外	远红外	…
极限波长/nm (k^2 / R_{H})	91.13	364.51	820.14	1.458×10^3	2.278×10^3	…

2. 曲线拟合法

在式(4.4.2)和式(4.4.3)中，不同的 k 对应不同的线系，不同的 n 对应同一线系中不同的谱线。注意到谱线位置的测量值是相对的，所以必须用已知波长的谱线作为基准。本实验中的基准是氦氖灯的谱线。实验方法是先分别通过目镜观察氦氖谱线和氢谱，然后用读数显微镜测出氢红谱线(波长为 λ_{H})及其两侧近邻的(已知波长分别为 λ_1 和 λ_2)氦氖谱线的位置 y_1、y_{H} 和 y_2。假定波长与位置间呈线性关系，由式(4.4.4)可算出 λ_{H} ，如图 4.4.1 所示。

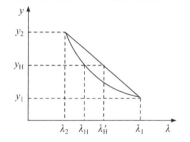

$$\lambda'_{\mathrm{H}} = \lambda_1 - \frac{y_{\mathrm{H}} - y_1}{y_2 - y_1}(\lambda_1 - \lambda_2) \qquad (4.4.6)$$

图 4.4.1　谱线位置与波长的
线性拟合

很明显，由式(4.4.4)求出的波长是不准确的，因为实际上光谱线的波长和位置并不呈线性关系。假定谱线位置与波长间满足

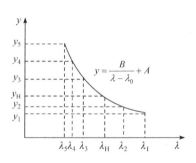

图 4.4.2　谱线位置与波长
的最小二乘法拟合

$$y = \frac{B}{\lambda - \lambda_0} + A \qquad (4.4.7)$$

如果知道 A 、B 、λ_0 三个常数，则位置 y 与波长就一一对应。为决定这三个常数，要采用最小二乘法。其基本思想是选取常数使由式(4.4.7)决定的曲线离已知的点的距离最近，如图 4.4.2 所示。计算机拟合曲线的步骤是：

(1) 预先设定某一 λ_0 值。

(2) 根据实验数据 y_i 和 $\lambda_i (i = 1, 2, 3, 4, 5)$，计算中间变量 $x_i = 1 / (\lambda_i - \lambda_0)$ 。

(3) 对 y_i 和 x_i 作线性回归，求出系数 B 及常数 A，同时求出 $M = \sum_i (y_i - Bx_i - A)^2$。

(4) 对不同的 λ_0 值重复上述步骤，比较所得的 M 值，最后用逐次逼近法求出一个 $\lambda_0 = \lambda_c$，使 M 取最小值。

(5) $y = \dfrac{B}{\lambda - \lambda_c} + A$ 即为所求函数。

根据棱镜色散参数及摄谱仪结构参数进行具体的计算表明，在可见光范围内，当 $\lambda_1 - \lambda_5 \leqslant 80\text{nm}$ 时，拟合过程本身所产生的附加误差不大于位置读数偏差 0.001mm 所对应的误差分量，也就是说拟合方法本身所产生的附加误差可以忽略不计。

三、实验仪器

实验器材有：WPL-2 型读谱仪、氢灯、氦氖灯、会聚透镜。

WPL-2 型读谱仪装置简图如图 4.4.3 所示。

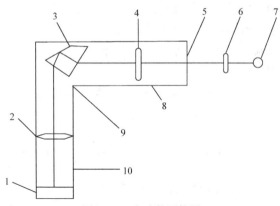

图 4.4.3　实验装置简图

1. 目镜；2. 出射物镜；3. 恒偏向棱镜；4. 入射物镜；5. 入射狭缝；
6. 会聚透镜；7. 光源；8. 平行光管系统；9. 色散系统；10. 接收系统

读谱仪是由棱镜摄谱仪改进设计而成的。它是利用棱镜分光来观察光谱的光学仪器。其结构大致可以分为三部分：平行光管系统、色散系统、接收系统。

1. 平行光管系统

平行光管系统包括入射狭缝和入射物镜。入射物镜的作用是使入射狭缝发出的光线变成平行光，所以入射狭缝应放在入射物镜的焦平面上。

2. 色散系统

色散系统实际上就是一个恒偏向棱镜，如图 4.4.4 所示。它的作用是将光束分解，使不同波长的单色光束沿不同的方向射出。符合最小偏向角条件的单色光，其入射光束和出射光束的夹角为 90°。

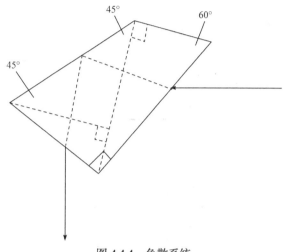

图 4.4.4　色散系统

3. 接收系统

接收系统由出射物镜及放在该物镜焦平面上的目镜组成。不同方向的单色光束经出射物镜聚焦，在其焦平面上得到连续或不连续的依照波长次序排列的入射狭缝的单色像，即光谱。读不同位置处的谱线时，可以使用水平方向左右移动的手轮、丝杠、滑块、导轨和支架，还包括读出目镜位置用的标尺和 100 分度的手轮刻度。手轮转一圈平移 1mm，每分度 0.01mm，要求估读到 0.1 分度。目镜内的叉丝用来对准被测谱线的中心。

四、实验内容

(1) 中心波长调节。中心波长调节就是棱镜位置调节。为了在读谱时能将在可见光范围内的氢谱线清晰读出，则要将固定波长的谱线置于看谱管的中间，称为中心波长，使之与看谱管视场内的小指针对齐。本实验的中心波长采用汞谱中 435.8nm 谱线。点燃汞灯，打开狭缝，移动会聚透镜，使汞灯成像在狭缝上。旋转波长鼓轮，当波长鼓轮转到 435 刻线时，调整恒偏棱镜的位置，在看谱管视场内小指针尖端指在 435.8nm 时压紧恒偏向棱镜(此步骤实验室已调好)。

(2) 观察氦氖光谱。点燃氦氖灯，调整会聚透镜的位置，聚焦于狭缝附近，调整灯位置使灯像与狭缝重合。从测目镜中观察氦氖谱线，调整会聚透镜的位置使谱线最清晰。

(3) 转动测微目镜鼓轮，使主尺位于5mm附近。微调测微目镜倾角，使十字叉丝交点位于红光谱区。

(4) 把氦氖灯换成氢灯，调节测微目镜倾角使氢红线清晰，把十字叉丝交点对准氢红线。

(5) 再换成氦氖灯，依次记录氢红线左侧 1、2 谱线(波长 λ_1、λ_2 已知，见表 4.4.2)位置 y_1、y_2。谱线位置如图 4.4.5 所示(注意：测位置时使鼓轮从左向右沿一个方向转动，以消除空程差)。

表 4.4.2　空程数据记录表

	序号	波长 λ/nm	位置 y/mm		
			第一次	第二次	第三次
氦氖谱线	1	667.8276			
	2	659.8953			
	3	653.2880			
	4	650.6530			
	5	640.2250			
氢红谱线	位置 y_{Hi}/mm				
	波长 λ_{Hi}/nm				
	$\bar{\lambda}_H$				

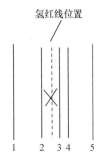

图 4.4.5　氦氖灯谱线位置

(6) 再换成氢灯，测出氢红线位置 y_H (此时测 y_H，就是为防止鼓轮倒转)。

(7) 再换成氦氖灯，依次记录氢红线右侧 3、4、5 谱线(波长 λ_3、λ_4、λ_5 已知，见表 4.4.2)位置 y_3、y_4、y_5。

(8) 重复测量三次，把测量结果填入表 4.4.2 中。

① 利用计算机算出氢红线波长 λ_{H1}、λ_{H2}、λ_{H3}，求出平均值 $\bar{\lambda}_H$，填入表 4.4.2 中。

② 求真空中氢红线的波长 $\lambda_H = n\bar{\lambda}_H$ (空气的折射率 $n = 1.00028$)。

③ 求里德伯常量。把 λ_H 代入

$$\frac{1}{\lambda_{\mathrm{H}}} = R_{\mathrm{H}}\left(\frac{1}{2^2} - \frac{1}{3^2}\right)$$

求得 $R_{\mathrm{H实}}$，并与公认值 $R_{\mathrm{H}} = (10967758.306 \pm 0.013)\mathrm{m}^{-1}$ 相比较，并求出相对误差。

五、注意事项

(1) 摄谱仪是贵重精密仪器，使用时必须小心爱护。特别是狭缝，实验室已调好，不宜再动。仪器不用时，要随时关闭遮光板和装上底片匣，以保护狭缝和防尘。

(2) 调节光源时，必须按安全操作规程进行。

六、思考题

1. 在可见光范围内可以观察到几条氢原子谱线？(已知可见光的波长范围是 $455\sim780\mathrm{nm}$)

2. 为什么测位置时要使鼓轮从左向右沿一个方向转动？

3. 对氦氖谱线位置的测定在本实验中起什么作用？

参考资料

1. 杨福家. 原子物理学. 5 版. 北京: 高等教育出版社, 2019.

2. 曾谨言. 量子力学(卷Ⅰ). 4 版. 北京: 科学出版社, 2007.

3. http://www.pe.gxnu.edu.cn/yzwl/UpLoadFiles/jxzl/2009-10/2009101212075635286.doc, 氢原子光谱的研究. 2011.

4. http://wlsy.haust.edu.cn/admin/upload/200861231614267.doc, 氢原子光谱的观察与测定. 2011.

实验 4.5 原子吸收光谱实验

原子吸收光谱法又称原子吸收分光光度分析法(atom absorption spectroscopy)，于 20 世纪 50 年代由澳大利亚物理学家沃尔什(A. Walsh)提出，在 60 年代发展起来的一种金属元素分析方法。它是基于含待测组分的原子蒸气对自己光源辐射出来的待测元素的特征谱线(或光波)的吸收作用来进行定量分析的。由于原子吸收分光光度计中所用空心阴极灯的专属性很强，因此，一般不会发射那些与待测金属元素相近的谱线，所以原子吸收分光光度法的选择性高，干扰较少且易克服。而且在一定的实验条件下，原子蒸气中的基态原子数比激发态原子数多得多，故测定的是大部分的基态原子，这就使得该法测定的灵敏度较高。由此可见，原子吸收分光光度法是特效性、准确性和灵敏度都很好的一种金属元素定量分析法。

一、实验目的

(1) 掌握原子吸收分光光度法分析金属元素的工作原理。

(2) 掌握原子吸收分光光度计的实验技术。

二、实验原理

原子光谱是由于其价电子在不同能级间发生跃迁而产生的。当原子受到外界能量的激发时，根据能量的不同，其价电子会跃迁到不同的能级上。电子从基态跃迁到能量最低的第一激发态时要吸收一定的能量，同时由于其不稳定，会在很短的时间内跃迁回基态，并以光波的形式辐射同样的能量。这种谱线称为共振发射线(简称共振线)；使电子从基态跃迁到第一激发态所产生的吸收谱线称为共振吸收线(亦称共振线)。

根据 $\Delta E = h\nu$ 可知，各种元素的原子结构及其外层电子排布的不同，则核外电子从基态受激发而跃迁到其第一激发态所需要的能量也不同，同样，再跃迁回基态时所发射的光波频率即元素的共振线也就不同，所以这种共振线就是所谓的元素的特征谱线。加之从基态跃迁到第一激发态的直接跃迁最易发生，因此对于大多数的元素来说，共振线就是元素的灵敏线。

在原子吸收分析中，就是利用处于基态的待测原子蒸气对从光源辐射的共振线的吸收来进行的。

吸收定律与谱线轮廓：

让不同频率的光(入射光强度为 $I_{0\nu}$)通过待测元素的原子蒸气，则有一部分光将被吸收，其透光强度 I_ν 与原子蒸气的宽度 L(即火焰的宽度)的关系，同有色溶液吸收入射光的情况类似，遵从 Lembert 定律

$$A = \lg I_{0\nu}/I_\nu = K_\nu \cdot L \tag{4.5.1}$$

其中，K_ν 为吸光系数，所以有

$$I_\nu = I_{0\nu} \cdot e^{-K_\nu \cdot L} \tag{4.5.2}$$

吸光系数 K_ν 将随光源频率的变化而变化。

这种情况可称为原子蒸气在特征频率 ν_0 处有吸收线。若将 K_ν 随 ν 的变化关系作图则可得图 4.5.1(b)。原子从基态跃迁到激发态所吸收的谱线并不是绝对单色的几何线，而是具有一定的宽度，常称为谱线的轮廓(形状)。此时可用吸收线的半宽度 $(\Delta\nu)$ 来表示吸收线的轮廓。图中，ν_0 称为中心频率，$\Delta\nu$ 为吸收线半宽度 $(0.001\sim0.005\text{Å})$。当然，共振发射线也有一定的谱线宽度，不过要小得多 $(0.0005\sim 0.002\text{Å})$。

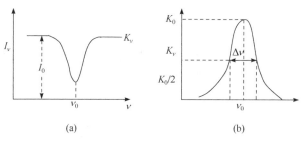

图 4.5.1　(a) 吸收强度与频率关系；(b) 谱线轮廓

在原子吸收分析中，常将原子蒸气所吸收的全部能量称为积分吸收，即吸收线下所包括的整个面积。依据经典色散理论，积分吸收与原子蒸气中基态原子的密度有如下关系：

$$\int K_v \mathrm{d}v = \left(e^2/(mc)\right) \cdot N_0 \cdot f \tag{4.5.3}$$

式中，e 为电子电荷；m 为电子质量；c 为光速；N_0 为单位体积的原子蒸气中吸收辐射的基态原子数，即原子密度；f 为振子强度(代表每个原子中能够吸收或发射特定频率光的平均电子数，通常可视为定值)。

该式表明，积分吸收与单位体积原子蒸气中吸收辐射的原子数呈简单的线性关系，它是原子吸收分析法的一个重要理论基础。因此，若能测定积分值，即可计算出待测元素的原子密度，从而使原子吸收分析法成为一种绝对测量法。但要测得半宽度为 0.001～0.005Å 的吸收线的积分值是相当困难的。所以，直到 1955 年才由 A.Walsh 提出解决的办法，即以锐线光源(能发射半宽度很窄的发射线的光源)来测量谱线的峰值吸收，并以峰值吸收值来代表吸收线的积分值。

根据光源发射线半宽度 Δv_e 小于吸收线的半宽度 Δv_a 的条件，经过数学推导与数学上的处理，可得到吸光度与原子蒸气中待测元素的基态原子数存在线性关系，即

$$A = k \cdot N_0 \cdot L \tag{4.5.4}$$

为实现峰值吸收的测量，除要求光源的发射线半宽度 $\Delta v_e < \Delta v_a$ 外，还必须使发射线的中心频率 (v_0) 恰好与吸收线的中心频率 (v_0) 相重合。这就是在测定时需要一个用待测元素的材料制成的锐线光源作为特征谱线发射源的原因。

在原子吸收分析仪中，常用火焰原子化法把试液进行原子化，且其温度一般小于 3000K。在这个温度下，虽有部分试液原子可能被激发为激发态原子，但大部分的试液原子是处于基态的。也就是说，在原子蒸气中既有激发态原子，也有基态原子，且两状态的原子数之比在一定的温度下是一个相对确定的值，它们的比例关系可用玻尔兹曼(Boltzmann)方程来表示

$$N_j/N_0 = (P_j/P_0)\cdot\mathrm{e}^{-(E_j-E_0)/(kT)} \tag{4.5.5}$$

式中，N_j 与 N_0 分别为激发态和基态原子数；P_j 与 P_0 分别为激发态和基态能级的统计权重；k 为玻尔兹曼常量；T 为绝对温度。

对共振吸收线来说，电子从基态跃迁到第一激发态，则 $E_0=0$，所以

$$N_j/N_0 = (P_j/P_0)\cdot\mathrm{e}^{-E_j/(kT)} = (P_j/P_0)\cdot\mathrm{e}^{-h\nu/(kT)} \tag{4.5.6}$$

在原子光谱法中，对于一定波长的谱线，P_j/P_0 和 E_j 均为定值，因此，只要 T 值确定，则 N_j/N_0 即为可知。

由于火焰原子化法中的火焰温度一般都小于 3000K，且大多数共振线的频率均小于 6000Å，因此，多数元素的 N_j/N_0 都较小(<1%)，所以，在火焰中激发态的原子数远远小于基态原子数，故可以用 N_0 代替吸收发射线的原子总数。但在实际工作中测定的是待测组分的浓度，而此浓度又与待测元素吸收辐射的原子总数成正比，因而在一定的温度和一定的火焰宽度(L)条件下，待测试液对特征谱线的吸收程度(吸光度 A)与待测组分的浓度 C 的关系符合比尔定律

$$A = K'\cdot C \tag{4.5.7}$$

所以，原子吸收分析法通过测量试液的吸光度即可确定待测元素的含量。

三、实验仪器

原子吸收光谱仪(图 4.5.2)有以下几个最基本的组成部分：光源、原子化器、单色器和检测器。

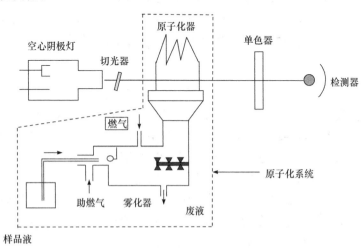

图 4.5.2　原子吸收仪器结构示意图

1. 光源

提供含有待测元素的特征辐射光谱。常见的有空芯阴极灯、无极放电灯和高强度空芯阴极灯。

优良的光源应具有下列的性能：

(1) 使用寿命长，一般要求达到 $5000mA \cdot h$。

(2) 发射的共振线强度高。

(3) 共振线宽度窄。

(4) 背景强度低，低于特征共振辐射强度的 1%。

(5) 稳定性好，预热 30min 后，在 30min 内，漂移应小于 1%。

2. 原子化器

在原子吸收光谱分析中，将样品中的被分析元素成转化成基态自由原子，是原子吸收光谱仪中最重要和最关键的部件，是直接决定仪器分析灵敏度的关键因素。常用的原子化器有火焰原子化器、石墨炉原子化器和低温原子化器。

3. 单色器

目前商品原子吸收光谱仪普遍采用光栅单色器。单色器由入射狭缝、准直镜、光栅、成像物镜和出口狭缝组成。单色器的作用是将待测元素的共振线分出而把其他波长的谱线隔掉，仅让共振线通过出射狭缝照射到光电倍增管上。

4. 检测器

光谱仪器中，检测器用来完成光电信号的转换，即将光信号转化成电信号，原子吸收光谱仪通常采用的是光电倍增管，准确地将光强测出，转换成电信号。元素灯发出的光谱线被待测元素的基态原子吸收后，经单色器便分选出特征的光谱线，送入光电倍增管中，将光信号转变为电信号，此信号经前置放大和交流放大后进入解调器进行同步检波，得到一个和输入信号成正比的直流信号。再把直流信号进行对数转换、标尺扩展，最后用读数器读数或记录。

光度计系统见图 4.5.3。光学系统的示意图见图 4.5.4。

光学系统：从空心阴极灯和氘灯发射的光，通过半透半反镜分成样品光束和参比光束。从空心阴极灯和氘灯结合成的样品光束，通过原子化部分时被原子或共存物质背景所吸收，然后通过单色器进入到检测器。参比光束通过的空间没有被样品吸收，直接通过单色器进入到检测器。

样品和参比光束在进入单色器前，由斩光镜的设置被交替检测，得到交替接

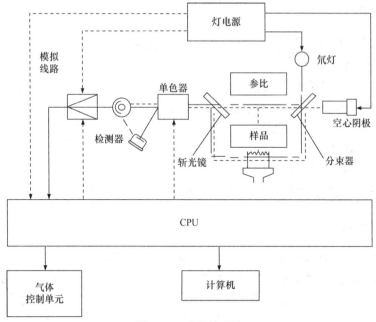

图 4.5.3　光度计系统

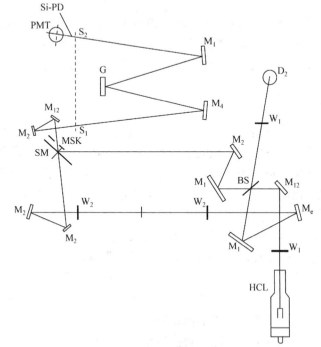

图 4.5.4　光学系统的示意图

HCL：空心阴极灯；$M_1 \sim M_6$：镜；D_2：氘灯；S_1，S_2：狭缝；BS：分束器；
G：衍射光栅；　$W_1 \sim W_4$：窗板；PMT：光电倍增管；SM：斩光镜；Si-PD：半导体检测器

收的信号之间的差,从而可以降低基线的漂移。由于使用的是斩光镜,因此样品光束和参比光束没有光通量的损失。

单色器是 Czerny-Turner 型高分辨率单色器。波长旋转衍射光栅得到选择,把待测元素的光谱与其他光谱分开。

波长选择采用马达直接驱动机构全自动进行。所有的光学元件通过石英窗板的屏蔽与外界空气隔离,不受尘土和腐蚀性气体的侵害。

四、实验内容

(1) 仪器检查:检查各部分是否正常。

(2) 装上待测元素的空心阴极灯。

(3) 打开总电源。

(4) 打开光度计的电源。

(5) 打开计算机。

(6) 待光度计自检完毕后,单击 WinAAS 软件,从元素周期表上选择待测元素,调节好空心阴极灯位置,将灯电流调到规定值。

(7) 选择狭缝宽度,调节波长。

(8) 调节燃烧器高度。

(9) 启动空气压缩机,打开乙炔钢瓶总阀,将分压调至 0.08～0.15MPa,点燃火焰,调节能量。

(10) 选择测量条件与分析条件。

(11) 进行标准曲线和样品的测量。

(12) 计算分析结果。

五、注意事项

(1) 乙炔为易燃、易爆气体,必须严格按照操作步骤进行。在点燃乙炔火焰之前,应先开空气,后开乙炔;结束或暂停实验时,应先关乙炔,后关空气。必须切记以保障安全。

(2) 乙炔钢瓶为左旋开启,开瓶时,出口处不准有人,要慢开启,不能过猛,否则冲击气流会使温度过高,易引起燃烧或爆炸。开瓶时,阀门不要充分打开,旋开不应超过 1.5 转。

参考资料

1. 邓勃, 迟锡增, 刘明钟, 等. 应用原子吸收与原子荧光光谱分析. 北京: 化学工业出版社, 2003.

2. 邱德仁. 原子光谱分析. 上海: 复旦大学出版社, 2002.

3. 孙汉文. 原子光谱学与痕量分析研究. 保定: 河北大学出版社, 2001.

4. 孙汉文. 原子光谱分析. 北京: 高等教育出版社, 2002.

5. 杨福家. 原子物理学. 5 版. 北京: 高等教育出版社, 2019.

6. 清华大学教学软件库. 原子吸收光谱法.

7. 岛津原子吸收分光光度计 AA-6300(P/N 206-51800)使用说明书. 岛津公司, 2002.

附　　录

一、测定条件的选择

商品原子吸收仪中预先存在资料库中各元素的分析条件通常都是厂商用标准溶液得到的或从文献中搜集到的针对某一特定基体样品的分析条件, 一般来说不能作为自己实际测定样品的最优条件使用, 只可作为选择分析条件的参考, 因为测定某一试样的最佳条件未必对另一试样中同一元素的测定也适用。在进行原子吸收光谱测定时, 为了获得灵敏、重现性好和准确的结果, 应对测定条件进行优选。

1. 仪器工作条件的选择

1) 分析线

一个元素若有多条分析线, 通常采用最灵敏线, 但也要根据样品中被测元素的含量来选择。例如测定钴时, 为了得到最高灵敏度, 应使用 240.7nm 谱线, 但要得到较高精度, 而且钴的含量较高时, 最好使用较强的 352.7nm 谱线。也要考虑干扰问题, 如测定铅时, 为了克服短波区域的背景吸收和噪声, 不使用 217.0nm 灵敏线而用 283.3nm 谱线。

2) 光谱通带

它是指单色仪出口狭缝包含波长的范围。$\Delta\lambda = D \times S$, $\Delta\lambda$ 为通带, D 为线色散率倒数, S 为出口狭缝宽度。狭缝宽度直接影响光谱通带宽度与检测器接收的能量。选择通带宽度是以吸收线附近无干扰谱线存在并能够分开最靠近的非共振线为原则, 适当放宽狭缝宽度, 以增加检测的能量, 提高信噪比和测定的稳定性。过小的光谱通带使可利用的光强度减弱, 不利于测定。合适的狭缝宽度由实验确定。测定每一种元素都需选择合适的通带, 对谱线复杂的元素(如铁、钴、镍等)就要采用较窄的通带, 否则会使工作曲线线性范围变窄。以不引起吸光度减小的最大狭缝宽度, 即为应选取的合适的狭缝宽度。

3) 灯电流

空心阴极灯的发射特征与灯电流有关, 一般要预热 10~30min 才能达到稳定的输出。灯电流小，发射线半峰宽窄，放电不稳定，光谱输出强度小，灵敏度高。灯电流大，发射线强度大，发射谱线变宽，但谱线轮廓变坏，导致灵敏度下降，信噪比大，灯寿命缩短。因此，必须选择合适的灯电流。选择灯电流的一般原则是，在保证有足够强且稳定的光强输出条件下尽量使用较低的工作电流。通常以空心阴极灯上标明的最大灯电流的 1/2 至 2/3 为工作电流。

4) 对光

在调节燃烧头时，使其缝口正好在光束的中央，升高或降低燃烧器使光束正好在缝口上方。点燃火焰，吸入一个标准溶液，对燃烧器再进行调节，直到获得最大吸光度。

2. 原子化条件的选择

1) 火焰类型和特性

(1) 火焰类型。在火焰原子化法中，火焰类型和特性是影响原子化效率的主要因素。原子吸收测定中最常用的火焰是乙炔-空气火焰，此外，应用较多的是氢-空气火焰和乙炔-氧化亚氮高温火焰。乙炔-空气火焰燃烧稳定，重现性好，噪声低，燃烧速度不是很大，温度足够高(约 2300℃)，对大多数元素有足够的灵敏度。氢-空气火焰是氧化性火焰，燃烧速度较乙炔-空气火焰高，但温度较低(约 2050℃)，优点是背景发射较弱，透射性能好。乙炔-氧化亚氮火焰的特点是火焰温度高(约 2955℃)，而燃烧速度并不快，是目前应用较广泛的一种高温火焰，用它可测定 70 多种元素。

(2) 火焰特性。火焰中燃烧气体由燃气与助燃气混合组成。不同种类火焰，其性质各不相同，应该根据测定需要，选择合适种类的火焰，通常使用空气-乙炔气火焰。通过绘制吸光度-燃气、助燃气流量曲线，选出最佳的助燃气和燃气流量。一般空气-乙炔火焰的流量在 3∶1 到 4∶1 之间。贫燃火焰(助燃比 1∶4～6)为清晰不发亮蓝焰，适于不易生成氧化物的元素的测定。富燃火焰(助燃比 1.2～1.5∶4)发亮，还原性比较强。适合于易生成氧化物的元素的测定。

2) 燃烧器高度

在火焰中进行原子化的过程是一种极为复杂的反应过程。不同元素在火焰中形成的基态原子的最佳浓度区域高度不同，因而灵敏度也不同，选择燃烧器高度以使光束从原子浓度最大的区域通过。燃烧器高度影响测定灵敏度、稳定性和干扰程度。一般地讲，在燃烧器狭缝口上方 2～5mm 附近处火焰具有最大的基态原子密度，灵敏度最高，但对于不同测定元素和不同性质的火焰而有所不同。最佳的燃烧器高度可通过绘制吸光度-燃烧器高度曲线来优选。

3) 程序升温的条件选择

在石墨炉原子化法中，应合理选择干燥、灰化、原子化及除残温度与时间。

(1) 干燥阶段：干燥条件直接影响分析结果的重现性。干燥温度应稍低于溶剂沸点，以防止试液飞溅，又应有较快的蒸干速度。条件选择是否得当可以用蒸馏水或者空白溶液进行检查。干燥时间可以调节，并和干燥温度相配合。

(2) 灰化阶段：在保证被测元素没有损失的前提下应尽可能使用较高的灰化温度。一般来说，较低的灰化温度和较短的灰化时间有利于减小待测元素的损失。对中、高温元素，使用较高的灰化温度不易发生损失，而对低温元素，因为它较易损失，所以不能用提高灰化温度的方法来降低干扰。

(3) 原子化阶段：原子化温度的选择原则是选用达到最大吸收信号的最低温度作为原子化温度，这样可以延长石墨管的使用寿命。但是原子化温度过低，除了造成峰值灵敏度降低外，重现性也将受到影响。原子化时间应以保证完全原子化为准。

(4) 除残阶段：除残的目的是消除残留物产生的记忆效应，除残温度应高于原子化温度。一些石墨管材料的纯度不够，特别是分析一些常见元素时，空白值较高。如果在测定前不进行热排除，即使不加样品，原子化阶段也会出现吸收信号，将影响测定。可以按通常加热程序进行"空烧"处理石墨管，"空烧"时的原子化温度比应测定吸光度随进样量的变化，达到最满意的吸光度的进样量，即为应选择的进样量。分析时使用的温度要高。

3. 进样量选择

进样量过小，吸收信号弱，不便于测量；进样量过大，在火焰原子化法中，对火焰产生冷却效应，在石墨炉原子化法中，会增加除残的困难。在实际工作中，应测定吸光度随进样量的变化，达到最满意的吸光度的进样量，即为应选择的进样量。

表 4.5.1 为火焰原子吸收分析测定条件表，表 4.5.2 为火焰发射分析线波长表。

表 4.5.1　火焰原子吸收分析测定条件表

元素	波长/nm	L233/mA	L2433/mA	狭缝/nm	火焰类型	流量/min⁻¹	燃烧器高度/mm
Ag	328.1	10	10/400	0.7	空气-乙炔	2.2	7
Al	309.3	10	10/600	0.7	氧化亚氮-乙炔	7.0	11
As(H)	193.7	12	12/500	0.7	空气-乙炔	2.0	〈HVG-1〉
Au	242.8	10	10/400	0.7	空气-乙炔	1.8	7
B	249.7	16	10/500	0.2	氧化亚氮-乙炔	7.7	11

续表

元素	波长/nm	L233/mA	L2433/mA	狭缝/nm	火焰类型	流量/min⁻¹	燃烧器高度/mm
Ba	553.5	16	12/600	0.2	氧化亚氮-乙炔	6.7	11
Be	234.9	16	10/600	0.7	氧化亚氮-乙炔	7.0	11
Bi(H)	223.1	10	10/300	0.7	空气-乙炔	2.0	〈HVG-1〉
Bi	223.1	10	10/300	0.7	空气-乙炔	2.2	7
Ca(1)	422.7	10	10/600	0.7	空气-乙炔	2.0	7
Ca(2)	422.7	10	10/600	0.7	氧化亚氮-乙炔	6.5	11
Cd	228.8	8	8/100	0.7	空气-乙炔	1.8	7
Co	240.7	12	12/400	0.2	空气-乙炔	1.6	7
Cr	357.9	10	10/600	0.7	空气-乙炔	2.8	9
Cs	852.1	16		0.7	空气-乙炔	1.8	7
Cu	324.8	6	10/500	0.7	空气-乙炔	1.8	7
Dy	421.2	14	15/600	0.2	氧化亚氮-乙炔	7.0	11
Er	400.8	14	15/500	0.7	氧化亚氮-乙炔	7.0	11
Eu	459.4	14	10/600	0.7	氧化亚氮-乙炔	7.0	11
Fe	248.3	12	12/400	0.2	空气-乙炔	2.2	9
Ga	287.4	4	4/400	0.2	空气-乙炔	1.8	7
Gd	368.4	12		0.2	氧化亚氮-乙炔	7.0	11
Ge	265.2	18	20/500	0.2	氧化亚氮-乙炔	7.8	11
Hf	307.3	24	20/600	0.2	氧化亚氮-乙炔	7.0	11
Hg	253.7	4		0.7	用汞冷蒸汽技术		
Ho	410.4	14	10/600	0.2	氧化亚氮-乙炔	7.0	11
Ir	208.8	20		0.2	空气-乙炔	2.2	7
K	766.5	10	8/600	0.7	空气-乙炔	2.0	7
La	550.1	18	18/600	0.7	氧化亚氮-乙炔	7.5	11
Li	670.8	8	8/500	0.7	空气-乙炔	1.8	7
Lu	360.0	14		0.7	氧化亚氮-乙炔	7.0	11
Mg	285.2	8	8/500	0.7	空气-乙炔	1.8	7
Mn	279.5	10	10/600	0.2	空气-乙炔	2.0	7
Mo	313.3	10	10/500	0.7	氧化亚氮-乙炔	7.0	11

元素	波长/nm	L233/mA	L2433/mA	狭缝/nm	火焰类型	流量/min⁻¹	燃烧器高度/mm
Na	589.0	12	8/600	0.2	空气-乙炔	1.8	7
Nb	334.9	24		0.2	氧化亚氮-乙炔	7.0	11
Ni	232.0	12	10/400	0.2	空气-乙炔	1.6	7
Os	290.9	14		0.2	氧化亚氮-乙炔	7.0	11
Pb(1)	217.0	12	8/300	0.7	空气-乙炔	2.0	7
Pb(2)	283.3	10	8/300	0.7	空气-乙炔	2.0	7
Pd	247.6	10	10/300	0.7	空气-乙炔	1.8	7
Pr	495.1	14		0.7	氧化亚氮-乙炔	7.0	11
Pt	265.9	14	10/300	0.7	空气-乙炔	1.8	7
Rb	780.0	14		0.2	空气-乙炔	1.8	7
Re	346.0	20		0.2	氧化亚氮-乙炔	7.0	11
Ru	349.9	20	20/600	0.2	空气-乙炔	1.8	7
Sb(H)	217.6	13	15/500	0.7	空气-乙炔	2.0	〈HVG-1〉
Sb	217.6	13	15/500	0.7	空气-乙炔	2.0	7
Sc	391.2	10		0.2	氧化亚氮-乙炔	7.0	11
Se(H)	196.0	23	15/300	0.7	空气-乙炔	2.0	〈HVG-1〉
Se	196.0	23	15/300	0.7	氩-氢	[3.7]	15
Si	251.6	15	10/500	0.7	氧化亚氮-乙炔	7.7	11
Sm	429.7	14	15/600	0.2	氧化亚氮-乙炔	7.0	11
Sn(H)	286.3	10	20/500	0.7	空气-乙炔	2.0	〈HVG-1〉
Sn(1)	224.6	10	20/500	0.7	空气-乙炔	3.0	9
Sn(2)	286.3	10	20/500	0.7	空气-乙炔	3.0	9
Sn(3)	224.6	10	20/500	0.7	氧化亚氮-乙炔	6.8	11
Sn(4)	286.3	10	20/500	0.7	氧化亚氮-乙炔	6.8	11
Sr	460.7	8	6/500	0.7	空气-乙炔	1.8	7
Ta	271.5	18		0.2	氧化亚氮-乙炔	7.0	11
Tb	432.6	10		0.2	氧化亚氮-乙炔	7.0	11
Te(H)	214.3	14	15/400	0.2	空气-乙炔	2.0	〈HVG-1〉
Te	214.3	14	15/400	0.2	空气-乙炔	1.8	7

续表

元素	波长/nm	L233/mA	L2433/mA	狭缝/nm	火焰类型	流量/min⁻¹	燃烧器高度/mm
Ti	364.3	12	10/600	0.7	氧化亚氮-乙炔	7.8	11
Tl	276.8	6		0.7	空气-乙炔	1.8	7
V	318.4	10	10/600	0.7	氧化亚氮-乙炔	7.5	11
W	255.1	24		0.2	氧化亚氮-乙炔	7.7	11
Y	410.2	14	10/600	0.7	氧化亚氮-乙炔	7.5	11
Yb	398.8	10	5/200	0.7	氧化亚氮-乙炔	7.5	11
Zn	213.9	8	10/300	0.7	空气-乙炔	2.0	7
Zr	360.1	18		0.2	氧化亚氮-乙炔	7.5	11

注：1. 多数测定参数作为标准分析参数已经保存在程序中，但这些参数的优化要依据样品的性质(如果测定单个元素可以看作标准条件)，因此，如果测定中有许多条件，软件中包括了其中之一。

2.〈HVG-1〉表示采用特殊附件 Hydride Vapor Generator 氢化物发生装置测定。

表 4.5.2　火焰发射分析线波长表

元素	波长/nm	元素	波长/nm	元素	波长/nm
Ag	328.1	Hf	531.2	Re	346.1
Al	396.2	Hg	253.7	Rh	343.5
As	193.7	In	451.1	Ru	372.8
Au	267.6	Ho	410.4	Sc	402.4
B	518.0	Ir	550.0	Si	251.6
Ba	455.4	K	766.5	Sm	476.0
Be	234.9	La	442.0	Sn	317.5
Bi	306.8	Li	670.8	Sr	460.7
Ca	422.7	Lu	451.9	Ta	474.0
Cd	326.1	Mg	285.2	Tb	534.0
Ce	494.0	Mn	403.3	Te	486.6
Co	345.4	Mo	390.3	Ti	334.9
Cr	425.4	Na	589.0	Th	492.0
Cs	455.5	Nb	405.9	Tl	377.6
Cu	324.8	Nd	492.5	U	544.8
Dy	404.6	Ni	352.5	V	437.9
Er	400.8	Os	442.1	W	430.2

元素	波长/nm	元素	波长/nm	元素	波长/nm
Eu	459.4	Pb	405.8	Y	597.2
Fe	372.0	Pd	363.5	Yb	398.8
Ga	417.2	Pr	495.1	Zn	636.2
Gd	622.0	Pt	265.9	Zr	360.1
Ge	265.1	Rb	794.8		

实验 4.6   微波的光学特性研究

微波波长从 1m 到 0.1mm，其频率范围为 300MHz～3000GHz，是无线电波中波长最短的电磁波。微波波长介于一般无线电波与光波之间，因此微波有似光性，它不仅具有无线电波的性质，还具有光波的性质，即具有光的直射传播、反射、折射、衍射、干涉等现象。由于微波的波长比光波的波长在量级上大 10000 倍左右，因此用微波进行波动实验将比光学方法更简便和直观。

一、实验目的

(1) 了解与学习微波产生的基本原理以及传播和接收等基本特性。

(2) 观测微波干涉、衍射、偏振等实验现象。

(3) 观测模拟晶体的微波布拉格衍射现象。

二、实验原理

随着微波固态器件的发展，在教学中采用固态微波源代替速调管振荡器已成为趋势。体效应振荡器是将体效应管等部件装于金属谐振腔中构成。该电路是采用一谐振腔作为体效应管的外电路，体效应管安装于谐振腔的下底，通过引线接在电源阳极(电压为 12V 左右)，电源阴极接在谐振腔腔体上。构成体效应振荡器的二极管，其工作原理是基于多数载流子在单一半导体材料内的运动来产生微波振荡。体效应管是垂直于水平面放置的，所以电磁波电场矢量方向垂直水平面。腔体上底中心插入一圆柱调谐杆，通过改变调谐杆插入腔体内的深度来改变电容效应，从而改变工作频率。图 4.6.1 为振荡器剖面结构及相应的机械调频等效电路示意图。

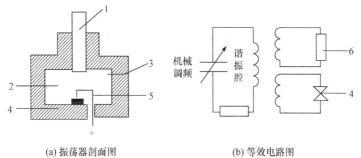

(a) 振荡器剖面图　　　　　　　　　　(b) 等效电路图

图 4.6.1　振荡器剖面结构及相应的机械调频等效电路示意图

1. 调谐杆；2. 谐振腔；3. 输出孔；4. 体效应管；5. 偏压引线；6. 负载

体效应振荡器经微波 3cm 固态信号电源供电，使得体效应管内的载流子在半导体材料内运动，产生微波，经调谐杆调制到所要产生的频率。产生的微波经过衰减器(可以调节输出功率)由发射喇叭向空间发射(发射信号电矢量的偏振方向垂直于水平面)。微波碰到载物台上的选件，将在空间上重新分布。接收喇叭通过短波导管与放在谐振腔中的检波二极管连接，可以检测微波在 φ 平面分布，检波二极管将微波转化为电信号，通过 A/D 转化，由液晶显示器显示。

三、微波的光学特性实验

1. 微波的反射实验

电磁波在传播过程中遇到的绝大部分的障碍物，要发生反射，而微波的波长较一般电磁波短，所以更具方向性。例如，若微波在传播过程中碰到一金属板反射，则同样遵循和光线一样的反射定律，即反射线在入射线与法线所决定的平面内，反射角等于入射角。

2. 微波的单缝衍射实验

当一平面微波入射到一宽度和波长可比拟的一狭缝时，在缝后就要发生如光波一般的衍射现象。同样中央零级最强，也最宽，在中央的两侧，衍射波强度将迅速减小。根据光的单缝衍射公式推导可知，如为一维衍射，微波单缝衍射图样的强度分布规律也为

$$I = I_0 \frac{\sin^2 \mu}{\mu^2}, \quad \mu = \frac{\pi a \sin\varphi}{\lambda} \tag{4.6.1}$$

式中，I_0 为中央主极大中心的微波强度；a 为单缝的宽度；λ 为微波的波长；φ 为衍射角。一般可通过测量衍射屏上从中央向两边微波强度的变化来验证该公式。同时与光的单缝衍射一样，当

$$a\sin\varphi = \pm k\lambda, \quad k = 1, 2, 3, 4, \cdots \tag{4.6.2}$$

时，相应的 φ 角位置衍射度强度为零。若测出衍射强度分布如图 4.6.2 所示，则可依据第一级衍射最小值所对应的 φ 角度，利用公式(4.6.2)，求出微波波长 λ。

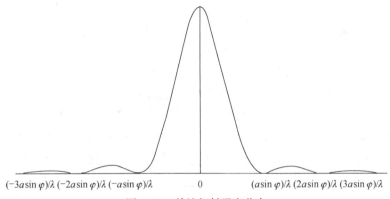

图 4.6.2 单缝衍射强度分布

3. 微波的双缝干涉实验

当一平面波垂直入射到一金属板的两条狭缝上时，狭缝就成为次级波波源。由两缝发出的次级波是相干波，因此在金属板的背后面空间中将产生干涉现象。当然，波通过每个缝都有衍射现象。因此，实验将是衍射和干涉两者结合的结果。为了只研究主要来自两缝中央衍射波相互干涉的结果，令双缝的缝宽 a 接近 λ，例如，$\lambda=3.2\text{cm}$，$a=4\text{cm}$。当两缝之间的间隔 b 较大时，干涉强度受单缝衍射的影响小，当 b 较小时，干涉强度受单缝衍射影响大。干涉加强的角度为

$$\varphi = \arcsin\left(\frac{k\cdot\lambda}{a+b}\right), \quad k = 1, 2, 3, \cdots \tag{4.6.3}$$

干涉减弱的角度为

$$\varphi = \arcsin\left(\frac{2k+1}{2}\cdot\frac{\lambda}{a+b}\right), \quad k = 1, 2, 3, \cdots \tag{4.6.4}$$

4. 微波的迈克耳孙干涉实验

在微波前进的方向上放置一个与波传播方向成 45° 的半透射半反射的分束板(图 4.6.3)。将入射波分成一束向金属板 A 传播，另一束向金属板 B 传播。由于 A、B 金属板的全反射作用，两列波再回到半透射半反射的分束板，会合后到达微波接收器处。这两束微波同频率，在接收器处将发生干涉，干涉叠加的强度由两束波的程差(即相位差)决定。当两波的相位差为 $2k\pi(k = \pm1, \pm2, \pm3, \cdots)$

时，干涉加强；当两波的相位差为 $(2k+1)\pi$ 时，干涉最弱。当 A、B 板中的一块板固定时，另一块板可沿着微波传播方向前后移动，当微波接收信号从极小(或极大)值到又一次极小(或极大)值，则反射板移动了 $\frac{\lambda}{2}$ 距离。由这个距离就可求得微波波长。

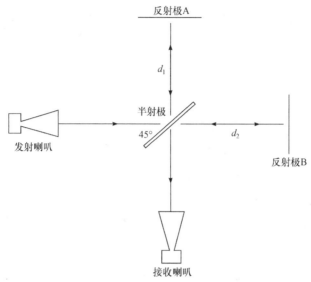

图 4.6.3　迈克耳孙干涉原理

5. 微波的偏振实验

电磁波是横波，它的电场强度矢量 E 和波的传播方向垂直。如果 E 始终在垂直于传播方向的平面内某一确定方向变化，那么这样的横电磁波叫线极化波，在光学中也叫偏振光。如一线极化电磁波以能量强度 I_0 发射，而由于接收器的方向性较强只能吸收某一方向的线极化电磁波，相当于一光学偏振片，见图 4.6.4。发射的微波电场强度矢量 E 如在 P_1 方向，经接收方向为 P_2 的接收器后(发射器与接收器类似起偏器和检偏器)，其强度 $I=I_0\cos^2\alpha$，其中 α 为 P_1 和 P_2 的夹角。这就是光学中的马吕斯(Malus)定律，在微波测量中同样适用。

6. 模拟晶体的布拉格衍射实验

布拉格衍射是用 X 射线研究微观晶体结构的一种方法。因为 X 射线的波长与晶体的晶格常数同数量级，所以一般采用 X 射线研究微观晶体的结构。而在此用微波模拟 X 射线照射到放大的晶体模型上产生的衍射现象和 X 射线对晶体的布拉格衍射现象与计算结果都基本相似。所以通过此实验对加深理解微观晶体的布拉格衍射实验方法是十分直观的。

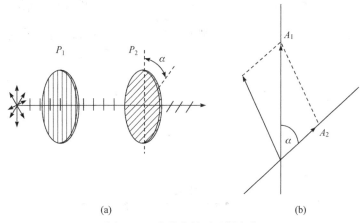

图 4.6.4 光学中的马吕斯定律

固体物质一般分晶体与非晶体两大类，晶体又分单晶与多晶。组成晶体的原子或分子按一定规律在空间周期性排列，而多晶体是由许多单晶体的晶粒组成的。其中最简单的晶体结构如图 4.6.4 所示，在直角坐标中沿 X、Y、Z 三个方向，原子在空间依序重复排列，形成简单的立方点阵。组成晶体的原子可以看作处在晶体的晶面上，而晶体的晶面有许多不同的取向。图 4.6.5(b) 为最简立方点阵，右方表示的就是最重要也是最常用的三种晶面。这三种晶面分别为 (100) 面、(110) 面、(111) 面，圆括号中的三个数字称为晶面指数。一般而言，晶面指数为 $(n_1 n_2 n_3)$ 的晶面族，其相邻的两个晶面间距 $d = a / \sqrt{n_1^2 + n_2^2 + n_3^2}$。显然，其中 (100) 面的晶面间距 d 等于晶格常数 a；相邻的两个 (110) 面的晶面间距 $d = a / \sqrt{2}$；而相邻两个 (111) 面的晶面间距 $d = a / \sqrt{3}$。实际上还有许多更复杂的取法形成其他取向的晶面族。因微波的波长可在几厘米，所以可用一些铝制的小球模拟微观原子，制作晶体模型。具体方法是将金属小球用细线串联在空间有规律地排列，形成如同晶体的简单立方点阵。各小球间距 d 设置为 4cm（与微波波长同数量级）左右。当如同光波的微波入射到该模拟晶体结构的三维空间点阵时，因为每一个晶面相当于一个镜面，入射微波遵守反射定律，反射角等于入射角，如图 4.6.6 所示。而从间距为 d 的相邻两个晶面反射的两束波的程差为 $2d \sin \alpha$，其中 α 为入射波与晶面的夹角。显然，只是当满足

$$2d \sin \alpha = k\lambda, \quad k = 1, 2, 3, \cdots \tag{4.6.5}$$

时，出现干涉极大。方程 (4.6.5) 称为晶体衍射的布拉格公式。

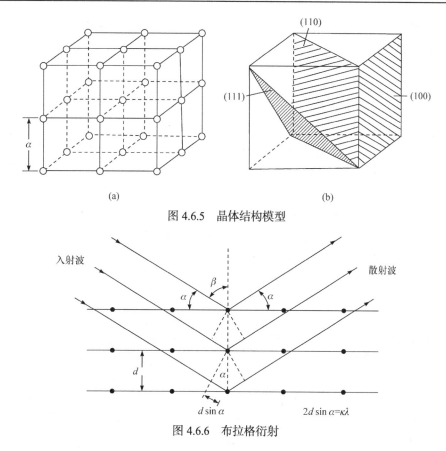

图 4.6.5 晶体结构模型

图 4.6.6 布拉格衍射

如果改用通常使用的入射角 β 表示，则式(4.6.5)为

$$2d\cos\beta = k\lambda, \quad k = 1,2,3,\cdots \tag{4.6.6}$$

四、实验仪器

本实验采用杭州大华仪器公司生产的 DHMS-1 型微波光学综合实验仪一套，包括：3cm 微波信号源、固态微波振荡器、衰减器、隔离器、发射喇叭、接收喇叭、检波器、检波信号数显器、可旋转载物平台和支架，以及实验用附件(反射板、分束板、单缝板、双缝板、晶体模型、读数机构等)。

五、实验内容

1. 微波源基本特性观测

旋转调谐杆旋钮，改变频率，观察输入电流变化，了解固态微波信号源工作原理；改变接收喇叭短波导管处的负载与晶体检波器之间的距离，观察阻抗不匹配对输出功率的影响；也可改变频率，固定负载与晶体检波器之间的距离，观测频率的变化对输出功率的影响。

2. 微波的反射

将金属板平面安装在一支座上，安装时板平面法线应与支座圆座上指示线方向一致。将该支座放置在载物台上时，支座圆座上指示线指示在载物小平台 0°位置。这意味着小平台零度方向即是金属反射板法线方向。转动小平台，使固定臂指针指在某一角度处，该角度读数就是入射角。然后转动活动臂在液晶显示器上找到一最大值，此时活动臂上的指针所指的小平台刻度就是发射角。如果此时电表指示太大或太小，应调整衰减器、固态振荡器或晶体检波器，使表头指示接近满量程。做此项实验，入射角最好取 30°～65°，因为如果入射角太大，则接收喇叭有可能直接接收入射波，同时应注意系统的调整和周围环境的影响。

3. 微波的单缝衍射

按需要调整单缝衍射板的缝宽。将单缝衍射板安置在支座上时，应使衍射板平面与支座圆座上指示线一致，将该支座放置在载物台上时，支座圆座上指示线应指示在载物小平台 90°位置。转动小平台使固定臂的指针在小平台的 180°处，此时相当于微波从单缝衍射板法线方向入射。这时让活动臂置于小平台 0°处，调整信号使电表指示接近满度，然后在单缝的两侧每改变衍射角 2°读取一次表头读数，并记录下来，然后就可以画出单缝衍射强度与衍射角度的关系曲线，并根据微波衍射强度一级极小角度和缝宽 a，计算微波波长 λ 和其百分误差。

4. 微波的双缝干涉

按需要调整双缝干涉板的缝宽。将双缝干涉板安置在支座上时，应使双缝板平面与支座圆座上指示线一致，将该支座放置在载物台上时，支座圆座上指示线应指示在载物小平台 90°位置。转动小平台使固定臂的指针在小平台的 180°处，此时相当于微波从双缝干涉板法线方向入射。这时让活动臂置小平台 0°处，调整信号使电表指示接近满度，然后在双缝的两侧，每改变衍射角 1°读取一次液晶显示器的读数，并记录下来，然后就可以画出双缝干涉强度与角度的关系曲线，并根据微波衍射强度一级极小角度和缝宽 a，计算微波波长 λ 和其百分误差。

5. 微波的偏振干涉实验

按实验要求调整喇叭口面相互平行正对共轴。为了避免小平台的影响，可以松开平台中心三个十字槽螺钉，把工作台放下。做实验时还应尽量减少周围环境的影响。调整信号使电表指示接近满度，然后旋转接收喇叭短波导的轴承环(相当于偏转接收器方向)，每隔 5°记录微安表头的读数，直至 90°，就可得到一组微波强度与偏振角度关系数据，验证马吕斯定律。

6. 迈克耳孙干涉实验

在微波前进的方向上放置一半透明板，使半透明板与反射方向成 45°(图 4.6.3)。按实验要求如图 4.6.3 安置固定反射板、可移动反射板、接收喇叭，使固定反射板固定在大平台上，并使其法线与接收喇叭的轴线一致。可移动反射板装在一旋转读数机构上后，将该可移动读数机构固定在大平台上，并使其法线与反射喇叭的轴心一致。然后移动旋转读数机构上的手柄，使可移反射板移动，测出 $n+1$ 个微波极小值，并同时从读数机构上读出可移反射板的移动距离 L。波长满足：$\lambda = \dfrac{2L}{n}$。

7. 布拉格衍射

实验中两个喇叭口的安置同反射实验一样。模拟晶体球应用模片调得上下应成为一方形点阵，各金属球点阵间距相同。模拟晶片架上的中心孔插在一专用支架上，将支架放至平台上时，应让晶体的中心轴与转动轴重合，并使所研究的晶面(100)法线正对小平台上的零刻度线。为了避免两喇叭之间波的直接入射，入射角 β 取值范围最好为 30°～60°，寻找一级衍射最大。

【实验内容扩展】

在微波分光仪上还可以进行电磁波的线极化、圆极化和椭圆极化实验，通过三种极化波的产生、检测，可以了解电波极化的概念；同时可以进行圆极化波反射和折射、左旋/右旋特性实验；利用迈克耳孙干涉原理可以进行无损介质介电常量测定实验；光学中的布儒斯特角、法布里-珀罗干涉仪、劳埃德镜、棱镜的折射也可在微波波段得到再现；还可以进行设计性实验，例如微波法湿度的测定。

六、思考题

(1) 各实验内容误差的主要来源是什么？

(2) 金属是一种良好的微波反射器。其他物质的反射特性如何？是否有部分能量透过这些物质，还是被吸收了？比较导体与非导体的反射特性。

(3) 在实验中使发射器和接收器与角度计中心之间的距离相等有什么好处？

(4). 假如预先不知道晶体中晶面的方向，是否会增加实验的复杂性？又该如何定位这些晶面？

参考资料

1. 赵凯华, 钟锡华. 光学. 北京: 北京大学出版社, 2008.
2. 刘罡, 王伟. 电磁波与光学实验教程. 苏州: 江苏大学出版社, 2020.
3. Hecht E. 光学. 5 版. 北京: 电子工业出版社, 2019.
4. 戴道宣, 戴乐山. 近代物理实验. 2 版. 北京: 高等教育出版社, 2006.
5. 严利华, 姬宪法, 王江燕. 微波技术、测量与实验. 北京: 航空工业出版社, 2019.
6. Eriksson P, Jamali M, Mendrok J, et al. On the microwave optical properties of randomly oriented ice hydrometeors. Atmospheric measurement techniques, 2015, 8(5): 1913-1933.
7. DHMS-1 微波光学综合实验仪实验讲义. 浙江: 杭州大华, 2014.

实验 4.7　光栅光谱测量实验

WGD-8A 型多功能光栅光谱仪可用于各大学及研究部门，作为物理实验教学及光谱分析之用。仪器有两路出射狭缝，分别用光电倍增管与 CCD 接收。WGD-8A 型光谱仪是专门为大学的氢氖实验、钠光谱实验设计的，选用优质光电倍增管、光栅、狭缝，确保分辨率达到 0.06nm。

一、实验目的

(1) 介绍 WGD-8A 型多功能光栅光谱仪的构成原理。
(2) 由钠原子光谱确定各光谱项值及能级值，量子缺Δ。

二、实验原理

所谓发射光谱就是物质在高温状态或因受到带电粒子的撞击激发后直接发出的光谱。由于受激时物质所处的状态不同，发射光谱有不同的形状。在原子状态中为明线光谱，如钠灯、汞灯、氢氖灯等；在分子状态中为带光谱，如氮放电灯；在炽热的固态、液态或高压主气体中为连续光谱，如钨灯、氙灯等。

由于不同的元素的原子能级结构各不相同，每种元素的光谱也犹如人的指纹一样具有自己的特征。特别是一种元素都有被称为"住留谱线"(RU 线)的特征谱线，如果试样的光谱中出现了某种元素的"住留谱线"，就是说试样中含有该元素。

钠原子由一个完整而稳固的原子实和它外面的一个价电子组成。原子的化学性质以及光谱规律主要决定于价电子。

与氢原子光谱规律相仿，钠原子光谱线的波数 σ_n 可以表示为两项差

$$\sigma_n = \sigma_\infty - \frac{R}{(n^*)^2} \tag{4.7.1}$$

其中，n^* 为有效量子数，当 n^* 无限大时，$\sigma_n = \sigma_\infty$，σ_∞ 为线系限的波数。

钠原子光谱项

$$T = \frac{R}{(n^*)^2} = \frac{R}{(n-\Delta)^2} \tag{4.7.2}$$

它与氢原子光谱项的差别在于有效量子数 n^* 不是整数，而是主量子数 n 减去一个数值 Δ，即量子修正 Δ，称为量子缺，量子缺是由原子实的极化和价电子在原子实中的贯穿引起的，碱金属原子的各个内壳层均被电子占满，剩下的一个电子在最外层轨道上，此电子称为价电子，价电子与原子的结合较为松散，与原子核的距离比其他内壳层电子远得多，因此可以把除价电子之外的所有电子和原子核看作一个核心，称为原子实。由于价电子电场的作用，原子实中带正电的原子核和带负电的电子的中心会发生微小的相对位移，于是负电荷的中心不再在原子核上，形成一个电偶极子。极化产生的电偶极子的电场作用于价电子，使它受到吸引力而引起能量降低。同时当价电子的部分轨道穿入原子实内部时，电子也将受到原子产生的附加引力，降低了势能，此即轨道贯穿现象。原子能量的这两项修正都与价电子的角动量有关，角量子数 l 越小，椭圆轨道的偏心率就越大，轨道贯穿和原子实极化越显著，原子能量也越低。因此，价电子越靠近原子实，即 n 越小、l 越小时，量子缺 Δ 越大(当 n 较小时，量子缺主要取决于 l，实验中近似认为 Δ 与 n 无关)。

钠原子光谱一般可以观察到四个谱线系。

主线系：相应于 3s-np 跃迁，n=3, 4, 5, $\cdots$，主线系的谱线比较强，在可见光区只有一条谱线，波长约为 589.3nm，其余皆在紫外区。由于自吸收的结果，所得钠黄线实际为吸收谱线。

锐线系：相应于 3s-np 跃迁，n=3, 4, 5, $\cdots$，其第一条谱线波长为 818.9nm，其余皆在可见区域，锐线系强度较弱，但谱线边缘较清晰。

漫线系：相应于 3s-np 跃迁，n=3, 4, 5, $\cdots$，漫线系的谱线较粗且边缘模糊，第一条谱线在红外区，波长约为 1139.3nm，其余皆在可见光区。

基线系：相应于 3s-nf 跃迁，n=3, 4, 5, $\cdots$，其谱线强度很弱，皆在红外区。

钠原子光谱系有精细结构，其中主线系和锐线系是双线结构，漫线系和基线系是三线结构。

各谱线系的波数公式为

主线系:　　$\sigma = \dfrac{R}{(3-\varDelta_{\mathrm{s}})^2} - \dfrac{R}{(n-\varDelta_{\mathrm{p}})^2}$　$(n \geqslant 3)$

锐线系:　　$\sigma = \dfrac{R}{(3-\varDelta_{\mathrm{p}})^2} - \dfrac{R}{(n-\varDelta_{\mathrm{s}})^2}$　$(n \geqslant 4)$

$\qquad\qquad\qquad\qquad\qquad\qquad\qquad\qquad\qquad$ (4.7.3)

漫线系:　　$\sigma = \dfrac{R}{(3-\varDelta_{\mathrm{p}})^2} - \dfrac{R}{(n-\varDelta_{\mathrm{d}})^2}$　$(n \geqslant 3)$

基线系:　　$\sigma = \dfrac{R}{(3-\varDelta_{\mathrm{d}})^2} - \dfrac{R}{(n-\varDelta_{\mathrm{f}})^2}$　$(n \geqslant 4)$

其中，$\varDelta_{\mathrm{s}}$，$\varDelta_{\mathrm{p}}$，$\varDelta_{\mathrm{d}}$，$\varDelta_{\mathrm{f}}$ 的下标分别表示角量子数 $l=0$，1，2，3，R 为里德伯常量。

三、实验仪器

　　WGD-8A 型组合式多功能光栅光谱仪，由光栅单色仪、接收单元、扫描系统、电子放大器、A/D 采集单元、计算机组成。该设备集光学、精密机械、电子学、计算机技术于一体。光学系统采用的是切尔尼-特纳装置(C-T)型，如图 4.7.1 所示。

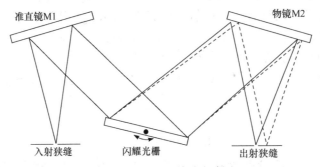

图 4.7.1　切尔尼-特纳光路图

　　准直和成像的焦距是 500nm，相对孔径 1/7，光栅条数分别为 2400mm^{-1} 和 1200lmm^{-1}，闪耀波长为 250nm。波长扫描机构是图 4.7.2 所示的正弦机构。

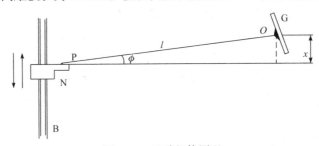

图 4.7.2　正弦机构原理

　　由计算机对光谱仪进行扫描控制、信号处理和光谱显示，其工作原理如

图 4.7.3 所示。

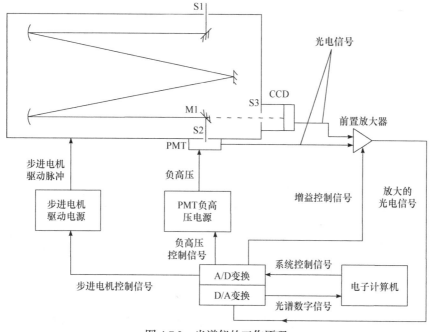

图 4.7.3　光谱仪的工作原理

光谱仪的探测器为光电倍增管或 CCD，用光电倍增管时，出射光通过狭缝 S2 到达光电倍增管。用 CCD 做探测器时，转动小平面反射镜 M1，使出射光通过狭缝 S3 到达 CCD，CCD 可以同时探测某一个光谱范围内的光谱信号。

光信号经过倍增管(或 CCD)变为电信号后，首先经过前置放大器放大，再经过 A/D 变换，将模拟量转变成数字量，最终由计算机处理显示。前置放大器的增益、光电倍增管的负高压和 CCD 的积分时间可以由控制软件根据需要设置。前置放大器的增益现为 1，2，…，7 七个挡，数越大，放大器的增益越高。光电倍增管的负高压也分为 1，2，…，7 七个挡，数越大所加的负高压越高，每挡之间负高压相差约 200V。CCD 的积分时间可以在 10ms 和 40s 之间任意改变。

扫描控制是利用步进电机控制正弦机构(根据光栅方程，波长和光栅的转角成正弦关系，因此采用正弦机构)中丝杠的转动，进而使光栅转动实现的。步进电机在输入一组电脉冲后，就可以转动一个角度，相应地，丝杠上螺母就移动一个固定的距离。每输入一组脉冲，光栅的转动便使出射狭缝出射的光波长改变 0.1nm。

为去除光栅光谱仪中的高级次光谱，本仪器备有如下滤光片。

8A 型：白片　320～500nm　　8B 型：白片　320～500nm
　　　 黄片　500～660nm　　　　　　 黄片　500～800nm

四、主要结构

1. 闪耀光栅

闪耀光栅的原理如图 4.7.4 所示。

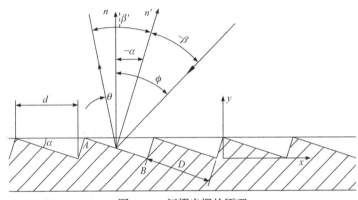

图 4.7.4　闪耀光栅的原理

图中的 n 为光栅表面的法线，n' 为刻痕工作表面的法线；β 和 β' 分别是相对于刻痕工作表面的法线 n' 的入射角和反射角；ϕ 和 θ 分别是相对于光栅表面法线 n 的入射角和反射角；d 为光栅常量；α 为刻痕工作表面与光栅表面的夹角；D 为刻痕工作表面的宽度。对于普通平面光栅，零级谱占据了多数能量。原因是单缝衍射的中央极大的位置与零级谱重合。$d(\sin\phi \pm \sin\theta) = k\lambda$ 表明，零级光谱出现在 $\phi = \theta$ 的位置上。这时对于透射光栅，单缝衍射的中央极大的位置与入射光的透射方向相同；对于反射光栅单缝衍射的中央极大的位置与反射光的方向相同。闪耀光栅入射角和衍射角的定义与普通平面光栅是一样的，即与光栅表面法线的夹角。显然，闪耀光栅中的多光束干涉并没有因刻痕的形状改变而改变，它与普通平面反射光栅一样，零级谱出现在与光栅平面法线的夹角为 ϕ 的位置上。这就是说，零级光谱的位置没有变化。闪耀光栅同样满足 $d(\sin\phi \pm \sin\theta) = k\lambda$。但刻痕的工作面与光栅平面的夹角为 α，在如图 4.7.4 的情况下，造成反射光与光栅平面法线的夹角变为 $\phi - 2\alpha$，不再是普通反射光栅的 ϕ，即单缝衍射的中央极大的位置与零级光谱不再重合。这里，角度 $\phi - 2\alpha$ 为闪耀方向，而 α 被称为闪耀角，它是表征闪耀光栅的一个重要参数。更常见的是用闪耀波长来表述闪耀光栅的性质。按惯例，闪耀波长 λ_B 是当 $\phi = \theta = \alpha$ 时由光栅方程 $d(\sin\phi \pm \sin\theta) = k\lambda$ 所确定的一级光谱的波长

$$\lambda_B = 2d \sin\alpha \tag{4.7.4}$$

这时闪耀方向为 $\theta_B = \alpha$。对任意一个入射角，闪耀光栅的闪耀方向为

$$\theta_B = 2\alpha - \phi \qquad\qquad (4.7.5)$$

2. 狭缝

狭缝是光谱仪器中的一个精密部件。光谱仪器的准直系统一般是由入射狭缝和准直物镜组成。光谱仪器所获得的不同波长的谱线是入射狭缝经过整个光学系统后形成的像。狭缝的好坏决定了光谱仪器的工作质量。除此以外，狭缝还起到控制进入光谱仪器光强的作用。在单色仪中，出射狭缝同样可以控制出射的单色光的强度。狭缝的几何形状是根据入射狭缝-谱线的物像共轭关系所确定的，一般有四边形(直缝)和弧形(弯缝)两种。狭缝又有缝宽不可变的固定狭缝和缝宽可以改变的可变狭缝两种。狭缝是由两个在同一平面上并严格平行的刃面形成的，刃面的刀刃尖锐，不能有缺口、划痕和沾污。可变狭缝可以根据需要改变狭缝的宽度。在改变狭缝宽度的过程中，狭缝两个刃面的移动是严格对称的。

本仪器入射狭缝和出射狭缝均为直狭缝，宽度范围在 0～2mm 内可调，顺时针旋转，宽度加大，反之减小。

3. 正弦机构

为了能方便地进行光谱数据的判读，通常要求在进行波长(波数)扫描时，从仪器的出射狭缝出射的光束波长(波数)值与色散元件的转角之间呈线性关系。但是，由于衍射光栅的转角与波长(波数)并不呈线性关系，因此在光谱仪器中必须采用适当的波长(波数)扫描机构才能实现波长(波数)的线性扫描。图 4.7.2 中，光栅转台与长度为 l 的正弦杆 P 固定连接，并可以一起绕轴 O 转动，正弦杆的另一端靠弹簧与螺母 N 保持接触，并可以左右自由滑动。当精密丝杠 B 转动时，推动螺母平移，最终推动正弦杆带着光栅绕 O 轴转动。螺母上下移动时 ϕ 也随之改变。在图 4.7.2 中 $\sin\phi = x/l$，由于正弦杆的长度 l 是固定的，x 随螺母的上下移动而变化，因此转角的正弦值随之变化，所以这种扫描机构被称为正弦机构。

4. 接收元件

光电倍增管：光电倍增管是在光电管的基础上，在光阴极和阳极之间加入二次电子发射极。它的工作原理如图 4.7.5 所示，K 为光阴极，D1，D2，D3，⋯为二次发射极，又称倍增极或打拿极，A 为阳极。当光照射光阴极时，每一个光电子在极间电场的作用下被加速，打到第一个倍增级 D1 上，D1 发射出 σ 个二次电子；这些二次电子再次在极间电场的作用下打到第二个倍增极 D2 上，产生 σ_2 个二次电子。如此继续下去，阳极将收集到 σ_n 个电子。这里，N 为倍增级的数目，σ 为二次电子发射系数。一般 σ 为 3～5，若 $N=10$，光电倍增管的放大系数为 105～108。极间电压一般为 100V 左右。由于光电倍增管有极高的积分灵敏度，

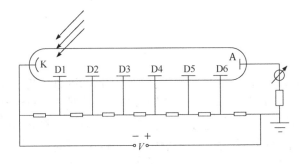

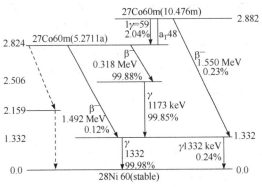

聚焦极

图 4.7.5　光电倍增管原理

当入射光能量过大时，轻者导致性能变坏，降低使用寿命，重者将造成电极烧毁，因此，必须严格控制入射光通量。在加上工作电压后，不允许有强光照射。本仪器使用九级倍增管。

电荷耦合器件(CCD)：是一种新型光电转换器件，它能存储由光产生的信号电荷。当对它施加特定时序的脉冲时，其存储的信号电荷便可在 CCD 内作定向传输而实现自扫描。它主要由光敏单元、输入结构和输出结构等组成。它具有光电转换、信息存储和延时等功能，而且集成度高、功耗小，已经在摄像、信号处理和存储三大领域中得到广泛的应用，尤其是在图像传感器应用方面取得令人瞩目的发展。CCD 有面阵和线阵之分，面阵是把 CCD 像素排成 1 个平面的器件；而线阵是把 CCD 像素排成 1 条直线的器件。

五、实验内容

1. 标定单色仪

(1) 首先点亮汞灯，使光直接照射在光谱仪的入射狭缝上，接通光谱仪的电源后再启动计算机软件。进入光谱仪控制程序后，先对光谱仪进行初始化。

(2) 初始化完成后，将扫描范围设置成 350～750nm，工作模式设置为能量，负高压为 3，增益为 2，点击扫描键，开始扫描。

(3) 扫描完成后，使用自动寻峰功能，自动检出扫描曲线的光谱，用汞灯的已知光谱校准光谱仪扫描曲线的波长读数，求出波长的偏差，使用自动波长修正功能对光谱仪的波长进行修正。

2. 测量钠光谱

(1) 点亮钠灯，并使钠灯的出光口尽可能靠近光谱仪的入射狭缝。将扫描范围设置为 400～700nm，选择扫描。

(2) 扫描完成后，使用自动寻峰功能，自动检出扫描曲线的光谱。记录巴耳末线系的谱线的波长。

3. 由钠原子光谱确定各光谱项值及能级值和量子缺Δ

1) 光谱项值的确定

由测得的同一线系各光谱线的波数 $\sigma_n = \dfrac{1}{\lambda_n}$ 定出该线系的各光谱项 T 及线系限 σ_∞，同一线系的相邻谱线的波数分别为

$$\sigma_n = \sigma_\infty - \frac{R}{(n-\Delta)^2} \tag{4.7.6}$$

$$\sigma_{n+1} = \sigma_\infty - \frac{R}{(n+1-\Delta)^2} \tag{4.7.7}$$

相邻谱线的波数差为

$$\Delta\sigma_n = \sigma_{n+1} - \sigma_n = \frac{R}{(n-\Delta)^2} - \frac{R}{(n+1-\Delta)^2} = \frac{R}{(n^*)^2} - \frac{R}{(n^*+1)^2} \tag{4.7.8}$$

按上式可由相邻的波数差求得 n^*，由此可求出各光谱项

$$T = \frac{R}{(n^*)^2} = \frac{R}{(n-\Delta)^2} \tag{4.7.9}$$

的值。由

$$\sigma_\infty = \sigma_n + \frac{R}{n^{*2}} = \sigma_n + T(n) \tag{4.7.10}$$

又可求出各线系的 σ_∞ 值。

由上式直接解出 n^* 值比较烦琐，一般利用插值表，它是由 $T(n) = R/n^{*2}$ 及 $\Delta\sigma_n = R/n^{*2} - R/(n^*+1)^2$ 的数值制出的，表中给出了 n^* 由 1.00 至 10.98 每隔 0.02 所对应的 n^* 与 $T(n)$ 值。已知 $\Delta\sigma_n$，也可查出对应的 n^* 及 $T(n)$ 值。如果所得的 $\Delta\sigma_n$

值恰好与表中数据符合，可由附近的两个 $\Delta\sigma_n$ 值用线性插值法求出所测的 n^* 与 $T(n)$ 值。

2) 由光谱项确定能级

基态能级为

$$E = -\sigma_\infty hc \tag{4.7.11}$$

其他各激发态能级

$$E_n = -hc(\sigma_n - \sigma_\infty) \tag{4.7.12}$$

因此，由主线系、锐线系、漫线系、基线系可以分别写 np 态、ns 态、nd 态和 nf 态各能级。

3) 确定主量子数和量子缺

在每一线系计算相邻两条谱线的波数差，由里德伯插值表求出相应的 m 和 a，再由 $n-\Delta=m+a$ 求出量子缺 Δ 和 n，或者由氢原子 $T=R/n^2$ 在较高能级(n 大)时钠原子与氢原子的能量相等，定出 n 再由 n 及 n^* 求出 Δ，$\Delta=n-n^*$。褚圣麟在 1979 年编写的《原子物理学》中表 4.7.1 的钠的光谱项值和有效量子数供参考。

表 4.7.1　钠的光谱项值和有效量子数

数据来源	电子态		n=3	4	5	6	7	8	Δ
锐线系	s, l=0	T	41444.9	15706.5	8245.8	5073.7	3434.9	2481.9	1.35
		n^*	1.627	2.643	3.648	4.651	5.652	6.649	
主线系	p, l=1	T	24492.7	11181.9	6408.9	4152.9	2908.9	2150.7	0.86
		n^*	2.117	3.133	4.138	5.141	6.142	7.143	
漫线系	d, l=2	T	12274.4	2897.5	4411.6	3059.8	2245	1720.1	0.01
		n^*	2.990	3.989	4.987	5.989	6.991	7.987	
基线系	f, l=3	T		6858.6	4388.6	3039.7	2231	1708.2	0.00
		n^*		4.000	5.001	6.008	7.012	8.015	

六、思考题

(1) 对单色仪进行标定的目的是什么？试总结制作单色仪校准的关键。

(2) 标定单色仪时，未把读数显微镜的竖丝对准出射狭缝 S2 的正中，对测量有什么影响？

参考资料

1. WGD-8A 型组合式多功能光栅光谱仪实验指导书. 天津: 天津港东, 2001.

2. 褚圣麟. 原子物理学. 北京: 高等教育出版社, 1979.

3. 赵凯华, 钟锡华. 光学. 北京: 北京大学出版社, 2008.

实验 4.8　棱镜摄谱实验

光谱学研究的是各物质的光谱的产生及其与同物质之间的相互作用。光谱是电磁波辐射按照波长的有序排列。通过光谱的研究，人们可以得到原子、分子等的能级结构、电子组态、化学键的性质、反应动力学等多方面物质结构的知识，在化学分析中也提供了重要的定性与定量的分析方法。发射光谱可以分为三种不同类别的光谱：线状光谱、带状光谱、连续光谱。线状光谱主要产生于原子，带状光谱主要产生于分子，连续光谱则主要产生于白炽的固体或气体放电。

随着科技的进步，当今先进的光谱实验室已不再使用照相干版法获得光谱图形，所使用的都是以 CCD 器件为核心构成的各种光学测量仪器。PSP05 型 CCD 微机棱镜摄谱仪测量系统采用线阵 CCD 器件接收光谱图形和光强分布，利用计算机的强大数据处理能力对采集到的数据进行分析处理，通过直观的方式得到我们需要的结果。与其他产品相比，PSP05 型摄谱仪具有分辨率高(微米级)，实时采集、实时处理和实时观测，观察方式多样，物理现象显著，物理内涵丰富，软件功能强大等明显的优点，是传统棱镜摄谱仪的升级换代产品。

一、实验目的

(1) 了解小型摄谱仪的结构、原理和使用方法。
(2) 学习摄谱仪的定标方法及物理量的比较测量方法(线形插值法)。

二、实验原理

1. 光谱和物质结构的关系

每种物质的原子都有自己的能级结构，原子通常处于基态，当受到外部激励后，可由基态跃迁到能量较高的激发态。由于激发态不稳定，处于高能级的原子很快就返回基态，此时发射出一定能量的光子，光子的波长(或频率)由对应两能级之间的能量差 ΔE_i 决定。$\Delta E_i = E_i - E_0$，E_i 和 E_0 分别表示原子处于对应的激发态和基态的能量，即

$$\Delta E_i = h\nu_i = h\frac{c}{\lambda_i} \tag{4.8.1}$$

得

$$\lambda_i = \frac{hc}{\Delta E_i}$$

式中，$i = 1$，2，3，…；h 为普朗克常量；c 为光速。

每一种元素的原子经激发后向低能级跃迁时可发出包含不同频率(波长)的光，这些光经色散元件即可得到一对应的光谱。此光谱反映了该物质元素的原子结构特征，故称为该元素的特征光谱。通过识别特征光谱，就可对物质的组成和结构进行分析。

2. 棱镜摄谱仪的工作原理

复色光经色散系统(棱镜)分光后，按波长的大小依次排列的图案，称为光谱。

棱镜摄谱仪的构造由准直系统、偏转棱镜、成像系统、光谱接收四部分组成。按所适用波长的不同，摄谱仪可分为紫外、可见、红外三大类，它们所使用的棱镜材料是不同的：对紫外用水晶或萤石；对可见光用玻璃；对红外线用岩盐等材料。

棱镜把平行混合光束分解成不同波长的单色光根据的是折射光的色散原理。各向同性的透明物质的折射率与光的波长有关，其经验公式是

$$n = A + \frac{B}{\lambda^2} + \frac{C}{\lambda^4} + \cdots \tag{4.8.2}$$

式中，A、B、C 是与物质性质有关的常数。由上式可知，短波长光的折射率要大些，例如一束平行入射光由 λ_1、λ_2、λ_3 三色光组成，并且 $\lambda_1 < \lambda_2 < \lambda_3$，通过棱镜后分解成三束不同方向的光，具有不同的偏向角 δ，其相对大小如图 4.8.1 所示。

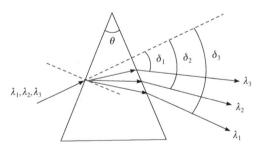

图 4.8.1　棱镜色散波长 λ 与偏向角 δ 的关系图

小型摄谱仪常选用阿贝(Abbe)复合棱镜，它是由两个 30° 折射棱镜和一个 45° 全反射棱镜组成，如图 4.8.2 所示。

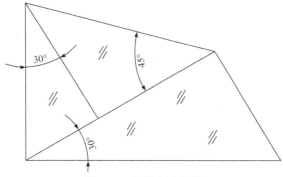

图 4.8.2　阿贝复合棱镜

　　本实验系统就是利用棱镜的色散特性进行工作的摄谱仪。在摄谱仪中,棱镜的主要作用是用来分光,即利用棱镜对不同波长的光有不同折射率的性质来分析光谱。折射率 n 与光的波长 λ 有关。当一束白光或其他非单色光入射棱镜时,由于折射率不同,不同波长(颜色)的光具有不同的偏向角 δ,从而出射线方向不同。通常棱镜的折射率 n 是随波长 λ 的减小而增加的(正常色散),所以可见光中紫光偏折最大,红光偏折最小。一般的棱镜摄谱仪都是利用这种分光作用制成的。

　　摄谱仪的光学系统如图 4.8.3 所示,自光源 S 发出的光,通过调节狭缝大小获得一宽度、光强适中的光束,此光束经准直透镜后成为平行光射到棱镜上,再经棱镜色散,由成像系统成像于接收系统上。

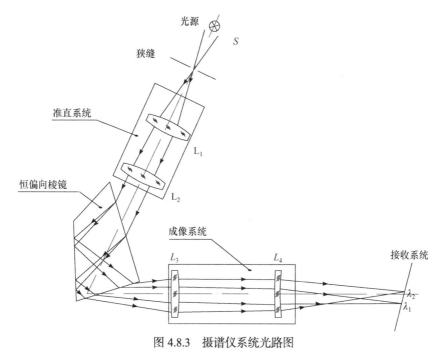

图 4.8.3　摄谱仪系统光路图

3. 用线形内插法求待测波长

这是一种近似测量波长的方法。一般情况下，棱镜是非线性色散元件，但是在一个较小的波长范围内可以认为色散是均匀的，即认为 CCD 上接收的谱线的位置和波长有线性关系。如波长为 λ_x 的待测谱线位于已知波长 λ_1 和 λ_2 谱线之间，如图 4.8.4 所示，它们的相对位置可以在 CCD 采集软件上读出，如用 d 和 x 分别表示谱线 λ_1 和 λ_2 的间距及 λ_1 和 λ_x 的间距，那么待测线波长为

$$\lambda_x = \lambda_1 + \frac{x}{d}(\lambda_2 - \lambda_1) \tag{4.8.3}$$

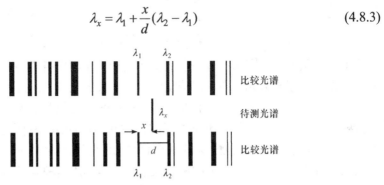

图 4.8.4　比较光谱与待测光关系图

三、实验仪器

下面分别介绍摄谱仪的几个主要元部件。

整套 PSP05 CCD 微机摄谱仪的实验装置如图 4.8.5 所示。

1) 可调狭缝

可调狭缝是光谱仪中最精密、最重要的机械部分，它用来限制入射光束，构成光谱的实际光源，直接决定谱线的质量。

狭缝是由一对能对称分合的刀口片组成，其分合动作由手轮控制。手轮是保持狭缝精密的重要部分，因此转动手轮时一定要用力均匀、轻柔，狭缝盖内装有能左右拉动的哈特曼栏板。

2) 准直系统

光源 S 发出的光，经可调狭缝后，再经过透镜 L_1、L_2 成一束平行光入射到恒偏转棱镜上。实验过程中需微调可调狭缝的位置，当狭缝的位置处于 L_1、L_2 组合透镜的焦距上时，从透镜 L_2 出射的光线为平行光。

3) 色散系统

色散系统是一个恒偏转棱镜，它使光线在色散的同时又偏转 $64.1°$。棱镜本身也可绕铅直轴转动。

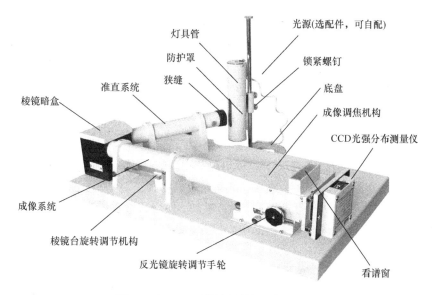

图 4.8.5 CCD 型棱镜摄谱仪整体装置图

4) 成像系统

成像系统是平行光线经棱镜色散后的聚焦部分。可以通过调焦手轮作前后移动进行调焦，调焦幅度约为 40mm。成像效果可以通过旋转反光镜，将光线反射至毛玻璃上，用看谱镜透过看谱窗观察光谱。

5) 接收系统

PSP05 型 CCD 微机棱镜摄谱仪采用的是线阵 CCD 来接收光谱的光强分布，代替了传统的胶片曝光法，操作方便，提高了实验精度及实验数据处理能力。

CCD 光强分布测量仪，其核心是线阵 CCD 器件。CCD 器件是一种可以电扫描的光电二极管列阵，有面阵(二维)和线阵(一维)之分。PSP05 型 CCD 光强仪所用的是线阵 CCD 器件，CCD 电路盒上有 1 只 DIP 开关，改变这个时钟频率 DIP 开关的设置就改变了 CCD 器件对光信号的积分时间。积分时间越长，光电灵敏度越高，时钟频率 DIP 开关有 5 挡，每挡间是二进制关系，积分时间按 1、2、4、8、16 倍增加。第 1 挡频率最高(每秒 10 帧)，一般放在 1 挡上。DB9 插座，用来将 CCD 光强分布测量仪与 USB100 计算机数据采集盒相连。在电路盒上有 1 个调整扫描基线上下位置的小孔，扫描基线调整孔内有一只小电位器，用于调整"零光强"时扫描线在显示器上的位置，调整时用钟表起或小起子细心微微旋转，顺时针转动时，扫描基线将向上移动；反之，基线将下降。

四、实验内容

(1) 安装光谱灯(选配件)。打开包装箱，取出灯具管；拧下防护罩上的两颗螺钉，取下左右两只防护罩，取出灯具管里面的防震泡沫，之后再装上防护罩；插入立柱，将灯具管固定在立柱上。将立柱旋入底盘，旋松锁紧螺钉，灯具管转动到与底盘同轴时旋紧锁紧螺钉；将灯具管导线连接在光谱灯的电源盒上，接通电源即可使用。

(2) 实验系统应平稳放置在实验工作平台上。

(3) 转动棱镜旋转台调节旋钮，将旋转指示指针移动至实验仪器面板的标度指示中心位置。

(4) 打开棱镜盒上盖，将棱镜放置在棱镜旋转台上面，放置位置可参照旋转台上面标示的放置位置(划线表示)，这样可以节省调节时间。用压片稍微压紧棱镜。

(5) 在准直系统前部放置光源，点亮光源，将其正对平行光管通光口径。将反光镜旋转调节手轮顺时针旋至底，微调棱镜，使得通过看谱窗看到的光斑最强，压紧棱镜，并保持光斑在看谱窗的中心位置。压紧棱镜时，压力不要过大，以防棱镜变形或破碎。

(6) 取出可调狭缝，旋下其保护罩(切记)，将其通光口径调节至 0.5mm 左右，安装在平行光管上。狭缝应安装在垂直位置，否则谱线将呈倾斜状，此时可转动可调狭缝，直至底片上的谱线在铅垂方向为止，再调节可调狭缝调节手轮，使狭缝通光口径缓慢变小，同时用看谱镜观察看谱窗上的谱线变化，直至所见谱线亮度、宽度适中，谱线成像清晰为止，停止调节手轮。若谱线不能完全充满看谱窗横向视场，则说明棱镜旋转平台不平整，应加以调节，此时可以微调棱镜旋转平台上的 3 个十字调节螺钉(图 4.8.6)，调节时注意观察变化规律，直至谱线充满看

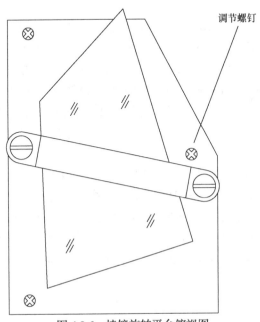

图 4.8.6　棱镜旋转平台俯视图

谱窗横向视场为止。若看谱窗上的谱线成像始终模糊,应改变可调狭缝刀口与准直物镜之间的距离,当狭缝刀口正好处于组合准直物镜的焦距上时成像效果最佳,此时在看谱窗的所见的谱线,宽度、亮度适中,成像清晰。旋紧狭缝和棱镜压片固定螺钉。

(7) 用一谱线已知的光源(如钠灯、汞灯或其他已知光源)定标(表 4.8.1)。将定标光源正对狭缝刀口,此时可以调节棱镜旋转台调节旋钮,在 CCD 可见视场内尽可能出现最多的谱线,这样便于定标和实验谱线的比较,从而方便数据处理,减小实验误差。将反光镜旋转手轮逆时针旋转至底。利用本实验系统自带的采集软件采集谱线,并保存谱线样本(软件具体操作方法见软件使用说明书)。若 CCD 接收的谱线水平幅度较宽,则可以微调成像系统的微调手轮和像面倾斜螺钉,在软件界面上得出较为理想的曲线。

(8) 在不改变任何光学系统的前提下,即不改变狭缝位置,不旋转棱镜旋转台、不调节成像微调手轮,移去定标光谱灯,将待测光谱灯移近狭缝,并正对狭缝刀口,利用 CCD 采集待测样本曲线,并保存样本曲线。

对比定标光谱曲线和待测光谱曲线,得出两光谱各谱线之间的相对位置关系,利用线性插值法(注意:相邻谱线间隔不能相差过大,否则会增大实验误差),计算出待测光谱线波长,并与给出的标准谱线波长值比较,得出实验误差。

(9) 实验结束后,不要将可调狭缝刀口长时间处于紧闭状态。

表 4.8.1　低压汞灯光谱和低压钠灯光谱标准波长表

汞光谱	紫	紫	蓝	蓝绿	绿	黄	黄	红
	404.66nm	407.78nm	435.84nm	491.60nm	546.07nm	576.96nm	579.07nm	623.44nm
钠光谱	蓝	蓝	蓝绿	蓝绿	黄绿	黄	黄	橙
	471.5nm	472.6nm		517.5nm	567.5nm	588.99nm	589.59nm	612.0nm

五、注意事项

(1) 因光谱线相对于环境光显得有点暗弱,本实验应尽量安排在暗室中进行,这样比较利于光谱的观察和辨别。

(2) CCD 电路盒上有 1 只 DIP 开关,改变这个时钟频率 DIP 开关的设置就改变了 CCD 器件对光信号的积分时间。积分时间越长,光电灵敏度越高,时钟频率 DIP 开关有 5 挡,每挡间是二进制关系,积分时间按 1、2、4、8、16 倍增加。第 1 挡频率最高(每秒 10 帧),一般放在 1 挡上。DB9 插座,用来将 CCD 光强分布测量仪与计算机数据采集盒相连。在电路盒上有 1 个调整扫描基线上下位置的小孔,扫描基线调整孔内有一只小电位器,用于调整"零光强"时扫描线在显示器上的位置，调整时用钟表起或小起子细心微微旋转，顺时针转动时，扫描基线将向上移动；反之，基线将下降。通常基线位置应调节在满幅度的 10%左右。

(3) 如果采集到的光谱线出现大面积"削顶"，则有两种可能：一是 CCD 器件饱和，说明光信号过强，这时可以将光源稍微离开光源一点距离；二是软件中选项里的增益参数调得过大，应使之减小(一般增益置为1)。

(4) 如发现采集的光谱曲线上毛刺较多，检查狭缝刀口是否有尘埃，可用蚕丝棉蘸取酒精小心擦拭。

(5) 在安装调节棱镜时，手指只能接触棱镜的棱边，勿接触光学面，避免污染光学面，从而影响实验效果；在压紧棱镜时，切勿用力过大，谨防压坏棱镜。

(6) 可调狭缝是光谱仪中非常重要的机械部件，它用来限制入射光束并构成光谱的实际光源，其直接决定谱线的质量，因此要特别爱护好可调狭缝。不要使刀口处于紧闭的状态，因为刀口比较锐利，相互紧闭容易产生卷边而使刀口受到损伤与破坏。因此，操作手轮调整狭缝宽度时要细心，旋转时用力要小而均匀，而且要慢慢地旋转，千万不要急促地快转，因为狭缝部件上的零件都比较精密，弹簧力量比较小，如果猛然或快速旋转会使之受冲击力而影响狭缝的精度和寿命，这一点必须注意。

(7) 在调节狭缝宽度时，最好在开启方向进行，因为狭缝是在弹簧力量作用下关闭的，由于要克服机构中的摩擦，因此狭缝刀片的运动可能滞后，从开启方向开始调节可消除上述误差。

(8) 为了保护刀刃免遭机械损坏，以及避免灰尘和脏物的入侵，在使用完毕后必须马上给狭缝旋上保护罩，不要长时间直接暴露在空气中。

(9) 在进行数据采集时，应先接 DB15 串口线，再接 USB 线，否则容易死机。

六、思考题

(1) 实验中微调棱镜旋转平台上的 3 个十字调节螺钉(图 4.8.6)，调节时能观察到什么变化规律？

(2) 如何降低激光的光强？

参考资料

1. CCD 微机棱镜摄谱仪实验指导书. 南京：南京浪博科教仪器研究所, 2008.
2. 赵凯华, 钟锡华. 光学. 北京：北京大学出版社, 2008.

第5章 材料测试分析实验

实验 5.1 高温超导体转变温度测量实验

超导电性发现于 1911 年，荷兰科学家昂内斯(K. Onnes)在实现了氦气液化之后不久，利用液氦所能达到的极低温条件，指导其学生吉尔斯·霍尔斯特(Gilles Holst)进行金属在低温下电阻率的研究，发现在温度稍低于 4.2K 时水银的电阻率突然下降到一个很小值，电阻率的下限可达 $3.6 \times 10^{-23}\Omega \cdot cm$，而迄今正常金属的最低电阻率大约为 $10^{-13}\Omega \cdot cm$。与此相比，可以认为汞进入了电阻完全消失的新状态——超导态。我们定义超导体开始失去电阻时的温度为超导转变温度或超导临界温度，通常用 T_c 表示。

超导现象发现以后，实验和理论研究以及应用都有了很大发展，但是临界温度的提高一直很缓慢。1986 年以前，经过 75 年的努力，临界温度只达到 23.2K，这一记录保持了差不多 12 年。此外，在 1986 年以前，超导现象的研究和应用主要依赖于液氦作为制冷剂。由于氦气昂贵、液化氦的设备复杂，条件苛刻，加上 4.2K 的液氦温度是接近于绝对零度的极低温区等因素都大大限制了超导的应用。为此，探索高临界温度超导材料成为人们多年来梦寐以求的目标。

1987 年初液氮温区超导体的发现震动了整个世界，人们称之为 20 世纪最重大的科学技术突破之一，它预示着一场新的技术革命，同时也为凝聚态物理学提出了新的课题。

一、实验目的

(1) 学习液氮低温技术。

(2) 测量氧化物超导体 YBaCuO 的临界温度，掌握用测量超导体电阻-温度的关系测定转变温度的方法。

(3) 了解超导体的最基本特性以及判定超导态的基本方法。

二、实验原理

超导体有许多特性，其中最主要的电磁性质是：

(1) 零电阻现象。当把金属或合金冷却到某一确定温度 T_c 以下时，其直流电阻突然降到零，把这种在低温下发生的零电阻现象称为物质的超导电性，具有超导电性的材料称为超导体。电阻突然消失的某一确定温度 T_c 称为超导体的临界温度。在 T_c 以上，超导体和正常金属都具有有限的电阻值，这种超导体处于正常态。由正常态向超导态的过渡是在一个有限的温度间隔里完成的，即有一个转变宽度 ΔT_c，它取决于材料的纯度和晶格的完整性。理想样品的 $\Delta T \leqslant 10^{-3}$K。基于这种电阻变化，可以通过电测量来确定 T_c，通常把样品的电阻降到转变前正常态电阻值一半时的温度定义为超导体的临界温度 T_c。

(2) 完全抗磁性。当把超导体置于外加磁场时，磁通不能穿透超导体，而使体内的磁感应强度始终保持为零($B \equiv 0$)，超导体的这个特性又称为迈斯纳效应 (Meissner effect)。

超导体的这两个特性既相互独立又有紧密的联系，完全抗磁性不能由零电阻特性派生出来，但是零电阻特性却是迈斯纳效应的必要条件。

本实验的目的是测量超导材料的转变温度，也就是在常气压环境下超导体从非超导态变为超导态时的温度。由于超导材料在超导状态时电阻为零，因此我们可用检测其电阻随温度变化的方法来判定其转变温度。实验中要测电阻及温度两个量。样品的电阻用四引线法测量，通以恒定电流，测量两端的电压信号，由于电流恒定，电压信号的变化即是电阻的变化。

温度用铂电阻温度计测量，它的电阻会随温度变化而变化，比较稳定，线性也较好，实验时通以恒定的 1.00mA，测量温度计两端电压随温度变化情况，从表 5.1.1 中可查到其对应的温度。

温度的变化是利用液氮杜瓦瓶空间的温度梯度来获得的。样品及温度计的电压信号可从数字显示表中读得，也可用 x-y 记录仪记录。

三、实验仪器

如图 5.1.1 所示，将高温超导探测器与仪器主机相连。

四、实验内容

(1) 样品、探棒与测量仪器用连接线连接起来。

(2) 样品连线连接好以后，开启电源，小心地把探测头浸入杜瓦瓶内，待样品温度达到液氮温度后(一般等待 10～15min)，观察此时样品出现信号是否处于零附近(因此时温度最低，电阻应为 0，但因放大器噪声也被放大，会存在本底信号)。注意此时不能再改变放大倍数，放大倍数挡位置应与高温时一致。如果此时电压信号仍很大，与高温时一样，则属不正常，需检查原因。如电阻信号小，与高温时的电阻信号相差大，则可进行数据测量。

(3) 样品温度稳定到液氮温度时，记下此时的样品电压及温度电压值，然后把探测头小心地从液氮瓶内提拉到液面上方，温度会慢慢升高，在这个变化过程中，温度计的电压信号及样品的电阻信号会同时变化，同时记录这两个值，记下50～60 个数据。作图即可求得转变温度。在实验过程中要耐心观察，特别在转变温度附近，最好多测些数据。

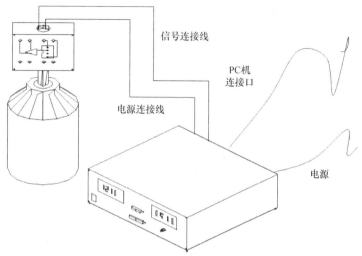

图 5.1.1　高温超导转变温度测量装置

(4) 如时间允许可从高温到低温再测量一次，观察两条曲线是否重合，解析原因。

(5) 将本仪器与计算机连接，使用本机提供的专用软件可实时记录样品的超导转变曲线。计算机的连接和所用软件的使用说明详见本实验附录。

(6) 实验结束工作：

① 实验结束后关掉仪器电流，用热吹风把探测头吹干。

② 旋开探测头的外罩，把样品吹干，使其表面干燥无水汽。

③ 用烙铁把样品与样品架连接的四个焊点焊开，取出样品，用滤纸包好，放回干燥箱内，以备下组实验者使用。

五、注意事项

(1) 实验操作过程中不要用手直接接触样品表面，要戴好手套，以免沾污样品表面。

(2) 应小心地慢慢将样品探测头放进液氮杜瓦瓶进行，以免碰坏容器；皮肤不要接触液氮，以免冻伤。若容器瓶损坏，则液氮溢出瓶外，室内充满雾气，这时也不要紧张，这是液氮在汽化蒸发，只要不接触到皮肤，就不会冻伤，过了一会挥发完就好了。

(3) 灌倒液氮时要小心，不要泼在手上、脚上，其灼伤皮肤的严重程度比开水更甚!

(4) 超导样品宜长期接触水汽使结构破坏、成分分解，导致超导性能丧失。故做完实验后宜从低温处取出，用热吹风烘干表面潮气，置于有干燥剂的密封容器中保存，待实验时再取出。

(5) 超导电阻转变过程的快慢与杜瓦瓶中的液氮多少有关，一般控制液氮液面的高度(离底)为 6~8cm，其高度可用所附底塑料杆探测估计。

六、思考题

(1) 什么叫超导现象？超导材料有什么主要特性？从你的电阻测量实验中如何判断样品进入超导态了？

(2) 如何能测准超导样品的温度？

(3) 测定超导样品的电阻为什么要用四引线法？

(4) 样品电流应调节多大，为什么？

(5) 为什么样品必须保持干燥？如何保存样品？

(6) 从超导材料进入超导态时 $R=0$，你能想象出它有什么应用价值吗？

参考资料

1. 韩汝珊. 高温超导物理. 北京: 北京大学出版社, 1997.
2. 吴思诚, 王祖铨. 近代物理实验. 2 版. 北京: 北京大学出版社, 1995.

附　　录

高温超导转变温度测量软件使用说明如下:

本软件设置为串行口输入，可选择不同的串行口(Com1 或 Com2)，采样的记录格式形同于记录纸，X 坐标为温度值(以温度的形式来显示)，每格大小在界面的右边显示。Y 坐标所对应的是样品电压，每格所对应的电压值可供选择，这里设置了三个级别的电压值供选择。对于记录下的曲线，可以进行存盘、打印等操作，也可删除及重新开始记录。在计算机采样的时候，我们可以通过选择不同的颜色来区分降温和升温的曲线；在计算机记录完毕后，可以通过鼠标的点击来显示曲线上每一点的坐标值，横坐标的温度值可直接显示对应的温度，不需要查表。

本软件显示的窗口界面如图 5.1.2 所示。

1. 软件界面介绍

(1) 标题栏: 本软件的名称。

(2) 菜单栏: 此栏由文件、编辑、操作、帮助、关于五个部分组成，具体说明如下。

A. 文件：可以对文件进行存盘、打开、打印等操作。

B. 编辑：可以对采样到的图形进行处理。

C. 操作：能对本软件运行进行控制，如选择串行口。改变 Y 轴分度值等。

D. 帮助：可以得到本软件使用的一切说明。

E. 关于：此为本公司的介绍。

(3) 工具栏：由新建、打开、存盘、运行、暂停、打印、退出七个部分组成，其具体功能和菜单栏上各项说明一致。

(4) 实验监视栏：此栏设在屏幕下方，能了解实验是否正在进行，能记录实验所花费的时间和采样到的数据点的个数。

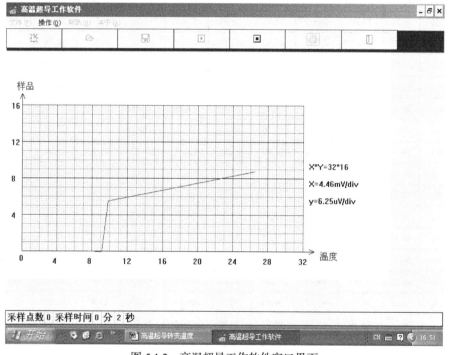

图 5.1.2　高温超导工作软件窗口界面

2. 软件使用操作步骤

(1) 先将样品用导热胶粘放在样品架中，焊接四引线。

(2) 将放大器上的航空头分别接到主机上对应的航空插座上。

(3) 通过连接电缆将仪器与计算机串行口相连。

(4) 打开本软件，选择合适的串行口(Com1 或 Com2)和显示的 Y 轴分度值，如果选择不对，软件会进行提示。

(5) 将探棒放入液氮杜瓦中。

(6) 按下计算机窗口的运行键，就可以对样品进行实时采样。

表 5.1.1　铂电阻温度计的电阻-温度关系

温度/℃	电阻值/Ω(JJG 229—87)(R_0=100.00Ω)									
	0	1	2	3	4	5	6	7	8	9
−200	18.49	—	—	—	—	—	—	—	—	—
−190	22.80	22.37	21.94	21.51	21.08	20.65	20.22	19.79	19.36	18.93
−180	27.08	26.65	26.23	25.80	25.37	24.94	24.52	24.09	23.66	23.23
−170	31.32	30.90	30.47	30.05	29.63	29.20	28.78	28.35	27.93	27.50
−160	35.53	35.11	34.69	34.27	33.85	33.43	33.01	32.59	32.16	31.74
−150	39.71	39.30	38.88	38.46	38.04	37.63	37.21	36.79	36.37	35.95
−140	43.87	43.45	43.04	42.63	42.21	41.79	41.38	40.96	40.55	40.13
−130	48.00	47.59	47.18	46.76	46.35	45.94	45.52	45.11	44.70	44.28
−120	52.11	51.70	51.20	50.88	50.47	50.06	49.64	49.23	48.82	48.41
−110	56.19	55.78	55.38	54.97	54.56	54.15	53.74	53.33	52.92	52.52
−100	60.25	59.85	59.44	59.04	58.63	58.22	57.82	57.41	57.00	56.60
−90	64.30	63.90	63.49	63.09	62.68	62.28	61.87	61.47	61.06	60.66
−80	68.33	67.92	67.52	67.12	66.72	66.31	65.91	65.51	65.11	64.70
−70	72.33	71.93	71.53	71.13	70.73	70.33	69.93	69.53	69.13	68.73
−60	76.33	75.93	75.53	75.13	74.73	74.33	73.93	73.53	73.13	72.73
−50	80.31	79.91	79.51	79.11	78.72	78.32	77.92	77.52	77.13	76.73
−40	84.27	83.88	83.48	83.08	82.69	82.29	81.89	81.50	81.10	80.70
−30	88.22	87.83	87.43	87.04	86.64	86.25	85.85	85.46	85.06	84.67
−20	92.16	91.77	91.37	90.98	90.59	90.19	89.80	89.40	89.01	88.62
−10	96.09	95.69	95.30	94.91	94.52	94.12	93.75	93.34	92.95	92.55
−0	100.00	99.61	99.22	98.83	98.44	98.04	97.65	97.26	96.87	96.48
0	100.00	100.39	100.78	101.17	101.56	101.95	102.34	102.73	103.12	103.51
10	103.90	104.29	104.68	105.07	105.46	105.85	106.24	106.63	107.02	107.40
20	107.79	108.18	108.57	108.96	109.35	109.73	110.12	110.51	110.90	111.28
30	111.67	112.06	112.45	112.83	113.22	113.61	113.99	114.38	114.77	115.15
40	115.54	115.93	116.31	116.70	117.08	117.47	117.85	118.24	118.62	119.01
50	119.40	119.78	120.16	120.55	120.93	121.32	121.70	122.09	122.47	122.86

实验 5.2　材料磁性综合测量

　　振动样品磁强计、表面磁光克尔效应、磁致伸缩系数测量和磁天平都是测量物质磁学性能的重要手段。振动样品磁强计是一种高灵敏度的磁矩测量仪器，它采用电磁感应原理，测量在一组探测线圈中心以固定频率和振幅作振动的样品的磁矩。表面磁光克尔效应是利用光的偏振态的转变来测量铁磁物质表面的磁学性质的，灵敏度可以达到一个原子层厚度。磁致伸缩效应是指铁磁体在被外磁场磁化时，其体积和长度将发生变化的现象，其长度的变化是人们研究应用的主要对象。磁天平主要在研究分子结构中用古埃法测量顺磁和逆磁磁化率，进而求得永久磁矩和未成对电子数。

　　本实验采用上海复旦天欣科教仪器有限公司研制的 FD-VSMG-A 型材料磁性综合测量仪，该系统将振动样品磁强计、表面磁光克尔效应、磁致伸缩系数测量和磁天平四种测试手段融合在一个测试系统中，共用同一台电磁铁，整合了信号处理系统，在磁致伸缩效应的测量上使用了独特的方式使得操作方便，灵敏度高。

一、实验项目

　　(1) 用振动样品磁强计测量磁性材料样品的饱和磁化强度。
　　(2) 测量表面磁光克尔效应的偏转角曲线。
　　(3) 测量磁性材料样品的磁致伸缩系数。
　　(4) 用古埃磁天平测量物质的磁化率。

二、实验原理

1. 振动样品磁强计实验

　　如果将一个球状磁体置于磁场中，则此样品外一定距离的探测线圈感应到的磁通可被视作外磁化场及由该样品带来的附加磁场之和。多数情况下测量者更关心的是这个附加磁场量值。在磁测领域，区分这种扰动与环境磁场的方法有很多种。例如，可以让被测样品以一定方式振动，探测线圈感应到的样品磁通信号因此不断快速地交变，保持环境磁场等其他量不作任何变化，即可实现这一目的。这是一种用交流信号完成对磁性材料直流磁特性测量的方法。因为在测试过程中，恒定的环境磁场可以直接扣除，而有用信号则可以通过控制线圈位置、振动频率、振幅等得以优化。

　　振动样品磁强计正是基于上述理论。振动样品磁强计是一种高灵敏度的磁矩测量仪器。它采用电磁感应原理，测量在一组探测线圈中心以固定频率和振幅作微振动的样品的磁矩。对于足够小的样品，它在探测线圈中振动所产生的感应电压与样品磁矩、振幅、振动频率成正比。在保证振幅、振动频率不变的基础上，用锁相放大器测量这一电压，即可计算出待测样品的磁矩。振动样品磁强计可以实现很高灵敏度的测量，商业产品的磁矩灵敏度往往优于 $10^{-9}\mathrm{A \cdot m^2}$，精确地调整样品与线圈的耦合程度可以使这一灵敏度提高至 $10^{-12}\mathrm{A \cdot m^2}$。另外，用振动样品磁强计进行磁矩测量的范围上限能够达到 $0.1\mathrm{A \cdot m^2}$ 或更高。

假设一个小样品具有磁矩 m 并可被等同为一个点，将此样品放在一个半径为 R 的测试线圈平面上，若将此样品看作一个偶极子处理，即一个小环形电流，其电流强度为 i_m，面积为 a，因此 $m = ai_m$。以探测线圈为原点，设偶极子所在位置为 (x_0, y_0)，再假设在测试线圈中同时存在一个电流 i_s，此时这两个环形电流可认为互相耦合。类似于互感器，它们之间具有互感系数 M，两者之间的磁通为 $\Phi_{ms} = mi_s$ 或 $\Phi_{sm} = mi_m$，前者为从线圈链向磁偶极子的磁通，后者相反。

探测线圈在磁偶极子处产生平行于 z 轴的磁感应强度 $B_z(x_0, y_0)$。这里定义一个重要的特征参数——探测线圈常数 $k(x_0, y_0) = B_z(x_0, y_0) / i_s$。从线圈链向磁偶极子的磁通还可以写为 $\Phi_{ms} = B_z(x_0, y_0)a$，则互感系数为

$$M = [B_z(x_0, y_0) / i_s]a = k(x_0, y_0)a \tag{5.2.1}$$

于是偶极子链向探测线圈的磁通最终可以写为

$$\Phi_{sm} = k(x_0, y_0)m \tag{5.2.2}$$

推而广之，如果偶极子处于更一般的位置 (x, y, z)，则有

$$\Phi = k(x, y, z)m = k_x(x, y, z)m_x + k_y(x, y, z)m_y + k_z(x, y, z)m_z \tag{5.2.3}$$

其中，$k(x, y, z) = B(x, y, z) / i_s$。如果这个偶极子以 $\dfrac{\mathrm{d}r}{\mathrm{d}t}$ 的速度移动，那么探测线圈中产生的即时感应电压则为

$$u(t) = \frac{\mathrm{d}\Phi}{\mathrm{d}t} = (1 / i_s) \cdot \mathrm{grad}(B \cdot m)\frac{\mathrm{d}r}{\mathrm{d}t} \tag{5.2.4}$$

举一个简单的例子，图 5.2.1(a)所示的一对串联线圈能够产生 x 轴向的磁场 $B_x(x)$，两线圈完全相同，半径为 a，间距为 d(若 $a = d$ 即是所谓的亥姆霍兹线圈)。将一个磁矩为 m 可等同为磁偶极子的样品放入线圈中心，并以速度 $\dfrac{\mathrm{d}x}{\mathrm{d}t}$ 移动，则有

$$u(x, t) = \frac{\mathrm{d}}{\mathrm{d}x}\big[(mk_x(x)]\frac{\mathrm{d}x}{\mathrm{d}t} = mg_x(x)\frac{\mathrm{d}x}{\mathrm{d}t} \tag{5.2.5}$$

其中，$k_x(x) = B_x(x)/i_s$，而

$$g_x(x) = \frac{\mathrm{d}k_x(x)}{\mathrm{d}x} \tag{5.2.6}$$

$g_x(x)$ 称为灵敏函数。图 5.2.1(b)中，$g_x(x)/g_x(0)$ 表示相对灵敏函数。

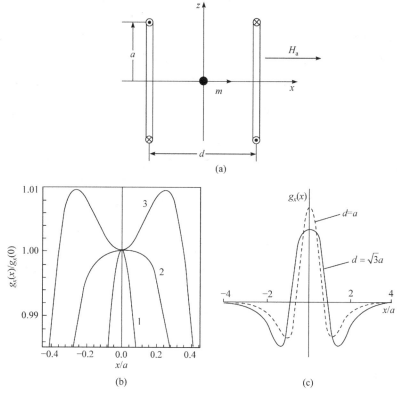

图 5.2.1　(a)半径为 a、间距为 d 的一对完全相同的串联线圈；(b)距离分别是 a(1)、$\sqrt{3}a$(2)、
1.848a(3) 时相对灵敏函数与偏离位移曲线；(c)±4a 偏离范围内的灵敏函数曲线

图 5.2.1(b)为两线圈半径为 a，距离分别是 a、$\sqrt{3}a$、1.848a 时，相对于磁偶极子偏离中心所移动距离而得到的相对灵敏函数关系曲线。从图中可以看出，当 $d = \sqrt{3}a$ 时，灵敏函数在中心位置处变化最平缓，即具有最好的均匀性。从图中还可以看出，这三种设计的中心点处 $\partial g_x(x)/\partial x$ 都为 0，这是由线圈的对称结构所决定的。在线圈的设计和其位置的选择过程中，往往需要这样的鞍点(即(b)中心处平坦的顶点)，这是因为在鞍点附近，线圈能够最大限度地对样品所处的位置不敏感。对于一个在中心点以小振幅振动的样品来说，可以放心地认为 $g_x(x) = g_x(0)$。下式更能说明这一点，若一个样品在中心处作简谐振动，$x(t) = X_0 \sin \omega t$，则线

圈中的感应电压即为

$$u(t) = mg_x(x) \cdot \frac{dx}{dt} = mg_x(x) \cdot X_0 \omega \cos \omega t = C(X_0, x, \omega, t) \cdot m \qquad (5.2.7)$$

如果处于鞍区，即 $g_x(x) = g_x(0)$，则 $u(t)$ 仅与样品的磁矩、振动频率和振幅有关，而排除了灵敏函数的影响，这为测量提供了极大的便利条件。比例系数 C 通常利用定标法测定，因此只要测量出感应电压，即可得到样品的磁矩。

本实验采用的振动样品磁强计是四线圈结构，又称为 Mallinson 结构，是振动样品磁强计设备中最为常见的线圈设计。两组串联反接的线圈可以增大感应信号，使外界噪声降到最小，还能减小样品在非测量方向上的微小振动所产生的干扰信号。

2. 表面磁光克尔效应实验

磁光效应有两种：法拉第效应和克尔效应，1845 年，迈克尔·法拉第(Michael Faraday)首先发现介质的磁化状态会影响透射光的偏振状态，这就是法拉第效应。1877 年，约翰·克尔(John Kerr)发现铁磁体对反射光的偏振状态也会产生影响，这就是克尔效应。克尔效应在表面磁学中的应用即为表面磁光克尔效应(surface magneto-optic Kerr effect)。它是指铁磁性样品(如铁、钴、镍及其合金)的磁化状态对于从其表面反射的光的偏振状态的影响。当入射光为线偏振光时，样品的磁性会引起反射光偏振面的旋转和椭偏率的变化。表面磁光克尔效应作为一种探测薄膜磁性的技术始于 1985 年。

如图 5.2.2 所示，当一束线偏振光入射到样品表面上时，如果样品是各向异性的，那么反射光的偏振方向会发生偏转。如果此时样品还处于铁磁状态，那么铁磁性还会导致反射光的偏振面相对于入射光的偏振面额外再转过了一个小的角度，这个小角度称为克尔旋转角 θ_K。同时，一般而言，由于样品对 p 光和 s 光的

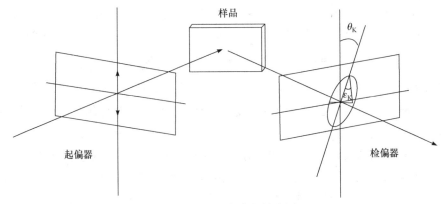

图 5.2.2 表面磁光克尔效应原理

吸收率是不一样的，即使样品处于非磁状态，反射光的椭偏率也发生变化，而铁磁性会导致椭偏率有一个附加的变化，这个变化称为克尔椭偏率 ε_K。由于克尔旋转角 θ_K 和克尔椭偏率 ε_K 都是磁化强度 M 的函数。通过探测 θ_K 或 ε_K 的变化可以推测出磁化强度 M 的变化。

按照磁场相对于入射面的配置状态不同，磁光克尔效应可以分为三种：极向克尔效应、纵向克尔效应和横向克尔效应。

(1) 极向克尔效应：如图 5.2.3 所示，磁化方向垂直于样品表面并且平行于入射面。通常情况下，极向克尔信号的强度随光的入射角的减小而增大，在 0°入射角时(垂直入射)达到最大。

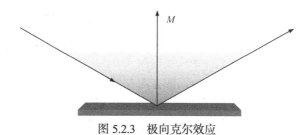

图 5.2.3　极向克尔效应

(2) 纵向克尔效应：如图 5.2.4 所示，磁化方向在样品膜面内，并且平行于入射面。纵向克尔信号的强度一般随光的入射角的减小而减小，在 0°入射角时为零。通常情况下，纵向克尔信号中无论是克尔旋转角还是克尔椭偏率都要比极向克尔信号小一个数量级。正是这个原因，纵向克尔效应的探测远比极向克尔效应困难。但对于很多薄膜样品来说，易磁轴往往平行于样品表面，因而只有在纵向克尔效应配置下样品的磁化强度才容易达到饱和。因此，纵向克尔效应对于薄膜样品的磁性研究来说是十分重要的。

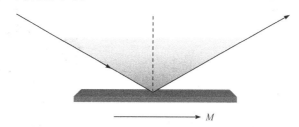

图 5.2.4　纵向克尔效应

(3) 横向克尔效应：如图 5.2.5 所示，磁化方向在样品膜面内，并且垂直于入射面。横向克尔效应中反射光的偏振状态没有变化。这是因为在这种配置下光电场与磁化强度矢积的方向永远没有与光传播方向相垂直的分量。在横向克尔效应中，只有在 p 偏振光(偏振方向平行于入射面)入射条件下，才有一个很小的反射率的变化。

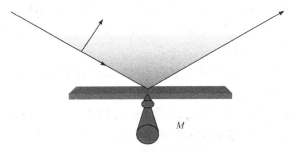

图 5.2.5　横向克尔效应

　　以下以极向克尔效应为例详细讨论 SMOKE 系统，原则上完全适用于纵向克尔效应和横向克尔效应。图 5.2.6 为常见 SMOKE 系统的光路图，氦-氖激光器发射一激光束，通过偏振棱镜 1 后变成线偏振光，然后从样品表面反射，经过偏振棱镜 2 进入探测器。偏振棱镜 2 的偏振方向与偏振棱镜 1 设置成偏离消光位置一个很小的角度 δ，如图 5.2.7 所示。样品放置在磁场中，当外加磁场改变样品磁化强度时，反射光的偏振状态发生改变，通过偏振棱镜 2 的光强也发生变化。在一阶近似下光强的变化和磁化强度呈线性关系，探测器探测到这个光强的变化就可以推测出样品的磁化状态。

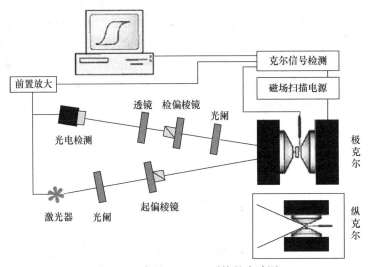

图 5.2.6　常见 SMOKE 系统的光路图

　　两个偏振棱镜的设置状态主要是为了区分正负克尔旋转角。若两个偏振方向设置在消光位置，无论反射光偏振面是顺时针还是逆时针旋转，反映在光强的变化上都是强度增大。这样无法区分偏振面的正负旋转方向，也就无法判断样品的磁化方向。当两个偏振方向之间有一个小角度 δ 时，通过偏振棱镜 2 的光线有一个本底光强 I_0。反射光偏振面旋转方向和 δ 同向时光强增大，反向时光强减小，这样样品的磁化方向可以通过光强的变化来区分。

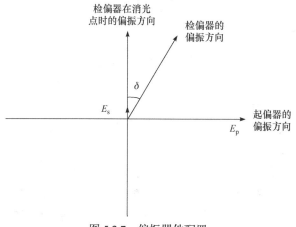

图 5.2.7 偏振器件配置

在图 5.2.3 所示的光路中，假设取入射光为 p 偏振(电场矢量 E_p 平行于入射面)，当光线从磁化了的样品表面反射时，由于克尔效应，反射光中有一个很小的垂直于 E_p 的电场分量 E_s，通常 $E_s \ll E_p$。在一阶近似下有

$$\frac{E_s}{E_p} = \theta_K + i\,\varepsilon_K \tag{5.2.8}$$

通过棱镜 2 的光强为

$$I = \left| E_p \sin\delta + E_s \cos\delta \right|^2 \tag{5.2.9}$$

将式(5.2.8)代入式(5.2.9)得到

$$I = \left| E_p \right|^2 \left| \sin\delta + (\theta_K + i\,\varepsilon_K)\cos\delta \right|^2 \tag{5.2.10}$$

因为 δ 很小，所以可以取 $\sin\delta = \delta$，$\cos\delta = 1$，得到

$$I = \left| E_p \right|^2 \left| \delta + (\theta_K + i\,\varepsilon_K) \right|^2 \tag{5.2.11}$$

整理得到

$$I = \left| E_p \right|^2 (\delta^2 + 2\delta\theta_K) \tag{5.2.12}$$

无外加磁场下

$$I_0 = \left| E_{\mathrm{p}} \right|^2 \delta^2 \tag{5.2.13}$$

所以有

$$I = I_0 (1 + 2\theta_{\mathrm{K}} / \delta) \tag{5.2.14}$$

于是在饱和状态下的克尔旋转角 θ_{K} 为

$$\Delta\theta_{\mathrm{K}} = \frac{\delta}{4} \frac{I(+M_{\mathrm{s}}) - I(-M_{\mathrm{s}})}{I_0} = \frac{\delta}{4} \frac{\Delta I}{I_0} \tag{5.2.15}$$

$I(+M_{\mathrm{s}})$ 和 $I(-M_{\mathrm{s}})$ 分别是正负饱和状态下的光强。从式(5.2.15)可以看出，光强的变化只与克尔旋转角 θ_{K} 有关，而与 ε_{K} 无关。说明在图 5.2.6 所示光路中探测到的克尔信号只是克尔旋转角。

在超高真空原位测量中，激光在入射到样品之前和经样品反射之后都需要经过一个视窗。但是视窗的存在产生了双折射，这就增加了测量系统的本底，降低了测量灵敏度。为了消除视窗的影响，降低本底和提高探测灵敏度，需要在检偏器之前加一个 1/4 波片。仍然假设入射光为 p 偏振，四分之一波片的主轴平行于入射面，如图 5.2.8 所示。

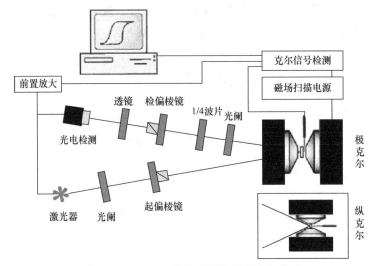

图 5.2.8　SMOKE 系统测量椭偏率的光路图

此时在一阶近似下有：$E_{\mathrm{s}} / E_{\mathrm{p}} = -\varepsilon_{\mathrm{K}} + \mathrm{i}\theta_{\mathrm{K}}$。通过棱镜 2 的光强为

$$I = \left| E_{\mathrm{p}} \sin\delta + E_{\mathrm{s}} \cos\delta \right|^2 = \left| E_{\mathrm{p}} \right|^2 \left| \sin\delta - \varepsilon_{\mathrm{K}} \cos\delta + \mathrm{i}\theta_{\mathrm{K}} \cos\delta \right|^2 \tag{5.2.16}$$

因为 δ 很小，所以可以取 $\sin\delta = \delta$，$\cos\delta = 1$，得到

$$I = \left| E_{\mathrm{p}} \right|^2 \left| \delta - \varepsilon_{\mathrm{K}} + \mathrm{i}\theta_{\mathrm{K}} \right|^2 = \left| E_{\mathrm{p}} \right|^2 \left(\delta^2 - 2\delta\varepsilon_{\mathrm{K}} + \varepsilon_{\mathrm{K}}^2 + \theta_{\mathrm{K}}^2 \right)$$

因为角度 δ 取值较小，并且 $I_0 = \left| E_{\mathrm{p}} \right|^2 \delta^2$，所以

$$I \approx \left| E_{\mathrm{p}} \right|^2 \left(\delta^2 - 2\delta\varepsilon_{\mathrm{K}} \right) = I_0 (1 - 2\varepsilon_{\mathrm{K}} / \delta) \tag{5.2.17}$$

在饱和情况下 $\Delta\varepsilon_{\mathrm{K}}$ 为

$$\Delta\varepsilon_{\mathrm{K}} = \frac{\delta}{4} \frac{I(-M_{\mathrm{s}}) - I(+M_{\mathrm{s}})}{I_0} = -\frac{\delta}{4} \frac{\Delta I}{I_0} \tag{5.2.18}$$

此时光强变化对克尔椭偏率敏感而对克尔旋转角不敏感。因此，如果想在大气中探测磁性薄膜的克尔椭偏率，则也需要在图 5.2.6 的光路中的检偏棱镜前插入一个 1/4 波片，如图 5.2.8 所示。

如图 5.2.6 所示，整个系统由一台计算机实现自动控制。根据设置的参数，计算机经 D/A 卡控制磁场电源和继电器进行磁场扫描。光强变化的数据由 A/D 卡采集，经运算后作图显示，从屏幕上直接看到磁滞回线的扫描过程，如图 5.2.8 所示。

表面磁光克尔效应具有极高的探测灵敏度。目前表面磁光克尔效应的探测灵敏度可以达到 10^{-4} 度的量级。这是一般常规的磁光克尔效应的测量所不能达到的，因此表面磁光克尔效应具有测量单原子层，甚至亚原子层磁性薄膜的灵敏度，所以表面磁光克尔效应已经被广泛地应用在磁性薄膜的研究中。虽然表面磁光克尔效应的测量结果是克尔旋转角或者克尔椭偏率，并非直接测量磁性样品的磁化强度，但是在一阶近似情况下，克尔旋转角或者克尔椭偏率均和磁性样品的磁化强度成正比。所以，只需要用振动样品磁强计等直接测量磁性样品的磁化强度的仪器对样品进行一次定标，即能获得磁性样品的磁化强度。另外，表面磁光克尔效应实际上测量的是磁性样品的磁滞回线，因此可以获得矫顽力、磁各向异性等方面的信息。

3. 磁致伸缩系数测量实验

所有的磁性材料都在某种程度上具有磁致伸缩效应，磁致伸缩效应是由于自旋-轨道耦合能和物质的弹性能平衡而产生的。磁致伸缩产生也是满足能量最小条件的必然结果。从自由能极小的观点来看，磁性材料的磁化状态发生变化时，其自身的形状和体积都要改变，因为这样才能使整个体系的总能量最小。具体来说，导致样品形状和体积发生改变的原因有如下几个方面。

1) 自发形变

自发形变是由原子间交换作用力引起的。假想有一单畴的晶体，在居里温度以上是球形的，当它自居里温度以上冷却下来以后，交换力使晶体自发磁化，晶

体也改变了形状,这就是"自发"的变形或磁致伸缩。

2) 场致形变

铁磁体在外磁场作用下会发生形变和体积变化,并随着所加磁场的大小不同,形变也不同。当外磁场比饱和磁化场 H_s 小时,样品的形变主要是长度的改变(线磁致伸缩),而体积几乎不变;当外磁场大于饱和磁化场 H_s 时,样品的形变主要是体积的改变,即体积磁致伸缩。

3) 形状效应

设一个球形的单畴样品,想象它的内部没有交换作用和自旋-轨道的耦合作用,而只有退磁能 $\frac{1}{2}\mu_0 N M_s^2$,为了降低退磁能,样品的体积要缩小,并且在磁化方向要伸长以减小退磁因子 N,这便是形状效应,其数值较其他两种磁致伸缩要小。

磁致伸缩的唯象机理如图 5.2.9 所示。在居里温度以下,磁性材料中存在着大量的磁畴,在每个磁畴中,原子的磁矩有序排列,引起晶格发生形变。由于各个磁畴的自发磁化方向不尽相同,因此在没有外加磁场时,自发磁化引起的形变互相抵消,显示不出宏观效应。外加磁场后,各个磁畴的自发磁化都转向外磁场方向,结果导致磁体尺寸发生变化,于是产生了宏观磁致伸缩。

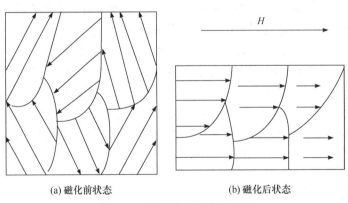

(a) 磁化前状态　　　　　　　　(b) 磁化后状态

图 5.2.9　磁致伸缩的唯象机理

磁致伸缩效应的强弱可用磁致伸缩系数 λ 表示

$$\lambda = \frac{\Delta l}{l} = \frac{l_B - l_0}{l_0} \tag{5.2.19}$$

式中,l_B、l_0 分别是外加磁场强度等于 H 和零时的材料长度。

4. 磁化率测量实验

古埃磁天平的工作原理如图 5.2.10 所示。将圆柱形样品(粉末状或液体装入匀称的玻璃样品管中)悬挂在分析天平的一个臂上,使样品底部处于电磁铁两极的中心(即处于均匀磁场区域),此处磁场强度最大。样品的顶端离磁场中心较远,磁场强度很弱,而整个样品处于一个非均匀的磁场中。但由于沿样品的轴心方向,即图示 z 方向,存在一个磁场强度 $\delta H/\delta z$,故样品沿 z 方向受到磁力的作用,它的大小为

$$f_z = \int_H^{H_0} (\chi - \chi_{空}) \mu_0 S\, H \frac{\partial H}{\partial Z} \mathrm{d}z \qquad (5.2.20)$$

式中,H 为磁场中心磁场强度;H_0 为样品顶端处的磁场强度;χ 为样品体积磁化率;$\chi_{空}$ 为空气的体积磁化率;S 为样品的截面积(位于 x、y 平面);u_0 为真空磁导率。

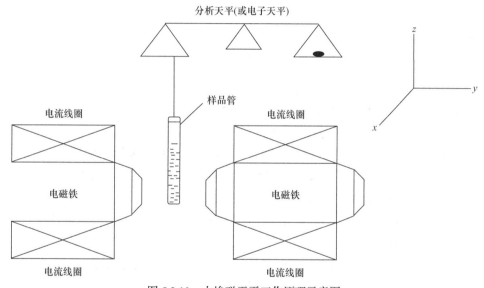

图 5.2.10　古埃磁天平工作原理示意图

通常 H_0 即为当地的地磁场强度,约为 $40\mathrm{A \cdot m^{-1}}$,一般可略去不计,则作用于样品的力为

$$f_z = \frac{1}{2}(\chi - \chi_{空}) \mu_0 S H^2 \qquad (5.2.21)$$

用天平分别称装有被测样品的样品管和不装样品的空样品管,在有外加磁场和无外加磁场时质量会发生变化,可表示成

$$\Delta m = m_{磁场} - m_{无磁场} \qquad (5.2.22)$$

显然,某一不均匀磁场作用于样品的力可由下式计算:

$$f_z = (\Delta m_{样品+空管} - \Delta m_{空管})g \qquad (5.2.23)$$

于是有

$$\frac{1}{2}(\chi - \chi_空)\mu_0 H^2 S = (\Delta m_{样品+空管} - \Delta m_{空管})g \qquad (5.2.24)$$

整理后得

$$\chi = \frac{2(\Delta m_{样品+空管} - \Delta m_{空管})g}{u_0 H^2 S} + \chi_空 \qquad (5.2.25)$$

物质的摩尔磁化率为

$$\chi_M = \frac{M\chi}{\rho}$$

故

$$\chi_M = \frac{M}{\rho}\chi = \frac{2(\Delta m_{样品+空管} - \Delta m_{空管})ghM}{u_0 m H^2} + \frac{M}{\rho}\chi_空 \qquad (5.2.26)$$

式中，h 为样品的实际高度；m 为无外加磁场时样品的质量；M 为样品的摩尔质量；ρ 为样品密度(固体样品指装填密度)。

式(5.2.26)中真空磁导率 $\mu=4\pi\times10^{-7} N \cdot A^{-2}$；空气的体积磁化率 $\chi_空=3.64\times10^{-7}$(SI 单位)，但因样品体积很小，故常予忽略。该式右边的其他各项都可通过实验测得，因此样品的摩尔磁化率可由式(5.2.26)算得。

式(5.2.26)中磁场两极中心处的磁场强度 H 可使用仪器自带的毫特斯拉计测出，或用已知磁化率的标准物质进行间接测量。常用的标准物质有纯水、$NiCl_2$ 水溶液，莫尔氏盐$(NH_4)_2SO_4 \cdot FeSO_4 \cdot 6H_2O$、$CuSO_4 \cdot 5H_2O$ 和 $Hg[Co(NCS)_4]$等。例如，莫尔氏盐的 χ_M 与绝对温度 T 的关系式为

$$\chi_M = \frac{9500}{T+1}\times4\pi\times10^{-9}(m^3 \cdot kg^{-1}) \qquad (5.2.27)$$

三、实验仪器

1. 实验装置

如图 5.2.11 所示，FD-VSMG-A 型材料磁性综合测量仪主要由电磁铁系统、振动源、光路系统、微位移测量系统、主机控制系统、电子天平、实验平台以及计算机组成。

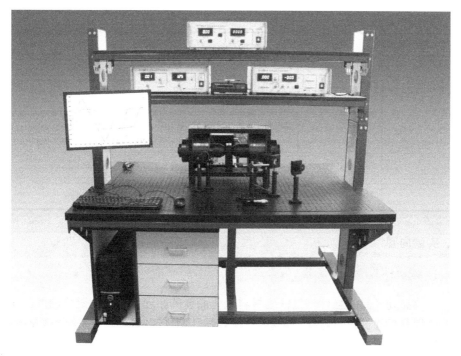

图 5.2.11　FD-VSMG-A 型材料磁性综合测量仪实验装置

2. 技术指标(表 5.2.1)

表 5.2.1　技术参数表

序号	名称	参数规格
1	实验平台	台面材料：铝合金氧化 芯板结构：矩形构架，底部防震 台面尺寸：1.6m×1.2m
2	电磁铁	磁隙中心宽度：0～50mm 连续可调 精密恒流电源：0～7.5A 连续可调
3	半导体激光器	输出功率：2mW 左右 中心波长：650nm 最小光斑直径：1mm 左右
4	偏振棱镜	结构：格兰-汤普森棱镜 通光孔径：8mm 外盘分辨率：1° 外盘转动量程：0°～360° 测微头量程：10mm 测微分辨率：0.01mm 游标角度测量分辨率：1.9 分左右
5	振动源	频率：15～20Hz 连续可调 振幅：3mm 左右

序号	名称	参数规格
6	控制指示	S.E.V 信号显示：量程–19.99～19.99V，分辨率 0.01V 磁场信号显示：量程–19.99～19.99V，分辨率 0.01V 扫描电源显示：量程–19.99～19.99A，分辨率 0.01A 特斯拉计显示：量程–1999～1999mT，分辨率 1mT 光功率计显示：四挡分别为 2μW、20μW、200μW、2mW 　　　　　　　最大量程 0～1.999mW，最小分辨率 0.001μW
7	信号检测	振动样品磁强计测量磁化强度的精密度优于 10^{-6}A·m^2 克尔信号检测的灵敏度达亚毫度级 测量磁致伸缩系数时，位移传感器的分辨率优于 0.1μm

四、实验内容

1. 振动样品磁强计实验

了解振动样品磁强计测量铁磁材料磁化曲线的原理，用已知磁化曲线的镍球对振动样品磁强计进行定标；用振动样品磁强计测量锰锌铁氧体小球的磁化曲线，计算饱和磁化强度。

1) 磁场中心磁感应强度 B 与磁场信号 U_B 关系定标

将两磁极调整至一适当的间隙，调节"磁场信号"的倍率、增益及电平至一适当值，使电压信号 U_B 始终在 0.20～3.00V 的范围内。将特斯拉计信号线接至主机"外侧磁场输入"端，磁铁电源调至"手动"挡，特斯拉计调至"外测"挡并调零，而后将特斯拉计探头置于磁场中心，手动调节磁铁电源对磁场信号与磁感应强度关系进行测量，并作出磁场中心磁感应强度 B 与磁场信号 U_B 的关系曲线。把用最小二乘法拟合所得的斜率 k 及截距 b 代入

$$B = kU_B + b \qquad (5.2.28)$$

根据公式(5.2.27)即可将计算机采集所得的磁场信号 U_B 换算成磁感应强度 B。

2) 用已知饱和磁矩的镍球标定探测线圈的输出电压与磁化强度的关系

(1) 将探测线圈组固定在底座上，使探测线圈的轴线与磁场方向平行，将探测线圈的信号线接至主机"磁强计输入"端，而内测磁场用的霍尔传感器的信号线接至主机"磁路输入"端，并将 S.E.V 信号调至"振动"挡。

(2) 已知镍的饱和比磁化强度 $\sigma_s = 54.56$A·m^2·kg^{-1}，密度 $\rho_{Ni} = 8.906 \times 10^3 kg·m^{-3}$，测量定标用镍球的直径，计算样品镍球的饱和磁化强度

$$M_{s-Ni} = \sigma_s m \qquad (5.2.29)$$

将镍球固定在振动杆顶端的样品盒内，放入探测线圈组中间的通孔内，使样品盒

位于探测线圈组鞍区内，振动杆另一端与振动源相连接。

(3) 启动振动源，调节"振动频率"至 15～20Hz，调整"前置放大"及 S.E.V 信号的倍率 N 及增益，使信号增益至一适当量值且 S.E.V 信号为 1V 左右，并且在磁铁电源电流从 0 调至最大的过程中，S.E.V 信号始终保持在 0.2～2V，而后将磁铁电源电流也调至一适当值，拨到"自动"挡。

(4) 打开计算机软件执行程序，"功能选择"中选择"振动"，"周期选择"选择双周，"扫描时间"建议选择"20s"，"显示方式"建议选择"合成"，使显示的坐标轴横轴为磁场信号 U_B，纵轴为磁强计 S.E.V 信号的采样值，"操作"中选择"启动"使系统开始自动控制磁场电流并采集数据。待"实验数据"表格中的数据不再增加，说明采集完毕，在"操作"中选择"停止"，然后选择"数据存盘"，数据表格中的数据便会自动导出为 xls 文件，文件名包含保存的日期和时间。

(5) 使用计算机软件对数据进行自动采集，保存并导出数据，从数据中找到在正、反向磁场情况下样品镍球磁化饱和时感应电压 U_V 的值 $U_{V\text{-Ni-max}}$ 和 $U_{V\text{-Ni-min}}$，计算出 $\Delta U_{V\text{-Ni}} = U_{V\text{-Ni-max}} - U_{V\text{-Ni-min}}$，那么根据式(5.2.6)，待测样品的磁化强度就可表示为

$$M = \frac{2M_{s\text{-Ni}}}{\Delta U_{V\text{-Ni}}}(U_V \text{-} U_{V\text{-0}}) \tag{5.2.30}$$

其中，$U_{V\text{-0}}$ 为无磁场时 U_V 的值。

3) 锰锌铁氧体多晶小球磁化曲线的测量及其饱和磁化强度的计算

将样品盒内样品更换为锰锌铁氧体多晶小球，适当选择待测样品的 S.E.V 信号倍率 n，再使用计算机软件对数据进行自动采集，保存并导出数据。利用式(5.2.28)处理磁场信号 U_B，得出磁化强度 M 作为横坐标，利用式(5.2.30)处理感应电压信号 U_V，得出磁场强度 $\mu_0 H$ 作为纵坐标，即可画出锰锌铁氧体多晶小球的磁化曲线。从导出的数据中找到待测样品磁化饱和时的 $U_{V\text{-max}}$ 和 $U_{V\text{-min}}$，代入

$$M_s = \frac{n}{N} \cdot \frac{2M_{s\text{-Ni}}}{\Delta U_{V\text{-Ni}}} \cdot \frac{U_{V\text{-max}} - U_{V\text{-min}}}{2} \tag{5.2.31}$$

即可求得其饱和磁化强度 M_s。

4) 实验数据测量

(1) 磁场中心磁感应强度 B 与磁场信号 U_B 关系定标(表 5.2.2 和图 5.2.12)。

表 5.2.2　磁场中心磁感应强度 B 与磁场信号 U_B 定标数据

U_B/V	0.28	0.33	0.38	0.43	0.48	0.54	0.59	0.64	0.68
B/mT	−323	−250	−170	−85	−5	78	158	243	319

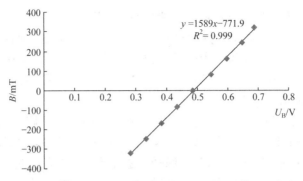

图 5.2.12　磁场中心磁感应强度 B 与电磁铁电压值 U_B 关系图

用最小二乘法法作直线拟合，求得斜率 $k = 1589\text{mT/V} = 1.589\text{mT/mV}$，截距 $b = -771.9\text{mT}$。

(2) 用已知饱和磁矩的镍球标定探测线圈的输出电压与磁化强度的关系 (图 5.2.13)。

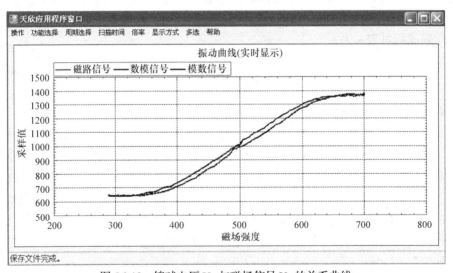

图 5.2.13　镍球电压 U_v 与磁场信号 U_B 的关系曲线

样品镍球的直径 $d_{\text{Ni}} = 3.14\text{mm}$，则其质量 $m_{\text{Ni}} = 144.4\text{mg}$，那么根据式(5.2.29)，样品镍球的饱和磁化强度 $M_{\text{s-Ni}} = 7.878 \times 10^{-3}\text{A} \cdot \text{m}^2$。

S.E.V 信号的倍率 $n = 8$，将自动采集的数据导出(表略)，可知在正、反向磁场情况下，样品磁化饱和时，S.E.V 信号的幅度分别为 $U_{\text{V-Ni-max}} = 1380\text{mV}$，$U_{\text{V-Ni-min}} = 633\text{mV}$，则 $\Delta U_{\text{V-Ni}} = 747\text{mV}$，那么根据式(5.2.29)，样品的磁化强度可表示为

$$M = 2.109 \times 10^{-5} \cdot \frac{n}{N} \cdot (U_\text{V} - U_\text{V-0}) \text{A} \cdot \text{m}^2 \cdot \text{mV}^{-1}$$

(3) 锰锌铁氧体多晶小球磁化曲线的测量及其饱和磁化强度的计算(图 5.2.14)。

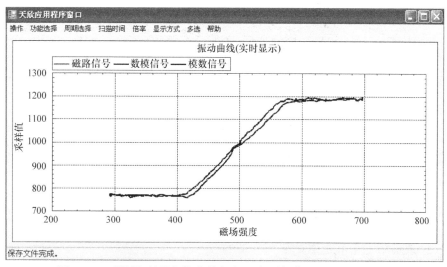

图 5.2.14　测量锰锌铁氧体多晶小球 U_V 与磁场信号 U_B 的关系曲线

S.E.V 信号的倍率 $N = 8$，将自动采集的数据导出(表略)，可知 $U_\text{V-max} = 1199\text{mV}$，$U_\text{V-min} = 758\text{mV}$。

根据定标数据比对换算，作出锰锌铁氧体多晶小球的磁化曲线见图 5.2.15。

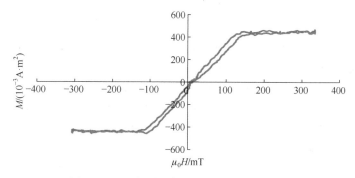

图 5.2.15　锰锌铁氧体多晶小球的磁化曲线

将 $U_\text{V-min}$ 和 $U_\text{V-max}$ 代入式(5.2.31)，可得样品的饱和磁化强度 $M_\text{s} = 4.650 \times 10^{-3} \text{A} \cdot \text{m}^2$。实验装置如图 5.2.16 所示，主要由四部分组成：①电磁铁及控制电源；②探测线圈组和锁相放大器(探测样品信号，并由锁相放大器放大后输入计算机记录处理)；③振动源、振动杆及样品盒(使样品产生振动)；④计算机及数据处理系统。

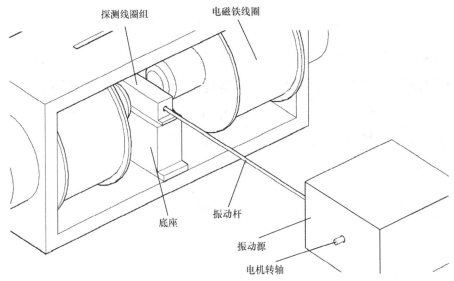

探测线圈组　　电磁铁线圈

底座　　振动杆

振动源

电机转轴

图 5.2.16　振动样品磁强计实验装置图

2. 表面磁光克尔效应实验

了解表面磁光克尔效应产生的原理，测量表面磁光克尔效应的偏转角曲线。

1) 仪器连接

将半导体激光器电源线接至主机"DC3V 输出"端，光电接收器的信号线接至主机"光路输入"端，将内测磁场用的霍尔传感器的信号线接至主机"磁路输入"端，将 S.E.V 信号调至"克尔"挡。

2) 样品放置

本仪器可以测量磁性样品，如铁、钴、镍及其合金。实验时将样品做成长条状，即易磁轴与长边方向一致，并对表面进行打磨抛光。将实验样品用双面胶固定在样品架上，并把样品架安放在磁铁固定架中心的孔内。这样可以实现样品水平方向的转动，以及实现极向克尔效应和纵向克尔效应的转换。在磁铁固定架的一端有一个手柄，当放置好样品时，可以旋紧螺丝。这样可以固定样品架，防止加磁场时样品位置有轻微的变化，影响克尔信号的检测。

3) 光路调整

(1) 在入射光光路中，可以依次放置激光器、可调光阑、起偏棱镜(格兰-汤普森棱镜)，调节激光器前端的小镜头，使打在样品上的激光斑越小越好，并调节起偏棱镜使其起偏方向与水平方向一致，这样能使入射线偏振光为 p 光(仪器起偏棱镜方向出厂前已经校准，上面标注的角度为 e 光偏振方向)。另外通过旋转可调光阑的转盘，使入射激光斑直径最小。

(2) 在反射接收光路中，可以依次放置可调光阑、检偏棱镜、双凸透镜和光电检测装置。因为光斑聚焦于样品表面，所以反射光光束发散角已经大于入射光束，调节小孔光阑，使反射光能够顺利进入检偏棱镜。在检偏棱镜后放置一个长焦距双凸透镜，该透镜的作用是使检偏棱镜出来的光会聚，以利于后面光电转换装置测量到较强的信号。光电转换装置前部是一个可调光阑，光阑后装有一个波长为 650nm 的干涉滤色片，这样可以减小外界杂散光的影响，从而提高检测灵敏度。滤色片后有硅光电池，将光信号转换成电信号并通过屏蔽线送入控制主机中。

(3) 起偏棱镜和检偏棱镜同为格兰-汤普森棱镜，机械调节结构也相同。它由角度粗调结构和螺旋测角结构组成，并且两种结构合理结合，通过转动外转盘，可以粗调棱镜偏振方向，分辨率为 1°，并且外转盘可以 360° 转动。当需要微调时，可以转动转盘侧面的螺旋测微头，这时整个转盘带动棱镜转动，实现由测微头的线位移转变为棱镜转动的角位移。因为测微头精度为 0.01mm，这样通过外转盘的定标就可以实现角度的精密测量。通过检测，这种角度测量精度可以达到 2″ 左右，因为每个转盘有加工误差，所以具体转动测量精度须通过定标测量得到。

4) 实验操作

(1) 实验时，通过调节起偏棱镜使入射光为 p 光，即偏振面平行于入射面。接着设置检偏棱镜的角度，使反射光与入射光正交，这时光电检测信号最小且未达到负饱和，记录此时螺旋测微头读数 L_0 及电压表示数 U_{min}。转动螺旋测微头，使检偏棱镜偏离消光位置且令输出的 "S.E.V 信号" 幅度在 1V 左右(具体解释见原理部分)，记录此时螺旋测微头读数 L_1 及电压表示数 U。

(2) 调节信号控制主机上 "磁场信号" 的电平，使磁路信号大小为 1V 左右。这样做是因为采集卡的采集信号范围是 0.2~3V，光路信号和磁路信号都调节在 1V 左右，软件显示正好处于界面中间。

(3) 将电源控制主机上的 "手动-自动" 转换开关指向手动挡，调节 "电流调节" 电位器，选择合适的最大扫描电流。因为每种样品的矫顽力不同，所以最大扫描电流也不同，实验时可以首先大致选择，观察电信号变化情况，然后再细调。通过观察励磁电源主机上的电流指示，选择好合适的最大扫描电流，然后将转换开关调至 "自动" 挡。

(4) 打开计算机软件执行程序，"功能选择" 选择 "克尔"，"周期选择" 选择双周，"扫描时间" 建议选择 "10s"，"显示方式" 建议选择 "合成"，使显示的坐标轴横轴为磁场信号 U_B，纵轴为克尔 S.E.V 信号的采样值，"操作" 中选择 "启动" 使系统开始自动控制磁场电流并采集数据。待 "实验数据" 表格中的数据不再增加，说明采集完毕，在 "操作" 中选择 "停止"，然后选择 "数据存盘"，数据表格中的数据便会自动导出为 xls 文件，文件名包含保存的日期和时间。

(5) 若磁路信号或光路信号过小或过大溢出，则可以切换主机上的琴键开关以调节磁场信号或 S.E.V 信号的倍率至适当值,而后从实验操作(1)开始重新调整。也可以将励磁电源主机上的"手动-自动"转换开关指向手动挡,进行手动测量,然后描点作图。

(6) 如果需要检测克尔椭偏率,在检偏棱镜前放置 1/4 波片,并调节 1/4 波片的主轴平行于入射面,调整好光路后进行自动扫描或者手动测量,这样就可以检测克尔椭偏率随磁场变化的曲线。

5) 定标计算

(1) 取下样品架,将电源控制主机上的"手动-自动"转换开关指向手动挡,将特斯拉计信号线接至主机"外侧磁场输入"端,特斯拉计调至"外测"挡并调零,使特斯拉计探头位于磁场中央且探测方向与磁场方向一致,调节"电流调节"电位器,对磁场信号与空气中的磁感应强度的关系进行定标。

(2) 用螺旋测微头转动检偏器的角度,对螺旋测微头的读数与检偏器的角度关系进行定标,而后利用 L_0 和 L_1 计算得到检偏器的偏振方向 δ ,代入公式 $\Delta\theta_K = \dfrac{\delta}{2}\dfrac{I_s - I}{I_0} = \dfrac{\delta}{2}\dfrac{\Delta I}{I_0}$,其中 I_s 为对应磁场下的克尔光强信号, $I_0 = I - I_{\min}$ 为无磁场时的相对光强信号。通过该公式即可将克尔光强信号转变为克尔旋转角。

6) 实验数据测量

已知 $L_0 = 7.04\text{mm}$, $I_{\min} = 0$, $L_1 = 7.15\text{mm}$,采集所得图像见图 5.2.17。

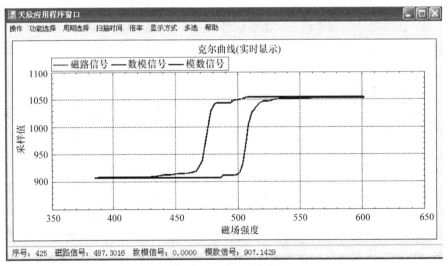

图 5.2.17 实验采集图

将自动采集的数据导出(表略),定标得到磁场强度

$$H = \frac{B}{\mu} = \frac{0.6993V_{\mathrm{B}} - 337.9}{\mu}(\mathrm{A \cdot m^{-1}})$$

其中，V_{B} 为磁路信号；μ 为空气中磁导率。

定标得到 $\delta = 3.201(L_1 - L_0) = 0.352° = 21.1'$，则克尔旋转角

$$\Delta\theta_{\mathrm{K}} = \frac{\delta}{2} \frac{I_{\mathrm{s}} - I}{I_0} = \frac{\delta}{2} \frac{\Delta I}{I_0} = \frac{21.1'}{2} \frac{I_{\mathrm{s}} - 907\mathrm{mV}}{907\mathrm{mV}}$$

将磁路信号与光路信号分别代入定标公式作数据处理，并利用所得结果作出克尔旋转角与磁场强度关系曲线(图 5.2.18)。

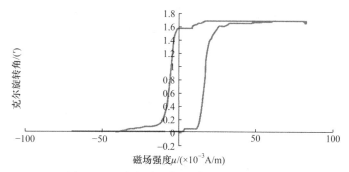

图 5.2.18　克尔旋转角与磁场强度关系曲线

3. 磁致伸缩系数测量实验

了解磁致伸缩效应的原理；测量磁性材料样品的磁致伸缩系数。

1) 磁场中心磁感应强度 B 与磁场信号 U_{B} 关系定标

将两磁极调整至一适当的间隙，调节"磁场信号"的倍率、增益及电平至一适当值，使电压信号 U_{B} 始终在 $0.20\sim3.00\mathrm{V}$ 的范围内。将特斯拉计信号线接至主机"外侧磁场输入"端，磁铁电源调至"手动"挡，特斯拉计调至"外测"挡并调零，而后将特斯拉计探头置于磁场中心，手动调节磁铁电源对磁场信号与磁感应强度关系进行测量，并作出磁场中心磁感应强度 B 与磁场信号 U_{B} 的关系曲线。将用最小二乘法拟合所得的斜率 k 及截距 b 代入

$$B = kU_{\mathrm{B}} + b \tag{5.2.32}$$

根据公式(5.2.32)即可将计算机采集所得的磁场信号 U_{B} 换算成磁感应强度 B。

2) 用微分头标定位移传感器输出电压与位移量的关系

(1) 将长度为 l 的圆柱形超磁致伸缩材料 TbDyFe 样品放入样品架中，拧动样品架中的紧钉螺丝使之抵住样品一端，测量杠杆比 $M = \dfrac{L_1}{L_2}$，而后用外六角螺丝

将样品架固定在底座上，将位移传感器的信号线接至主机"磁致伸缩输入"端，将内测磁场用的霍尔传感器的信号线接至主机"磁路输入"端，将 S.E.V 信号调至"伸缩"挡。

(2) 调节位移传感器及平移台的位置，使位移传感器的簧片轻轻抵住样品架圆杆末端的侧面。

(3) 调整磁场信号的电平使电磁铁在无电流时的磁场信号为 1V 左右，调整"前置放大"及 S.E.V 信号的倍率 N，使信号增益至一适当量，旋转微分头移动平移台或调节 S.E.V 信号的电平，在磁铁电源电流从 0 调至最大的过程中使 S.E.V 信号始终保持在 0.2～3V，而后将磁铁电源电流也调至一适当值，拨到"自动"挡。

(4) 旋转微分头对平移量与 S.E.V 信号进行定标，用最小二乘法拟合得出杠杆末端位移量 S 与 S.E.V 信号电压值 U_E 关系的斜率 k，并判断平移方向与 S.E.V 信号的增大或减小的关系(与磁致伸缩方向的关系相反)，结合测得的杠杆比 M，可推得磁致伸缩量

$$\Delta l = -\frac{k}{M}\left(U_E - U_{E\text{-}0}\right) \tag{5.2.33}$$

其中，$U_{E\text{-}0}$ 为无磁场时 U_E 电压值。

3) 测量超磁致伸缩材料 TbDyFe 样品的磁致伸缩系数

(1) 调节微分头使 S.E.V 信号的电平至 0.2～3V 一适当值后，即可使用计算机软件对数据进行自动采集。

(2) 打开计算机软件执行程序，"功能选择"选择"伸缩"，"周期选择"选择单周，"扫描时间"建议选择"20s"，"显示方式"建议选择"合成"，使显示的坐标轴横轴为磁场信号 U_B，纵轴为磁致伸缩 S.E.V 信号的采样值，"操作"中选择"启动"使系统开始自动控制磁场电流并采集数据。待"实验数据"表格中的数据不再增加，说明采集完毕，在"操作"中选择"停止"，然后选择"数据存盘"，数据表格中的数据便会自动导出为 xls 文件，文件名包含保存的日期和时间。

(3) 利用定标数据处理计算机采集到的数据，得到样品在不同磁场下的磁致伸缩系数。

4) 实验数据测量(注：以下数据不作为仪器验收标准，仅供实验时参考)

(1) 磁场中心磁感应强度 B 与磁场信号 U_B 关系定标(表 5.2.3 和图 5.2.19)。

表 5.2.3 磁场中心磁感应强度 B 与磁场信号 U_B 定标数据

U_B/V	0.25	0.29	0.33	0.38	0.43	0.48	0.54	0.59	0.64	0.68	0.72
B/mT	−253	−214	−161	−114	−56	−3	57	111	164	212	252

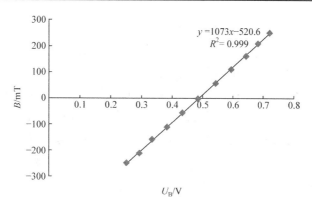

图 5.2.19　磁场中心磁感应强度 B 与电磁铁电流值 I 关系图

用最小二乘法作直线拟合，求得斜率 $k = 1073\text{mT} \cdot \text{V}^{-1} = 1.073\text{mT} \cdot \text{mV}^{-1}$，截距 $b = -520.6\text{mT}$。

(2) 用微分头标定位移传感器输出电压与位移量的关系(表 5.2.4 和图 5.2.20)。杠杆比为

$$M = \frac{L_1}{L_2} = \frac{355.7\text{mm}}{42.2\text{mm}} = 8.43$$

表 5.2.4　位移传感器位移量 S 与 S.E.V 信号 U_E 定标数据

S/mm	17.03	17.01	16.99	16.97	16.95	16.93	16.91
U_E/V	0.49	0.55	0.61	0.67	0.73	0.78	0.84
S/mm	16.89	16.87	16.85	16.83	16.81	16.79	16.77
U_E/V	0.90	0.96	1.01	1.07	1.13	1.18	1.24
S/mm	16.75	16.73	16.71	16.69	16.67	16.65	16.63
U_E/V	1.30	1.35	1.41	1.47	1.52	1.58	1.63

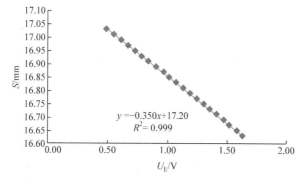

图 5.2.20　位移传感器位移量 S 与电压值 U_E 关系图

用最小二乘法拟合作直线拟合，求得斜率 $k = -0.350\mathrm{mm \cdot V^{-1}} = -0.350\mu\mathrm{m \cdot mV^{-1}}$。

(3) 测量超磁致伸缩材料 TbDyFe 样品的磁致伸缩系数。

超磁致伸缩材料 TbDyFe 样品长度 $l = 27.72\mathrm{mm}$。

S.E.V 信号的倍率 $N = 1$，将自动采集的数据表导出(图 5.2.21)，可知 $U_{E0} =$ 987mV，取磁场单方向增大时的部分数据(约占数据量的 1/2)，并根据定标数据及式(5.2.19)和式(5.2.33)进行换算，作出磁致伸缩系数 λ 与磁感应强度 B 的关系曲线(图 5.2.22)。

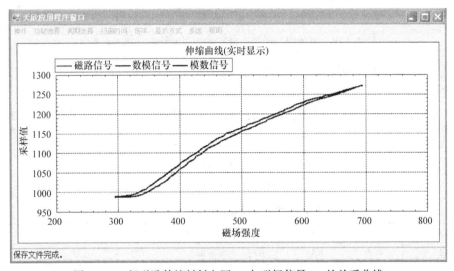

图 5.2.21　超磁致伸缩材料电压 U_E 与磁场信号 U_B 的关系曲线

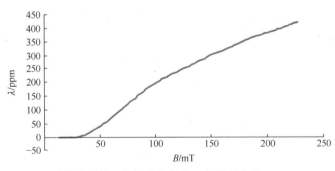

图 5.2.22　磁致伸缩系数 λ 与磁感应强度 B 的关系曲线(1ppm=1/1000000)

实验装置如图 5.2.23 所示，主要由电磁铁及控制电源，样品架及杠杆(固定样品，放大磁致伸缩的伸缩量)，位移传感器、微分头及信号放大器(探测杠杆末端位移量，并由信号放大器放大后输入计算机记录处理)，计算机及数据处理系统四部分组成。

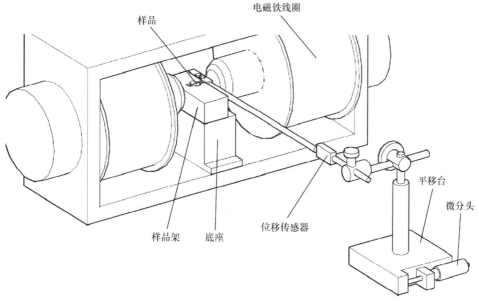

样品
电磁铁线圈
样品架
底座
位移传感器
平移台
微分头

图 5.2.23 磁致伸缩系数测量实验装置图

4. 磁化率测量实验

用古埃磁天平测量物质的磁化率。

1) 磁场中心磁感应强度 B 与电磁铁电流值 I 关系定标

将两磁极调整至一适当的间隙，将磁铁电源调至"手动"挡，特斯拉计调至"外测"挡并调零，而后将特斯拉计探头置于磁场中心，手动调节磁铁电源对电流(或磁场信号)与磁感应强度关系进行测量。作出磁场中心磁感应强度 B 与电磁铁电流值 I 的关系曲线。

2) 磁化率的测量

用细线将空样品管与电子天平相连接，悬挂样品管使其底部位于磁场中央，从零开始增大电流，记录空样品管质量 $m_{空管}$ 与电流 I 的关系；在样品管中装入适量待测物质，从零开始增大电流，记录样品管质量 $m_{样品+空管}$ 与电流 I 的关系。而后利用式(5.2.26)计算出待测物质的摩尔磁化率。

五、注意事项

(1) 切勿直视激光器，以免对眼睛造成伤害。

(2) 光学元件须在防尘、干燥处保存。

(3) 电磁铁工作时，请将磁卡、手表等易受磁性影响的私人物品远离。

(4) 超磁致伸缩样品在固定时不可施加太大压力，否则可能导致样品崩坏。

六、思考题

(1) 根据振动样品磁强计的工作原理,分析其能胜任哪些磁性质的测量?

(2) 在测量过程中,为了精确地测量磁化强度,最困难的问题是什么?在实验中你如何克服这些困难?

(3) 阐述利用光强变化判断样品磁化强度方向的原理。

参考资料

1. FD-VSMG-A 型材料磁性综合测量仪说明书. 上海: 上海复旦天欣科教仪器有限公司, 2014

2. 吕斯骅, 朱印康. 近代物理实验技术(Ⅰ). 北京: 高等教育出版社, 1991.

3. 黄志高, 赖发春, 陈水源. 近代物理实验. 北京: 科学出版社, 2012.

附录 "数据存盘"功能的目标文件夹设置方式

在软件目录下有一个文件名为 "txAppWin.exe.config",使用 Microsoft Windows 操作系统自带的记事本打开该文件,显示如下:

```
<?xml version="1.0"?>
<configuration>
<startup>
<supportedRuntime version="v4.0" sku=".NETFramework,Version=v4.0"/>
</startup>
  <appSettings>
        <add key="ExcelNamePar" value="D:TianXin"/>
  </appSettings>
</configuration>
```

方框内即为 "数据存盘" 功能所导出的 xls 文件的目标路径,用户可自行更改。

实验 5.3　X 射线荧光光谱分析实验

X 射线荧光分析技术广泛用于国际工业领域的质量检测及工艺流程控制中,并以下显著的优点被越来越多的行业所选用:它能检测出样品中所含从硫(S)到铀(U)之间的所有元素及含量;可检测固体、液体、粉末等样品,不需要复杂的制样过程;分析时间短,仅为数十秒到几分钟;可实现多种元素同时分析。

一、实验目的

(1) 了解 X 射线荧光光谱仪的结构和工作原理。
(2) 掌握 X 射线荧光分析法用于物质成分分析的方法和步骤。
(3) 用 X 射线荧光分析方法确定样品中的主要成分。

二、实验原理

1. X 射线荧光光谱仪的结构及原理

X 射线荧光光谱仪是用 X 射线或其他激发源照射待分析样品,样品中的元素之内层电子被击出后,造成核外电子的跃迁,在被激发的电子返回基态的时候会放射出特征 X 射线;不同的元素会放射出各自的特征 X 射线,具有不同的能量或波长特性。探测系统接收这些 X 射线,仪器软件系统将其转为对应的信号。 X 射线荧光光谱仪主要由三大系统组成:X 射线激发源系统、分光光度计系统和测量记录系统。XRF 的激发源采用的是 X 射线,其产生的原理和方式与 XRD 相同,分光光度计的作用是将一多波长的 X 射线束分离成若干单一波长 X 射线束,分光光度计的色散方式有两种,即波长色散法和能量色散法。

2. X 射线荧光光谱分析的原理

元素产生 X 射线荧光光谱的机理与 X 射线管产生特征 X 射线的机理相同。当具有足够能量的 X 射线光子透射到样品上时会逐出原子中某一部分壳外层电子,把它激发到能级较高的未被电子填满的外部壳层上或击出原子之外而使原子电离。这时,该原子中的内部壳层上出现了空位,且由于原子吸收了一定的能量而处于不稳定的状态。随后外部壳层的电子会跃迁至内部壳层上的空位上,并使整个原子体系的能量降到最低的常态。根据玻尔理论,在原子中发生这种跃迁时,多余的能量将以一定波长或能量的谱线的方式辐射出来。这种谱线即所谓的特征谱线。谱线的波长 λ 与元素的原子序数 Z 有关,其数学关系如下:

$$\lambda = K(Z-s)^{-2} \tag{5.3.1}$$

式(5.3.1)为莫塞莱定律,式中 K 和 s 是常数。

谱线的能量取决于电子始态(n_1)和终态能级(n_2)之间的能量差

$$\Delta E_{n_1-n_2} = E_{n_1} - E_{n_2} = \frac{hc}{\lambda_{n_1-n_2}} \tag{5.3.2}$$

对于特定的元素,激发后产生荧光 X 射线的能量一定,即波长一定。测定试样中各元素在被激发后产生特征 X 射线的能量便可确定试样中存在何种元素,即为 X 射线荧光光谱定性分析。此外，元素特征 X 射线的强度与该元素在试样中的原子数量成比例。通过测量试样中某元素特征 X 射线的强度，采用适当的方法进行校准与校正，可求出该元素在试样中的百分含量，即为 X 射线荧光光谱定量分析。

样品在受到 X 射线照射时，其中所含元素的原子受到激发后会发射各自的特征 X 射线，不同的元素有不同的特征 X 射线；仪器探测器探测到这些特征 X 射线后，将其光信号转变为模拟信号；经过模拟数字变换器将模拟信号转换为数字信号并送入计算机进行处理；计算机独有的特殊软件根据获取的数字信号，通过数据处理鉴定出被测样品中所含元素的种类及各元素的含量。

三、实验仪器

EDX 2600X 荧光分析仪(图 5.3.1)检测样品为规则样品与不规则样品，包括块状、片状、线状，样品类型为塑胶、金属、粉末、液体。

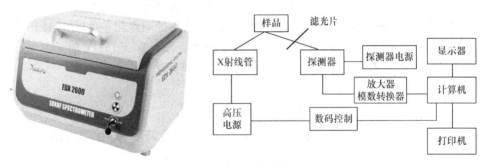

图 5.3.1　EDX 2600X 荧光分析仪

四、实验内容

放置样品于测量位置，X 射线管发出 X 射线激发样品，使样品中各个元素的原子中的核外电子(特别是 K 层电子)受激发而放出，并且在原来位置产生一个空穴，此时外层电子(特别是 L 层电子)就会填充这个空穴位置，多余的能量就以特征 X 射线的形式放出，见图 5.3.2。这些特征 X 射线进入探测器产生脉冲信号，经过前置放大器送入脉冲谱仪放大器，经脉冲谱仪放大器的放大与脉冲成形，送入 ADC 转换器，ADC 将模拟信号转换成数字量，送入计算机接口，软件通过控制接口电路来进行谱数据的采集与控制。X 荧光分析软件通过对各种特征 X 射线能量的分析可以得到定性的结果，也即知道样品含有何种元素，再通过对特征 X 射线的强度计算与分析，最终获得样品中各元素的含量。

(1) 打开空压机电源，检查二次压力为 5.0bar；开水冷机电源，并调节水流压力至 4bar；开 P10 气体，设定二次压力为 0.7～0.8bar。

(2) 打开稳定电源开关；打开计算机，运行分析软件。

(3) 在主机状态图中检查仪器真空度，P10 气体流量，打开高压开关，检查水流量，等仪器内部温度稳定后进行分析。

(4) 将相应监控标样放入样杯中，选择相应程序自动测量校正；对于 IQ 标样，测样完后还需要进行漂移校正。

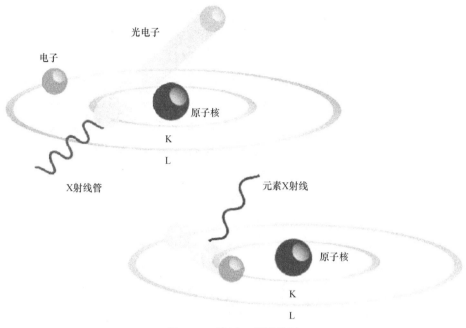

图 5.3.2　特征 X 射线能量

(5) 将待测样品放入样杯中，选择相应程序进行自动校正。

(6) 测样完毕后，利用仪器自带软件程序得出定性及定量分析结果。

五、思考题

(1) 采用 X 射线荧光光谱法测量元素周期表中的轻质元素存在较大困难的原因？

(2) 指出 X 射线荧光光谱法测量的优势和不足之处？

参考资料

1. EDX2600 X 荧光分析仪使用说明书. 上海: 上海精谱科技有限公司, 2013.

2. 李保春. 近代物理实验. 2 版. 北京: 科学出版社, 2019.

3. 韩忠. 近现代物理实验. 北京: 机械工业出版社, 2012.

附　　录

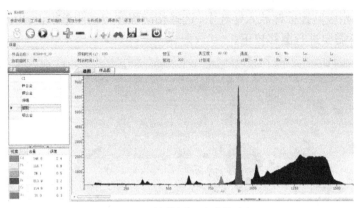

图 5.3.3　软件界面及功能介绍

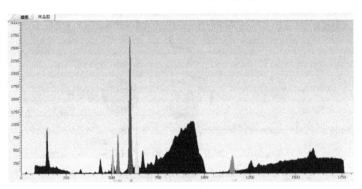

图 5.3.4　谱峰区

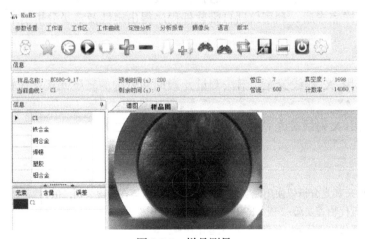

图 5.3.5　样品测量

历史记录　连测结果

请文件名

请文件名	测量日期	工作曲线	批号	Cd	Pb	Mg	Br	Cr	As
EC681	2013-2-26 8:43	PE		10.1	12.1	3.8	99.3	30.1	4.5
EC680	2013-2-26 8:48	PE		134.9	108.0	25.1	808.6	123.8	29.9
EC680_1	2013-2-26 8:53	PE		93.5	116.7	4.5	824.9	235.2	29.9
EC680-9_3	2013-2-25 17:05	PE		104.7	93.9	22.5	808.4	170.4	30.0
EC680-9_1	2013-2-25 16:57	PE		135.5	103.9	24.9	812.3	189.8	30.6
EC680_2	2013-2-26 8:58	PE		127.9	99.9	22.4	806.5	178.2	29.3
EC680-10	2013-2-26 9:07	PE		117.0	111.4	21.6	814.2	63.3	28.4
EC680_1	2013-2-26 8:54	PE		131.8	100.3	24.7	800.4	172.4	30.2

图 5.3.6　检测结果

实验 5.4　金相显微镜及测量分析

金相分析是研究材料内部组织和缺陷的主要方法之一，它在材料研究中占有重要的地位。利用金相显微镜将试样放大 100～1500 倍来研究材料内部组织的方法称为金相显微分析法，是研究金属材料微观结构最基本的一种实验技术。显微分析可以研究材料内部的组织与其化学成分的关系；可以确定各类材料经不同加工及热处理后的显微组织；可以判别材料质量的优劣，如金属材料中诸如氧化物、硫化物等各种非金属夹杂物在显微组织中的大小、数量、分布情况及晶粒度的大小等。在现代金相显微分析中，使用的主要仪器有光学显微镜和电子显微镜两大类。这里主要对常用的光学金相显微镜作一般介绍。金相显微镜用于鉴别和分析各种材料内部的组织。原材料的检验、铸造、压力加工、热处理等一系列生产过程的质量检测与控制需要使用金相显微镜，新材料、新技术的开发以及跟踪世界高科技前沿的研究工作也需要使用金相显微镜，因此，金相显微镜是材料领域生产与研究中研究金相组织的重要工具。

一、实验目的

(1) 了解金相显微镜的成像原理、基本构造、各主要部件及元件的作用。

(2) 学习和初步掌握金相显微镜的使用方法。

二、实验原理

1. 金相显微镜的光学放大原理

金相显微镜是依靠光学系统实现放大作用的，其基本原理如图 5.4.1 所示。光学系统主要包括物镜、目镜及一些辅助光学零件。对着被观察物体 *AB* 的一组透镜叫物镜 O₁；对着眼睛的一组透镜叫目镜 O₂。现代显微镜物镜和目镜都是由复杂的透镜系统所组成，放大倍数可提高到 1600～2000 倍。

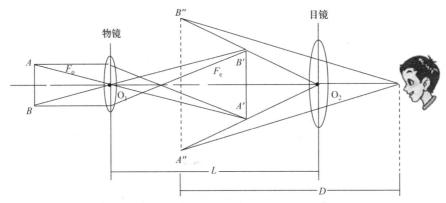

图 5.4.1　金相显微镜的光学放大原理示意图

当被观察物体 *AB* 置于物镜前焦点略远处时，物体的反射光线穿过物镜经折射后，得到一个放大的倒立实像 *A′B′*(称为中间像)。若 *A′B′* 处于目镜焦距之内，则通过目镜观察到的物像是经目镜再次放大了的虚像 *A″B″*。由于正常人眼观察物体时最适宜的距离是 *z*=50mm(称为明视距离)，因此在显微镜设计上应让虚像足 *AB* 正好落在距人眼 250mm 处，以使观察到的物体影像最清晰。

2. 金相显微镜的主要性能

1) 放大倍数

显微镜的放大倍数为物镜放大倍数 $M_物$ 和目镜放大倍数 $M_目$ 的乘积，即

$$M = M_物 \times M_目 = \frac{L}{f_物} \cdot \frac{D}{f_目} \tag{5.4.1}$$

式中，$f_物$ 为物镜的焦距；$f_目$ 为目镜的焦距；L 为显微镜的光学镜筒长度；D 为明视距离(250mm)。$f_物$，$f_目$ 越短或 L 越长，则显微镜的放大倍数越高。有的小型显微镜的放大倍数须再乘一个镜筒系数，因为它的镜筒长度比一般显微镜短些。显微镜的主要放大倍数一般是通过物镜来保证。物镜的最高放大倍数可达 100 倍，目镜的放大倍数可达 25 倍。在物镜和目镜的镜筒上，均标注有放大倍数。放大倍数常用符号"×"表示，如 100×，200×等。

2) 鉴别率

金相显微镜的鉴别率是指它能清晰地分辨试样上两点间最小距离 d 的能力。d 值越小，鉴别率越高。根据光学衍射原理，试样上的某一点通过物镜成像后，我们看到的并不是一个真正的点像，而是具有一定尺寸的白色团斑，四周围绕着许

多衍射环。当试样上两个相邻点的距离极近时，成像后由于部分重叠而不能分清两个点。只有当试样上两点距离达到某一 d 值时，才能将两点分辨清楚。

显微镜的鉴别率取决于使用光线的波长(λ)和物镜的数值孔径(A)，而 d 与目镜无关，其 d 值可由下式计算：

$$d = \frac{\lambda}{2A} \tag{5.4.2}$$

在一般显微镜中，光源的波长可通过加滤色片来改变。例如，蓝光的波长(λ= 0.44μm)比黄绿光(λ=0.55μm)短，所以鉴别率较黄绿光高 25%。当光源的波长一定时，可通过改变物镜的数值孔径 A 来调节显微镜的鉴别率。

3) 物镜的数值孔径

物镜的数值孔径表示物镜的聚光能力，如图 5.4.2 所示。数值孔径大的物镜聚光能力强，能吸收更多的光线，使物像更清晰。数值孔径 A 可由下式计算：

$$A = n \cdot \sin\phi \tag{5.4.3}$$

式中，n 为物镜与试样之间介质的折射率；ϕ为物镜孔径角的一半，即通过物镜边缘的光线与物镜轴线所成夹角。

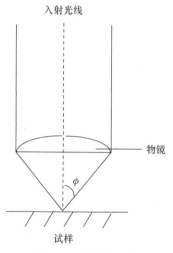

图 5.4.2　物镜孔径角

n 越大或ϕ越大，则 A 越大，物镜的鉴别率就越高。由于ϕ总是小于 90°，所以在空气介质(n=1)中使用时，A 一定小于 1，这类物镜称干系物镜。若在物镜与试样之间充满松柏油介质(n=1.52)，则 A 值最高可达 1.4，这就是显微镜在高倍观察时用的油浸系物镜(简称油镜头)。每个物镜都有一个额定 A 值，与放大倍数一起标在物镜镜头上。

4) 放大倍数、数值孔径、鉴别率之间的关系

显微镜的同一放大倍数可由不同倍数的物镜和目镜组合起来实现，但存在着如何合理选用物镜和目镜的问题。这是因为人眼在 250mm 处的鉴别率为 0.15～0.30mm，要使物镜可分辨的最近两点的距离能为人眼所分辨，则必须将 d 放大到 0.15～0.30mm，即 $d \times M$=0.15～0.30mm。

$$d = \frac{\lambda}{2A} \tag{5.4.4}$$

则

$$M = \frac{1}{\lambda}(0.3 \sim 0.6)A \tag{5.4.5}$$

在常用光线的波长范围内，上式可进一步简化为：$M \approx 500 \sim 1000A$。

所以，显微镜的放大倍数 M 与物镜的数值孔径之间存在一定关系，其范围称有效放大倍数范围。在选用物镜时，必须使显微镜的放大倍数在该物镜数值孔径的 $500 \sim 1000$ 倍。若 $M<500A$，则未能充分发挥物镜的鉴别率。若 $M> 1000A$，则由于物镜鉴别率不足而形成"虚伪放大"，细微部分仍分辨不清。

5) 透镜成像的质量

单片透镜在成像过程中，由于几何条件的限制及其他因素的影响，常使影像变得模糊不清或发生变形现象，这种缺陷称为像差。由于物镜起主要放大作用，所以显微镜成像的质量主要取决于物镜，应首先对物镜像差进行校正。普通透镜成像的主要缺陷有球面像差、色像差和像域弯曲三种。

(1) 球面像差。如图 5.4.3 所示，当来自 A 点的单色光(即某一特定波长的光线)通过透镜后由于透镜表面呈球曲形，折射光线不能交于一点，从而使放大后的影像变得模糊不清。

为降低球面像差，常采用由多片透镜组成的透镜组，即将凸透镜和凹透镜组合在一起(称为复合透镜)。由于这两种透镜的球面像差性质相反，因此可以相互抵消。除此之外，在使用显微镜时，也可采取调节孔径光阑的方法，适当控制入射光束粗细，让极细的一束光通过透镜中心部位，这样可将球面像差降至最低限度。

(2) 色像差。如图 5.4.4 所示，当来自 4 点的白色光通过透镜后,由于组成白色光的七种单色光的波长不同，其折射率也不同，使折射光线不能交于一点。紫光折射最强，红光折射最弱，结果使成像模糊不清。

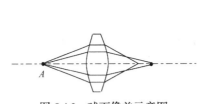

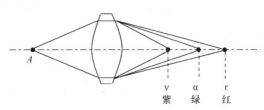

图 5.4.3 球面像差示意图　　　　　图 5.4.4 色像差示意图

为消除色像差，一方面可用消色差物镜和复消色差物镜进行校正。消色差物镜常与普通目镜配合，用于低倍和中倍观察；复消色差物镜与补偿目镜配合，用于高倍观察。另一方面可通过加滤色片得到单色光。常用的滤色片有蓝色、绿色和黄色等。

(3) 像域弯曲。垂直于光轴的平面，通过透镜所形成的像，不是平面而是凹形的弯曲像面，这种现象叫像域弯曲。像域弯曲是各种像差综合作用的结果。一般物镜或多或少地存在着像域弯曲，只有校正极佳的物镜才能达到趋近平坦的像域。

三、实验仪器

DX70BD.DIC 型倒置金相显微镜(图 5.4.5)采用优良的无限远光学系统，可提供卓越的光学性能。紧凑稳定的高刚性主体，充分体现了显微操作的防振要求。在模块化的功能设计，可以方便升级系统，实现偏振观察、暗视场观察、明视场微分干涉观察等功能。照明系统充分考虑散热性与安全性，可快速更换灯泡。符合人机工程学要求的理想设计，使操作更方便舒适，空间更广阔。可用于半导体硅晶片、LCD 基板、固体粉末及其他工业试样的显微观察，是材料学、精密电子工程学等领域研究的理想仪器。

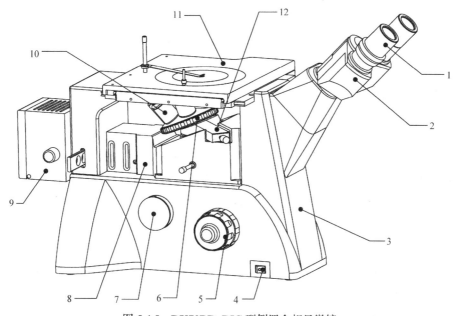

图 5.4.5　DX70BD. DIC 型倒置金相显微镜

1. 目镜；2. 双目镜筒；3. 主体；4. 电源开关；5. 粗微动调焦机构；6. 物镜转换器；
7. 摄影输出端口；8. 落射照明器；9. 灯箱；10. 物镜；11. 载物台；12. 微分干涉(DIC)插板组

金相显微镜是一种精密光学仪器，在使用时要细心和谨慎，严格按照使用规程进行操作。

1) 金相显微镜的使用规程

(a) 将显微镜的光源插头接在低压(6～8V)变压器上，接通电源。

(b) 根据放大倍数，选用所需的物镜和目镜，分别安装在物镜座上和目镜筒内。旋动物镜转换器，使物镜进入光路井定位(可感觉到定位器定位)。

(c) 将试样放在样品台中心，使观察面向下并用弹簧片压住。

(d) 转动粗调手轮先使镜筒上升，同时用眼观察，使物镜尽可能接近试样表面(但不得与之相碰)，然后反向转动粗调手轮，使镜筒渐渐下降以调节焦距。当视场亮度增强时，再改用微调手轮调节，直到物像最清晰为止。

(e) 适当调节孔径光阑和视场光阑心获得最佳质量的物像。

(f) 如果使用油浸系物镜，可在物镜的前透镜上滴一些松柏油，也可以将松柏油直接滴在试样上；油镜头用后，应立即用棉花蘸取二甲苯溶液擦净，再用擦镜纸擦干。

2) 注意事项

(a) 操作应细心，不能有粗暴和剧烈动作。严禁自行拆卸显微镜部件。

(b) 不能用手直接触摸显微镜的镜头和试样表面。若镜头中落入灰尘，可用镜头纸或软毛刷轻轻擦拭。

(c) 显微镜的照明灯泡必须接在 6～8V 变压器上，切勿直接插入 220V 电源，以免烧毁灯泡。

(d) 旋转粗调和微调手轮时，动作要慢，碰到故障应立即报告，不能强行用力转动，以免损坏机件。

3) 测微目镜的校正

在进行脱碳层深度检验、晶粒度评级及夹杂物定量分析等工作时，需要用测微目镜对组成物的尺寸进行测量。测微目镜是在普通目镜光阑上(即初像焦面上)装一个按 0.1mm 或 0.5mm 等分度的测微玻璃片。使用前，应用物镜测微尺对其进行校正。物镜测微尺是刻有按 0.01mm 分度的玻璃尺，尺的刻度全长 1mm，具体校正方法如下：

将物镜测微尺作为被观察物体置于样品台上，刻度面向物镜。用测微目镜观察，并调节其旋钮，使物镜测微尺的若干刻度 n 与测微目镜上若干刻度 m 对齐，如图 5.4.6 所示。由于已知物镜测微尺每小格为 0.01mm，所以测微目镜中每小格所量度的实际长度为

$$\alpha = \frac{n}{m} \times 0.01 \, (\text{mm}) \tag{5.4.6}$$

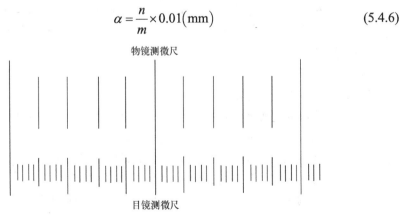

图 5.4.6　测微目镜刻度校正

在图 5.4.6 中,物镜测微尺上的 10 格(相当于 0.01mm×10=0.1mm)与测微目镜的 50 格对齐,所以测微目镜内每小格所量度的实际长度为

$$\alpha = \frac{10}{50} \times 0.01 = 0.002 \, (\text{mm}) \tag{5.4.7}$$

若用测微目镜测量的组织组成物长度为 N 格,则它的实际长度为 $N \times a (\text{mm})$。应注意,校正后进行实际测量时,必须仍用校正时的物镜,若改用其他的物镜,又需重新校正。

四、实验内容

(1) 观察显微镜的构造与光路;

(2) 操作显微镜,熟练地掌握聚焦方法,了解孔径光阑和滤波片的作用;

(3) 合理选配物镜和目镜,分别在明场和暗场照明下观察组织特征;

(4) 观察金相样品,测量晶粒大小,并画下显微组织示意图(注明放大倍数)。

实验步骤:

(1) 首先弄懂显微镜最基本的光学原理。

(2) 明确显微镜的构造和使用方法,学习利用机械系统来调整焦距,利用照明系统来调节和控制光线等。

(3) 每人实际操作金相显微镜,观察金相样品,测量晶粒大小,并画下显微组织示意图(注明放大倍数)。

(4) 每位同学领取一块试样,按照上述制样过程操作,注意掌握每一步骤的要点。

(5) 用砂轮打磨,获得平整磨面。

(6) 用预磨机从粗到细磨光。

(7) 用抛光机抛光,获得光亮镜面。

(8) 用浸蚀剂浸蚀试样磨面,而后用显微镜观察组织。

五、思考题

(1) 如何计算测量图像的占空比?

(2) 金相显微镜各部件的名称及用途?

参考资料

1. DX70BD. DIC 倒置金相显微镜使用说明书. 上海: 上海光学仪器一厂, 2014.

2. 孙业英. 光学显微分析. 2 版. 北京: 清华大学出版社, 2003.

3. 马宁生, 李佛生. 光学实验. 上海: 同济大学出版社, 2016.

实验 5.5　扫描隧道显微镜的使用

1982 年国际商业机器公司苏黎世实验室格尔德·宾宁(Gerd Binnig)博士和海因里希·罗雷尔(Heinrich Erohrer)博士利用量子力学中的隧道效应研制出世界首台扫描隧道显微镜，使人类第一次能够实时地观察单个原子在物质表面的排列状态和与表面电子行为有关的物理化学性质，为纳米技术的发展提供了强有力的观察和实验工具，成为纳米技术发展历史上里程碑式的发明，并被国际科学界公认为 20 世纪 80 年代世界十大科技成就之一，其发明者在 1986 年被授予诺贝尔物理学奖。

STM 具有的独特优点主要有：具有原子级高分辨率；可实时地得到在实空间中表面的三维图像，可用于具有周期性或不具备周期性的表面结构研究；能够观察单个原子层的局部表面结构，而不是体相或整个表面的平均性质。因而可直接观察到表面缺陷、表面重构、表面吸附体的形态和位置，以及由吸附体引起的表面重构等；可以对单个的原子、分子进行加工；可在真空、大气、常温等不同环境下工作，甚至可将样品浸在水或其他液体中，不需要特别的制样技术，并且探测过程对样品无损伤；结合扫描隧道谱(STS)可以得到有关表面电子结构的信息。

一、实验目的

(1) 掌握扫描隧道显微镜工作的基本原理。
(2) 学习扫描探针的制备方法。
(3) 学会正确使用 STM.IPC-205B 型机测量标准石墨的表面形貌。

二、实验原理

扫描隧道显微镜的基本工作原理(图 5.5.1)是利用量子力学中的隧道效应，将原子线度的极细探针和被研究物质的表面作为两个电极。在样品和针尖之间加一定的电压，当样品与针尖的距离非常接近时，由于量子隧道效应，样品和针尖之间将产生隧道电流。

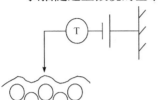

图 5.5.1　工作原理图

在低温低压条件下，隧道电流 I 可近似地表示为

$$I \propto \exp(-2kd) \tag{5.5.1}$$

考虑到大多数 STM 实际的工作条件并非如此，常常采用如下经过修正的隧道电流表达式：

$$I = \frac{2\pi}{\hbar^2} \sum_{\mu\nu} f(E_\mu)[1 - f(E_\nu + e_\nu)] \left| M_{\mu\nu} \right|^2 \delta(E_\mu - E_\nu) \tag{5.5.2}$$

其中，$M_{\mu\nu}$ 为隧道矩阵元；$f(E_\mu)$ 为费米函数；E_μ 为状态 μ 的能量；μ、ν 分别表示针尖和样品表面的所有状态。$M_{\mu\nu}$ 还可具体表示为

$$M_{\mu\nu} = \frac{h^2}{2m} \int dS \cdot \left(\Psi_\mu^* \nabla \Psi_\nu - \Psi_\nu^* \nabla \Psi_\mu^\nu \right) \tag{5.5.3}$$

由式(5.5.2)可知，隧道电流 I 并非表面起伏的简单函数，它表征样品表面和针尖电子波函数的重叠程度。我们可将隧道电流 I 与针尖和样品表面之间距离 d 以及平均功函数 Φ 之间的关系表示为

$$I \propto V_b \exp(-A\Phi^{1/2}d) \tag{5.5.4}$$

其中，V_b 为针尖与样品之间所加的偏压；Φ 为针尖与样品表面的平均功函数；A 为常数。在真空条件下，A 近似为 1。由式(5.5.4)也可算出：隧道电流对样品的微观表面起伏特别敏感，当样品和针尖的距离减少 0.1nm 时，隧道电流将增加一个数量级。因此，利用电子反馈线路控制隧道电流的恒定，并利用压电陶瓷材料控制针尖在样品表面的扫描，则探针在垂直样品方向上高低的变化就反映出样品表面的起伏。

三、实验仪器

STM.IPC-205B 型机(研发单位：重庆大学物理实验中心)；高序定向石墨；稳压电源；探针制备材料及辅助工具等。

四、实验内容

1. 扫描隧道显微镜扫描探针的制备

(1) 将清洁好的钨丝垂直浸入 10% 的 NaOH 溶液中约 2mm。先用 10～15V 的电压腐蚀进行初加工，仔细观察液面附近的钨丝，当其出现明显的缩颈且当缩颈足够细时，切断电源。

(2) 维持原电极极性，将针尖浸入溶液，用 5V 左右的电压进行细加工，使缩颈逐渐变细，此时在液面附近可听到清晰的啪啪声，仔细倾听，一旦啪啪声停止，缩颈断掉时立即切断电源。

(3) 对针尖加几个直流脉冲电压，以得到稳定性好的针尖。做好的针尖必须经过酒精冲洗后才能使用。

2. 测量高序定向石墨 001 面的 STM 图像

(1) 安置样品。手动调整测针座上移，把石墨放在工作台的压簧下。载样平台上用于固定石墨的夹具采用弹簧片结构，可以对石墨的位置进行调整，同时又可以保证其牢靠性。

(2) 逼近。逼近的目的是使 STM 针尖与石墨表面之间进入隧道状态，并确保探针与石墨表面之间不发生碰撞。先可以手动调整测针座，使 STM 探针距石墨表面 1mm 左右，再启动水平纵向与横向电机，将石墨待测点移到探针下，罩上屏蔽外罩，启动垂直向电机，当针尖与石墨之间的距离达到设置值，回路出现隧道电流时，电机自动停止并带电自锁，至此镜体除压电陶瓷管外，都暂时停止工作。

(3) 扫描。当与石墨表面间距达到有效作用距离时，STM 探针就会动作，系统会发出进车停止命令，避免样品与针尖发生破坏性碰撞，适当选择进车深度就可以进行扫描工作了。我们设置偏压 V=50mV，隧道电流 I=1nA，扫描时间约为几分钟，放大倍数从小向大直到信号足够大。

(4) 收图。扫描完成后，先停止扫描，将所得图像进行存储，可多次重复以上步骤，以获取几组图样供选择。

(5) 退针。收图结束后，按键进入粗逼近状态界面，放大倍数调到 0，选退针。若欲换针尖或样品，需要退 1mm 左右，否则只需退 0.02～0.03mm 即可。

(6) 关机。退出测试程序，关闭主机电源及总电源。

(7) 图像处理。STM 测量并不是直接输出数字结果，而都是得到形象化的二维灰阶图，这时需要利用机器提供的图像处理专用软件对图像进一步加工。

五、注意事项

(1) 实验过程中，安置样品时应注意避免损坏样品的表面，尤其不能在样品表面弄出划痕。

(2) 检验隧道状态。用调节旋钮将隧道电流 I 快速变化(如从 0.5nA 升至 5nA)，观察 Z 电压的变化，若 Z 电压的变化较大，或者说观察到 Z 电压表表针位置的变化明显，则意味着针尖和样品之间不处在隧道状态而是欧姆接触，必须对针尖或样品重新进行处理。

(3) 在扫描过程中，应注意不能让探针与样品有任何接触，以免损坏探针。

六、思考题

(1) 如何判断 STM 的精度达到设计要求?

(2) STM 有恒流和恒高度两种扫描模式，思考并比较其优缺点？

参考资料

1. 白春礼. 扫描隧道显微技术及其应用. 上海: 上海科学技术出版社, 1992.
2. 何光宏, 王银峰. 通用 STM 控制软件的设计. 基础自动化, 2000, 7: 31-32
3. 杨学恒, 王银峰. IPC-205 系列扫描隧道显微镜的研制及其应用. 无损检测, 2002, 24(5): 188-190, 214.
4. 王银峰, 陶纯匡, 汪涛, 等. 大学物理实验. 北京: 机械工业出版社, 2005.

附　　录

STM.IPC-205B 型机外观图及测量的典型图片(图 5.5.2～图 5.5.5)。

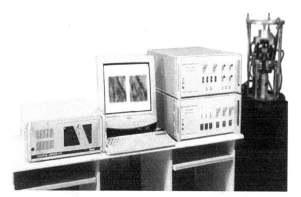

图 5.5.2　STM IPC-205B 型机

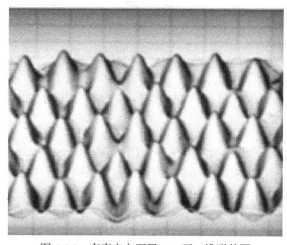

图 5.5.3　高序定向石墨 001 面三维形貌图

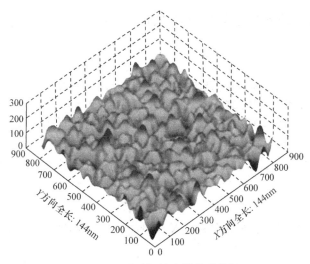

图 5.5.4　碳酸钙纳米晶体形貌图

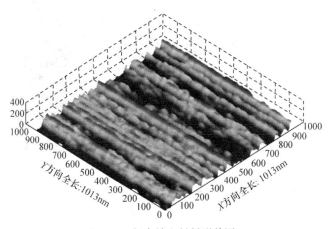

图 5.5.5　复合铁电材料形貌图

实验 5.6　原子力显微镜的使用

1982 年,IBM 公司苏黎世实验室的两位科学家 Gerd Binnig 和 Heinrich Rohrer 发明了扫描隧道显微镜(STM)。STM 的原理是电子的"隧道效应",所以只能测导体和部分半导体。1985 年,IBM 公司的 Binning 和 Stanford 大学的 Quate 研发出了原子力显微镜(AFM),弥补了 STM 的不足,可以用来测量任何样品的表面。AFM 适用于观察原子级样品、DNA 分子等,在纳米材料科学、分子生物学、仿生学等研究领域有广泛应用。利用 AFM 还可以对样品进行表面原子搬运,原子蚀刻，从而制造纳米器件。

一、实验目的

(1) 原子力显微镜的基本原理。

(2) 掌握微悬臂针尖的制备方法。

(3) 学会正确使用 AFM.IPC-208B 型机观测 Ta_2O_5 薄膜的微观结构。

二、实验原理

原子力显微镜的工作原理是基于量子力学中的泡利不相容原理。原子核外的电子处于不同能级，每个能级只允许容纳一个电子。当两个原子彼此靠近时，电子云发生重叠，由于泡利不相容原理，原子之间产生了排斥力，使微悬臂弯曲，通过测量微悬臂的位移，即可得到物体表面的形貌。

常用的微悬臂位移检测有电容检测、光学检测和 STM 检测三种方法，本实验所用仪器为 STM-AFM 合用机型，其位移检测采用 STM 法(相关分析参见"扫描隧道显微镜的使用")。

AFM.IPC-208B 型机采用一端固定而另一端装在弹性微悬臂上的探测针尖代替隧道探针，以探测微悬臂受力产生的微小形变代替探测微小的隧道电流，依靠测量微悬臂上探测针尖与样品表面原子间作用力的微弱变化来观察物质的表面结构。其工作原理如图 5.6.1 所示。

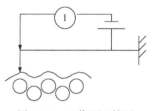

图 5.6.1 工作原理简图

三、实验仪器

AFM.IPC-208B 型机(研发单位：重庆大学物理实验中心)，稳压电源，Ta_2O_5 薄膜，探针制备工具及材料等。

四、实验内容

Ta_2O_5 是一种新型的多功能薄膜，作为电学膜和光学膜已经得到了人们的广泛重视，尤其作为电学膜已经被用于声表面波器件、敏感器件、太阳能电池等很多领域。其特殊的光电性质吸引我们进一步去研究它的微观结构，揭开二者之间的紧密关系。

1. 微悬臂针尖的制备

将清洁好的钨丝斜浸入 10% 的 NaOH 溶液中，注意这里只能用小电压腐蚀，用 5V 左右的电压进行细加工，保持较长较尖的针尖更好。

2. 仪器调节及测量分子形态结构的典型步骤(参看图 5.6.2 和图 5.6.3)

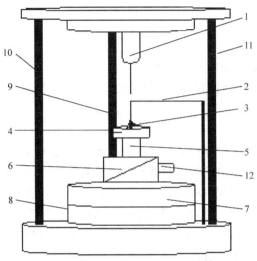

图 5.6.2　AFM.IPC-208B 型机的镜体结构示意图

1. 探头；2. 微悬臂；3. 固样夹具；4. 载样平台；5. 压电陶瓷；6. 滑块；7. 步进电机 1；
8. 步进电机 2；9～11. 调节螺杆；12. 手动螺旋调节仪

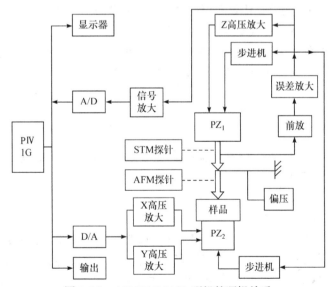

图 5.6.3　AFM.IPC-208B 型机的逻辑关系

1) 安置样品

将 Ta_2O_5 薄膜牢固地安放在载样平台(4)上。载样平台上用于固定样品的夹具采用弹簧片结构(3)，可以对样品的位置进行调整，针尖与样品位置的主要粗调机构包括三根调节螺杆(9)(10)(11)、微悬臂的水平方向调节螺钉、垂直方向螺母、涡轮和蜗杆等。另外，细调机构包括微悬臂垂直方向螺钉、手动螺旋调节仪(12)、Z_1 和 Z_2 方向两个步进电机驱动系统等。

2) 粗逼近

采用 STM 检测法的 AFM 工作需要两次逼近达到纳米级的定位，定位机构采用粗逼近方法和微调。粗逼近的目的是使 STM 针尖与微悬臂间进入隧道状态，并确保 STM 探针与微悬臂、微悬臂针尖与样品不发生碰撞。两次逼近必须使用较慢的速度，并首先检查 Z_1、Z_2 两个方向，使 Z_1 方向位于高位，Z_2 方向位于低位，预留一定的调节空间。

(1) 扫描隧道显微镜(STM)的扫描探针与微悬臂铂片之间的粗逼近。

探头(1)装好之后，先检查微悬臂铂片(2)与 STM 扫描探针的相对位置，此时探针针尖应该大致对准铂片的中心。通常采用手动调节三根调节螺杆(9)、(10)、(11)，以及微悬臂上的水平方向调节螺钉和蜗杆，使上压电陶瓷接近微悬臂，两者之间的距离小于 1mm。

(2) 微悬臂探针与样品之间的粗逼近。

在载样平台(4)上固定样品时应使需要扫描的区域大致对准微悬臂针尖(2)，为实现这一目的，载样平台(4)上用于固定样品的夹具采用弹簧片结构，可以对样品的位置进行调整，同时又确保牢靠。另外也可启动 X、Y 两个方向步进驱动系统来进行这项工作。

粗逼近时应首先调节微悬臂上的垂直方向粗调螺母，然后调节微悬臂上的垂直方向细调螺钉，使微悬臂上的针尖接近样品，两者之间的距离小于 1mm。

3) 微调

使用较慢的速度，让 STM 针尖与微悬臂铂片之间进入隧道状态，并确保 STM 的探针与微悬臂铂片、微悬臂针尖与样品之间不发生碰撞。

(1) STM 扫描探针与微悬臂铂片之间的微调。

即让带有偏压的微悬臂上铂片与 STM 探针之间产生隧道电流。该步是自动调节，方法是微悬臂不动，按键选择让 Z_1 方向步进机驱动传动机构，使 STM 扫描探针针尖以大于或等于每步 10nm 的速度向微悬臂移动，当针尖与微悬臂之间距离达到设置值时，因已进入隧道状态，电机自动停止。

(2) 微悬臂针尖与样品位置的微调。

即让微悬臂探针与样品之间产生极其微弱的排斥力($10^{-8} \sim 10^{-6}$N)，通过扫描时控制这种力的恒定，微悬臂将对应于针尖与样品表面原子间作用力的等势面，在垂直于样品表面方向上起伏运动，进行扫描。具体方法是：微悬臂不动，让载样平台(4)向上或向下运动从而接近或远离微悬臂。用 Z_2 方向步进机带动调速装置使滑块(6)产生又一个 Z 向运动，以大于或等于每步 10nm 的速度使平台作上下升降以进入或退出测量状态，也可通过手动螺旋调节仪(12)使载样平台(4)接近或远离微悬臂针尖。当载样平台与微悬臂之间的距离达到了设置值时，电机自动停止。

4) 扫描

首先进行上扫描(STM)逼近，使上面的 STM 刚好达到临界状态，再稍微抬高阈值电压，使 STM 处于一种进入隧道状态很浅的状态；然后把 STM 扫描器的驱动全部锁定，这样只要微悬臂有任何动作都会通过 STM 系统反映出来；最后进行下扫描(AFM)逼近，当样品与微悬臂针尖间距达到有效作用距离时，微悬臂就会动作(上升)，系统会发出进车停止命令，避免样品与针尖发生破坏性的碰撞，适当选择进车深度就可以进行 AFM 扫描工作了。

5) 收图

扫描完成后，先停止扫描，再按键存入扫完的图。可再次重复以上步骤，以获取几组图样供选择研究。

6) 退针

收图结束后，按键进入粗逼近状态界面，放大倍数调到 0，选退针。若欲换针尖或样品，需要退 1mm 左右，否则只需退 0.02～0.03mm 即可。

7) 关机

退针后，退出测试程序，关闭主机电源及总电源，至此本次实验全部结束。我们在机械与电路的设计过程中，充分考虑了系统的灵活性和多样性。在图 5.6.2 中，去掉微悬臂(2)，使 STM 探针直接接近样品表面，就可使系统工作于 STM 工作模式。

8) 图像处理

原子力显微镜(AFM)测量的结果，并没有直接的数字输出结果，而都是得到形象化的二维灰阶图，利用机器配置的图像处理专用软件可对图像进一步加工。

五、注意事项

(1) 实验时，要注意环境的影响，空气的相对湿度不能超过 60%；实验过程中，各仪器设备的相对位置不要随意挪动，以免影响实验效果。

(2) 针尖和样品的更换，首先应确保针尖的长度在 3～3.5cm 范围之内。更换针尖前，一定要先将系统退出隧道状态后，再继续使针尖后退约 0.5mm，然后切断电源，换上长度合适的针尖并使其固定好后，才可再打开电源进行下一步工作。

(3) 要得到质量好的原子力显微镜图，必须找到最佳条件。主要是调节偏压、隧道电流、放大倍数及扫描时间，认真比较各种条件下扫出图的特点，找出信噪比高，信息量大的实验条件，即可开始正式收图。

六、思考题

(1) 原子力显微镜与扫描隧道显微镜的工作原理有何异同?

(2) 在本实验中原子力显微镜为何要有两次逼近?

(3) 若在实验中要把原子力显微镜转换成扫描隧道显微镜来使用,应该如何处理?

参考资料

1. Lao J Y, Wen J G, Ren Z F. Hierarchical ZnO nanostructures. Nano Letters, 2002, 2(11): 1287-1291.
2. 白春礼. 扫描隧道显微技术及其应用. 上海: 上海科学技术出版社, 1992.
3. 王银峰, 陶纯匡, 汪涛, 等. 大学物理实验. 北京: 机械工业出版社, 2005.

附录　AFM.IPC-208B 型机的外观图及测量的样品图片

图 5.6.4　AFM.IPC-208B 型机的外观图

图 5.6.5　AFM.IPC-208B 型机的镜体图

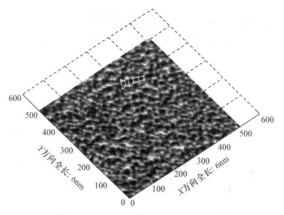

图 5.6.6　Ta_2O_5 薄膜的微观形貌图

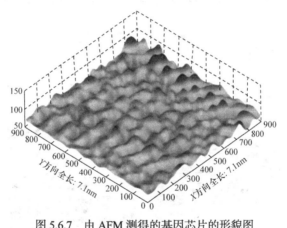

图 5.6.7　由 AFM 测得的基因芯片的形貌图

AFM IPC-208B

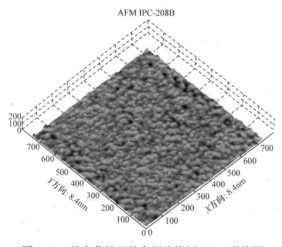

图 5.6.8　热老化处理的高压绝缘纸 AFM 形貌图

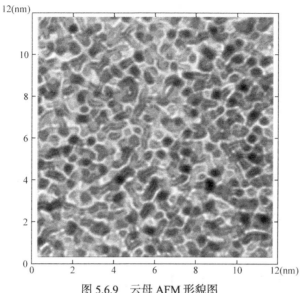

图 5.6.9 云母 AFM 形貌图

第6章 无损检测实验

实验 6.1 磁粉无损检测实验

磁粉检测是人类较早应用的一种无损检测方法,它具有设备简单、操作方便、速度快、观察缺陷直观、灵敏度高和检测结果可靠等优点,从而在铁磁性材料表面缺陷检测中获得极广泛的应用。

一、实验目的

(1) 掌握磁粉检测的基本原理及磁化方法。

(2) 学会磁粉检测的基本方法,熟悉磁粉检测的基本过程。

(3) 了解磁粉检测在工业生产中的应用。

二、实验原理

1. 磁粉检测的特点与应用范围

磁粉检测是利用铁磁性材料在磁场中被磁化或将其通电以产生磁场并通过显示物质来检测缺陷的存在和分布的一种无损检测方法。因此,磁粉检测仅适用于检测铁磁性材料(铁、钴、镍以及铁碳合金等)的表面或近表面的缺陷。

磁粉检测的优点和特点是:检测铁磁性材料的表面缺陷时灵敏度最高,对表面以下的缺陷,随着埋藏深度的增加灵敏度迅速降低。在检测铁磁工件的表面缺陷时,磁粉检测方法比射线检测和超声波检测的灵敏度高,操作简便,结果可靠。另外,缺陷处漏磁通的大小与检测灵敏度有极大关系,当缺陷方向与磁力线方向垂直时,灵敏度最高,最容易显示缺陷图样,但当二者方向平行或接近平行时则不易显示,以致漏检,因此磁粉检测中选择磁化方式和磁化方向显得尤其重要。

磁粉检测也有局限性:第一,此法仅适用于铁磁性材料,对非金属、有色金属、复合材料等无能为力;第二,其检测灵敏度与被检工件的表面状况(表面光洁度、清洁度等)有极大关系,表面状况差,灵敏度低;第三,对埋藏较深的缺陷,其检测灵敏度很低甚至不能检测。

2. 磁粉检测的基本原理

铁磁材料在外磁场的作用下,它的磁感应强度 B 与外加磁化场强度 H 有如下

关系

$$B = \mu H \tag{6.1.1}$$

式中，H 的单位为安/米(A/m)；B 的单位为特斯拉(T)；μ 是磁导率。

磁粉检测首先要对被检工件加外磁场进行磁化。工件被磁化后，在其表面均匀地喷洒一层磁粉(粒度为 $5\sim10\mu m$)。如果工件不存在缺陷，磁化后可视为磁导率无变化的均匀体，磁粉在其表面均匀分布。若工件表面有缺陷，缺陷(如气孔、裂纹、非金属夹渣等)内含有空气或非金属，其磁导率 $\mu_{缺}$ 接近于 1，远远小于工件(铁磁材料)的磁导率 μ_1。由于磁阻的变化导致磁力线的弯曲现象发生。当缺陷位于工件的表面或近表面时，磁力线不但会在工件内部弯曲，还会有一部分磁力线绕过缺陷进入空气中，产生漏磁现象，形成一个很强的小 NS 磁极(图 6.1.1)。小磁极就会吸附喷洒在工件表面上的磁粉，从而使缺陷处堆积较多的磁粉而形成肉眼可见的缺陷图像。

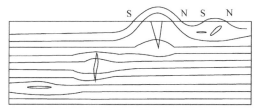

图 6.1.1 有缺陷的工件会产生漏磁现象

综上所述，使用磁粉检测时能否发现缺陷，关键在于缺陷处漏磁场强度是否足够大。提高磁粉检测灵敏度(即提高磁粉检测发现更细小缺陷的能力)就必须提高漏磁场的强度。缺陷漏磁场的强度与什么有关呢？首先它与被检工件中的磁感应强度 B 有关。设缺陷内为空气，可以导出

$$H_{缺} = \frac{B_1}{\mu_0} \tag{6.1.2}$$

其中，$H_{缺}$ 为缺陷处漏磁场的磁场强度；B_1 为工件内部磁感应强度；μ_0 为真空磁导率。上式表明，缺陷处的漏磁场强度与工件内磁感应强度成正比，要提高检测灵敏度，就应当提高工件内的磁感应强度；缺陷漏磁场强度与工件材料有关，不同的铁磁材料磁导率不同，要达到足够大的 B 值，不同的铁磁材料需采用大小不同的磁化电流进行磁化；另外，缺陷处漏磁场的大小还取决于缺陷本身(如缺陷的宽窄、深度与宽度比以及倾角等因素)，亦即对于具有相同的磁感应强度 B_1 的被检工件，缺陷不同，则缺陷漏磁场的强弱不同，磁粉显示效果不同，检测灵敏度也显著不同。

3. 被检工件的磁化方法

对被检工件的磁化方法主要有两种：其一是采用通电线圈或电磁铁对工件进行磁化，如图 6.1.2 所示；其二是给工件通以大电流进行磁化，如图 6.1.3 所示。

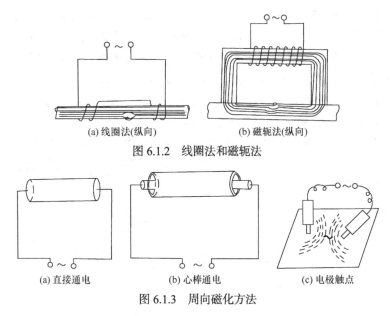

(a) 线圈法(纵向)　　　　　　　　(b) 磁轭法(纵向)

图 6.1.2　线圈法和磁轭法

(a) 直接通电　　　　　(b) 心棒通电　　　　　(c) 电极触点

图 6.1.3　周向磁化方法

检测中，人们根据外磁场的方向把磁化方式归纳成周向磁化、纵向磁化、复合磁化和旋转磁场磁化。现介绍如下。

(1) 周向磁化。如图 6.1.3 所示的均是周向磁化，是给工件(或心棒)直接通电流来产生周向磁场。当工件半径比长度小得多时，可以采用大家熟知的公式

$$B = \frac{\mu_0 I}{2\pi r} \tag{6.1.3}$$

计算工件表面的磁感应强度。式中，I 为直接通电电流强度；r 为工件半径。若要检测工件有无纵向缺陷(即沿工件轴线方向分布的缺陷)，应采用周向磁化的方式磁化工件。

(2) 纵向磁化。如图 6.1.2 所示的均为纵向磁化。纵向磁化一般是给线圈通电来产生纵向磁场。如图 6.1.2(a)所示，当线圈的半径远小于长度时，其内磁感应强度可视为均匀的，并且

$$B = \mu_0 n I \tag{6.1.4}$$

式中，μ_0 为真空磁导率；n 为单位长度内的匝数；I 为通电电流。若要检测工件有无横向缺陷(即与工件轴线方向相垂直的缺陷)，应采用纵向磁化的方式来磁化

工件。

(3) 复合磁化。即对工件同时进行周向和纵向磁化的方式。这种方式既给工件通电流形成周向磁化，又采用通电线圈产生纵向磁场磁化工件，从而可一次同时检查工件中的不同方向分布的缺陷，如图 6.1.4 所示。

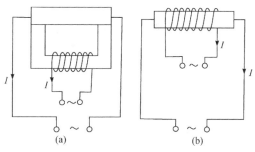

图 6.1.4　复合磁化法

(4) 旋转磁场磁化。采用两个 π 型电磁铁，以十字交叉形式组装起来，通过适当措施使两个 π 型磁铁上的激磁电流产生一定的相位差，以产生两个具有一定相位差的交变磁场，二者的合成磁场 H 即为随时间变化的旋转磁场。检测时，工件被旋转磁场磁化，由于磁化方向随时间的变化而旋转，所以工件表面各个方向的缺陷均能一次磁化就检测出来。

由磁学知识可知，外磁场大小主要取决于通电电流的大小和磁化线圈的尺寸，欲获得较大的外磁场强度，一般应通过提高电流强度来实现。

4. 磁粉检测灵敏度与影响因素

磁粉检测灵敏度是指检测中发现的缺陷的最小尺寸，即绝对灵敏度。由于磁粉检测是一种表面缺陷检测，其灵敏度是用绝对灵敏度来度量的。为了提高检测的可靠性，提高发现微小缺陷的能力，应尽量提高灵敏度。

通常为了验证被检测工件是否达到检测灵敏度，可采用灵敏度试片来检验。灵敏度试片是刻有一定深度(如 7μm)的人工缺陷的铁磁材料金属片。使用它能方便、直观地显示一定的磁痕，从而反映检测灵敏度。它还能提醒检测人员选择合理的检测规范，同时还能为磁粉性能、操作方法是否正确等因素作综合考查。

影响磁粉检测灵敏度的因素很多。例如工件被磁化时的磁场强度、磁化方法、磁场的方向、磁化电流的种类(交、直流)、磁化时间、磁粉的质量、载液的黏度、磁悬液浓度、材料的磁性强弱、缺陷的性质(如气孔、裂纹、夹渣等)、位置、方向、尺寸大小、工件的表面状况(如表面光洁度、清洁度)以及操作方法等。在上述诸多因素中，磁化规范是否合理是首要因素。如果磁化不充分，工件表面的细小缺陷将不能充分显示；若磁化过强，则可能出现伪磁痕显示，给检测结果评定带来困难。为使磁粉检测保持较高灵敏度和保证检测结果可靠，无损检测人员必须在弄清楚铁磁材料磁性的物理机理时，还需要在日常工作中积累丰富的实际经验。

三、实验仪器

CDX-V 型多用磁粉探伤仪，CEX-2000 携带式直交两用磁粉探伤仪，YX-125A 型荧光探伤仪，普通磁粉，荧光磁粉，烘箱，灵敏度试片，煤油，盛液桶，各种有缺陷的待测工件。

四、实验内容

(1) 认真阅读 CDX-V 型多用磁粉探伤仪和 CEX-2000 携带式直交两用磁粉探伤仪的使用说明书。

(2) 对小型轴套工件内壁上的缺陷进行检测。采用心棒通电法，磁化电流 I 采用直流电，大小由公式(6.1.3)计算或实验室的参考值决定，磁化时间为 $1\sim2s$，其后在荧光磁悬液内液浸 30s(荧光剩磁磁悬液法)，在暗室内用 YX-125A 型荧光探伤仪观察缺陷。

(3) 对平板对接焊件表面缺陷的检测。仪器选用 CEX-2000 携带式直交两用磁粉探伤仪，采用刺入法(电极触点法)，两电极间距为 150mm，磁化电流 I 采用直流电，电流大小由工件厚度确定，一般 $500\sim1000A$，磁化时间 $1\sim2s$，若工件大可采用连续喷撒磁粉，若工件小可采用剩磁法喷撒磁粉(也可浇淋磁悬液)。刺入法检测对工件同一部位的检测需进行两次，两次产生的磁力线应大致正交，以避免漏检。

(4) 在教师的指导下分析磁粉检测产生伪缺陷磁痕显示的原因。

五、思考题

(1) 对一个外形不规则的工件(如齿轮)进行磁粉检测，采用什么磁粉(液)才能达到良好的检测效果？

(2) 为什么荧光磁粉检测的灵敏度高于普通磁粉检测的灵敏度？

(3) 为什么经磁粉检测后的工件若还需精加工，在精加工前必须对工件进行退磁处理？

参考资料

1. 陈孝文. 无损检测. 北京: 石油工业出版社, 2020.
2. 陈文革. 无损检测原理及技术. 北京: 冶金工业出版社, 2019.
3. 魏坤霞. 无损检测技术. 北京: 中国石化出版社, 2016.

实验 6.2　X 射线照相无损检测

由于 X 射线能穿透物质,且在穿透物质的过程中其强度因吸收和散射而衰减的程度遵从一定的规律以及能使感光材料感光等特点,因此射线可以用来检测材料或工件内部缺陷。这种检测方法称为 X 射线照相无损检测。

在无损检测领域里,X 射线无损检测具有显示缺陷形象直观,对缺陷的性质和尺寸比较容易判断等优点,因此 X 射线无损检测已成为工业生产中的一种不可缺少的检测方法。

一、实验目的

(1) 掌握 X 射线的性质及衰减规律。

(2) 学习 X 射线照相检测的方法,熟悉检测的主要过程。

(3) 了解 X 射线照相检测的应用。

二、实验原理

1. X 射线的性质

由原子物理学知识我们知道,就其本质而言 X 射线与微波、红外光、可见光、γ 射线相同,同属电磁波,但是它们的波长有显著的区别。例如,在真空中无线电波的波长为 $3\times10^{-16}\sim10^{-16}$m,可见光波长为 $7.7\times10^{-7}\sim16\times10^{-7}$m,连续 X 射线为 $10^{-8}\sim10^{-12}$m,而 γ 射线波长则小于 10^{-11}m。随着波长变化,它们的性质也迥然不同。例如,无线电波主要以干涉、衍射、偏振等现象而表现出波动性。但 X 射线、γ 射线除了能表现波动性外,它们和物质相互作用时还能产生光电效应、康普顿效应和电子对生成效应,因此,X 射线能显著地表现出粒子性。

在 X 射线与物质相互作用时人们称它为 X 光子,X 光子的能量可表示为

$$\varepsilon = \frac{hc}{\lambda} \tag{6.2.1}$$

式中,λ 为 X 射线波长;c 为真空中光速;h 为普朗克常量。

由于 X 射线波长短,因此它具有许多独特的性质,这些性质归结起来主要有:

(1) X 射线波长短,能量大,不可见,按直线传播,能穿透可见光不能透过的物质,如金属、骨骼、塑料、陶瓷等。

(2) X 射线不带电荷,不受电场和磁场的影响。

(3) 能产生反射(准确地说是漫反射)、折射现象,也存在干涉、衍射等波动

现象。

(4) 与物质相互作用时能产生光电效应、康普顿效应、电子对效应，并表现出粒子性；

(5) 能被物质吸收产生热量。

(6) 能使气体电离。

(7) X 射线能使某些物质产生光化学作用(如使胶片感光，使某些物质产生荧光现象)。

(8) X 射线能引起生物效应，伤害或杀死有生命的生物细胞。

2. X 射线的产生

X 射线是由 X 射线管产生的。X 射线管(图 6.2.1)由玻璃外壳、阴极和阳极组成。

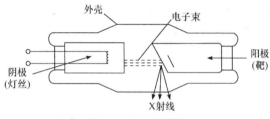

图 6.2.1　X 射线管

X 射线产生的原理是：阴极灯丝电源对阴极灯丝通电加热后放出热电子。直流电源在阴极和阳极之间加上几万至几十万伏的直流高压。热电子在高压电场的作用下被加速并以很大的速度向阳极靶撞去。当撞击到阳极靶后，金属靶的原子核外电场制动了高速冲击来的电子，高速电子所具有的动能大部分转变为热能并被阳极吸收，一小部分转变成 X 射线(约百分之几)并向外辐射。

由 X 射线管产生的 X 射线的波长在一定范围内连续变化。工业无损检测中使用的就是这种非单色的连续 X 射线。

X 光子的最高能量子能量 ε_{max} 与 X 射线管管电压 V 的关系为

$$\varepsilon_{max} = hc / \lambda_{min} = eV \tag{6.2.2}$$

式中，λ_{min} 为最短波长；h 为普朗克常量；c 为真空中的光速；e 为电子电量。

3. 射线的衰减规律

X 射线(包括 γ 射线)束穿过物质时其强度将逐渐减弱。设 X 射线是单色光(λ 为常数)，若通过厚度为 dx 的物质所引起的强度减弱为 dI，则

$$\frac{\mathrm{d}I}{I} = -\mu \mathrm{d}x \tag{6.2.3}$$

式中，I 为射线束强度；μ 为衰减系数(如果射线不是单色的，则 μ 为波长的函数)。于是可以获得射线的衰减规律为

$$I = I_0 \mathrm{e}^{-\mu x} \tag{6.2.4}$$

射线穿过物质时，其强度衰减的原因有两个：吸收现象和散射现象。吸收是一种能量的转换，亦即射线穿透物质被吸收后变成其他形式的能量(如热能、光能)。散射则是射线的传播方向改变而射线本质不变。在 X 射线(含高能 X 射线)能量范围内粒子对物质的作用主要为三种效应：光电效应、电子对生成效应和康普顿效应。前两种效应表现为射线光子被吸收，而第三种效应表现为光子被散射。必须指出，光电效应和康普顿效应只有在光子的能量较小时才是重要的，电子对生成效应只有在光子的能量大于 1.02MeV 后才能产生。

若用 τ 表示射线穿透 1cm 厚的物质时因光电效应产生光电子的概率，即光电吸收系数；ξ 表示射线通过 1cm 物质时因电子对生成而导致强度衰减的吸收系数，σ 表示射线通过 1cm 物质时因康普顿散射和弹性散射带来的强度减弱的散射系数，那么衰减系数 μ 就是以上三者之和：

$$\mu = \tau + \sigma + \xi \tag{6.2.5}$$

式中，μ 代表射线在穿透 1cm 厚的某物质后强度被衰减的情况，因此 μ 被称为线衰减系数。另外，τ, σ, ξ 还与吸收物质的原子序数以及射线光子的能量(或波长)有关，于是，μ 也与它们有关。一般地，射线能量一定，物质的原子序数越大，μ 也越大，射线强度的衰减越厉害；物质一定，射线光子能量越低(波长越长)，μ 越大，射线强度越容易被衰减。

若射线粒子能量 $\varepsilon = \dfrac{hc}{\lambda} < 1.02\mathrm{MeV}$，则不会产生电子对生成现象，这时 $\xi = 0$，于是

$$\mu = \tau + \sigma \tag{6.2.6}$$

在普通 X 射线检测中，一般采用这个式子来表示线衰减系数的具体内容。

4. X 射线检测原理

X 射线无损检测方法目前主要有 X 射线照相法、透视法(用荧光屏直接观察)、工业 X 射线电视法和工业 X 射线 CT 法。当前 X 射线照相法在国内外应用最广泛，是射线检测的主流，因为它的检测灵敏度高，安全(与透视法相比较)，费用较低(与电视法比较)。限于篇幅，以下仅介绍 X 射线照相法。

　　X 射线照相法原理如图 6.2.2 所示。X 射线穿透被检工件时, 有缺陷部位与基本金属对射线的吸收能力不同, 缺陷部位内含的空气或非金属夹杂物对 X 射线的吸收能力远低于金属对射线的吸收能力, 透过有缺陷部位的射线强度远高于无缺陷部位的射线强度, 在 X 射线感光胶片上对应有缺陷部位的部分将接收较多的 X 射线粒子, 从而形成黑度较大的缺陷影像, 它将被确定为检测件的缺陷。

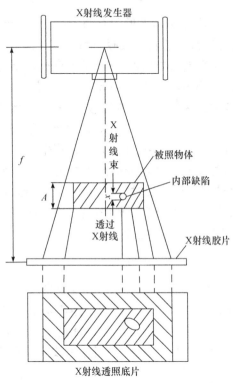

图 6.2.2　X 射线照相法原理图

　　由式(6.2.4), 射线在工件中的衰减规律可表示为

$$I = I_0 e^{-\mu A} \tag{6.2.7}$$

其中, I 为 X 射线穿过厚度为 A(cm)的材料后的强度; I_0 为 X 射线在工件前表面的强度; A 为工件厚度(cm); μ 为材料的 X 射线衰减系数。

　　设 I_1 为射线透过工件无缺陷部位的强度

$$I_1 = I_0 e^{-\mu A} \tag{6.2.8}$$

I_2 为射线透过有缺陷部位的强度

$$I_2 = I_0 e^{-\mu(A-x)} \tag{6.2.9}$$

式中, x 为工件内缺陷在沿射线方向的尺寸。于是透过有缺陷部位和无缺陷部位后射线的强度比为

$$I_2/I_1 = e^{\mu x} \tag{6.2.10}$$

式(6.2.10)告诉我们, 沿射线透照方向缺陷的尺寸 x 越大, 或工件衰减系数 μ 越大, 则透过有缺陷部位与无缺陷部位的射线强度比 $e^{\mu x}$ 越大, 从而反映在底片上的黑度差异也越大, 缺陷就越容易被检测到。

以上照相原理和照相光路也适合于 γ 射线照相检测方法, 所不同的是照相光路中放置 X 射线发生器的位置应改放 γ 射线源, 如 ^{60}Co 源。γ 射线照相检测由于采用的 γ 源的尺寸比 X 射线管焦点尺寸大, 因此底片的像质一般比 X 射线照片的稍差。但是 γ 射线源装置比 X 射线发生器及其电源装置简单得多, 检测中也要灵活、方便得多, 加之 γ 射线粒子能量比 X 射线粒子能量更大, 能检测的工件厚度也要厚得多, 因此, 它的优点也是显著的。

5. X 射线照相方法和灵敏度

按图 6.2.2 的实验光路, 将装有胶片的暗袋紧贴在工件下表面, 开机曝光后再在暗室里对曝光后的胶片进行显影、定影、水洗和晾干(或吹干)处理就可以得到一张该工件的 X 射线照相底片。但是这样的一张底片是否符合透照质量要求? 可否参与评片, 从而确定工件内部是否有缺陷呢? 回答是否定的。因为射线检测作为一种工业产品的有效检测手段, 其技术指标是科学而严格的, 对 X 射线照相底片本身的成像质量的要求是很高的, 因此还得注意以下三个方面。

(1) 射线能量的选择。X 射线的能量大, 穿透能力强, 而光子能量的高低是通过调节 X 射线管电压来实现的。在射线照相时是采用较高的 X 射线管电压或是采用较低的管电压呢? 关于这个问题有必要利用强度比进行深入分析研究。

我们知道, 底片上有缺陷部位与无缺陷部位的黑度对比越大, 缺陷越容易被观察到, 而这种黑度对比取决于照射在胶片上的射线强度比

$$I_2/I_1 = e^{\mu x} \tag{6.2.11}$$

对于同一工件, 在缺陷沿射线方向的长度尺寸 x 一定的情况下, 有缺陷与无缺陷部位的射线强度比 $e^{\mu x}$ 取决于衰减系数 μ, μ 值大则射线强度比也大。我们还知道, 同一种材料的衰减系数 μ 是随射线能量不同而不同。当 X 射线管电压高时产生的射线能量大, 穿透力强, 衰减系数小。因此, 采用 X 射线检测照相时首先要考虑 X 射线管电压, 而选择管电压的原则是: 在 X 射线能穿透工件的情况下, 应当采用较低的管电压。

(2) X 射线源尺寸与焦距尺寸。实际 X 射线源都有一定大小而不是一个几何点。当射线源不是一个理想点源时，缺陷在底片上的影像的边缘部位就会出现黑度过渡区，即半影区。所谓半影区在底片上表现为黑度逐渐变化，即缺陷黑度与基本金属黑度之间形成一个过渡区，于是缺陷和基本金属在底片上的影像的反差减小，界限不明显，从而影响对缺陷的检测。半影区的大小用 U_g 表示，它又被称为射线检测的几何不清晰度。其值可由下式求出

$$U_g = \frac{d \cdot A}{f - A} \tag{6.2.12}$$

其中，d 为射线源的线尺寸；A 为工件厚度(设胶片紧贴工件下表面放置)；f 为射线源到胶片的距离，这个距离也称焦距。U_g 的大小与射线源焦点的大小 d 成正比，与工件上表面到胶片的距离成 A 正比，而与射线源距工件上表面的距离 f–A(设胶片紧贴工件下表面)成反比。为了减小几何不清晰度、提高像质，要求 X 射线机的焦点尺寸越小越好，但这种要求是不实际的，因为 X 射线机购置后，射线源焦点就固定了。对于一定的工件，尺寸 A 也是固定的，因此实用中为了改善几何不清晰度，常采用增大射线源到胶片的距离来实现。由于 X 射线强度与焦距 f 的平方成反比，f 增大，射线强度将显著减小，这就要求拉长曝光时间。因此，在几何不清晰度、焦距和曝光时间之间必须综合权衡考虑，以求最佳效果。

(3) X 射线照相灵敏度。X 射线照相灵敏度是射线检测中极为重要的指标。照相灵敏度高就能发现细小的缺陷，否则可能漏检，因此搞清楚射线照相灵敏度十分必要。

X 射线照相的绝对灵敏度是指在射线透照底片上所能发现的工件中沿射线穿透方向上的最小缺陷的尺寸，但是绝对灵敏度往往不能反映不同厚度工件的透照质量，于是人们又用能够发现的最小缺陷的尺寸占被透照工件厚度的百分比来定义相对灵敏度，即

$$K = \frac{x}{A} \cdot 100\% \tag{6.2.13}$$

其中，A 为工件在透照方向上的尺寸；x 为缺陷的相应尺寸。但是被透照工件中能被发现的最小缺陷的尺寸是未知的，于是人们又采用一种叫像质计(或透度计)的工具来确定透照灵敏度。

目前国内外采用的像质计主要有三种，即线型像质计、阶梯孔型像质计、平板孔型像质计。我国采用线型像质计(亦称金属丝像质计)。这是一种由一系列不同直径的金属丝构成的器件。金属丝压嵌在塑料膜或橡胶膜内，使一组 7 根金属丝成为整体，如图 6.2.3 所示。

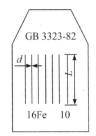

图 6.2.3　金属丝像质计

使用线型像质计时,透照灵敏度按下式计算:

$$\eta = \frac{d_{min}}{A_{max}}100\% \tag{6.2.14}$$

其中, d_{min} 为底片上能观察到的最细金属丝直径(mm); A_{max} 为工件透照部位的最大厚度(mm)。目前各国对灵敏度的要求比较接近,一般要求 $\eta < 2\%$ 。

总之,像质计是检测、衡量 X 射线照相灵敏度的工具。检测人员必须了解像质计的作用、种类、规格和使用方法,否则将无法知道透照质量是否满足要求,甚至导致对缺陷的漏判和错判,后果将是严重的。关于像质计的使用方法,我国GB3323 标准有详细的说明,限于篇幅这里就不再详述。

三、实验仪器

QX2505 型携带式 X 射线探伤机,QD-2A 冷光源观片灯,吹风机,X 射线胶片及暗袋,铅金属增感屏,金属丝像质计,显、定影液,待检工件,盆具。

四、实验内容

(1) 根据待检工件待检部位的厚度,由曝光曲线确定管电压、曝光量,也确定铅金属增感屏前、后屏的厚度。

(2) 根据待检工件待检部位的大小确定 X 射线胶片尺寸,在暗室装胶片暗袋。注:将胶片夹在铅金属增感屏前、后屏中间,再将它们装入暗袋。

(3) 根据 X 射线源尺寸(1.8mm × 1.8mm)、待检工件待检部位的厚度,由式 (6.2.12) 中 U_g 不大于 0.4mm 确定焦距 f ,进而确定照相光路并布置之。暗袋置于待检工件下表面,金属丝像质计垂直于焊缝放置,细丝朝外。

(4) 熟悉 X 射线探伤机及控制柜的各部分的功能,由(1)已确定的管电压、曝光量最终选定控制柜上的管电压、曝光时间。注:①应避免高管电压和短焦距(小于 500mm);②本 X 射线探伤机管电流固定为 5mA,曝光时间单位为分钟。

(5) 人员远离射线柜,开机曝光。

(6) 曝光结束后在暗室里将胶片进行暗室处理、水洗及吹干。

(7) 在冷光源观片灯下观看底片。先看像质计细丝影像。由式(6.2.14),当 $\eta < 2\%$ 时,表明底片照相检测质量达到 GB3323 要求,可以进行评片。

(8) 在教师的指导下对待检工件缺陷的有无、尺寸大小、性质进行评定,并对工件是否合格下结论。

五、思考题

(1) 为什么本实验 X 射线胶片暗室处理的显影液采用 D-19 显影液,而不是平时常用的 D-72 或 D-76 显影液?

(2) 为什么 X 射线照相检测对体积状缺陷(如气孔缺陷)敏感而对面状缺陷(如裂纹缺陷)不敏感?

参考资料

1. 韦丽娃. 无损检测实验. 北京: 中国石化出版社, 2015.
2. 魏坤霞. 无损检测技术. 北京: 中国石化出版社, 2016.
3. 陈文革. 无损检测原理及技术. 北京: 冶金工业出版社, 2019.
4. 陈孝文. 无损检测. 北京: 石油工业出版社, 2020.

实验 6.3　超声波无损检测

人类很早以来就利用声波进行检测。例如,人们购买西瓜时就用手拍西瓜,通过听西瓜振动的声音来判断西瓜的生熟。利用超声波进行工业检测是在第二次世界大战期间才面世的。经过几十年的不断探索,人类已将超声波广泛地应用于工业加工、清洗、无损检测、测量厚度、流速、流量、密度及液位(或物位)等领域。近年超声波在信息领域里也获得了广泛应用。

一、实验目的

(1) 掌握超声波遵从的基本理论和检测原理。
(2) 学会用 A 型脉冲反射式超声波探伤仪检测工件的基本缺陷。
(3) 了解超声波在工业中的各种应用。

二、实验原理

1. 超声波的种类和传播波形

1) 超声波的种类

超声波的本质是一种机械压力波,由于声源在介质中施加力的方式不同,从而质点振动的轨迹不同,根据质点振动方向和波动传播方向的关系,可将超声波分成纵波、横波、表面波和板波等。

声纵波:当弹性介质受到交替变化的拉应力和压应力的作用时,相应地产生交替变化的伸长和压缩形变,质点产生疏密相间的纵向振动,振动又作用于相邻的质点,于是在介质中传播开来形成波。由于质点振动方向和波的传播方向相同,因此这种波称为纵波,简称 L 波。任何弹性介质在体积变化时都能产生弹性力,于是纵波可以在固、液、气体介质中传播。

声横波：固体介质受到交变剪切应力作用会相应地发生交变的剪切形变，介质质点产生具有波峰和波谷的横向振动。振动又作用于相邻的质点，于是在介质中传播开来。由于质点的振动方向和波的传播方向相垂直，因此这种声波称为声横波，简称 S 波。应当指出，气体及液体介质的切变弹性模量为零，没有剪切弹性力，因此，它们不能传播声横波和具有横向振动分量的其他声波。

表面波：当固体介质表面受到交变表面张弛力的作用，使材料表面的质点发生相应的纵向和横向振动时，使质点做这两种振动的合振动，亦即在其平衡位置做椭圆振动。这种振动在介质表面传播开来，形成了声表面波，简称 R 波。声表面波亦称瑞利波，字母 R 就是为了纪念瑞利对声学研究的贡献。

声板波：在板状介质中传播的声波称为声板波。声板波较复杂，最主要的一种声板波是兰姆波。关于声板波的进一步介绍，读者可查阅有关超声波的专门书籍。

2) 超声波的传播形式

超声波的传播形式是根据超声波传播过程中波阵面的形状来区分的。超声波波阵面的形状可分为平面波、球面波、柱面波和活塞波等。

平面波：声波的波阵面为平面。由各向同性的弹性介质构成的一个无限大的刚性板，介质质点做简谐振动，这时产生的波动可视为平面波，其数学描述为

$$y = A\cos(\omega t - kx) \tag{6.3.1}$$

其中，A 为振幅；x 为波阵面距声源的距离。

应指出，理想的平面波是不存在的，但如果声源截面尺寸相对于它产生的声波波长来说很大，则此声波可近似看成是指向一个方向的平面波。

球面波：当一个点状声源在各向同性的均匀介质中产生振动，其振动将从中心向各个方向传播，在任意时刻其传播的波阵面都为球面，这种波称为球面波。在不吸收波能量的介质中，球面波的振幅也会衰减，但通过各波阵面的平均能流却是相等的。球面波可用下式描述：

$$y = \frac{A}{r}\cos\omega(t - r/c) = \frac{A}{r}\cos(\omega t - kr) \tag{6.3.2}$$

其中，r 为观测点离声源的距离；A 为距声源单位距离处的振幅；c 为声速；$k = \dfrac{2\pi}{\lambda}$ 为波数。

柱面波：如果声源具有类似无限细长柱体的形状，在各向同性无限大介质中产生同轴圆柱状波阵面的波动，则称为柱面波。柱面波的数学描述为

$$y = \frac{A}{\sqrt{r}} \cos(\omega t - kr) \tag{6.3.3}$$

活塞波：当片状声源在一个大的刚性壁上沿轴向做简谐振动，且声源表面质点具有相同的相位和振幅，则在无限大各向同性的弹性介质中所激发的波动，称为活塞波。活塞波在接近声源的区域，由于干涉现象显著，声场情况比较复杂，在远离声源的区域干涉现象已不明显，这时波阵面接近球面波。

2. 超声波的特征参量

描述超声波在介质中传播的主要物理量除人们熟知的声速 c、频率 f、周期 T、波长 λ 等之外，还有声压 p、声强 I 及特性阻抗(声阻抗)Z。

1) 声压

超声场中某一点在某瞬时所具有的压强与没有超声波存在时同一点的静态压强之差称为声压，并用 p 表示，单位为"巴(bar)"。

由于声压是随波动的频率而变化的压力波，因此介质每一点的声压是随时间和距离而变化的。

对于球面波，距声源半径 r 处的声压为

$$p = \frac{A}{r} \sin(\omega t - kr) \tag{6.3.4}$$

式中，A、k 的物理意义与式(6.3.2)相同。对于在密度为 ρ、声速为 c 的介质中传播的声平面波的声压为

$$p = pcV = \rho c V_0 \sin \omega t \tag{6.3.5}$$

其中，V 为质点的振动速度；V_0 为速度振幅值。

在超声波检测领域里，声压是一个很重要的物理量，因为在一般无损检测中所能观察到的回波高度以及作为主要判别依据的探伤仪荧光屏上回波高度的变化，都正比于由缺陷界面反射回来的声压。此外，换能器的声电和电声转换也都与声压有着密切的关系。

2) 声强

在垂直于超声波传播方向上单位面积、单位时间内通过的声能量称为声强度，简称声强，用符号 I 表示。在超声波的传播过程中，若单位时间内传播的能量越多，则声强越大。

在密度为 ρ、声速为 c 的介质中，对于声平面波其声强 I 为

$$I = \frac{1}{2} \cdot \frac{p^2}{\rho c} \tag{6.3.6}$$

$$I = \frac{1}{2}\rho c V_0^2 = \frac{1}{2}\rho c \omega^2 A^2 \tag{6.3.7}$$

声强的单位为瓦(W)。

对于通过截面为 S 的平面超声波的总功率为声强与面积的乘积，即

$$N = I \cdot S \quad (\text{W}) \tag{6.3.8}$$

3) 特性阻抗(声阻抗)

声场中弹性介质的特性阻抗规定为：在自由平面行波中某一点的有效声压与该点有效声速度之比，它也等于介质声速 c 和密度 ρ 的乘积，以 Z 表示，即

$$Z = \rho c \tag{6.3.9}$$

或

$$Z = \frac{p_f}{v_f} \tag{6.3.10}$$

其中，p_f 为声压有效值；v_f 为质点有效速度。声阻抗的单位是：牛顿·秒/米^2。

当超声波由一种介质传入另一介质以及从介质界面反射时，其传播特性主要取决于这两种介质阻抗之比。在所有传声介质中气体密度最低，通常认为气体密度约为液体密度的千分之一，固体密度的万分之一，因此气体、液体与金属之间声阻抗之比接近于 1:3000:80000。由于不同介质的声阻抗有如此大的差异，所以超声波在异质界面有很好的反射特性，这一特性是脉冲反射法检测的基础。

另外，超声波在固体介质中传播时，温度的变化对介质密度及介质的声速都有影响，因此温度变化对声阻抗的影响也是很显著的，这一点在超声波实验中必须引起重视。

常见介质的声阻抗如表 6.3.1 所示。

表 6.3.1　常见介质的声阻抗

介质名称	$\rho/(\text{g}\cdot\text{cm}^{-3})$	$c/(\text{m}\cdot\text{s}^{-1})$	$\rho c/(\times 10^6 \text{g}\cdot\text{cm}^{-3}\cdot\text{s}^{-1})$
钢	7.8	5880~5950	4.53
黄铜	8.9	4700	4.18
铝	2.7	6260	1.69
酚醛塑料	0.92	1900	0.174
有机玻璃	1.18	2720	0.32

介质名称	$\rho/(\mathrm{g\cdot cm^{-3}})$	$c/(\mathrm{m\cdot s^{-1}})$	$\rho c/(\times 10^6\,\mathrm{g\cdot cm^{-3}\cdot s^{-1}})$
甘油(100%)	1.270	1880	0.238
水	0.997	1480	0.148
酒精	0.790	1440	0.114
变压器油	0.859	1390	0.13
空气	0.0013	344	0.00004

4) 声速

声波在介质中传播的速度称为声速,超声波有着不同的波型,即纵波、横波、表面波等。对于不同波型的超声波,其传播速度显著不同。另外,声速还取决于介质的物性及力学性质(密度和弹性模量等),因此它是表征介质声学特性的一个重要参数。

A. 无限大固体介质中的声速

纵波声速 c_L 为

$$c_\mathrm{L} = \sqrt{\frac{E(1-\sigma)}{\rho(1+\sigma)(1-2\sigma)}} \tag{6.3.11}$$

其中,E 为杨氏弹性模量;σ 为泊松比;ρ 为介质密度。

横波声速 c_S 为

$$c_\mathrm{S} = \sqrt{\frac{G}{\rho}} = \sqrt{\frac{E}{2\rho(1+\sigma)}} \tag{6.3.12}$$

其中,G 为切变弹性模量。

表面波声速 c_R 为

$$c_\mathrm{R} \cong \frac{0.87+1.12\sigma}{1+\sigma}\cdot\sqrt{\frac{G}{\rho}} = \frac{0.87+1.12\sigma}{1+\sigma}c_\mathrm{S} \tag{6.3.13}$$

上述公式中出现了三个力学参数 σ、G、E,其中 E 的物理意义已为大家熟知,现介绍一下 σ、G 的物理意义:如图 6.3.1(a)所示的一个柱体,其纵向尺寸为 L,横向尺寸为 d。当受到力 F 的作用时,柱体的纵向伸长为 ΔL,横向缩短为 Δd。

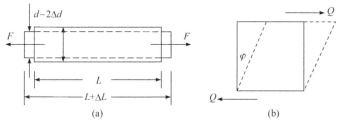

图 6.3.1　σ、G 的物理意义

泊松比 σ 定义为介质横向相对缩短与纵向相对伸长比，即

$$\sigma = \frac{\Delta d / d}{\Delta L / L} \tag{6.3.14}$$

若一柱体上下两端面受到切向力 Q 的作用(图 6.3.1(b))，产生切应变 φ，若柱体端面积为 S，则切应力为 Q/S。

切变弹性模量 G 是介质产生单位弹性切应变所需要的切应力，即

$$G = \frac{Q / S}{\varphi} \tag{6.3.15}$$

由以上对超声波在固体介质中传播速度的讨论，可以看到：

(1) 声介质的弹性性能愈强(即 G 或 E 愈大)，密度 ρ 愈小，则超声波在该介质中传播的速度就愈大。

(2) 比较式(6.3.6)和式(6.3.7)可以看到

$$c_{\mathrm{L}}/c_{\mathrm{S}} = \frac{2(1-\sigma)}{1-2\sigma} \tag{6.3.16}$$

对于固体介质，泊松比 σ 大约在 0.33，故 $c_{\mathrm{L}}/c_{\mathrm{S}} \approx 2$。例如介质为钢，则 $\sigma = 0.28$，故 $c_{\mathrm{L}}/c_{\mathrm{S}} \approx 1.8$。因此，钢中纵波速度为横波速度的 1.8 倍，表面波传播速度为横波的 0.9 倍。超声波的这一性质在检测中有着实际意义。

(3) 由于气体和液体没刚性，不能承受切应力(即 $G=0$)，因此横波和表面波只能在固体介质中传播。

B. 液体和气体介质中的声速

对于液体和气体介质，纵波的传播速度

$$c = \sqrt{\frac{k}{\sigma}} \tag{6.3.17}$$

其中，k 为介质的体积弹性模量。

如果把气体看作理想气体，则可以把声波的传播看成绝热过程，这时可把式(6.3.17)写作

$$c = \sqrt{\frac{\gamma RT}{\mu}} \tag{6.3.18}$$

其中，R 为气体阿伏伽德罗常量；T 为绝对温度；μ 为气体分子量；γ 为体积不变时的定容比热，$\gamma = C_P / C_V$。

3. 超声波换能器

在超声波实验中使用的换能器常称为超声探头。超声探头在电脉冲激励下能发射超声脉冲。反之，当一个超声脉冲作用在探头上时，超声探头也能产生一个相应的电脉冲信号。显示电脉冲信号的方法可根据不同的要求采取不同的形式，如采用示波管显示或电表显示，也可用喇叭或信号灯报警等。超声波探头加上电脉冲发生器和接收显示器就构成了一个完整的装置。探头虽小，但它却集中了大量声学的基本知识与技术，如超声波的吸收和衰减问题，多层介质里声波的传播问题，电声能量转换之间的有关问题等。因此，探头的形式、性能、制作工艺以及合理使用对检测结果的正确性都会产生直接影响，也成为发展超声波技术的重要环节。

1) 压电效应及压电材料

压电效应现象是居里兄弟发现的。有些单晶材料和多晶陶瓷材料在应力(压力或张力)作用下产生应变时，晶体中就产生极化电场，这种效应称为正压电效应。相反，当晶体处于电场之中时，由于极化作用，在晶体中就产生应变或应力，这种效应称为逆压电效应。正、逆压电效应统称为压电效应。

很多材料都能产生压电效应，它们通常被分为两大类：一类是压电晶体，如石英、硫酸锂、铌酸锂等；另一类是压电陶瓷，典型的压电陶瓷有钛酸钡($BaTiO_3$)。利用压电材料具备的压电效应，人们就能够把交变电信号变成超声波，反过来超声波作用在压电材料上也能产生电信号。应当指出，压电晶体和压电陶瓷各有其特点，分别被用来制作不同的超声波换能器(探头)。

2) 探头的种类

超声波技术涉及的探头类型是多种多样的。例如，在超声波无损检测中，由于被检工件的形状、性质、探伤的目的、探伤的条件各不相同，因而需使用各种形式的探头。超声探头按不同的归纳方式可以进行不同的分类，如根据产生超声波型的不同可分为纵波探头(也叫直探头、平探头)、横波探头(也叫斜探头、斜角探头)和表面波探头等；按与被检材料的耦合方式不同可以分为直接接触式探头和液(水)浸探头；根据超声波束的集聚与否可以分为聚焦探头和非聚焦探头；根据工作的频谱可分为宽频谱的脉冲探头和窄频谱的连续波探头。此外，自动检测中还有机械扫描的切换探头和电子扫描的列阵探头，以及一些特殊条件下使用的专用探头等。下面介绍两种常用的基本探头。

A. 纵波探头(直探头)

纵波探头用于发射和接收声纵波。如图 6.3.2 所示，它由保护膜、压电晶体、阻尼块、壳体、电器接插件组成。

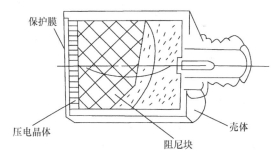

图 6.3.2　纵波探头结构示意图

B. 斜探头

斜探头一般由探头芯、斜楔块和外壳体等组成，见图 6.3.3。探头芯与直探头相似，也是由压电元件和阻尼块构成。斜探头与直探头的不同点在于斜探头在压电元件和被探测材料之间加上一斜楔块，从而构成一固定的入射角。这样，斜探头就可以使压电元件发射的纵波在被检材料中产生波形转换，形成纵波与横波并存、单纯的折射横波及表面波等。不同波形的产生取决于被检材料和斜楔块的声速和纵波入射角。当斜楔块的入射角选择在第一临界与第二临界角之间时，在被检材料内部可获得单纯的折射横波，这种斜探头也称为横波探头。如果斜楔块入射角大于第二临界角，于是，沿被检材料表面传播的是超声表面波，这种斜探头也称为表面波探头。

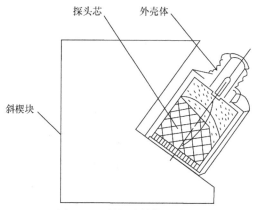

图 6.3.3　斜探头结构示意图

4. 超声波无损检测

1) 超声波探伤仪简介

在超声波无损检测中使用的装置称为超声波探伤仪。使用超声波进行探伤，首先要解决如何发射和接收超声波的问题。使用超声波换能器可以解决这个问题，而超声波换能器就是我们所说的探头。当一个电脉冲作用到探头上时，探头就发射超声脉冲。反之，当一个超声脉冲作用到探头上时，探头就产生一个电脉冲。有了探头再配上电信号的产生和接收等装置，就构成了整套探伤仪器。

在目前的超声波探伤仪家族中，大量使用的是脉冲反射式超声波探伤仪，其中应用最广的是单通道探伤仪，A 型脉冲反射式超声波探伤仪就属此类。这种仪器又属于被动性声源探伤仪，即仪器在发射超声脉冲波后，超声波就在工件中传播，当它在工件中遇到缺陷后产生反射回波，超声回波作用于探头生成电脉冲并在荧光屏上显示脉冲波形，在荧光屏上以幅度估计缺陷大小——A 型显示。另外，这种仪器是由一个(或一对)探头单独工作，属于单通道探伤仪。

2) A 型脉冲反射式超声波探伤仪的工作原理

A 型脉冲反射式超声波探伤仪的电路方框图如图 6.3.4 所示。它主要由同步电路、时基电路(即扫描电路)、发射电路、接收电路、探头和示波管电路、时标电路等组成，其工作原理简述如下。

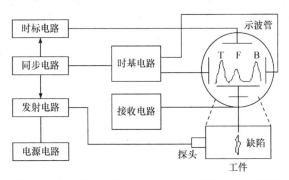

图 6.3.4　A 型脉冲反射式超声波探伤仪的电路方框图

同步电路产生周期性的同步脉冲信号，同步脉冲的作用是控制发射电路、时基电路等步调一致地工作。当稍加延迟后的同步信号反馈至发射电路时，发射电路立刻产生一个上升时间很短，脉冲很窄，幅度很大的电脉冲——发射脉冲。发射脉冲加到探头上，激励探头产生脉冲超声波，超声波透过耦合剂进入工件。在工件内传播的超声波遇到工件界面或缺陷时，即产生反射。反射波经探头接收后转变成电脉冲，电脉冲经放大器放大(检波)后送至示波管 Y 轴进行显示。另外，当同步脉冲反馈至示波管 X 轴偏转板上时，则产生一个从左至右的水平扫描线，即时基线。扫描光点的位移与时间成正比，因此从示波管荧光屏上反射波信号的位置即可确定超声波传播至工件底面或缺陷处的距离。荧光屏上显示的波高与探头接收到的超声波声压成正比，因此可根据反射波高对缺陷定量。

3) A 型脉冲反射法检测的特点与局限

探头发射的超声波以持续时间为 0.5～5μs 这样短的脉冲在被检工件中传播，当遇到缺陷和底面时就会产生反射，并被接收，用这种方法可以知道缺陷的有无以及缺陷的大小和位置。在超声波检测探伤中一般常采用这种方法。此法采用垂直探伤时，发射的是声纵波；使用斜探头时主要是声横波等。图 6.3.5(b) 所示的是垂直探伤荧光屏显示图。

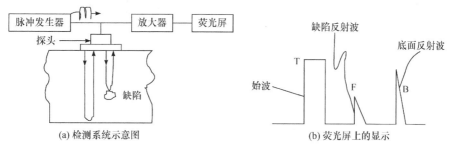

图 6.3.5　A 型脉冲发射法示意图

A 型脉冲反射法检测具有灵敏度高、检测速度快、设备简单及检测费用低的特点，但是其局限与缺点也是明显的，如显示缺陷不直观、对缺陷定性定量困难、对检测人员技术要求高等，这些因素都限制了它的检测范围，也正是如此，B、C、D 型超声检测技术得到了飞速发展。

三、实验仪器

CTS-23A 型超声探伤仪(含换能器)，SA-6 型超声探伤仪(含换能器)，标准试块，待检工件，耦合剂(变压器油)。

四、实验内容

认真阅读 CTS-23A 型超声探伤仪和 SA-6 型超声探伤仪的使用说明书，了解结构，各旋、按钮的功能及使用方法，特别应关注声换能器(声探头)的选择与使用方法，超声波工作频率、脉冲重复频率、探测灵敏度、探测深度等问题涉及的旋、按钮使用方法。

1. 超声波探伤仪水平线性的测定

水平线性也称时基线性或扫描线性，是指超声探伤仪水平扫描线扫描速度的均匀程度，也就是扫描线上显示的反射波距离与反射体距离线成正比的程度。水平线性好，扫描线单位长度所代表的时间(或距离)相等，因而扫描线上显示的多次底反射波之间的距离相等。探伤仪水平线性好坏关系到缺陷的定位是否准确。影响水平线性的主要因素是扫描电路和显示系统。

水平线性好坏以水平线性误差表示，它等于扫描线上显示的最大距离偏差与扫描线代表的探测距离的百分比。

(1) 将探伤仪"深度粗调"钮置于 60cm 深度挡级，试块上涂上耦合液(油)，将探头置于试块上。

(2) 不使用"延迟"功能，调"增益"、"深度细调"和"水平"钮使示波屏上出现五次底波 $B_1 \sim B_5$，并使用 B_1、B_5 前沿分别对准水平刻度线 2.0 和 10.0。

(3) 依次将 B_2、B_3、B_4 调至 80%高，并记录它们的前沿与水平刻度 4.0、6.0、8.0 的偏差ΔL_2、ΔL_3、ΔL_4，如图 6.3.6 所示。

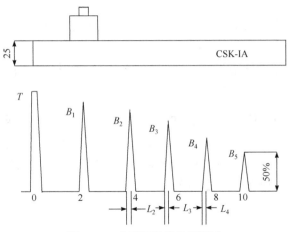

图 6.3.6　水平线性偏差的测试

(4) 设最大偏差为ΔL_{max}，水平全刻度长为 B，则仪器水平线性误差ΔL 为

$$\Delta L = \frac{|\Delta L_{max}|}{0.8B} \times 100\%$$

当然，仪器水平线性误差ΔL 越小，仪器的水平线性就好。

2. 材料衰减系数的测定

超声波在介质中传播时其声压按

$$p_x = p_0 e^{-\alpha x} \tag{6.3.19}$$

衰减。式中，p_0 为波源的起始声压；x 为探测点至波源的距离(mm)；α 为介质的衰减系数。

若对式(6.3.19)取自然对数，则有

$$\alpha = -\frac{1}{x}\ln\frac{p_x}{p_0} \tag{6.3.20}$$

如 x 的单位为毫米，则衰减系数 α 的单位为奈培/毫米(NP/mm)。式(6.3.19)取常用对数，则

$$\alpha = -\frac{1}{x}20\lg\frac{p_x}{p_0} \tag{6.3.21}$$

此时，α 的单位为分贝·毫米$^{-1}$(dB·mm^{-1})。式(6.3.20)、式(6.3.21)就是探伤中常用的表示衰减系数的单位。衰减系数越大，超声波在材料中的衰减越厉害。

测定衰减系数的方法有多种，以下介绍常用的两种方法。

1) 厚工件衰减系数的测定

如图 6.3.7 所示，当工作厚度 $x \geqslant 3N\left(N=\dfrac{D^2}{4\lambda}\right)$ 并且有平行底面时，可利用下式计算材料的衰减系数：

$$\alpha = \frac{20\lg\dfrac{B_1}{B_2}-\sigma}{2x} \quad (\text{dB}\cdot\text{mm}^{-1}) \tag{6.3.22}$$

$$\alpha = \frac{20\lg\dfrac{B_1}{B_2}-\sigma-\delta}{2x} = \frac{\varDelta-\sigma-\delta}{2x} \quad (\text{dB}\cdot\text{mm}^{-1}) \tag{6.3.23}$$

式中，B_1 为示波屏上第一次底波高度；B_2 为第二次底波高度；$\varDelta = 20\lg\dfrac{B_1}{B_2}$，即第一、二次底波高度分贝差；$\sigma$ 为声束扩散引起的第一、二次底波高度分贝差；δ 为底面反射损失；x 为工作厚度。

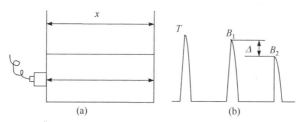

图 6.3.7　厚工件衰减系数的测定

2) 薄工件衰减系数的测定(图 6.3.8)

对于薄工件,由于波束不扩散,只存在介质衰减,因此可采用比较多次反射回波高度的方法测定衰减系数。这时衰减系数可写成

$$\alpha = \frac{\Delta_{m-n} - \delta}{2(n-m)x} = \frac{20\lg\dfrac{B_m}{B_n} - \delta}{2(n-m)x} \qquad (6.3.24)$$

式中,m,n 为底波反射次数;Δ_{m-n} 为示波屏上第 m,n 次底波波高 B_m,B_n 的分贝差;x 为工件厚度;δ 为表面反射损失。

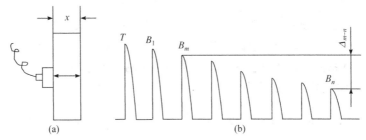

图 6.3.8　薄工件衰减系数的测定

实验要求如下:

(1) 熟悉 CS-6 超声波仪的各旋钮对应的功能。

(2) 材料取钢件,涂上耦合剂(油),探头放置在涂耦合剂处,此时可看见图 6.3.7 所示的反射波图样,测 B_1、B_2,用式(6.3.22)计算钢件的衰减系数 $\alpha_{钢}$。

(3) 材料取铝件,涂上耦合剂,探头放置在耦合剂处,此时可见图 6.3.8 所示的反射波图样,测 B_2、B_6,用式(6.3.24)(δ 取 0)计算铝件的衰减系数 $\alpha_{铝}$。

3. 人工缺陷位置的测定

超声波探伤中缺陷位置的测定是确定缺陷在工件中的位置,简称定位。一般可根据示波屏上的缺陷波的水平刻度值与扫描速度来对缺陷定位。

设仪器按 1 : n 调节纵波扫描速度,缺陷波前沿所对的水平刻度值为 L_f,则缺陷至探头的距离 X 为

$$X = nL_f \qquad (6.3.25)$$

若探头波束曲线不偏离,则缺陷正位于探头中心曲线上。

实验要求如下:

(1) 在底面带有人工缺陷的工件上涂耦合液,观察示波屏上的波形图。

(2) 测定缺陷波的水平刻度值 L_f,记下扫描速度 n。

(3) 计算缺陷至探头的距离 X，并与实际尺寸进行比较。

五、思考题

(1) 为什么说超声波的应用在 21 世纪将有较大的发展？

(2) 为什么实验中超声波探头与工件之间必须使用耦合液？最廉价的耦合液是什么？

(3) 为什么超声波检测忌讳细小工件？

参考资料

1. 韦丽娃. 无损检测实验. 北京: 中国石化出版社, 2015.
2. 魏坤霞. 无损检测技术. 北京: 中国石化出版社, 2016.
3. 陈文革. 无损检测原理及技术. 北京: 冶金工业出版社, 2019.
4. 陈孝文. 无损检测. 北京: 石油工业出版社, 2020.

实验 6.4　光学全息无损检测

全息术最初是由英国科学家丹尼斯·伽博(Dennis Gabor)于 1948 年提出来的，伽博并因此在 1971 年获得了诺贝尔物理学奖。1960 年梅曼(Maiman)研制成功了红宝石激光器，第二年(1961 年)贾范(Javan)等制成了氦-氖激光器。从此，一种优质相干光源诞生了。1962 年美国科学家 E. N. 利思(E. N. Leith)和 J. 乌帕特尼克斯(J. Upatnieks)用激光器对伽博的技术做了划时代的改进，全息术的研究从此获得了突飞猛进的发展，近 50 年来，全息技术的研究日趋广泛深入，逐渐开辟了全息应用的新领域，成为近代光学的一个重用分支。其中之一就是光学全息干涉计量，而光学全息无损检测正是光学全息干涉计量在无损检测领域中的直接应用。光学全息无损检测是利用全息图能再现同一物体在两种状态下的三维像，这两个像相互干涉并产生干涉条纹，通过干涉条纹的形状、变化来判断缺陷的有无、缺陷的位置和大小，因此光学全息无损检测是一种崭新的检测方法。

一、实验目的

(1) 掌握光学全息摄影的基本原理，了解其应用。

(2) 熟悉光学全息无损检测的方法和内容。

(3) 用实时法或二次曝光法对一给定样品进行检测，并观察和分析缺陷分布情况。

二、实验原理

由光学全息术的基本理论我们知道，全息图记录着来自物体的物光波的振幅和相位信息。若用参考光照明全息图，在适当的位置我们可以观察到原物体的三维虚像。如果被摄物是一个工件，通过外力、热或振动的作用使其产生变形，并影响其表面形状(有缺陷和没缺陷时的表面形状仅有很小的差异，凭人的肉眼是无法辨别的)，于是，将变形前和变形后的物体对同一张全息干版进行两次曝光，再进行暗室处理即得一张全息图。用原参考光照明全息图，再现光场将呈现两个物光波面，这两个波束是相干的，可以观察到它们之间的干涉条纹。若工件没有缺陷，则干涉条纹呈现出有规则的变化。这种干涉条纹反映了加载后物体(工件)的变形是整体的均匀变形，因此人们称它为无用变形条纹。但是，当工件内部或表面存在缺陷时则在对应的工件表面上出现干涉条纹的反常现象。例如，条纹的走向不再是均匀的，条纹呈封闭环，条纹发生拆断(不连续)等。它们均表现了工件存在的缺陷，这些条纹则称为特征条纹。一般地说，封闭环纹反映了工件内部存在的缺陷，而突变条纹反映了表面存在的缺陷。实践证明，这些特征条纹所在的位置及覆盖的面积反映了工件内部缺陷或表面缺陷的位置和大小。

图 6.4.1 中：K 为光开关；M_1、M_2、M_3 为反射镜；C_1、C_2 为扩束镜；BS 为分光镜(透反比 95：5)；H 为全息干版；O 为待测物(机械零件)。

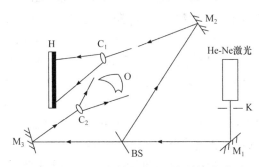

图 6.4.1　不透明物体的全息无损检测光路图

全息无损检测近年发展很快，使得无损检测领域里原来不能实现的实验成为现实。其间人们也总结出很多好的经验和方法，使全息无损检测向实用和高效率方向发展。这些好方法如下。

1. 对于全息图进行记录和再现的方法

1) 实时法(单次曝光法)

在没有变形的正常状态下，首先把从工件反射(或透射)来的波面的全息图拍摄下来并进行实时显影，把全息图精确地放回到原来拍摄的位置上，并用与拍摄全息图时同样的参考光照射，则全息图就会再现出物体三维立体像(物体的虚像)，再现的虚像完全重合在物体上。然后对物体加载，使工件变形，则从受载后的工件反射(或透射)来的波面与参考光之间就形成了微量的光程差。由于两个光波是相干光波(来自同一个激光源)，并几乎存在于空间的同一位置，因此这两个光波叠加就会产生干涉条纹。用此方法可观测到随着工件被加载后的不断变形而不断变化的干涉条纹。由于物体的初始状态(再现的虚像)和物体加载状态之间的干涉度量比较是在观察时完成的，因此称这种方法为实时法。

这种方法的优点是：只需要用两张全息图就能观察到各种不同加载情况下的物体表面状态，从而判断出物体内部是否含有缺陷。因此，这种方法既经济又能迅速而确切地确定出物体所需加载量的大小。其缺点是：

(1) 为将全息图精确地放回到原来的位置，就需要有一套附加机构，以便使全息图位置的移动不超过几个光波的波长。

(2) 由于全息干版在冲洗过程中乳胶层不可避免地要产生一些收缩，当全息图放回原位时，虽然物体没有变形，但仍有少量的位移干涉条纹出现。

(3) 显示的干涉条纹图样不能长久保留。

2) 二次曝光法

首先拍摄从没有变形的工件反射回来的波面的全息图，但不显影，然后再对变形后工件反射回来的波面拍摄一次，经两次曝光后才进行显影处理。再现时同时对工件变形前后的反射波面的干涉花样进行观察。这时所看到的再现图像，除了显示出原来物体的全息像外，还产生较为粗大的干涉条纹图样。这种条纹表现在观察方向上的等位移线，两条相邻条纹之间的位移差相当于再现光波的半个波长，若用氦-氖激光器作光源，则每条条纹代表大约 $0.316\mu m$ 的表面位移。可以从这种干涉条纹图样的形状和分布来判断物体内部是否有缺陷。

3) 时间平均法

这种方法是对周期振动着的工件作单次全息记录。假定记录全息图时曝光时间比一个振动周期长，全息图有效地存储了许多像的总效果，它们与物体振动过程中的所有位置的时间平均相对应。因此，全息图的再现是所有像总效果之间的干涉，所产生的干涉花样着重反映了工件变形的极限位置。

2. 加载方法

全息无损检测中一般常用加载方法有直接机械加力法、热加载法、压差加载法和压电晶片激振法，可根据被测物体的形状来决定选择何种方法。

(1) 直接机械加力法是由简单的拉伸、压缩、弯曲或施加点载荷的方式使被检测物加载，适用于各种复合材料的检测。

(2) 热加载法一般是用电吹风、红外灯、电加热器、微波烘烤等对被测物体加热，使之产生热变形，这种方法简便易行。

(3) 压差加载法是使被检测的物体内外产生一定的压力差，从而使之承受载荷，产生压力差的方法有表面真空室吸附法、真空室法和内部充气法。表面真空室吸附法是将被测物体作为表面真空室的一壁，适用于材料本身抗弯强度较高、表面平直的物体；真空室法是将物体周围密封，置于一真空室中，利用材料内部存留的空气与真空室间的压力差，灵敏地显露内部缺陷；内部充气法是利用加压系统对物体内部充以几个到上百个大气压，使物体产生弹性形变。

(4) 压电晶片激振加载法是将压电陶瓷晶片黏接在待测物体表面，在信号发生器供给的交变电压的作用下，压电陶瓷作弯曲振动，同时推动待测物体强迫振动。当缺陷区的固有共振频率与激振源的激振频率相同时，则能将激振源的大部分能量吸收而发生共振。利用时间平均法照相，即可在再现像上观察到表征其内部缺陷的干涉条纹。

3. 实时法中的光强匹配问题

在实时法照相中，为了获得最大的反差，使干涉条纹最清晰，通常要求再现像亮度与物体亮度之比为 1∶1。因此，实时观察法存在光强匹配问题。光强匹配的方法一般有两种：一种是照相时在参考光路中加入一块减光板，再现时移出以加强参考光，从而改变再现像的亮度来实现光强匹配；另一种方法是在实时观察时在物光路中加入一块减光板，使物体的亮度减弱来达到光强匹配。

三、实验仪器

OHT-Ⅱ 或 OHT-Ⅲ型激光全息实验仪 1 台(生产单位：重庆大学物理实验中心)，He-Ne 激光器 1 台，待测试样，热吹风器，显、定影等暗室处理器材。

四、实验内容

(1) 按图 6.4.1 安排好光路。物光、参考光取等光程，二者夹角 30°～40°，二者光强比为 1∶3 左右。

(2) 对未加载的机械零件拍一张全息图 H_1，曝光后利用实时原位暗室处理装置对干版进行原位暗室处理(显影、定影、水洗)，再用电吹风的冷风吹干。

(3) 用原光路照明处理好的全息图，可观察到物体上重叠着它的再现像，通过仪器配备的加载装置慢慢地给机械零件加力，一边加力一边观察再现像上条纹的变化情况，当条纹最清楚时，记下这个最佳力的位置。

(4) 关闭光开关，取下拍好的全息图，换上一块未曝过光的干版 H_2，去掉加在零件上的力，调整好光路对零件进行第一次曝光，缓慢给零件加力到实时法中找出的最佳力为止，对零件第二次曝光，将两次曝光的干版进行常规的显影、定影、水洗、吹干等处理，得到全息图 H_2。

(5) 将 H_2 放入原光路中用原参考光照明，再现像上出现干涉条纹，用相机拍摄条纹，以便进行分析(有条件则输入计算机计算分析)。

(6) 在教师的指导下分析机械零件的缺陷性质和分布情况。

五、思考题

(1) 比较和分析实时法与二次曝光法的优点和缺点。

(2) 用热加载形式重复做以上实验。

(3) 逐渐增加加载量,特征条纹会发生什么变化？加载过量，图像会发生什么现象？

参考资料

1. 韩忠. 近现代物理实验. 北京: 机械工业出版社, 2012.

实验 6.5　涡流无损检测

涡流检测是建立在电磁感应原理基础之上的一种无损检测方法，它仅适用于导电材料，如果我们把一块导体置于交变磁场之中，在导体中就有感应电流存在，即产生涡流。由于导体自身各种因素(如电导率、磁导率、形状、尺寸和缺陷等)的变化会导致感应电流的变化，利用这种现象而判知导体性质、状态的检测方法，称为涡流检测方法。在涡流探伤中，是靠检测线圈来建立交变磁场，把能量传递给被检导体,同时又通过涡流所建立的交变磁场来获得被检测导体中的质量信息。作为无损检测的一种重要手段，涡流检测在现代工业无损检测中得到了深入而广泛的应用和推广。

实验训练期间，我们采用 SMART-2097 智能便携式多频涡流仪、D60K 数字金属电导率测量仪和 7504 涂层测厚仪等涡流仪器完成了定标、探伤、电导率测定和膜厚测量等实验，掌握了涡流的产生机理及涡流探伤原理，熟练掌握了各种涡流探伤仪、测量仪的基本操作。

一、实验目的

(1) 了解实验仪器的工作原理及性能。

(2) 掌握涡流检测的基本方法，了解涡流检测仪、测量仪及涡流探头的内部结构和工作原理。

(3) 分别使用 SMART-2097 智能便携式多频涡流仪、D60K 数字金属电导率测量仪和 7504 涂层测厚仪进行探伤、测电导率和薄膜厚度。

二、实验原理

1. 螺线管磁场

如果将长直导线绕成螺线管，磁力线分布类似于条形磁铁，磁场方向取决于电流方向，同样可以用右手定则表示，其磁场强度取决于两个因素：线圈的圈数和电流的大小，圈数越多或电流越大，则磁场越强。

对一个螺线管来说，它所形成的磁场是数个线圈磁场的叠加，所以当交流电通过螺线管时，可形成既强又集中的交变磁场，如图 6.5.1 所示。

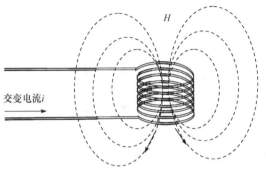

图 6.5.1　通电螺线管的磁场

根据右手定则和电流方向判断磁力线的方向，螺线管所形成磁场强度的大小与其匝数的多少有关。在线圈中，各环线圈可合成一个集中的磁场，当线圈通以交流电时，可形成一个较强的交变磁场。

2. 涡流的产生机理

变化着的磁场接近导体材料或导体材料在磁场中运动时，由于电磁感应现象的存在，导体材料内将产生旋涡状电流，这种旋涡状的电流叫涡流。同时，旋涡状电流在导体材料中流动又形成一个磁场，即涡流场。线圈产生的磁场和涡流产生的磁场会互相影响，最终达到动态平衡。

如图 6.5.2 所示，线圈中通以交变电流 i，线圈周围产生交变磁场，因电磁感应作用，在线圈下面的导体(试样)中同时产生一个互感电流，即涡流 i_e。随着原磁场 H 周期性交互变化，产生的感应场(或称互感磁场)即涡流磁场 H_e，也呈周期性交互变化。

由电磁感应原理可知，感应磁场 H_e 总要阻碍原磁场 H 的变化，即当原磁场 H 增大时，感应磁场 H_e 也要反向增强；反之亦然，最终达到原磁场 H 与感应磁场 H_e 的动态平衡。通俗地说，感应磁场 H_e 总是要阻碍原磁场 H 的改变，以便维持相对动态平衡。

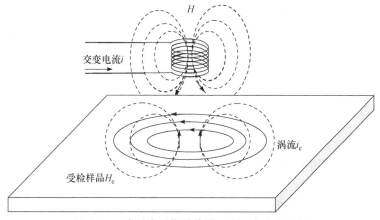

图 6.5.2 检测线圈使受检样品表面产生涡流场

3. 涡流检测仪的基本结构及机理

如图 6.5.2、图 6.5.3 所示，当检测线圈位于导体的缺陷位置时，涡流在导体中的正常流动就会被缺陷所干扰。换句话说，导体在缺陷处，其导电率发生了变化，导致涡流 i_e 的状况受到了影响，感应磁场 H_e 随之发生变化，这种变化破坏了原来的平衡(即 H 与 H_e 的动态平衡)，原线圈立刻会感受到这种变化，即通过电流 i 反馈回来一个信号，我们称之为涡流信号。这个涡流信号通过涡流仪拾取、分析、处理和显示、记录，成为我们对试件进行探伤、检测的根据。

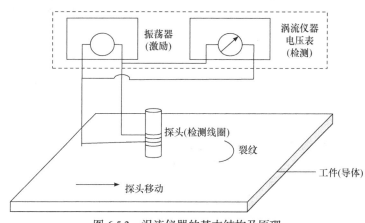

图 6.5.3 涡流仪器的基本结构及原理

根据电磁感应的互感原理，只有两个导体之间才能产生互感效应，故能够实现涡流检测的基本条件有：能产生交变激励电流及测量其变化的装置，检测线圈(探头)和被检工件(导体)。通常受检工件包括金属管、棒、线材，成品或半成品的金属零部件等。

实际上，除导体存在缺陷可引起涡流变化外，导体的其他性质(如电导率、磁导率、几何形状等)的变化也会影响导体中涡流 H_e 的流动，这些影响都将产生相应的涡流信号。因此，涡流不仅可以用来探伤，而且可以用来测量试样的电导率、磁导率、几何形变(或几何形状)和材质分选等。

4. 电阻抗——涡流检测的原理

检测线圈拾取的涡流信号可由线圈的电阻抗(Z)变化来表示，涡流检测就是通过测量涡流传感器的电阻抗变化值来实现的，传感器线圈的电阻抗包括阻抗(R)和电抗(X)，分述如下。

1) 阻抗——能量损耗

无论交流电流，抑或直流电流通过导体材料，电荷在导体中移动将克服一定的阻力，即电阻。导体材料的电阻使部分电能转化为热，损耗一定的能量。激励电流在线圈中流动，或感应电流在被测导体(工件)中流动都要损耗能量，不同试件因导电率、磁导率等影响因素各异，能量损耗的大小也不一样。铁磁材料的磁滞损耗也等效为有功电阻增大。

2) 电抗——能量存储

当电流通过导体时，导体周围形成磁场，部分电能转化为磁场中的磁能，在一定条件下磁场的磁能可转变为感应电流。在涡流检测中，除了自感现象以外，两个相邻的线圈间还有互感现象存在。无论自感电流，抑或互感电流所形成的磁场，总要阻碍原电流增强或减弱，这就是感抗的作用。同理，电容器对电压变化的作用称为容抗，感抗和容抗统称为电抗。一般地说，磁性材料增强检测线圈的电抗，非磁性材料削弱检测线圈的电抗。

三、实验仪器

SMART-2097 智能便携式多频涡流仪、D60K 数字金属电导率测量仪、7504 涂层测厚仪、各种涡流探头及数据传输线、SMART-2097 智能便携式多频涡流仪标准试块(含有深为 0.1mm, 0.5mm, 1.0mm 的划痕)、D60K 数字金属电导率测量仪高值-低值定标试块、7504 涂层测厚仪标准膜。

1. SMART-2097 智能便携式多频涡流仪

图6.5.4所示为厦门 EDDYSUN 生产的 SMART-2097 智能便携式多频涡流仪，其集先进的数字技术、涡流技术和微处理机技术于一体，能实时有效地检测金属材料的缺陷，区分合金种类和热处理状态，测量厚度变化，是一种实用性很强的多功能便携式涡流检测设备。

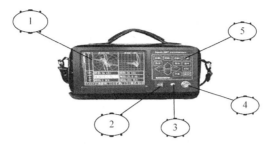

图 6.5.4　SMART-2097 智能便携式多频涡流仪

1. 场致发光显示；2. 电源开关；3. 指示灯；4. 探头插座；5. 触摸键盘屏

SMART-2097 智能便携式多频涡流仪的原理框图如图 6.5.5 所示。它以两个不同频率(F_1，F_2)同时激励检测线圈，根据不同频率对不同参数变化所获取的检测信号各异，通过实时混频进行矢量相加减和其他处理，提取所需信号，抑制干扰信号，达到"去伪存真"的目的。

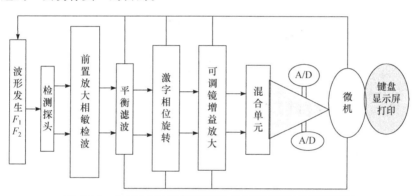

图 6.5.5　SMART-2097 智能便携式多频涡流仪的原理框图

SMART-2097 智能便携式涡流检测仪由计算机控制的具有石英晶体稳定度的可变频率波形发生器可产生所需要的正弦波激励波形，按实际检测的需要选择不同频率(F_1，F_2)经过功率放大器后，同时送达检测探头激励检测线圈。检测后可获得几种不同的涡流信号，由探头拾取，然后分别进入不同的通道、经前置放大、相敏检波、平衡滤波、相位旋转和可调增益放大器，由计算机控制根据需要将两种涡流信号送入混合单元，经混合单元实时矢量运算处理后进入数据处理单元，由 A/D 接口送入计算机系统。计算机系统完成食品的管理、控制、计算和图形显示。

2. D60K 型数字金属电导率测量仪

图 6.5.6 所示为厦门鑫博特科技有限公司专业研发生产的 D60K 型数字金属电导率测量仪。D60K 型数字金属电导率测量仪可直接用于测量和分析有色金属材

料及其合金材料的电导率值(如测量银、铜、铝、镁、钛、奥氏体等及其合金的电导率值)，同时也用于间接测量和评价与金属材料电导率有密切关系的参量，如合金识别和验证、热处理状态和热损坏验证、材料力学评估、决定粉末合金零部件的密度等。

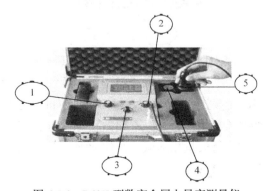

图 6.5.6　D60K 型数字金属电导率测量仪

1. 低值调节旋钮；2. 高值调节旋钮；3. 读数调节；4. 高低值标定试块；5. 涡流探头

图 6.5.7 所示为 7504 涂层测厚仪，该测量仪可用于测量各种材质涂层的厚度，测量厚度范围依据于仪器自带的各种标准膜厚(最小值$(11.7\pm0.5)\mu m$，最大值$(32.1\pm0.9)\mu m$)。该仪器操作简单便捷，具体操作见 4.3 实验步骤。

图 6.5.7　7504 涂层测厚仪

1. 探头接口；2. 右校准旋钮；3. 左校准旋钮；4. 开关；5. 读数显示

四、实验内容

1. SMART-2097 智能便携式多频涡流仪的操作及定标

1) 仪器基本操作及定标

(1) 按"电源开关"，接通电源，仪器随即显示相关内容，几秒钟后屏幕显示出"主菜单"(包括"程序""检测""显示""参数""打印""报警""文件"等菜单)。可根据需要选择操作程序和其他参数(按面板上的"左""右"箭选择)。

(2) 仪器有两种检测程序供选择，即"单阻抗平面显示"和"双阻抗平面显示"，可根据需要选择。

(3) 选择"单阻抗平面显示"，进入"检测"菜单，出现"调试""分析"等子菜单。

(4) 按"左""右"箭头选择"调试"，进行仪器及探头参数调试，包括校准、调平衡。

(5) 调试操作时，应接好探头，并置于工件之上，按"左""右"箭头移动子菜单中的光标，当光标移动到相应的项，可按[功能 3]和[功能 4]调整相应变量，调整"匹配"和"驱动"，使正弦波波形约为屏幕的 1/4～1/3 的高度。校准完毕后按[ESC]键，表示确认，返回上一级菜单。

(6) 选择"平衡位置"，可对涡流进行平衡点的设置，进入后，按"上""下""左""右"箭头将屏幕中的"+"标志调到中央；完成后按"确认"，后按"左""右"箭头使光标移到"退出"选项，按"确认"退出。

(7) 回到"检测"界面，使光标移到"检测"后，按"确认"开始检测。

(8) 准备好定标试块，将探头放在钢制试块完好处，按一下"平衡"。

(9) 将探头放在钢制试块 0.1mm 划痕上，来回移动数次后，按[ESC]停止检测。

(10) 观察幅值是否分明，若不明显，调节"增益"，重复(9)的过程。

(11) 扫出一系列峰值后，进入"检测"中的"分析"，移动两闸门，使一个峰值在闸门内，按"确认"，读取幅值和百分比，测量多个峰值取平均。

(12) 重复(7)～(11)步骤，分别测得 0.5mm、1.0mm 划痕的标定值。

(13) 得到 0.1mm、0.5mm、1.0mm 划痕的数值后，进入"调试"的"标定"子菜单，按"确认"进入，输入相应数值，按功能键[功能 3]，屏幕中即出现标定曲线。

(14) 若受检工件是铝制品，则可以用同样的方法对铝试块进行标定。

(15) 标定结束后，就可以将探头放到相应工件上进行检测了。

2) 涡流有效透入深度实验

(1) 选择工作频率在 1～5kHz 的放置式线圈，仪器工作频率为 3kHz 左右。

(2) 调整涡流检测仪的增益、相位旋钮(或按键)，使提离信号为水平。对于指针式仪器，提离信号影响调至最小。

(3) 分别依次扫查铝合金和不锈钢试样上埋深不同的人工槽形缺陷，观察并记录不同材料上不同深度人工槽形缺陷的埋深和涡流响应情况。

(4) 选择工作频率在 50～500kHz 的放置式线圈，仪器工作频率为 60kHz 左右。

(5) 调整涡流检测仪的增益、相位旋钮(或按键)，使提离信号为水平。对于指针式仪器，提离信号影响调至最小。

(6) 分别依次扫查铝合金和不锈钢试样上埋深不同的人工槽形缺陷，观察并记录不同材料上不同深度人工槽形缺陷的埋深和涡流响应情况。

3) 边缘效应实验

(1) 选择工作频率在 50～500kHz 的放置式线圈，仪器工作频率为 300kHz 左右；

(2) 调整涡流检测仪的增益、相位旋钮(或按键)，使提离信号为水平；

(3) 探头平稳置于铝合金试样表面中间位置，慢慢向某一边缘扫查，观察涡流响应信号的变化。

(4) 记录涡流响应信号因探头接近试样边缘发生变化时探头的位置，测量探头在该位置上其中心距离板材边缘的距离。

(5) 计算探头涡流作用范围的直径与线圈直径的关系。

(6) 选择工作频率在50～500kHz的放置式线圈,仪器工作频率为50kHz左右。

(7) 调整涡流检测仪的增益、相位旋钮(或按键)，使提离信号为水平。

(8) 探头平稳置于铝合金试样表面中间位置，慢慢向某一边缘扫查，观察涡流响应信号的变化。

(9) 记录涡流响应信号因探头接近试样边缘发生变化时探头的位置，测量探头在该位置上其中心距离板材边缘的距离。

2. D60K 型数字金属电导率测量仪测钛青铜电导率

(1) 打开开关，起动 D60K 型数字金属电导率测量仪，连接好探头。

(2) 将探头放在标定试块低值试样上，转动"读数"旋钮使读数与试块低值 5.73mS/m 一致；然后转动"低值"旋钮使电压差为 0V。

(3) 将探头放在标定试块高值试样上，转动"读数"旋钮使读数与试块低值 55.8mS/m 一致；然后转动"高值"旋钮使电压差为 0V，重复操作几次。

(4) 将探头放在 1 号钛青铜试块的 A 位置上，转动"读数"旋钮使电压差值为 0V，读出读数，然后分别在 B、C、D、E 四个位置上测量，记录读数。

(5) 重复步骤(3)，分别在 2、3、4、5 号试块上测量并记录读数。

(6) 记录数据汇总处理。

3. 7504 涂层测厚仪测量膜厚

(1) 连接好实验探头，打开仪器电源并调至 I 挡。

(2) 将探头置于没有涂层的基底材料上，调节"左校准"旋钮使仪器指针指向左边"0"位置。

(3) 选择校准用膜片(厚度为(32.1±0.9)μm)，并将其置于探头与基底材料中间，调节"右校准"旋钮使指针指向 32.1μm。

(4) 用校准完毕的实验仪器对相同基底材料的涂层进行测厚，记录实验数据。

(5) 选用不同厚度的校准用膜片重复以上(4)步操作进行实验。

五、思考题

(1) 为什么进行涡流检验时要特别注意信号处理？
(2) 什么是检测线圈的边界效应？
(3) 为什么涡流探伤只适用于检测材料表面及近表面缺陷？

参考资料

1. 张朝宗, 郭志平, 张朋, 等. 工业 CT 技术和原理. 北京: 科学出版社, 2009.
2. 陈文革. 无损检测原理及技术. 北京: 冶金工业出版社, 2019.
3. 陈照锋. 无损检测. 西安: 西北工业大学出版社, 2015.

实验 6.6　液体渗透检测实验

液体渗透检测是一种检测工件或材料表面开口状缺陷的无损检测技术。这种技术不受材料磁性的限制(与磁粉检测相比较)，被广泛地应用于合金钢、有色金属、磁性金属、瓷器、陶器、塑料、合成树脂等材料的表面检测中。可以毫不夸张地说，除表面多孔的材料外，几乎一切材料的表面开口状缺陷都能应用此法检查并获得满意的结果。

随着科学技术和现代工业的发展，液体渗透检测技术获得了很大的发展，检测效率和灵敏度有了很大的提高，目前国内外的渗透检测正向高灵敏度、高效率、自动化检测、环保、低毒和无公害方向发展并取得了可喜的进展。

一、实验目的

(1) 掌握液体润湿固体及毛细现象的原理。
(2) 学习液体渗透检测的方法和过程。
(3) 了解液体渗透检测的应用及发展趋势。

二、实验原理

1. 液体的表面性质

液体的物理性质告诉我们，液体的表面犹如紧张的弹性薄膜。它有收缩的趋势，亦即液膜之间存在着相互作用的张力，这种张力称为液体的表面张力。表面张力的大小是用表面张力系数 α 来描述的。不同液体表面张力系数 α 的数值差异很大，如 $\alpha_{水}=73\times10^{-3}$N/m，$\alpha_{酒精}=22.9\times10^{-3}$N/m，而 $\alpha_{汞}=1690\times10^{-3}$N/m。表面张力系数也与温度有关，温度高，它就减小。另外，表面张力系数还与杂质有关，在液体中加入杂质可显著改变液体的表面张力系数。能够使液体表面张力系数减小的物质称为表面活性物质。常见的表面活性物质有醇、酸、酮等。

当液体与固体相接触时，在接触处固体分子与液体分子间存在相互吸引的附着力，而液体内的分子间也存在一种相互吸引的力——内聚力。当附着力大于内聚力时，液体能够润湿固体；当内聚力大于附着力时，液体不能润湿固体。因此，润湿和不润湿决定于液体和固体的性质。如图 6.6.1 所示，在液体与固体接触处，作液体表面的切线与固体表面的切线，这两切线通过液体内部所成的角 θ 被称为接触角。θ 为锐角时，液体能够润湿固体；θ 为钝角时，液体不能润湿固体。

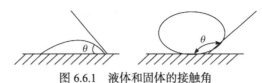

图 6.6.1　液体和固体的接触角

把一根细小的管子插入液体中将会发生毛细现象，若液体润湿管壁则液体的液面在细管里升高(图 6.6.2(a))，而不润湿管壁的液体的液面在细管里降低。这种现象是由液体的表面张力和接触角所决定的。设液面的上升高度为 h，α 为液体表面张力系数，θ 为接触角，ρ 为液体密度，r 为细管半径，g 为重力加速度，则

$$h = \frac{2\alpha\cos\theta}{\rho g r} \tag{6.6.1}$$

上式说明液面上升高度与表面张力系数成正比，与毛细管半径以及液体的密度成反比。

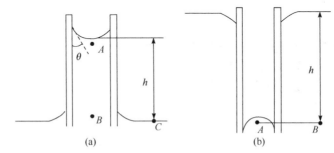

图 6.6.2　液体对管壁的润湿

2. 液体渗透检测的基本原理

1) 常用专用名词及试剂介绍

乳化剂与乳化作用：乳化剂由具有亲水基和亲油基的两亲分子构成。常见的

有月桂酸钠，它能吸附在水和油的界面上，起一种搭桥的作用，把水和油紧紧地连接在自己的两端，使水和油不再分离。在乳化剂的作用下，使原来不相溶的物质变成可溶性的，这种作用叫乳化作用。

渗透剂：含有着色染料或荧光物质又具有极强渗透能力的液体。按物理学术语这种液体与工件的接触角很小，能润湿工件。

清洗剂：用来清洗工件表面污物和多余渗透液的试剂。

显像剂：由微米量级的白色粉末和易挥发的化学试剂组成，它能利用毛细现象把渗透到缺陷中的渗透液吸附出来并显示缺陷图像。

2) 渗透检测原理

液体渗透检测的基本原理是以液体对固体的润湿作用和毛细现象为基础的。

首先将清洁的被检工件表面浸涂具有高渗透能力的渗透液。由于液体的润湿作用和毛细现象，渗透液便渗入工件表面的缺陷中，然后将工件缺陷以外的多余渗透液清洗干净，再刷涂一层亲和吸附力很强的白色显像剂，它利用毛细现象把缺陷内颜色鲜艳的渗透液吸附出来，于是在白色涂层上显现出缺陷的位置和形状。

3. 液体渗透检测操作过程

液体渗透检测的操作过程可分六个步骤，具体是：

(1) 清洁被检工件表面，包括去除工件表面污物(油污，锈蚀与氧化皮，油漆，焊药等脏物)，用酸洗、碱洗或清洁剂清洗等方法清洗工件表面(当然越干净越好)。

(2) 烘干被检工件，在烘箱里进行。烘干过程不能省掉，它能为后来的渗透现象创造良好的条件。

(3) 在被检工件表面涂布渗透液。涂布的方法有涂刷法，液浸法和静电喷涂法，渗透时间约 10min，太短渗透深度不够。

(4) 去除工件表面多余的渗透液。这一过程包括乳化处理和洗涤处理。此过程要快，时间不能太长。

(5) 施加显像剂。涂布显像剂要薄而均匀。方法有干式显像法，湿式显像法，速干式显像法等。显像时间不能太短(致使毛细现象不显著，导致漏检)，但也不能太长，时间太长渗透液会扩延放大，导致判断不准。

(6) 判伤检查。若使用着色渗透液检测，可用肉眼或用放大镜在充足的阳光或白炽灯光下直接观察。对于荧光渗透液检测，应在暗室内借助紫外光灯进行观察。一般说来，荧光法比着色法的灵敏度高，因为背景是暗的，人们容易在黑暗背景中发现缺陷信号。

4. 影响检测灵敏度的因素

液体渗透检测灵敏度是指给定的渗透检测系统总的缺陷探测能力，任何给定的渗透剂系统，其检测灵敏度取决于：

(1) 进入缺陷的渗透液的多少；

(2) 在清洗工作表面后，保留在缺陷中渗透液量的多少；

(3) 在显示过程中，从缺陷里被吸附出来的渗透液量的多少；

(4) 显示的可见程度；

(5) 显示相对于衬底干扰的信噪比。

纵观以上各点，有关渗透液的内容占了相当大的比例。

就渗透液本身来说，其渗透性越好，检测灵敏度就越高，而渗透性又取决于润湿作用、表面张力和渗透液的黏度。表面张力越小，润湿作用就越强，因此要求渗透液的黏度不能过高。但是表面张力也不能太小，否则渗透液易蒸发。另外，黏度大，渗透能力减弱，渗透速度慢，清洗工作困难。但黏度大并非一无是处，它对渗透液在缺陷中保留的能力有好处，因此要从综合效果来权衡黏度的高低。

渗透液的着色强度和荧光亮度是影响检测灵敏度的重要因素。染料浓度大，着色强度大，检测灵敏度高。荧光渗透液中荧光物质浓度大(在一定浓度范围内)，荧光亮度越高，灵敏度也越高(当然还与紫外灯的功率有关)。一般来说，使用荧光渗透液的检测灵敏度高于使用着色渗透液。

渗透液在缺陷中的保留性能也是一个不可忽视的因素。这一性能是指在清除多余的渗透液时，在缺陷中的渗透液不致被清洗掉的能力。显然，保留性能越好，灵敏度也越高。

显像剂的性能影响图像的显示，显像剂的挥发性能和对缺陷内渗透液的吸附能力越强，显像效果越好。

缺陷本身的类型与尺寸也影响着检测灵敏度。缺陷的性质不同，被显示的效果不同，如凹坑、宽裂纹和窄裂纹三种缺陷，渗透液在它们中的保留能力是依次增加的，因此灵敏度也是依次增高的。实践证明，渗透检测的灵敏度同缺陷的宽深比密切相关。所谓宽深比是指裂纹的宽度 b 和深度 s 的比值，即

$$\eta = b/s \tag{6.6.2}$$

η 值越小，缺陷内渗透液的保留能力越强，灵敏度越高。此外，渗透深度 h 与 η 值也有关。η 值小，渗透深度大。应注意的是，对缺陷的宽度并非无限制，实践表明至少不能窄于 $0.5\mu m$。

外界条件也影响着检测灵敏度。外界条件主要指温度和压力。当温度升高时，

表面张力变小，黏度也会变小，渗透能力会加强；外界压强变小，渗透深度将增加，检测灵敏度会提高。如普通操作能发现 0.01mm 宽度裂纹的渗透液，采用真空渗透法(施加渗透液后，立即放入真空容器中抽真空)可发现宽度为 0.005mm 的裂纹。

最后还应指出，液体渗透检测灵敏度受人为因素影响较大，即灵敏度因人而异，这是液体渗透检测的不利因素之一。

三、实验仪器

YX-125A 型荧光探伤仪，烘箱，乳化及清洗剂，渗透剂，显像剂，盛液器具，放大镜，各种待检工件。

四、实验内容

(1) 在教师的指导下配制后乳化着色渗透液和后乳化荧光渗透液。

(2) 清洁与烘干待检工件(不少于 2 件)。乳化时间不少于 6min，用强力清洗剂(或酸洗或碱洗)工件，在烘箱里烘干清洁后的工件，温度为 60～100℃。

(3) 分别在两种待检工件表面涂布着色与荧光渗透液。渗透时间为 12min。

(4) 在两种待检工件表面涂布薄而均匀的显像剂。时间为 12～15min。

(5) 在白炽灯光下观察检测涂布着色渗透液工件表面缺陷。在暗室内借助紫外光灯(YX-125A 型荧光探伤仪)观察检测涂布荧光渗透液工件的表面缺陷，并分析每种方法的特点。

五、思考题

(1) 为什么液体渗透检测每道工序施加后耗时较长，如涂布渗透液后需要十余分钟？

(2) 为什么白天看不见天上的星星而夜里却可以？由此分析采用荧光渗透液的检测灵敏度高于着色渗透液。

参考资料

1. 张朝宗, 郭志平, 张朋, 等. 工业 CT 技术和原理. 北京: 科学出版社, 2009.
2. 陈文革. 无损检测原理及技术. 北京: 冶金工业出版社, 2019.
3. 韦丽娃. 无损检测实验. 北京: 中国石化出版社, 2015.
4. 陈照锋. 无损检测. 西安: 西北工业大学出版社, 2015.

实验 6.7　工业 CT 实验

CT 即计算机断层成像技术(computed tomography)，它是与一般辐射成像完全不同的成像方法。一般辐射成像是将三维物体投影到二维平面成像，各层面影像重叠，造成相互干扰，不仅图像模糊，而且损失了深度信息，不能满足分析评价要求。CT 是把被测体所检测断层孤立出来成像，避免了其余部分的干扰和影响，图像质量高，能清晰、准确展示所测部位内部的结构关系、物质组成及缺陷状况，检测效果是其他传统的无损检测方法所不及的。

　　CT 技术首先应用于医学领域，形成了医学 CT(MCT)技术，其重要作用被评价为医学诊断上的革命。CT 技术成功应用于医学领域后，美国率先将其引入航天及其他工业部门，另一些发达国家相继跟上。经过一段不长的时间，形成了 CT 技术又一个分支：工业 CT(industrial computed tomograph，ICT)，其重要作用被评价是无损检测领域的重大技术突破。CT 技术(MCT 和 ICT)应用十分广泛，工业 CT 的应用几乎遍及所有产业领域，对航天、航空、兵工、部队等显得更为迫切。

一、实验目的

(1) 了解 ICT 的基本原理。

(2) 掌握 ICT 的使用方法。

(3) 能够应用 ICT 实验装置进行工件扫描和图像处理。

二、实验原理

1. CT 的基本原理

　　CT 是一种绝妙的成像技术，具有支撑它的数学、物理和技术基础。早在1917年，丹麦数学家雷当(J. Radon)的研究工作已为 CT 技术建立了数学理论基础。他从数学上证明了某种物理参量的二维分布函数，由该函数在其定义域内的所有线积分完全确定。该结论指出了，需要有无穷多个且积分路径互不完全重叠的线积分，才能精确无误地确定该二维分布，否则只能是实际分布的一个估计。该研究结果的意义在于：只要能知道一个未知二维分布函数的所有线积分，就能求得该二维分布函数；获得 CT 断层图像，就是求取能反映断层内部结构和组成的某种物理参量的二维分布。当二维分布函数已知，要将其转换为图像，则是一个简单的显示问题。因此，首要的问题是如何求取能反映被检测断层内部结构组成的物理参量二维分布函数的线积分。

　　物理研究指出，一束射线穿过物质并与物质相互作用后，射线强度将受到射线路径上物质的吸收或散射而衰减，衰减规律由比尔定律确定。可用衰减系数度量衰减程度。考虑一般性，设物质是非均匀的，一个面上衰减系数分布为 $\mu(x、y)$。若射线穿过该物质面，入射强度为 I_0 的射线经衰减后以强度 I 穿出，射线在面内的路径长度为 L，见图 6.7.1。

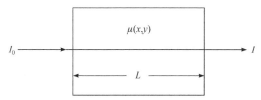

图 6.7.1　射线穿过衰减系数为 $\mu(x,y)$ 的物质面

由比尔定律确定的 I_0，I 及 $\mu(x、y)$ 的关系如下：

$$I = I_0 \exp\left[-\int_L \mu(x,y)\mathrm{d}x\mathrm{d}y\right] \tag{6.7.1}$$

由式(6.7.1)可得

$$\int_L \mu(x,y)\mathrm{d}x\mathrm{d}y = \ln\frac{I_0}{I} \tag{6.7.2}$$

　　式(6.7.2)表明，射线路径 L 上衰减系数 $\mu(x、y)$ 的线积分等于射线入射强度 I_0 与出射强度 I 之比的自然对数。I_0 和 I 可用探测器测得，则路径 L 上衰减系数的线积分即可算出。推而广之，当射线以不同方向和位置穿过该物质面时，对应的所有路径上的衰减系数线积分值，均可照此求出，从而得到一个线积分集合。该集合若是无穷大，则可精确无误确定该物质面的衰减系数二维分布，反之，则是具有一定误差的估计。因为物质的衰减系数与物质的质量密度直接相关(当然还与原子序数有关)，故衰减系数的二维分布也可体现为密度的二维分布，由此转换成的断面图像能够展现其结构关系和物质组成。实际的射线束总有一定的截面，只能与具有一定厚度的切片或断层物质相互作用，故所确定的衰减系数或密度的二维分布以及它们的图像表示应是一定体积的积分效应，绝不是理想的点、线、面的结果。

　　有上述数学、物理基础后，为在工程技术上实现，避开硬件的技术要求，在方法上还需解决两个主要问题。首先是如何提取检测断层衰减系数线积分的数据集，其次是如何利用该数据集确定出衰减系数的二维分布。解决第一个问题可采用扫描检测方法，即用射线束有规律地(含方向、位置、数量等)穿过被测体所检测断层并相应进行射线强度测量，围绕提高扫描检测效率，可采用各具特色的扫描检测模式。解决第二个问题则是应用图像重建算法，即利用衰减系数线积分的数据集，按照一定的重建算法进行数学运算，解出衰减系数的二维分布并予以显示。

　　由此看出，CT 成像与一般辐射成像的最大不同之处在于：它用射线束扫描检测一个断层的方法，将该断层从被测体孤立出来，使扫描检测数据免受其他部分结构及组成信息干扰，对所扫描检测断层，并非直接应用穿过断层的射线在成像介质上成像，而仅仅是将不同方向穿过被测断层的射线强度作为重建算法作数学运算所需之数据，或者说，断层图像是通过数学运算才得到的。

　　2. 扫描检测模式

　　扫描检测是获得被测断层内衰减系数线积分数据集的过程。其基本结构是，被测体置于射线源和探测器之间，让射线束穿过所需检测断层，由探测器测量穿出的射线强度。其基本要求是：射线束需从不同方向穿过被测体所测断层；在每个检测方位上，射线束两个边缘路径应遍及或包容整个断层；应使射线穿过断层的路径互不完全重叠，避免产生不必要的冗余数据；整个扫描检测过程遵守一定的规律。扫描检测也是"射线源-探测器"组合与被测体间做相对运动的过程，该过程由精确控制的扫描机械实现。(将射线源和探测器称为组合，表示在每次扫描检测过程中它们间的几何关系不变。)

　　扫描检测模式有多种，选择其中三种介绍。

　　1) 平行束扫描检测模式

　　这是 CT 技术最早使用从而被称为第一代的扫描检测模式，其基本结构特点是：射线源产生一束截面很小的射线；每个单位检测时间内检测空间只存在这束截面很小的射线，仅有一个探测器检测该射线强度。

　　重建 $N \times N$ 像素阵列断层图像，一般应有由 $N \times N$ 个衰减系数线积分组成的数据集。为此，常采用从 N 个方向且每个方向均有 N 束射线共探测器检测的数据结构。

　　本模式的扫描检测特点是：在每个检测方位上，"射线源-探测器"组合与被测体间，按等距步进量及等单位检测时间，相对平行移动$(N-1)$次，逐步形成由 N 束射线构成的平行射线束，相应地也逐步遍及并穿过所测断层，取得 N 个检测数据；按设定角步进量，"射线源-探测器"组合与被测体间，以被测体的某一固定回转轴线为中心，在检测断层平面内相对转动一个步进量角度，在恢复到起始位置条件下，重复同步等距平移的过程，完成第二个方位上对断层的检测，又获得 N 个检测数据，按此重复进行；为免去数据冗余，只需在 180° 圆周角度上等分为 N 个检测方位并在每个方位上完成检测，最终获得一个由 $N \times N$ 个检测数据构成的数据集。此扫描检测模式的示意见图 6.7.2。

　　平行束扫描检测的运动方式为"平移+旋转"。为完成扫描检测，可以有三种具体形式，即被测体固定，"射线源-探测器"组合既平移又旋转；"射线源-探测器"组合固定，被测体平移和旋转；"射线源-探测器"组合平移，被测体旋转。

　　此扫描检测模式虽有许多优点，但由于只用一个探测器完成 $N \times N$ 个数据检测，存在检测效率过低的致命弱点，实用上已被淘汰。不过，它仍不失原理上说明和了解的作用。

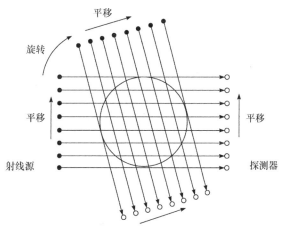

图 6.7.2 平行束扫描检测模式射线源

2) 窄角扇形束扫描检测模式

这是为改善平行束扫描检测效率太低而发展的并被称为第二代的扫描检测模式。其基本结构特点为：射线源产生角度小、厚度薄的扇形射线束；使用数量不多的 n 个($n<N$)检测器同时检测；断层内最多有 n 条射线路径上衰减系数线积分值可同时测量；在每个检测方位的多个检测点上射线束未能包容所测断层。

其扫描检测特点与平行束的相似，即每个检测方位，"射线源-探测器"组合与被测体间，按等距步进量及等单位检测时间，相对平移$\left(\dfrac{N}{n}-1\right)$次，穿过并遍及所测断层，取得 N 个检测数据；按设定角频进量，"射线源-探测器"组合与被测体间，以某一固定转轴线为中心相对转动一角步进量，在恢复起始位置条件下重复前一过程，完成第二个方位对断层的检测，又获得 N 个检测数据，按此重复进行；可在 180° 的圆周角上等分 N 个检测方位，并在每个方位上完成相同检测，最终获得由 $N{\times}N$ 个数据所组成的数据集。此扫描检测模式的示意见图 6.7.3。

3) 广角扇形束扫描检测模式

这是在窄角扇形束扫描检测模式基础上进一步提高扫描检测效率，被称为第三代的扫描检测模式。其基本结构特点为：射线源产生角度大、厚度薄的扇形射线束；一般使用 N 个探测器同时检测；断层内最多有 N 条射线路径上衰减系数线积分值可同时测量；射线束的边缘全包容所测断层。

其扫描检测特点为：对每个检测断层，"射线源-探测器"组合与被测体间仅有相对旋转运动；在 360° 的圆周角上等分为 N 个扫描检测方位，每个检测方位射线束全包容并穿过所测断层，均可取得 N 个检测数据；相对旋转一周，完成一个断层扫描检测，获得由 $N{\times}N$ 个数据组成的数据集。此扫描检测模式的示意见图 6.7.4。

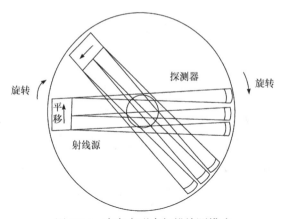

图 6.7.3　窄角扇形束扫描检测模式

图 6.7.4　广角扇形束扫描检测模式

3. 图像重建

断层图像重建是一个对检测的数据进行数学运算和对图像数据进行显示的过程。该过程以扫描检测所得的衰减系数线积分数据集为基础，经必要的数据校正，按一定的图像重建算法，通过计算机运算得到衰减系数具体的二维分布，再将其以灰度形式显示，从而生成断层图像，于是完成图像重建。图像重建的关键是重建算法，既要考虑图像质量，又要注意运算速度。重建算法多种多样，各有特色，归纳起来可以是反投影法、迭代法和解析法三类。图像重建涉及数学较多，在此只作概念性介绍。

1) 重建的初步概念

这里举出解联立方程组的方法，以建立图像重建的初步概念为简单计，设有由 3×3 单元组成的断层，各单元衰减系数分别为 μ_1 至 μ_9，它们是未知待求的。显然，只要能建立包含这些变量并相互独立的 9 个方程，即可求出 $\mu_1 \sim \mu_9$ 的变量，得到该断层衰减系数的具体分布并显示为图像，从而完成图像重建。为建立这样的方程，用 9 条射线按路径互不完全重叠穿过该断层，检测它们的衰减系数线积分，基本结构见图 6.7.5。由图 6.7.5 建立方程组如下：

$$\left.\begin{array}{r} \mu_7 + \mu_8 + \mu_9 = P_1 \\ \mu_4 + \mu_5 + \mu_6 = P_2 \\ \mu_1 + \mu_2 + \mu_3 = P_3 \\ \mu_4 + \mu_8 = P_4 \\ \mu_1 + \mu_5 + \mu_9 = P_5 \\ \mu_2 + \mu_6 = P_6 \\ \mu_1 + \mu_4 + \mu_7 = P_7 \\ \mu_2 + \mu_5 + \mu_8 = P_8 \\ \mu_3 + \mu_6 + \mu_9 = P_9 \end{array}\right\} \quad (6.7.3)$$

式中，$P_1 \sim P_9$ 为不同射线路径上衰减系数线积分值(用取和近似)，通过探测器检测得到，视为已知数。解此方程组，$\mu_1 \sim \mu_9$ 即可求出，以图像形式表示其分布，则断层图像生成，图像重建完成。

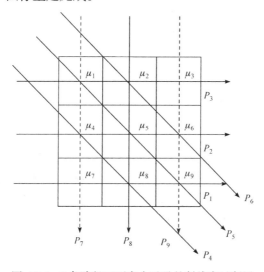

图 6.7.5　9 条路径互不完全重叠的射线穿过断层

　　上述简单结构的例子可推广为 $N \times N$ 的一般性结构，对 N 取值很大的实际情况，原理上虽可实现，但实际完成却很困难，故此方法无实用价值。

　　2) 反投影法

　　这是一种古老的图像重建算法，虽图像质量不好，但却是实用的卷积反投影法的基础。

将射线穿过断层所检测到的数据称为投影，而把射线路径对应于图像上的所有像素点赋以相同的投影值则称反投影，反投影以灰度表示将形成一个图形或图案。对断层各个方向上的投影完成反投影并形成相应的图形或图案，将所有的反投影图形或图案叠加，则得到由反投影法重建的断层图像。

为简单计，设断层是 3×3 单元结构，仅中心单元的衰减系数为 1，其余均匀为 0。当射线经中心单元穿出后，检测到的投影值(即射线路径上衰减系数线积分值)为 1，将此值反投影，即是将此射线路径上所有单元所对应的图像区全部赋以相同的投影值 1，见图 6.7.6。

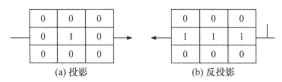

(a) 投影　　　　　　　　(b) 反投影

图 6.7.6　(a)射线穿过断层的投影值为 1；(b)将投影值 1 赋给对应的图像区

又设一含有高密度轴线的圆柱体，射线束对一个断层扫描检测，用反投影法进行图像重建，如图 6.7.7 所示，(a)为该圆柱体的横截面，(b)为一个方向上的反投影图形，(c)为所有反投影图形叠加而成的断层图像。

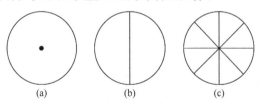

(a)　　　　　　(b)　　　　　　(c)

图 6.7.7　反投影法图像重建

3) 卷积反投影法

这是至今为止最实用的重建算法，为 CT 设备普遍采用，因为它兼顾了图像质量和重建速度。卷积反投影法是在反投影法基础上发展起来的一种图像重建算法，由于这种算法较复杂，故仅从其实现思想来加以说明。

一幅图像是由像素点构成的面阵，可用二维函数描述，常称为图像函数。若断层物理结构对应的图像称为真实图像，其图像函数用 F 表示；反投影法重建所得图像是一幅模糊图像，其图像函数用 F_B 表示，它是真实图像函数与点扩散函数 R 卷积运算的结果，即

$$F_B = R * F \tag{6.7.4}$$

式中，符号"*"表示卷积。很自然想到，若以点扩散函数的反函数 R^{-1} 对反投影图像函数 F_B 进行卷积，则可消除点扩散函数的模糊效应。遗憾的是，我们并不知道此扩散函数 R，从而也无法准确地确定其反函数，虽然如此，我们还是可以根据造成模糊的基本机理建立一定形式的函数，对反投影图像函数进行卷积运算校

正，以减弱星状模糊或点扩散函数效应的影响。该校正函数常称卷积核，其具体形式将明显影响图像质量。

在实际工作中，既可以对反投影图像整体卷积修正，也可先对投影数据卷积修正后再反投影和叠加，一般以后者为主。

三、实验仪器

本实验采用重庆大学 ICT 中心生产的教学 ICT 实验机。

ICT 实验系统的组成、各部分的基本作用及主要技术指标如下。

1) CT 系统的基本组成

无论医学 CT 和工业 CT，均有射线源系统、探测器系统、数据采集系统、机械扫描运动系统、控制系统、计算机系统及图像硬拷贝输出设备等基本组成部分，由它们组成的 CT 系统的框图见图 6.7.8。

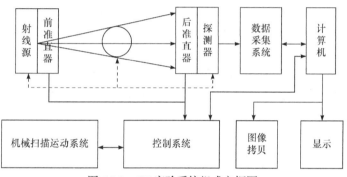

图 6.7.8　CT 实验系统组成方框图

2) 各部分的基本作用

A. 射线源系统

射线源系统由射线源和前准直器组成，用以产生扫描检测用的射线束。

射线源用来产生射线。按射线能量分，射线源有产生高能 X 射线的加速器源、产生中能 X 射线的放射性同位素源及产生低能 X 射线的 X 射线管源三类。射线能量决定了射线的穿透能力，也就决定了被测体物质密度及尺寸范围。医学 CT 使用产生较低能谱段的 X 射线管源，而工业 CT 根据用途不同，以上三类射线源均在使用。

前准直器的作用是将射线源发出的射线处理成所需形状的射束(如扇形束等)，其扇形束开口张角应约大于所需有效张角，开口高度根据断层厚度确定。

B. 探测器系统

探测器系统由探测器和后准直器组成。

探测器是一种换能器，它将包含被测体检测断层物理信息的辐射转换为电信号，提供给后面的数据采集系统做再处理。常用的有"闪烁体+光电器件"和气体电离室两种类型，一般是由多个探测器组成探测器阵列，探测器数越多其阵列就越大，扫描检测断层的速度就越快。探测器按信号转换方式有电流积分和光子计数两类。

后准直器用高密度材料构成，仅位于探测器之前，开有一条窄缝或一排小孔，小孔常称准直孔。探测低能量射线，具有窄缝的金属薄片就可完成准直，要探测中能及高能射线，则需具有一定孔径的后准直器完成准直。其作用有两个：一是限制进入探测器的射束截面尺寸，二是与前准直器配合进一步屏蔽散射射线。其有效孔径可确定断层的层厚，并直接影响断层图像的空间分辨率。

C. 机械扫描运动系统

机械扫描运动系统提供 CT 的基础结构，提供射线源、探测系统及被测体的安装载体及空间位置，并为 CT 机提供所需扫描检测的多自由度高精度的运动功能。CT 多采用第二代扫描检测或第三代扫描检测的运动方式，前者的运动方式为旋转加平移，而后者仅有旋转。

D. 数据采集系统

数据采集系统用以获取和收集信号，它将探测器获得的信号转换、收集、处理和存储，供图像重建用，是 CT 设备关键部分之一。其主要性能包括信噪比、稳定性、动态范围、采集速度及一致性等。

E. 控制系统

控制系统决定了 CT 系统的控制功能，它实现对扫描检测过程中机械运动的精确定位控制，系统的逻辑控制，时序控制及检测工作流程的顺序控制和系统各部分协调，并担负系统的安全联锁控制。

F. 计算机系统

计算机系统是 CT 设备的核心，必须具有优质和丰富的系统资源，以满足以下几个方面的需要：高速有效的数学运算能力，以满足系统管理、数据校正、图像重建等的大量运算操作；大容量的图像存储和归档要求，包括随机存储器，在线存储器和离线归档存储器；专用的高质量、高分辨率、高灰度等级的图像显示系统；丰富的图像处理、分析及测量软件，提供操作人员强大的分析、评估的辅助支撑技术；友好的用户界面，操作灵活，使用方便。CT 的计算机系统可以是单机系统或多机系统，采用的机型可以是小型机、工作站或微机，这些均视用途及要求确定。

G. 图像的硬拷贝输出设备

CT 的图像一般可选用高质量的胶片输出设备，视频拷贝输出设备或高质量的激光打印输出设备。

3) 主要性能指标

它确定了 CT 设备的主要技术性能、适用范围及检测能力。

A. 检测对象

检测对象是指 CT 机的被测体。医学 CT 机检测对象是人体，相对确定，而工业 CT 机检测对象是各种工业产品，故每台设备对被测物都有一定的适用范围及相应的限定参数。包括：①最大回转直径，指被测体作扫描检测时回转的最大尺寸，由 CT 机的安装空间及有效扫描视场确定；②最大检测长度，指一次性放置被测体，能够检测的断层的最大距离变化范围；③最大载荷，指对被测体的最大承载能力；④最大等效钢的穿透厚度，指在断层图像满足信噪比要求条件下所能检测的钢厚度，主要由射线源的射线能量确定。

B. 辐射源

辐射源是指 CT 机辐射源的类型及主要参数。对 X 射线源，主要参数有高压数值、束流大小、焦斑尺寸及稳定性等；对 γ 射线源，主要参数有同位素类型、活度及活性区尺寸等。

C. 扫描检测数据量及重建图像矩阵

扫描检测数据量反映了 CT 设备所获取信息的多少，它直接影响了 CT 系统的分辨率及扫描检测时间。重建图像矩阵反映了 CT 图像的尺寸大小及图像像素的多少，也直接影响空间分辨率和重建时间。一般情况下，重建图像矩阵与扫描检测数据量是相互对应的。扫描检测数据量越大，重建图像矩阵就越大，图像像素代表的实际尺寸就越小，空间分辨率越高，但扫描检测和图像重建时间就增长。

D. 采样时间

采样时间指扫描检测时单次采样的时间，由射线源射线的能量及强度、被测体等效钢厚度、探测器与射线源的距离，准直器窗口尺寸及系统的信噪比要求等确定。

E. 扫描重建时间

(1) 扫描时间，指断层扫描检测获得一个断层完整数据量所需的时间。它与单次采样时间、扫描检测数据量及探测器数量等有关。

(2) 重建时间，指获得扫描检测数据后，对此原始数据进行处理、校正，并按一定的重建方法重建出被测体断层图像所需的时间。它与重建图像矩阵、重建方法及计算机硬件资源等因素有关。

F. 空间分辨率

空间分辨率是表明 CT 系统的重建图像反映被测体几何结构细节的能力。测定的方法较多，实际使用方法由所用模拟被测体(或测试卡)的类型确定。

四、实验内容

1. 参数设置

1) 进入 CT 扫描参数设置

2) 样品信息设置

这里主要是输入所实验样品的基本信息，以便今后的实验信息统计与管理。

3) 图像模式设置

本仪器有两种图像矩阵可选择：64×64 和 128×128，代表不同的 CT 成像分辨率，分别用代号 1 和代号 2 表示。图像矩阵越大，CT 成像的图像就越清晰，相应地也要花费较多的扫描时间(在相同条件下，128×128 所需的时间大约是 64×64 的 4 倍)。用户可用鼠标选择其中的一种进行实验，一次实验也只能选择一种图像矩阵。

4) 采样时间设置

采样时间就是 CT 扫描过程中单次测量时间，采样时间越长，成像的质量就越高，相应 CT 扫描的时间加长。

本仪器针对不同的像素矩阵设置了不同系列的采样时间，用户在选择扫描像素矩阵后，再选择对应的采样时间。不同采样时间所对应的大致 CT 扫描时间如表 6.7.1 所示。

表 6.7.1　采样时间与扫描时间

采样时间/s	模式一需要时间/min	模式二需要时间/min
0.1	2	8
0.2	4	16
0.3	—	24
0.4	7	28
0.6	11	44
0.7	14	56
1.0	18	78
1.5	30	—
2.0	36	—

5) 后准直孔宽度设置

后准直孔尺寸与 CT 图像的分辨率有关。本仪器设计的后准直孔宽度有两种，代号为 1 和 2，分别代表 1mm 和 2mm 的后准直孔宽度。

注意：后准直孔宽度的设置必须与实际采用的后准直孔的尺寸一致，否则会引起图像的模糊。

6) 设置参数确定

当所有参数设置好后，用鼠标左键单击参数设置画面上的"确认"键，就可将所设置的参数输入计算机并回到工作主画面。若想放弃参数设置，则鼠标左键单击参数设置画面上的"取消"键，计算机会自动放弃所设置的参数，保留以前的参数回到工作主画面。

2. 开始 CT 扫描

在开始 CT 扫描前，请检查下列条件是否满足：

(1) 动力电源已打开并自检通过；

(2) 辐射源已打开并处于工作位；

(3) 扫描参数已设置好。

1) 开始 CT 扫描

若所有条件都满足，则用鼠标左键单击计算机扫描工作主画面下的"断层扫描"按钮，系统就开始 CT 扫描，这时计算机屏幕上会出现图 CT 扫描进程画面。

在 CT 扫描进程画面中，有两个进程指示器和一个数字指示，操作人员能清楚地了解扫描的进度。

2) 中断 CT 扫描

在扫描过程中若要中途退出扫描，只需要用鼠标左键单击进程画面上的"关闭"键，即可中断扫描回到工作主画面。

3) 查看扫描图像

当 CT 扫描完成后，系统会自动进行图像重建，并给出相应提示。图像重建结束后，系统会根据设置的样品信息和文件名自动保存图像数据，并将重建的图像显示在计算机屏幕上。

当扫描图像观察完毕后，用鼠标左键单击图像显示画面中的"退出"按钮，即可退出图像显示回到 CT 工作主画面。

4) 退出 CT 扫描系统

在 CT 扫描工作主画面下，用鼠标键左键单击"退出系统"按钮或按 Alt+F4 键都可以退出 CT 扫描回到计算机桌面。

在扫描过程中要退出，则必须按提示先终止扫描过程，再退出系统。

退出 CT 扫描时，若动力电源未关闭，系统将自动关闭动力电源。

注意：退出 CT 扫描并不自动关闭辐射源！

CT 扫描出的图像除了可以在扫描结束时观察外，还可以用本仪器提供的专用图像处理软件对得到的图像进行各种分析处理,从各个角度仔细观察实验结果。

3. 图像处理

1) 图像处理的进入

在 CT 扫描工作主画面下, 用鼠标左键单击"图像处理"按钮就可进入图像重建处理系统, 这时计算机屏幕上显示画面。在图像重建处理系统中, 各种功能的选择是通过相应的菜单来完成的。

2) 图像管理

该功能通过选择"图像管理"菜单实现, 在它下面又包含"图像重建"、"打开图像文件"、"保存图像"和"退出系统"等子菜单, 菜单最下方列出了最近使用的图像文件。

通过"图像重建"子菜单可以对采集生成的扫描文件(*.ict)进行图像重建。

3) 视图处理

在图像重建处理主画面下选择"视图"菜单就进入视图处理, 在它下面又包含"恢复原图"、"灰度直方图"、"轮廓"、"反向"、"伪彩色"、"亮度/对比度"、"二值化"、"柔化/锐化"、"灰度线性伸缩"等子功能菜单。通过本系统的视图处理功能, 用户可以从多个角度来观察 CT 扫描的结果。

(1) 若你对已进行的图像处理效果感到不满意, 可以使用恢复原图将其恢复到初始视图。

(2) 用"灰度直方图"可显示鼠标所在位置的灰度平均值、标准差、总像素和图像伪彩色的色阶、数量以及百分比。

(3) 轮廓处理用来显示工作的截面形状。

(4) 反相处理将工件图像的实体和外部空间使用相反的颜色进行着色。

(5) 伪彩色处理给工件扫描图像加以人为的颜色使之图像更加清晰、对比鲜明, 本系统共提供了六种伪彩色: 铜色、粉红色、暖色、骨色、黑玉色和灰色, 点击伪彩色可给当前图像着上相应的颜色。

(6) 亮度/对比度可以调整所选图像区域的亮度(0~128)和对比度(0~128), 使局部图像更加清晰, 容易辨别, 默认图像区域为整个图像。

(7) 二值化设置工件实体和其外部空间的对比阈值(0~255), 默认值 128。

(8) 柔化对工件的裂缝、孔和外部形状进行圆整, 使工件的整体形状更加接近实际工件形状, 锐化是对工件的裂缝、孔进行局部修饰, 使工件的裂缝、瑕疵更加明显。

(9) 灰度线性伸缩用于设置图像显示的灰度上、下限值(0~225), 通过拖动滑标可以调整灰度上下限值。

五、注意事项

后准直孔宽度的设置必须与实际采用的后准直孔的尺寸一致，否则会引起图像的模糊。

六、思考题

工业 CT 与医用 CT 的主要区别是什么？为什么也总有这些区别？

参考资料

1. 马洪良, 裴宁, 王叶, 等. 近代物理实验. 上海: 上海出版社, 2005.
2. 张朝宗, 郭志平, 张朋, 等. 工业 CT 技术和原理. 北京: 科学出版社, 2009
3. 韦丽娃. 无损检测实验. 北京: 中国石化出版社, 2015.
4. 陈照锋. 无损检测. 西安: 西北工业大学出版社, 2015.

第7章 新型能源实验

实验 7.1 风力发电实验

风能是一种清洁的可再生能源，储量巨大。全球的风能约为 $2.7×10^{12}$kW，其中可利用的风能为 $2×10^{10}$kW，比地球上可开发利用的水能总量要大 10 倍。随着全球经济的发展，对能源的需求日益增加，对环境的保护更加重视，风力发电越来越受到世界各国的青睐。

大力发展风电等新能源是我国的重大战略决策，也是我国经济社会可持续发展的客观要求。发展风电不但具有巨大的经济效益，而且与自然环境和谐共生，不对环境产生有害影响。近几年，随着我国的风电设备制造技术取得突破，风力发电取得飞速发展。

与其他能源相比，风力、风向随时都在变动中。为适应这种变动，最大限度地利用风能，近年来在风叶翼型设计、风力发电机的选型研制、风力发电机组的控制方式、并网发电的安全性等方面都进行了大量的研究，取得重大进展，为风力发电的飞速发展奠定了基础。

一、实验目的

(1) 风速、螺旋桨转速(也是发电机转速)、发电机感应电动势之间关系的测量。
(2) 扭曲型可变桨距 3 叶螺旋桨的功率系数 C_P 与风轮叶尖速比 λ 关系的测量。
(3) 切入风速到额定风速区间的功率调节实验。
(4) 额定风速到切出风速区间的功率调节实验——变桨距调节。
(5) 风帆型 3 叶螺旋桨的功率系数 C_P 与风轮叶尖速比 λ 关系的测量。
(6) 平板型 4 叶螺旋桨的功率系数 C_P 与风轮叶尖速比 λ 关系的测量。

二、实验原理

1. 风能与风速测量

风是风力发电的源动力，将风能转换为电能，风况资料是风力发电场设计的第一要素。设计规程规定一般应收集有关气象站风速风向 30 年的系列资料，发电场场址实测资料一年以上。在现有技术及成本条件下，在年平均风速 6m/s 以上的场址建风力发电站，可以获得良好的经济效益。风力发电机组的额定风速也要参考年平均风速设计。

设风速为 V_1，单位时间通过垂直于气流方向、面积为 S 的截面的气流动能为

$$E = \frac{1}{2}\Delta m V_1^2 = \frac{1}{2}\rho S V_1^3 \tag{7.1.1}$$

式中，Δm 为单位时间作用在截面 S 上的空气质量；ρ 为空气密度。由气体状态方程，密度 ρ 与气压 p、绝对温度 T 的关系为

$$\rho = \frac{Mp}{RT} \approx 3.48 \times 10^{-3} \frac{p}{T} \tag{7.1.2}$$

式中，$M=2.89\times10^{-2}$kg/mol 是空气的摩尔质量，$R=8.31$J/(mol · K) 为普适气体常量。气压会随海拔 h 变化，代入 0℃(273.15K)时反映气压随高度变化的恒温气压公式

$$p = p_0 e^{\frac{Mg}{RT}h} \approx p_0\left(1 - \frac{Mg}{RT}h\right) = 1.013 \times 10^5 \left(1 - 1.25 \times 10^{-4} h\right) \tag{7.1.3}$$

其中，$g=9.8$m/s^2 为重力加速度。式(7.1.3)在 $h<2$km 时比较准确。将式(7.1.3)代入式(7.1.2)得

$$\rho = 3.53 \times 10^2 \frac{1 - 1.25 \times 10^{-4} h}{T} \tag{7.1.4}$$

式中，海拔 h 的单位为(m)，在标准情况下($p=1.013\times10^5$Pa，$T=273.15$K)，$h=0$m 时，空气密度值为 1.292kg/m^3。

式(7.1.4)表明海拔和温度是影响空气密度的主要因素，它是一种近似计算公式。实际上，即使在同一地点，同一温度，气压与湿度的变化也会影响空气密度值。在不同的书籍中，经常可以看到不同的近似公式。影响风能的主要原因为：风速、海拔、温度的变化。

测量风速有多种方式，目前用得较多的是旋转式风速计及热线(片)式风速计。旋转式风速计是利用风杯或螺旋桨的转速与风速呈线性关系的特性，测量风杯或螺旋桨转速，再将其转换成风速显示。旋转式风速计的最佳测量范围是 5～40m/s。

热线(片)式风速计有一根被电流加热的金属丝(片)，流动的空气使它散热，利用散热速率和风速之间的关系，即可制成热线(片)风速计。在小风速(5m/s 以下)时，热线(片)式风速计精度高于旋转式风速计。

在本套实验仪器中，由于风速与风源电机(即风扇)转速呈一一对应关系，所

以在出厂前已通过风扇转速对风速进行了校准，故在本套实验仪器中并未使用风速传感器来测量风速，而是通过风扇转速转换成风速显示在风速表上。

2. 发电方式与发电机选择

风力发电有离网运行与并网运行两种发电方式。

离网运行是风力发电机与用户组成独立的供电网络。由于风电的不稳定性，为解决无风时的供电，必须配有储能装置，或能与其他电源切换、互补。中小型风电机组大多采用离网运行方式。

并网运行是将风电输送到大电网中，由电网统一调配，输送给用户。此时风电机组输出的电能必须与电网电能同频率、同相位，并满足电网安全运行的诸多要求。大型风电机组大都采用并网运行方式。

发电机由静止的定子和可以旋转的转子两大部分组成，定子和转子一般由铁芯和绕组组成。铁芯的功能是靠铁磁材料提供磁的通路，以约束磁场的分布；绕组是由表面绝缘的铜线缠绕的金属线圈(励磁线圈)组成。

发电机原理可用图7.1.1说明。转子励磁线圈通电产生磁场，螺旋桨带动转子转动，使转子成为一个旋转磁场，定子绕组切割磁力线，感应出电动势，感应电动势的大小与导体和磁场的相对运动速度有关。

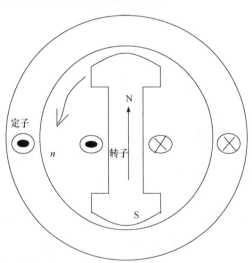

图 7.1.1　发电机原理示意图

风力发电机都是3相电机，图7.1.1中定子绕组只画了1相中的1组，对应于一对磁极，若电机中每相定子绕组由空间均匀分布的N组串联的铁芯和绕组组成，则会形成N对磁极。

风力发电常用的发电机有以下三种。

1) 永磁同步直驱发电机

永磁同步电机的转子采用永磁材料制造，省去了转子励磁绕组和相应的励磁电路，无需励磁电源，转子结构比较简单，效率高，是今后电机发展的主流机型之一。

永磁发电机通常由螺旋桨直接驱动发电，没有齿轮箱等中间部件，提高了机组的可靠性，减少了传动损耗，提高了发电效率，在低风速环境下运行效率比其他发电机更高。

大型风机螺旋桨的转速最高为每分几十转，采用直驱方式，发出的交流电频率远低于电网交流电频率。为满足并网要求，永磁风力发电机组采用交流–直流–交流的全功率变流模式，即风电机组发出的交流电整流成直流，再变频为与电网同频同相的交流电输入电网。全功率变流模式的缺点是对换流器的容量要求大，会增加成本，优点是螺旋桨的转速可以根据风力优化，最大限度地利用风能，能提供性能稳定、符合电网要求的高品质电能。

本实验采用的发电机为永磁同步电机。

2) 双馈式变速恒频发电机

由发电机原理可知，若发电机转子转速为 f_m(通常用 f 表示每秒转速，n 表示每分转速)，电机的极对数为 N，转子励磁电流为频率为 f_1 的交流电，则发出的交流电频率为

$$f = Nf_m \pm f_1 \tag{7.1.5}$$

上式表明，当螺旋桨转速发生变化导致发电机转子转速变化时，可以通过调整励磁电流的频率使输出电流频率不变。

双馈式发电机的定子端直接连接电网，f 为 50Hz。当 $Nf_m < 50Hz$ 时，为亚同步状态，式(7.1.5)中 f_1 前面取正号，由电网通过变频电路向励磁电路提供频率为 f_1 的交流励磁电流，使输出恒定在 50Hz；当 $Nf_m = 50Hz$ 时，为同步状态，变频电路向励磁电路提供直流励磁电流；当 $Nf_m > 50Hz$ 时，为超同步状态，式(7.1.5)中 f_1 前面取负号，输出仍恒定在 50Hz。此时励磁电流流向反向，由励磁电路通过变频电路向电网提供能量，即发电机超同步运行时，通过定子电路和转子电路双向向电网馈送能量。

由于螺旋桨转速远低于电网频率要求的转速，螺旋桨提供的能量要通过变速箱增速，再传递给发电机转子。

当螺旋桨的转速变化时，双馈式发电机只需对励磁电路的频率进行调节，就可控制输出电流的频率与电网匹配，实现变速恒频。由于励磁功率只占发电机额定功率的一小部分，只需较小容量的双向换流器就可实现。

双馈式发电机是目前风电机组采用最多的发电机。

3) 恒速恒频发电机

恒速恒频机组一般采用感应发电机，感应发电机又称异步发电机，它是利用定子绕组中 3 相交流电产生的旋转磁场与转子绕组内的感应电流相互作用而工作的。运行时定子直接接外电网，转子不需外加励磁。转子以超过同步速 3%～5% 的转速运行，定子旋转磁场在转子绕组中感应出频率为 f_1 的感应电流，式(7.1.5)中 f_1 的前面取负号。当转子转速略有变化时，f_1 的频率随之改变，而输出电流频率始终与电网频率一致，无需加以调节。

恒速恒频发电机螺旋桨与发电机转子之间通过变速箱增速。

感应发电机转子不需外加励磁，没有滑环和电刷，结构简单，基本无需维护，运行控制也很简单，早期风电机组很多采用这种发电机。但感应发电机转速基本恒定，对螺旋桨最大限度捕获风能非常不利，比前述两种发电机年发电量低 10% 以上，现在的大型风电机组已很少采用。

3. 风能的利用

风机能利用多少风能？什么条件下能最大限度地利用风能？这是风机设计的首要问题。

风机的第一个气动理论是由德国的贝兹(Betz)于 1926 年建立的。贝兹假定螺旋桨是理想的，气流通过螺旋桨时没有阻力，气流经过整个螺旋桨扫掠面时是均匀的，并且气流通过螺旋桨前后的速度为轴向方向。

以 V_1 表示风机上游风速，V_0 表示流过风机叶片截面 S 时的风速，V_2 表示流过风扇叶片截面后的下游风速。

根据冲量定律，流过风机叶片截面 S，质量为 Δm 的空气，在风机上产生的作用力为

$$F = \frac{\Delta m (V_1 - V_2)}{\Delta t} = \frac{\rho S V_0 \Delta t (V_1 - V_2)}{\Delta t} = \rho S V_0 (V_1 - V_2) \tag{7.1.6}$$

式中，Δt 为作用时间。螺旋桨吸收的功率为

$$P = F V_0 = \rho S V_0^2 (V_1 - V_2) \tag{7.1.7}$$

此功率是由空气动能转换而来。从风机上游至下游，单位时间内空气动能的变化量为

$$P' = \frac{1}{2} \rho S V_0 (V_1^2 - V_2^2) \tag{7.1.8}$$

令(7.1.7)、(7.1.8)两式相等，得到

$$V_0 = \frac{1}{2}(V_1 + V_2) \tag{7.1.9}$$

将式(7.1.9)代入式(7.1.7)，可得到功率随上下游风速的变化关系式

$$P = \frac{1}{4}\rho S(V_1 + V_2)(V_1^2 - V_2^2) \tag{7.1.10}$$

当上游风力 V_1 不变时，令 $\dfrac{\mathrm{d}P}{\mathrm{d}V_2} = 0$ ，可知当 $V_2 = \dfrac{1}{3}V_1$ 时式(7.1.9)取得极大值，且

$$P_{\max} = \frac{8}{27}\rho S V_1^3 \tag{7.1.11}$$

将上式除以气流通过风机截面时空气的动能，可以得到风机的最大理论效率(贝兹极限)

$$\eta_{\max} = \frac{P_{\max}}{\dfrac{1}{2}\rho S V_1^3} = \frac{16}{27} \approx 0.5926 \tag{7.1.12}$$

　　风机的实际风能利用系数(功率系数)C_P 定义为风机实际输出功率与流过螺旋桨截面 S 的风能之比。C_P 随风力机的叶片型式及工作状态而变，并且总是小于贝兹极限，商品风机工作时，C_P 一般在 0.4 左右。

　　风机实际的输出功率为

$$P_o = \frac{1}{2}C_P\rho S V_1^3 \tag{7.1.13}$$

在风电机组的设计过程中，通常将螺旋桨转速与风速的关系合并为一个变量——叶尖速比，定义为螺旋桨叶片尖端线速度与风速之比，即

$$\lambda = \frac{\omega R}{V_1} \tag{7.1.14}$$

式中，ω 为螺旋桨角速度；R 为螺旋桨最大旋转半径(叶尖半径)。

　　理论分析与实验表明，叶尖速比λ是风机的重要参数，其取值将直接影响风机的功率系数 C_P。图 7.1.2 表示某螺旋桨功率系数 C_P 与螺旋桨叶尖速比 λ 的关系，由图可见在一定的叶尖速比下，螺旋桨能够获得最高的风能利用率。

　　对于同一螺旋桨，在额定风速内的任何风速，功率系数与叶尖速比的关系都是一致的。不同翼型或叶片数的螺旋桨，C_P 曲线的形状不一样，C_P 最大值与最大值对应的λ值也不一样。

　　叶尖速比在风力发电机组的设计与功率控制过程中都是重要参数。

　　目前大型风机都采用图 7.1.3 所示叶片设计，增多叶片会增加螺旋桨质量，增

加成本。C_P 最大值取决于螺旋桨叶片翼型设计，与叶片数量关系不大。

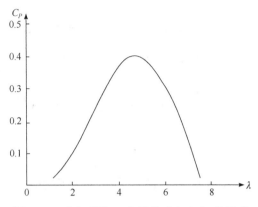

图 7.1.2　功率系数 C_P 与风轮叶尖速比 λ 的关系

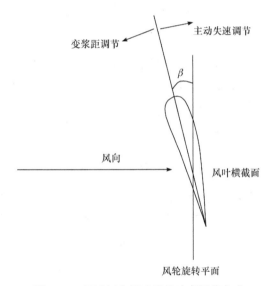

图 7.1.3　超过额定风速后的功率调节方式

4. 风电机组的功率调节方式

任何地方的自然风力都是随时变动的，风力的变化范围大，无法控制，风电机组的设计必须适应风能的特点。

风电机组设计时都有切入风速、额定风速、切出风速几个参数。

切入风速是风电机组的开机风速。高于此风速后，风电机组能克服传动系统和发电机的效率损失，产生有效输出。

切出风速是风电机组的停机风速。高于此风速后，为保证风电机组的安全而停机。

额定风速是风电机组的基本设计参数。额定风速与额定功率对应，在此风速下，风电机组已达到最大输出功率。

额定风速对风电机组的平均输出功率有决定性的作用。额定风速偏低，风电机组会损失掉高于额定风速时的很多风能。额定风速过高，额定功率大，相应的设备投资会增加，若实际风速大部分时间都达不到此风速，会造成资金浪费，而且额定风速高，设备大以后，切入风速会相应提高，会损失低速风能。

额定风速要根据风电场风速统计规律优化设计。商业风电机组，额定风速在 $10\sim18\mathrm{m\cdot s^{-1}}$，切入风速在 $3\sim4\mathrm{m\cdot s^{-1}}$，切出风速在 $20\sim30\mathrm{m\cdot s^{-1}}$。

桨距角 β 定义为螺旋桨桨叶上某一指定剖面处(通常在相对半径 0.7 处)，风叶横截面前后缘连线与螺旋桨旋转平面之间的夹角，如图 7.1.3 所示。

假设螺旋桨在一种不能流动的介质中旋转，那么螺旋桨每转一圈，就会向前前进一段距离，这段距离称为桨距。显然，桨距角越大，桨距也越大。

对于叶片形状确定的桨叶，桨距角 β 有一最佳值，使功率系数 C_P 达到最大。

风电机组输出功率与风速的关系如图 7.1.4 所示。

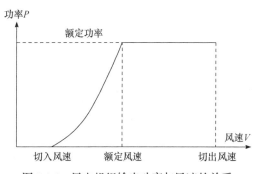

图 7.1.4　风电机组输出功率与风速的关系

风速在切入风速与额定风速之间时，一般使桨距角 β 保持在最佳值，风力改变时调节发电机负载(双馈发电机可调节励磁电流大小)，改变发电机的阻力矩，使风机输出转矩 M 改变(风机输出功率 $P_0=\omega M$)，控制螺旋桨转速，使风机工作在最佳叶尖速比状态，最大限度利用风能。

风速在额定风速与切出风速之间时，要使输出功率保持在额定功率，使电器部分不因输出过载而损坏，目前的商业风电机组采用定桨距被动失速调节、主动失速调节或变桨距调节三种方式之一达到此目的。

被动失速调节是桨距角 β 保持不变，通过叶片的空气动力设计，使风速高于额定风速后，叶片转矩下降，功率系数 C_P 迅速下降，达到控制功率的目的。该方式对叶片气动和结构设计要求高，在额定风速与切出风速之间输出功率难以保持恒定，在大型风电机组中已较少采用。

主动失速调节是在风速超过额定风速后，减小桨距角 β，使功率系数 C_P 下降，风电机组在额定功率输出电能。

变桨距调节是在风速超过额定风速后，增大桨距角 β，使功率系数 C_P 下降，风电机组在额定功率输出电能，是目前主要采用的功率调节方式。采用变桨距调节有如下优点。

(1) 输出功率特性平稳：当风速超过额定风速后，通过变桨距调节，可以使输出功率平稳地保持在额定功率，如图 7.1.4 的平直线段所示，而失速调节难以达到此种效果。

(2) 风能利用系数高：定桨距风机叶片设计时，由于要兼顾失速特性，在低风速段的风能利用系数较高，接近额定风速时风能利用系数已下降，超过额定风速后风能利用系数大幅下降。变桨距叶片可以设计为在启动风速到额定风速都保持高的风能利用系数。

(3) 启动和制动性能好：变桨距螺旋桨在启动时，桨距角可以转到合适的角度，使螺旋桨在低风速下启动。在风速达到切出风速或因其他原因需要停机时，可以将桨距角调到 90°，称为顺桨，此时没有转矩作用于发电机组，发电机组可以无冲击地脱离电网。

5. 风电的储存与切换互补(选配选做内容)

离网运行的风电机组必须解决风电的储存问题。

大中型风电机组可以采用抽水蓄能的方式，即在风电富裕时将下水位水库的水抽到上水位水库，风电不足时用水力发电补充。

小型风电机组可以采用电解水储存氢能、蓄电池储能等多种方式储能。本实验采用电解水储存氢能，燃料电池发电，与风能互补。

风电充足时用风电电解水，生成氢气和氧气分别储存，风电不足时氢和氧通过燃料电池产生电化学反应发电。反应后氢和氧生成水，整个过程绿色循环。燃料电池的原理和相关实验内容请参阅本公司的《燃料电池综合特性实验仪实验指导及操作说明书》。

燃料电池最早应用于卫星及宇航系统，与宇航器上的太阳能电池互补，提供稳定的电力供应。现在人们正积极探索将其用于民用储能，以及电动汽车、手机电池等需要移动电源的地方，是一项极具发展潜力的高新技术。

三、实验仪器

风力发电实验装置如图 7.1.5 所示。

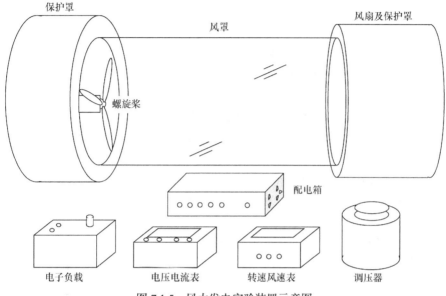

图 7.1.5 风力发电实验装置示意图

螺旋桨直接固定在发电机轴上，由紧固螺帽锁紧。紧固螺帽是反螺纹(使得螺旋桨旋转越快，螺帽固定越紧)，紧固与松开的旋转方向与普通螺纹相反。用手即可松开或旋紧紧固螺帽，取下紧固螺帽，可以更换螺旋桨。

为减小其他气流对实验的影响，风扇与螺旋桨之间用有机玻璃风罩连接。

风扇由调压器供电。改变调压器输出电压，可以改变风扇转速，改变风速。

风扇端装有风扇转速传感器，由标定的风扇转速与风速关系给出风速。螺旋桨端装有螺旋桨转速传感器，与转速风速表相连。

发电机输出的 3 相交流电经整流滤波成直流电后输出到电子负载，电压、电流表测量负载两端的电压与流经负载的电流，电流与电压的乘积即为发电机输出功率。电子负载是利用电子元件吸收电能并将其消耗的一种负载。其中的电子元件一般为功率场效应管、绝缘栅双极型晶体管等功率半导体器件。由于采用了功率半导体器件替代电阻等作为电能消耗的载体，负载的调节和控制易于实现，能达到很高的调节精度和稳定性，还具有可靠性高、寿命长等特点。

电子负载有恒流模式、恒压模式、恒阻模式、恒功率模式等工作模式，我们测量风力发电机组输出时采用恒压模式。在恒压工作模式时，将负载电压调节到某设定值后即保持不变，负载电流随发电机输出改变而改变。

配电箱为风力发电仪提供各种电源(包括多个低压直流电源、AC220V 市电)，以及自动控制风扇通断。市电接口为调压器供电，同步信号接口用于监测发电机转速，其余多个低压直流电源孔分别为电子负载、电压电流表和风速转速表等供电。未连接同步信号时，市电断开，调压器和风扇不工作；配电箱接线正确时，若发电机转速超过额定转速，风扇立即断电，当发电机转速低于某一阈值时，风扇又再次通电，短时间内若风扇断电三次，风扇将一直处于断电状态，不再启动，以保护发电机。关断并重新打开配电箱电源，配电箱重新工作，风扇可以再次通电启动。

风机叶片翼型对风力机的风能利用效率影响很大，叶片翼型可分为平板型，风帆型和扭曲型。平板型和风帆型易于制造，但效率不高。扭曲型叶片制造困难，效率高。

实验装置配扭曲型可变桨距 3 叶螺旋桨、风帆型 3 叶螺旋桨及平板型 4 叶螺旋桨三种螺旋桨，供对比研究，如图 7.1.6 所示。

(a) 扭曲型可变桨距3叶螺旋桨　　　　(b) 风帆型3叶螺旋桨　　　　(c) 平板型4叶螺旋桨

图 7.1.6　实验用各螺旋桨照片

大型风机的变桨距系统采用步进电机或液压驱动，自动控制。我们的装置采用手动调节。扭曲型可变桨距 3 叶螺旋桨上有角度刻线，松开风叶紧固螺钉，风叶可以绕轴旋转，从而改变桨距角。风叶离指示圆点最近的刻度线对准风叶座上的刻度线时，风叶位于最佳桨距角。以后每转动 1 个刻度线，桨距角改变 3°。

四、实验内容

风扇连接到调压器输出端，调压器连接到配电箱市电接口，电子负载、电压表、电流表、风速转速表的电源端分别连接到配电箱的低压直流电源孔，风速转速表中同步信号输出连接到配电箱中的同步信号接口，转速、风速输出连接到转速风速表。电子负载及电压表、电流表按图 7.1.7 连接。

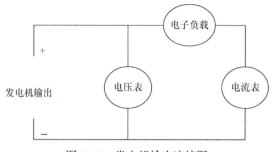

图 7.1.7 发电机输出连接图

电压表、电流表的同步信号端口不连接，作以后功能扩展用。

1. 风速、螺旋桨转速(即发电机转速)、发电机感应电动势之间关系的测量

实验前确认扭曲型可变桨距 3 叶螺旋桨处于最佳桨距角(即风叶离指示圆点最近的刻度线对准风叶座上的刻度线)，风叶凹面朝向风扇，将螺旋桨安装在发电机轴上(紧固螺帽是反螺纹，紧固与松开的旋转方向与普通螺纹相反)。

断开电子负载，此时电压表测量的是开路电压，即发电机输出的电动势。

调节调压器使得风速从 5.0m/s 开始以 0.5m/s 的间隔来逐渐调低风速，风速稳定后记录在不同风速下的螺旋桨转速及发电机感应电动势，分析其关系。

2. 扭曲型可变桨距 3 叶螺旋桨的功率系数 C_P 与叶尖速比λ关系的测量

调节调压器，使风速为 5.0m/s。

接上电子负载，逆时针旋转电子负载旋钮，直到电流显示不为零，然后顺时针旋转电子负载旋钮使电流显示刚好为零，各表显示稳定后记录输出电压、输出电流、转速。

逆时针调节电子负载调节旋钮，使输出电压以每隔 1.0V 进行调节，记录输出电压、输出电流、转速。

以实验数据作螺旋桨的功率系数 C_P 与叶尖速比λ的关系曲线，并比较功率系数 C_P 与叶尖速比λ的关系和图 7.1.2 是否相似?

3. 切入风速到额定风速区间的功率调节实验

风机的运行受两方面的限制：一是由机械强度决定的转速限制，二是由发电机、变流器容量决定的功率限制。

若整机设计导致运行时先达到功率限制，则切入风速到额定风速之间采用统一的调节方案，本实验只考虑这种情况。

若整机设计导致运行时先达到转速限制，则要采用两段控制方案，达到转速

限制后需调节负载保持转速恒定，风力增大时转速不变而转矩增大，输出功率增加，直至达到功率限制。

采用何种功率调节方式可以使风机从风力中获取最大风能？本实验比较固定叶尖速比、固定转速两种方式下风机输出功率的情况。如实验原理部分所述，永磁发电机和双馈发电机采用固定叶尖速比的调节方式，感应发电机转速基本恒定。

固定叶尖速比调节方式时，由实验内容 2 确定最佳叶尖速比 λ_{m}，由 $f = \lambda_{\mathrm{m}} V_1 / 2\pi R$ 计算最佳转速，在各风速下通过调节电子负载使风机转速达到最佳转速，记录输出电压、电流。

固定转速调节方式时，一般使转速在额定风速时 C_P 达到最大。若随意选择转速，风能利用效率会更低。

固定转速调节方式时，不同风速下调节电子负载大小，保持转速不变，记录风速变化时风机输出电压、电流。画出以上两种调节方式下输出功率随风速的变化曲线，比较这两条曲线。

4. 额定风速到切出风速区间的功率调节实验——变桨距调节

风速在额定风速时，输出功率达到额定功率。当风速超过额定风速后，若负载维持不变，采用变桨距调节使风速变化时转速不变，就可使输出功率维持在额定功率。

在风力发电系统中，检测输出功率和转速，连续调节桨距角就可以使风力变化时输出功率维持不变。在我们的实验系统中，为增加感性认识，采用手动调节，从原理上验证以上过程。

停机取下螺旋桨，将 3 个风叶的桨距角调大 3°(即逆时针转动 1 格)。开机并调节风速略大于 5.0m/s，调节电子负载使得转速、电压为实验内容 3 中“固定叶尖速比”方式下风速 5.0m/s 中的对应数据，然后缓慢调节风速使得电流达到实验内容 3 中“固定叶尖速比”方式下风速 5.0m/s 中的电流值，记录此时的风速，并停机。停机后取下螺旋桨，逐次调节桨距角，重复以上步骤，但保持电子负载不变，可以观测到桨距角增大后，在更大的风速下转速才能达到额定风速下的转速。画出变桨距调节下输出功率随风速的变化，与图 7.1.4 比较。

5. 风帆型 3 叶螺旋桨的功率系数 C_P 与叶尖速比 λ 关系的测量

将风帆型 3 叶螺旋桨装在发电机上，按实验内容 2 的方法进行测量。以实验数据作螺旋桨功率系数 C_P 与叶尖速比 λ 的关系曲线，与实验内容 2 的结果比较并讨论。

6. 平板型 4 叶螺旋桨的功率系数 C_P 与叶尖速比 λ 关系的测量

将平板型 4 叶螺旋桨装在发电机上，按实验内容 2 的方法进行测量。以实验数据作螺旋桨的功率系数 C_P 与叶尖速比 λ 的关系曲线，与实验内容 2 的结果比较并讨论。

五、注意事项

(1) 实验前确认各表头已连接电源线，观察表头上有无示数即可。

(2) 风扇刚开始启动时转得很缓慢，此时应缓慢增大调压器电压，若突然增大调压器电压，风扇会迅速增大转速。

(3) 若螺旋桨已经开始转动，而转速表显示转速为 0，应检查转速与发电机塔的连接是否正确。

(4) 螺旋桨旋转时不得将手伸入保护罩内。

(5) 不得向风罩内扔东西，以免实验时仪器受损。

(6) 电子负载刚上电时电流为零，要让电子负载工作，须先逆时针调节电子负载至电流不为零。

(7) 不要将风速调得过大，避免引起共振。

参考资料

1. 侯雪，张润华. 风力发电技术. 北京：机械工业出版社，2015.
2. 韩巧丽，马广兴. 风力发电原理与技术. 北京：中国轻工业出版社，2018.
3. 潘文霞，杨建军，孙帆. 风力发电与并网技术. 北京：中国水利水电出版社，2017.
4. ZKY-FD 风力发电实验指导及操作说明书. 成都世纪中科仪器有限公司，2014.

实验 7.2　太阳能电池特性及应用

电池行业是 21 世纪的朝阳行业，发展前景十分广阔。在电池行业中，最没有污染、市场空间最大的应该是太阳能电池，太阳能电池的研究与开发越来越受到世界各国的广泛重视。照射在地球上的太阳能非常巨大，大约 40min 照射在地球上的太阳能便足以供全球人类一年的能量消费。可以说，太阳能是真正取之不尽、用之不竭的能源，而且太阳能发电干净，不产生公害，所以太阳能发电被誉为最理想的能源。从太阳能获得电力，需通过太阳能电池进行光电变换来实现。它同以往其他电源发电原理不同，具有无枯竭危险、无污染、不受资源分布地域的限制等特点。

随着技术的进步与产业规模的扩大，太阳能发电的成本在逐步降低，而资源枯竭与环境保护导致传统电源成本上升。太阳能发电在价格上已可以与传统电源竞争，加之国家产业政策的扶持，太阳能的应用具有光明的前景。

一、实验目的

(1) 了解并掌握太阳能发电系统的组成及工程应用。

(2) 测量太阳能电池输出伏安特性。

(3) 失配及遮挡对太阳能电池输出的影响实验。

(4) 太阳能电池对储能装置两种方式充电实验。

(5) 探究太阳能电池接负载的情况。

二、实验原理

太阳能电池是通过光电效应或者光化学效应直接把光能转化成电能的装置。目前以光电效应工作的薄膜式太阳能电池为主流，其使用材料为半导体材料。半导体材料电子器件的核心结构通常是 pn 结，简单地说，pn 结就是 p 型半导体和 n 型半导体接触形成的基础区域。太阳光照在半导体 pn 结上，形成新的空穴-电子对，在 pn 结电场的作用下，光生空穴由 n 区流向 p 区，光生电子由 p 区流向 n 区，接通电路后就形成电流，这就是光电效应太阳能电池的工作原理。

从结构上说，常见的太阳能电池是一种浅结深、大面积的 pn 结(图 7.2.1)。太阳能电池之所以能够完成光电转换过程，核心物理效应是光生伏特效应。光照会使得 pn 结势垒高度降低甚至消失，这个作用完全等价于在 pn 结两端施加正向电压。这种情况下的 pn 结就是一个光电池。将多个太阳能电池通过一定的方式进行串并联，并封装好就形成了能防风雨的太阳能电池组件(图 7.2.2)。

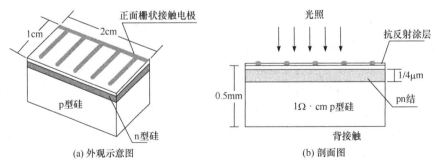

(a) 外观示意图　　　　　　　　(b) 剖面图

图 7.2.1　太阳能电池结构示意图

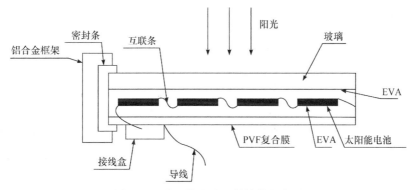

图 7.2.2 太阳能电池组件结构示意图

1. 太阳能电池无光照时的电流电压关系——暗特性

通常把无光照或光照为零的情况下太阳能电池的电流-电压特性称为暗特性。近似地，可以把无光照情况下的太阳能电池等价于一个理想 pn 结。其电流电压关系为肖克莱方程：

$$I = I_s \left[\exp\left(\frac{qV}{k_0 T} \right) - 1 \right] \tag{7.2.1}$$

其中，q 为电子电荷的绝对值；k_0 为玻尔兹曼常量；T 为绝对温度；$I_s = J_s A = Aq\left(\dfrac{D_n n_{p0}}{L_n} + \dfrac{D_p p_{n0}}{L_p} \right)$ 为反向饱和电流，又称暗电流，暗电流是区分二极管的一个极其重要的参量。其中，J_s 为反向饱和电流密度，根据掺杂程度的不同，反向饱和电流密度 J_s 的量级一般为 10^{-12}，即一般情况下暗电流非常小。A 为结面积，D_n、D_p 分别为电子和空穴的扩散系数，n_{p0} 为 p 区平衡少数载流子——电子的浓度、p_{n0} 为 n 区平衡少数载流子——空穴的浓度，L_n、L_p 分别为电子和空穴的扩散长度。

当 T=300K 时，$k_0 T = 0.0259\text{eV}$。对正向偏置条件，硅材料 pn 结的正向偏压 V 约为零点几伏，故 $\exp\left(\dfrac{qV}{k_0 T} \right) \gg 1$，所以正向 I-V 关系可表示为

$$I = I_s \exp\left(\frac{qV}{k_0 T} \right) \tag{7.2.2}$$

对于反向偏置，$\exp\left(\dfrac{qV}{k_0 T} \right) \ll 1$，即理想 pn 结的电压指数项可以忽略不计，即

$$I \longrightarrow -I_s \qquad\qquad (7.2.3)$$

根据肖克莱方程，如图 7.2.3 所示，在反向电压不超过击穿电压 V_B 的情况下，

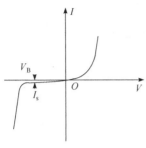

电流接近于暗电流 I_s，此时的电流非常小且几乎为零；在正向电压下，电流随电压指数增长，因此太阳能电池的 I-V 特性曲线不对称，这就是 pn 结的单向导电特性或整流特性。对于确定的太阳能电池，其掺杂类型、浓度和器件结构都是确定的，对伏安特性具有影响力的因素是温度。温度对半导体器件的影响是这类器件的通性。根据半导体物理原理，温度对扩散系数 D、扩散长度 L、载流子浓度 n 都有影响，综合考虑，以 p 型半导体为例，反向饱和电流密度为

图 7.2.3　pn 结的暗特性曲线

$$J_s \approx q\left(\frac{D_n}{\tau_n}\right)^{1/2}\frac{n_i^2}{N_A} \propto T^{3+\frac{\gamma}{2}}\exp\left(-\frac{E_g}{k_0 T}\right) \qquad\qquad (7.2.4)$$

式中，τ_n 为电子寿命；n_i 为本征半导体浓度；N_A 为掺入的受主浓度；γ 为一常数。由此可见，随着温度升高，反向饱和电流随着指数因子 $\left(-\dfrac{E_g}{k_0 T}\right)$ 迅速增大，且带隙越宽的半导体材料，这种变化越剧烈。

半导体材料禁带宽度是温度的函数，有 $E_g(0) = E_g(0) - \beta T$，其中 $E_g(0)$ 为绝对零度时的禁带宽度。设有 $E_g(0) = qV_{g0}$，V_{g0} 是绝对零度时导带底到价带顶的电势差。由此可以得到含有温度参数的正向 I-V 关系为

$$I = AJ \propto T^{3+\frac{\gamma}{2}}\exp\left[\frac{q(V-V_{g0})}{k_0 T}\right] \qquad\qquad (7.2.5)$$

显然，正向电流在确定外加电压下也是随着温度升高而增大的。

2. 太阳能电池光照时的电流电压关系——光照特性

太阳能电池的光照特性是指太阳能电池在光照的条件下输出伏安特性。硅太阳能电池的性能参数主要有：开路电压 U_{oc}、短路电流 I_{sc}、最大输出功率 P_m、转换效率 η 和填充因子 FF。

光生少子在内建电场驱动下的定向运动在 pn 结内部产生了 n 区指向 p 区的光生电流 I_L，光生电动势等价于加载在 pn 结上的正向电压 V，它使得 pn 结势垒高度降至 qV_D-qV。理想情况下，太阳能电池负载等效电路见图 7.2.4，把光照的 pn 结看作一个理想二极管和恒流源并联，恒流源的电流即为光生电流 I_L，I_F 为通过

硅二极管的结电流，R_L 为外加负载。该等效电路的物理意义是：太阳能电池光照后产生一定的光电流 I_L，其中一部分用来抵消结电流 I_F，另一部分为负载的电流 I。由等效电路图可知：

$$I = I_L - I_F = I_L - I_s\left[\exp\left(\frac{qV}{k_0T}\right) - 1\right] \tag{7.2.6}$$

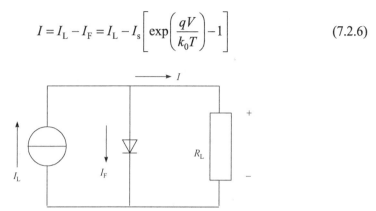

图 7.2.4　理想情况下太阳能电池负载等效电路图

随着二极管正偏，空间电荷区的电场变弱，但是不可能变为零或者反偏。光电流总是反向电流，因此太阳能电池的电流总是反向的。

根据图 7.2.4 的等效电路图，有两种极端情况是在太阳能电池光照特性分析中必须考虑的。其一是负载电阻 $R_L=0$，这种情况下加载在负载电阻上的电压也为零，pn 结处于短路状态，此时光电池输出电流我们称为短路电流 I_{sc}：

$$I_{sc} = I_L \tag{7.2.7}$$

即短路电流等于光生电流，它与入射光的光强 E_e 及器件的有效面积 A 成正比。其二是负载电阻 $R_L \to \infty$，外电路处于开路状态。流过负载的电流为零 $I=0$，根据等效电路图，光电流正好被正向结电流抵消，光电池两端电压 U_{oc} 就是所谓的开路电压。显然有

$$I = I_L - I_s\left[\exp\left(\frac{qU_{oc}}{k_0T}\right) - 1\right] = 0 \tag{7.2.8}$$

由式(7.2.8)得到开路电压 U_{oc} 为

$$U_{oc} = \frac{k_0T}{q}\ln\left(\frac{I_L}{I_s} + 1\right) \tag{7.2.9}$$

可以看出，开路电压 U_{oc} 与入射光的光强的对数成正比，与器件的面积无关，与电池片串联的级数有关。

开路电压 U_{oc} 和短路电流 I_{sc} 是光电池的两个重要参数，实验中这两个参数分

别为稳定光照下太阳能电池 *I-V* 特性曲线与电压、电流轴的截距。不难理解，在温度一定的情况下，随着光照强度 E_e 增大，太阳能电池的短路电流 I_{sc} 和开路电压 U_{oc} 都会增大，但是随光强变化的规律不同：短路电流 I_{sc} 正比于入射光强度 E_e，开路电压 U_{oc} 随着入射光强度 E_e 对数增加。此外，从太阳能电池的工作原理考虑，开路电压 U_{oc} 不会随着入射光强度增大而无限增大，它的最大值是使得 pn 结势垒高度为零时的电压值。换句话说，太阳能电池的最大光生电压为 pn 结的势垒对应的电势差 V_D，是一个与材料带隙、掺杂水平等有关的值。实际情况下，最大开路电压值 U_{oc} 与 E_g/q 相当。

太阳能电池从本质上说是一个能量转换器件，它把光能转换为电能，因此讨论太阳能电池的效率是必要和重要的。根据热力学原理，我们知道任何的能量转换过程都存在效率问题，实际发生的能量转换效率不可能是 100%。就太阳能电池而言，我们需要知道的是，转换效率与哪些因素有关以及如何提高太阳能电池的转换效率。太阳能电池的转换效率 η 定义为最大输出功率 P_m 和入射光的总功率 P_{in} 的比值：

$$\eta = \frac{p_m}{p_{in}} \times 100\% = \frac{I_m V_m}{E_e \cdot A} \times 100\% \tag{7.2.10}$$

其中，I_m、V_m 为最大功率点对应的最大工作电流、最大工作电压；E_e 为由光探头测得的光照强度(单位：$W \cdot m^{-2}$)；A 为太阳能电池片的有效受光面积。

图 7.2.5 为太阳能电池的输出伏安特性曲线，其中 I_m、V_m 在 *I-V* 关系中构成一个矩形，称为最大功率矩形。见图 7.2.5，太阳能电池输出 *I-V* 特性曲线与电流、电压轴交点分别是短路电流和开路电压。最大功率矩形取值点 P_m 的物理含义是太阳能电池最大输出功率点，数学上是 *I-V* 曲线上横纵坐标乘积的最大值点。短路电流和开路电压也形成一个矩形，面积为 $I_{sc}V_{oc}$。定义：

$$FF = \frac{I_m V_m}{I_{sc} V_{oc}} \tag{7.2.11}$$

FF 为填充因子，图形中它是两个矩形面积的比值。填充因子反映了太阳能电池可实现功率的度量，通常的填充因子在 0.5～0.8 之间，也可以用百分数表示。

太阳能电池的转换效率是最重要的参数。太阳能电池效率损失的原因主要有：电池表面的反射、电子和空穴在光敏感层之外由于重组而造成的损失，以及光敏层的厚度不够等因素。综合来看，单晶硅太阳能电池的最大量子效率的理论值大约是 40%。实际上，大规模生产的太阳能电池的效率还达不到理论极限的一半，只有百分之十几。

离网型太阳能电源系统如图 7.2.6 所示。

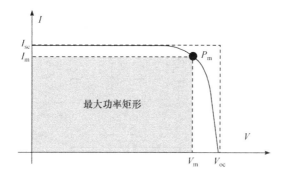

图 7.2.5　太阳能电池的输出伏安特性曲线

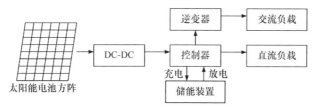

图 7.2.6　太阳能光伏电源系统

　　控制器又称充放电控制器,起着管理光伏系统能量、保护蓄电池及整个光伏系统正常工作的作用。当太阳能电池方阵输出功率大于负载额定功率或负载不工作时,太阳能电池通过控制器向储能装置充电。当太阳能电池方阵输出功率小于负载额定功率或太阳能电池不工作时,储能装置通过控制器向负载供电。蓄电池过度充电和过度放电都将大大缩短蓄电池的使用寿命,需控制器对充放电进行控制。

　　DC-DC 为直流电压变换电路,相当于交流电路中的变压器,最基本的 DC-DC 变换电路如图 7.2.7 所示。

　　图7.2.7中,U_i为电源,T为晶体闸流管,u_C为晶闸管驱动脉冲,L为滤波电感,C为电容,D为续流二极管,R_L为负载,u_o为负载电压。调节晶闸管驱动脉冲的占空比,即驱动脉冲高电平持续时间与脉冲周期的比值,即可调节负载端电压。

　　DC-DC 的作用为:

　　当电源电压与负载电压不匹配时,通过 DC-DC 调节负载端电压,使负载能正常工作。

　　通过改变负载端电压,改变了折算到电源端的等效负载电阻,当等效负载电阻与电源内阻相等时,电源能最大限度输出能量。

　　若取反馈信号控制驱动脉冲,进而控制 DC-DC 输出电压,使电源始终最大限度输出能量,这样的功能模块称为最大功率跟踪器。

　　光伏系统常用的储能装置为蓄电池与超级电容器。

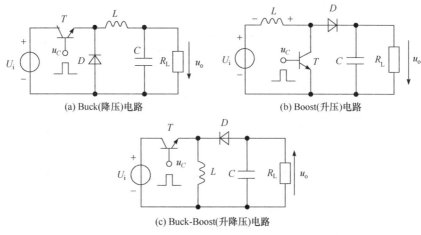

(a) Buck(降压)电路   (b) Boost(升压)电路

(c) Buck-Boost(升降压)电路

图 7.2.7　DC-DC 变换电路

蓄电池是提供和存储电能的电化学装置。光伏系统使用的蓄电池多为铅酸蓄电池，充放电时的化学反应式为

$$\underset{\text{正极}}{PbO_2} + \underset{}{2H_2SO_4} + \underset{\text{负极}}{Pb} \underset{\text{充电}}{\overset{\text{放电}}{\rightleftharpoons}} \underset{\text{正极}}{PbSO_4} + 2H_2O + \underset{\text{负极}}{PbSO_4} \tag{7.2.12}$$

蓄电池放电时，化学能转换成电能，正极的氧化铅和负极的铅都转变为硫酸铅，蓄电池充电时，电能转换为化学能，硫酸铅在正负极又恢复为氧化铅和铅。

图 7.2.8(a)为蓄电池恒压充电时的充电特性曲线，OA 段电压快速上升，AB 段电压缓慢上升，且延续较长时间。接近 13.7V 可停止充电。

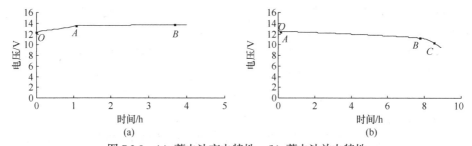

图 7.2.8　(a) 蓄电池充电特性；(b) 蓄电池放电特性

蓄电池充电电流过大，会导致蓄电池的温度过高和活性物质脱落，影响蓄电池的寿命。在充电后期，电化学反应速率降低，若维持较大的充电电流，会使水发生电解，正极析出氧气，负极析出氢气。理想的充电模式是：开始时以蓄电池允许的最大充电电流充电，随电池电压升高逐渐减小充电电流，达到最大充电电压时立即停止充电。

图7.2.8(b)为蓄电池放电特性曲线,OA段电压下降较快,AB段电压缓慢下降,且延续较长时间。C点后电压急速下降,此时应立即停止放电。

蓄电池的放电时间一般规定为20h。放电电流过大和过度放电(电池电压过低)会严重影响电池寿命。

蓄电池具有储能密度(单位体积存储的能量)高的优点;但有充放电时间长(一般为数小时)、充放电寿命短(约1000次)、功率密度低的缺点。

超级电容器通过极化电解质来储能,它由悬浮在电解质中的两个多孔电极板构成。在极板上加电,正极板吸引电解质中的负离子,负极板吸引正离子,实际上形成两个容性存储层。它所形成的双电层和传统电容器中的电介质在电场作用下产生的极化电荷相似,从而产生电容效应。由于紧密的电荷层间距比普通电容器电荷层间的距离小得多,因而具有比普通电容器更大的容量。

当超级电容所加电压低于电解液的氧化还原电极电势时,电解液界面上电荷不会脱离电解液,超级电容器为正常工作状态。如电容器两端电压超过电解液的氧化还原电极电势时,电解液将分解,为非正常状态。超级电容充电时不应超过其额定电压。

超级电容器的充放电过程始终是物理过程,没有化学反应,因此性能是稳定的。与利用化学反应的蓄电池不同,超级电容器可以反复充放电数十万次。

超级电容具有功率密度高(可大电流充放电)、充放电时间短(一般为数分钟)、充放电寿命长的优点,但比蓄电池储能密度低。

若将蓄电池与超级电容并联作蓄能装置,则可以在功率和储能密度上优势互补。

逆变器是将直流电变换为交流电的电力变换装置。

逆变电路一般都需升压来满足220V常用交流负载的用电需求。逆变器按升压原理的不同分为低频、高频和无变压器三种逆变器。低频逆变器首先把直流电逆变成50Hz低压交流电,再通过低频变压器升压成220V的交流电供负载使用。它的优点是电路结构简单,缺点是低频变压器体积大、价格高、效率较低。高频逆变器将低压直流电逆变为高频低压交流电,经过高频变压器升压后,再经整流滤波电路得到高压直流电,最后通过逆变电路得到220V低频交流电供负载使用。高频逆变器体积小、质量轻、效率高,是目前用得最多的逆变器类型。无变压器逆变器通过串联太阳能电池组或DC-DC电路得到高压直流电,再通过逆变电路得到220V低频交流电供负载使用。这种逆变器在欧洲市场占主导地位,由于在发电与用电电网间没有变压器隔离,所以在美国禁止使用。

按输出波形,逆变器分为方波逆变器、阶梯波逆变器和正弦波逆变器三种。方波逆变器只需简单的开关电路即能实现,结构简单,成本低,但存在效率较低,谐波成分大,使用负载受限制等缺点。在太阳能系统中,方波逆变器已经很少应用了。阶梯波逆变器普遍采用PWM脉宽调制方式生成阶梯波输出。它能够满足大部分用电设备的需求，但还是存在约20%的谐波失真，在运行精密设备时会出现问题，也会对通信设备造成高频干扰。正弦波逆变器的优点是输出波形好，失真度很低，能满足所有交流负载的应用。它的缺点是线路相对复杂，价格较贵。在太阳能发电并网应用时，必须使用正弦波逆变器。

三、实验仪器

实验装置如图 7.2.9 所示，由太阳能电池组件、实验仪和测试仪三部分组成。测试仪是为太阳能电池实验的基本型配套的，基本型与应用型共用一个测试仪。本实验只用测试仪的电压表、电流表。

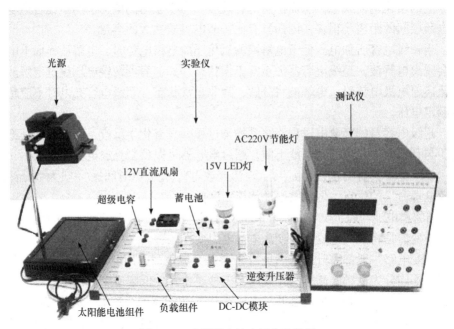

图 7.2.9　太阳能电池应用实验装置

各部件如下：单晶硅太阳能电池、光源、负载组件、直流风扇、LED 灯、DC-DC 升降压 DC-DC、超级电容、蓄电池、逆变器、交流负载节能灯。

四、实验内容

实验前准备

由于蓄电池充电时间需要约 4h，实验前用测试仪上的电压表测量蓄电池电压，若电压低于 11.5V，用配置的充电器给蓄电池充电，充电与使用蓄电池可同时进行，电压充至 13.5V 时停止充电。

1. 测量太阳能电池输出伏安特性

光源调节至离电池最远。在光照不变的条件下，改变负载电阻的阻值，太阳能电池输出的电压电流随之改变。

太阳能电池的输出功率为电压与电流的乘积，在伏安特性曲线的不同点，其输出功率差异很大。在实际应用中，应使负载功率与太阳能电池匹配，以便输出最大功率，充分发挥太阳能电池功效。

按图 7.2.10 接线，以负载组件作为太阳能电池的负载。实验时先将负载组件逆时针旋转到底，然后顺时针旋转负载组件旋钮，记录太阳能电池的输出电压 U 和电流 I，并计算输出功率 $P_0=U \times I$。

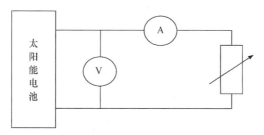

图 7.2.10　测量太阳能电池输出伏安特性接线图

以输出电压为横坐标，输出功率为纵坐标，作太阳能电池输出功率与输出电压关系曲线。

在实验的光照条件下，该太阳能电池最大输出功率是多少？最大功率点对应的输出电压和电流是多少？

2. 失配及遮挡对太阳能电池输出的影响实验

太阳能电池在串、并联使用时，由于每片电池电性能不一致，串、并联后的输出总功率小于各个单体电池输出功率之和，称为太阳能电池的失配。

太阳能电池由于云层，建筑物的阴影或电池表面的灰尘遮挡，使部分电池接收的辐照度小于其他部分，这部分电池输出会小于其他部分，也会对输出产生类似失配的影响。

太阳能电池并联连接时，总输出电流为各并联电池支路电流之和。在有失配或遮挡时，只要最差支路的开路电压高于组件的工作电压，则输出电流仍为各支路电流之和。若有某支路的开路电压低于组件的工作电压，则该支路将作为负载而消耗能量。

太阳能电池串联连接时，串联支路输出电流由输出最小的电池决定。在有失配或遮挡时，一方面会使该支路输出电流降低，另一方面失配或被遮挡部分将消耗其他部分产生的能量,这样局部的温度就会很高,产生热斑,严重时会烧坏太阳能电池组件。

由于即使部分遮挡,也会对整个串联电路输出产生严重影响。在应用系统中,常常在若干电池片旁并联旁路二极管,如图 7.2.11 中虚线所示。这样,若部分面积被遮挡,其他部分仍可正常工作。本实验所用电池未加旁路二极管。

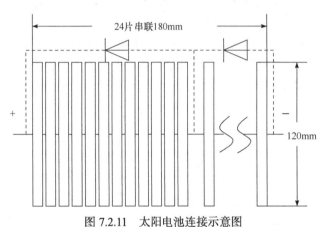

图 7.2.11　太阳电池连接示意图

由太阳能电池的伏安特性可知,太阳能电池在正常的工作范围内,电流变化很小,接近短路电流,电池的最大输出功率与短路电流成正比,故在测量遮挡对输出的影响时,可按图 7.2.12 测量遮挡对短路电流的影响。

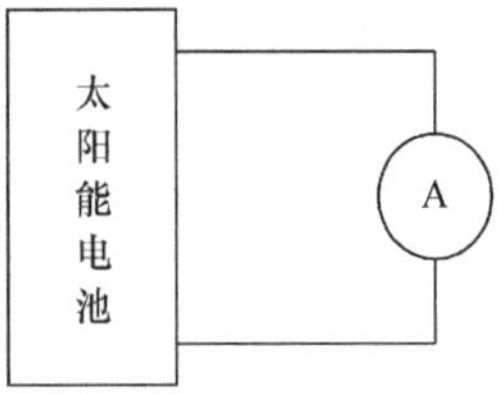

图 7.2.12　测量遮挡对
短路电流的影响

纵向遮挡(遮挡串联电池片中的若干片)对输出影响如何?工程上如何减小这种影响?

横向遮挡(遮挡所有电池片的部分面积,等效于遮挡并联支路)对输出影响如何?

3. 太阳能电池对储能装置两种方式充电实验

本实验对比太阳能电池直接对超级电容充电和在太阳能电池后加 DC-DC 再对超级电容充电,说明不同充电方式下充电特性的不同及充电方式对超级电容充电效率的影响。

本实验所用 DC-DC 采用输入反馈控制,在工作过程中保持输入端电压基本稳定。若太阳能电池光照条件不变,并调节 DC-DC 使输入电压等于太阳能电池最大功率点对应的输出电压,即可实现在太阳能电池的最大功率输出下的恒功率充电。

理论上,采用最大功率输出下的恒功率充电,太阳能电池一直保持最大输出,充电效率应该最高。在目前系统中，由于太阳能电池输出功率不大，而 DC-DC 本身有一定的功耗，两种方式充电效率(以从同一低电压充至额定电压所需时间衡量)差别不大，但从测量结果可以看出充电特性的不同。

按图 7.2.13(a)，将负载组件接入超级电容放电，控制放电电流小于 150mA，使电容电压放至低于 1V。按图 7.2.13(b)接线，做太阳能电池直接对超级电容充电实验。充电至 11V 时停止充电。将超级电容再次放电后，按图 7.2.13(c)接线，先将电压表接至太阳能电池端，调节 DC-DC 使太阳能电池输出电压为最大功率电压(由实验内容 1 确定)。然后将电压表移至超级电容端(此时不再调节 DC-DC 旋钮)，做加 DC-DC 后对超级电容充电实验，充电至 11V 时停止充电。

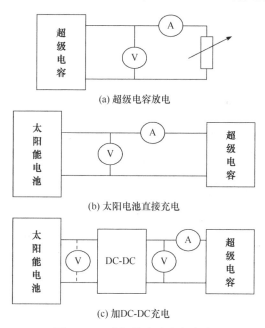

(a) 超级电容放电

(b) 太阳电池直接充电

(c) 加DC-DC充电

图 7.2.13　太阳能电池充电实验

绘制两种充电情况下超级电容的 U-t、I-t、P-t 曲线，了解两种方式的充电特性，根据所绘曲线加以讨论。

4. 太阳能电池直接带负载实验

太阳能电池输出电压与直流负载工作电压一致时，可以将太阳能电池直接连接负载。

若负载功率与太阳能电池最大输出功率一致，则太阳能电池工作在最大输出功率点，最大限度输出能量。

若负载功率小于太阳能电池最大输出功率，则太阳能电池工作电压大于最佳工作电压，实际输出功率小于最大输出功率。此时控制器会将太阳能电池输出的一部分能量向储能装置充电，使太阳能电池回归最佳工作点。

若负载功率大于太阳能电池最大输出功率，则太阳能电池工作电压小于最佳工作电压，实际输出功率小于最大输出功率。此时控制器会由储能装置向负载提供部分电能，使太阳能电池回归最佳工作点。

本实验模拟负载功率大于太阳能电池最大输出功率的情况，观察并联超级电容前后太阳能电池输出功率和负载实际获得功率的变化，说明上述控制过程。

按图 7.2.14，断开超级电容，记录并联超级电容前，太阳能电池输出电压、电流，计算输出功率 $P=UI$。

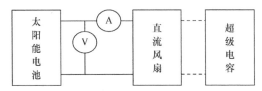

图 7.2.14　太阳电池直接连接负载接线图

将充电至约 11V 的超级电容并联至负载，由于超级电容容量较小，我们可看到负载端电压从 11V 一直下降，在实际应用系统中，只要储能器容量足够大，下降速率会非常慢。当超级电容电压降至接近太阳能电池最佳工作电压时，记录太阳能电池的相应参数。

并联超级电容后太阳能电池输出是否增加？计算太阳能电池输出增加率 $(P_2-P_1)/P_1$，试以太阳能电池输出伏安特性解释输出增加的原因。

若负载电阻不变，负载获得功率与电压平方成正比，计算负载功率增加率 $(V_2^2-V_1^2)/V_1^2$，若该增加率大于太阳能电池输出增加率，多余的能量由哪部分提供？

5. 加 DC-DC 匹配电源电压与负载电压实验

太阳能电池输出电压与直流负载工作电压不一致时，太阳能电池输出需经 DC-DC 转换成负载电压，再连接至负载。

本实验比较太阳能电池输出电压与直流负载工作电压不一致时，加不加 DC-DC 对负载获得功率的影响，说明若不加 DC-DC，负载无法正常工作。

测量未加 DC-DC(不接入图 7.2.15 中虚线部分)，负载的电压、电流，计算负载获得的功率。

接入 DC-DC 后，调节 DC-DC 的调节旋钮使输出最大(电压，电流表读数达到最大)，测量此时负载的电压、电流，计算负载获得的功率。

比较加 DC-DC 前后负载获得的功率变化，并加以讨论。

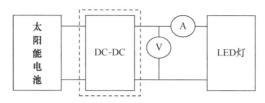

图 7.2.15　加 DC-DC 匹配电压接线图

6. DC-AC 逆变与交流负载实验

当负载为 220V 交流时，太阳能电池输出必须经逆变器转换成交流 220V，才能供负载使用。

由于节能灯功率远大于太阳能电池输出功率，由太阳能电池与蓄电池并联后给节能灯供电。

按图 7.2.16 接线，节能灯点亮。用电压表测量逆变器输入端直流电压，用示波器测量逆变器输出端电压及波形。

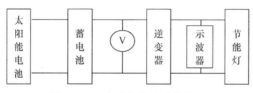

图 7.2.16　交流负载实验接线图

画出逆变器输出波形，根据实验原理部分所述，判断该逆变器类型。

参考资料

1. SAC-I+Y_太阳能电池特性及应用实验仪实验指导及操作说明书. 成都世纪中科仪器有限公司, 2010.
2. 刘婧. 光伏技术应用. 2 版. 北京: 化学工业出版社, 2016.
3. 孟庆巨, 刘海波, 孟庆辉. 半导体器件物理. 2 版. 北京: 科学出版社, 2009.

实验 7.3　太阳能光伏电池探究实验

太阳能这个词早就脱离了学术交流领域而为普通大众所知。太阳能一般指太阳光的辐射能量。我们知道在太阳内部无时无刻不在进行着氢转变为氦的热核反应，反应过程中伴随着巨大的能量释放到宇宙空间。太阳释放到宇宙空间的所有能量都属于太阳能的范畴。科学研究已经表明太阳热核反应可以持续百亿年左右，能量辐射功率 $3.8×10^{23}$kW。根据地球体表面积、与太阳的距离等数据可以计算出辐照到地球的太阳能大致为全部太阳能量辐射量的 20 亿分之一。考虑到地球大气层对太阳辐射的反射和吸收等因素，实际到达地球表面的太阳辐照功率为 8×10^{13} kW，也就是说太阳每秒钟照射到地球上的能量相当于燃烧 500 万吨煤释放的热量。

人类对硅材料的认识、固体理论、半导体理论的发展和成熟是太阳能利用的关键推动力，具有里程碑意义的事件是 1945 年美国 Bell 实验室研制出实用型硅太阳能电池。近年来，太阳能成为研究、技术、应用、贸易的热点。太阳能潜在的市场为全球所关注，除了人类能源需求量的增大、化石能源储量的下降和价格的提升、理论和工艺技术水平的提高等因素外，环保意识、可持续发展意识的提升也是全球关注太阳能的一个重要因素。

太阳能电池是目前太阳能利用中的关键环节，核心概念是 pn 结和光生伏特效应。理解太阳能电池的工作原理、基本特性表征参数和测试方法是必要和重要的。

一、实验目的

(1) 了解 pn 结的基本结构与工作原理。

(2) 了解太阳能电池组件的基本结构，理解其工作原理。

(3) 掌握 pn 结的 I-V 特性(整流特性)及其对温度的依赖关系。

二、实验原理

1. pn 结与光生伏特效应

半导体是一类特殊的材料。从宏观电学性质上说，它们的导电能力介于导体和绝缘体之间，随外界环境(如温度、光照等)发生剧烈的变化。从材料能带结构说，这类材料导带 E_c 和价带 E_v 之间的禁带宽度 E_g 小于 3eV。温度、光照等因素可以使价带电子跃迁到导带，在导带和价带中形成电子-空穴对，从而改变材料的电学性质。半导体材料具有负的电阻温度系数，即随温度的升高，其电阻减小。通常情况下，都需要对半导体材料进行必要的掺杂处理，调整它们的电学特性，以便制作出性能更稳定、灵敏度更高、功耗更低的电子器件。基于半导体材料电子器件的核心结构通常是 pn 结，简单地说，pn 结就是 p 型半导体和 n 型半导体接触形成的基础区域。太阳能电池本质上就是结面积比较大的 pn 结。

根据半导体基本理论，处于热平衡态的 pn 结由 p 区、n 区和两者交界区域构成，如图 7.3.1 所示。刚接触时，电子由费米能级 E_F 高的地方向费米能级低的地方流动，空穴则相反。为了维持统一的费米能级，n 区内电子向 p 区扩散，p 区内空穴向 n 区扩散。载流子的定向运动导致原来的电中性条件被破坏，p 区积累带负电且不可移动的电离受主，n 区积累带正电且不可移动的电离施主。载流子扩散运动导致在界面附近区域形成由 n 区指向 p 区的内建电场 E_i 和相应的空间电荷区。显然，两者费米能级的不统一是导致电子空穴扩散的原因，电子空穴扩散又导致出现空间电荷区和内建电场。而内建电场的强度取决于空间电荷区的电场强度，内建电场具有阻止扩散运动进一步发生的作用。当两者具有统一费米能级后扩散运动和内建电场的作用相等，p 区和 n 区两端产生一个高度为 qV_D 的势垒(图 7.3.2(a))。理想 pn 结模型下，处于热平衡的 pn 结空间电荷区没有载流子，也没有载流子的产生与复合作用。

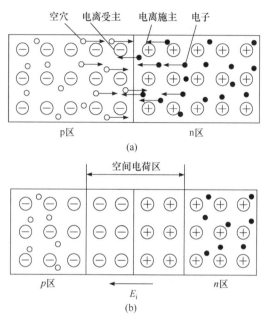

图 7.3.1　pn 结的形成：(a)为刚接触时，(b)为达到平衡情况

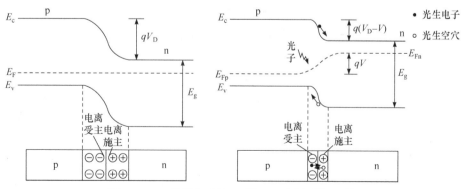

图 7.3.2　(a)热平衡时的 pn 结；(b)光照下的 pn 结

当有入射光垂直入射到 pn 结，只要 pn 结结深比较浅，入射光子会透过 pn 结区域甚至能深入半导体内部。如果入射光子能量满足关系 $hv \geqslant E_g$(E_g 为半导体材料的禁带宽度)，那么这些光子会被材料吸收，在 pn 结中产生电子-空穴对。光照条件下材料体内产生电子-空穴对是典型的非平衡载流子光注入作用。光生载流子对 p 区空穴和 n 区电子这样的多数载流子的浓度影响是很小的，可以忽略不计。但是对少数载流子将产生显著影响，如 p 区电子和 n 区空穴。在均匀半导体中光照射下也会产生电子-空穴对，但它们很快又会通过各种复合机制复合。在 pn 结中情况有所不同，主要原因是存在内建电场。在内建电场的驱动下 p 区光生少子电子向 n 区运动，n 区光生少子空穴向 p 区运动。这种作用有两方面的体现：第一是光生少子在内建电场驱动下定向运动产生电流，这就是光生电流，它由电子电流和空穴电流组成，方向都是由 n 区指向 p 区，与内建电场方向一致；第二，光生少子的定向运动与扩散运动方向相反，减弱了扩散运动的强度，pn 结势垒高度降低，甚至会完全消失，势垒高度降低(图 7.3.2(b))。宏观的效果是在 pn 结光照面和暗面之间产生电动势，也就是光生电动势，这个效应称为光生伏特效应。如果构成回路就会产生电流，这种电流称为光生电流 I_L。

转换效率是太阳能电池的最重要的参数。太阳能电池效率损失的原因主要有：电池表面的反射、电子和空穴在光敏感层之外由于重组而造成的损失，以及光敏层的厚度不够等。综合来看，单晶硅太阳能电池的最大量子效率的理论值大约是 40%。实际上，大规模生产的太阳能电池的效率还达不到理论极限的一半，只有百分之十几。

有关太阳能电池结构、暗特性、光照特性的介绍参见实验 7.2 有关内容。

2. 太阳能电池温度特性

太阳能电池温度特性是指电池片的开路电压 U_{oc}、短路电流 I_{sc} 及最大输出功率 P_m 与温度 T 之间的关系，温度特性是太阳能电池的一个重要特征。对于大多数太阳能电池，在入射光强不变的情况下，随着温度 T 上升，短路电流 I_{sc} 略有上升，开路电压 U_{oc} 明显线性减小，由于开路电压的减小幅度大于短路电流的增加幅度，转换效率降低。温度对电流的影响主要作用于电子跃迁，一方面温度的升高减小了禁带宽度 E_g，使得更多光子激发电子跃迁；另一方面，温度的上升提供了更多的声子能量，在声子的参与下增加对光子的二次吸收。温度的上升对增加光生电流具有积极的作用，但是对开路电压又起着消极作用。

不同厂家生产的电池片的温度系数(温度升高 1℃ 对应参数的变化情况，单位为：% · ℃$^{-1}$)不同。图 7.3.3 为某非晶硅太阳能电池片输出伏安特性随温度变化的一个例子，可以看出，随着温度升高，开路电压变小，短路电流略微增大，导致转换效率变低。

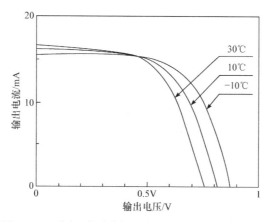

图 7.3.3 不同温度时非晶硅太阳能电池片的伏安特性

表 7.3.1 给出了太阳能标准光强(1000W · m⁻²)下实验测得的单晶硅、多晶硅、非晶硅太阳能电池输出特性的温度系数。单晶硅与多晶硅转换效率的温度系数几乎相同,而非晶硅因为禁带宽度大而导致温度系数较低。

表 7.3.1 太阳能电池输出特性温度系数的实例 (单位:%/℃)

种类	开路电压 V_{oc}	短路电流 I_{sc}	填充因子 FF	转换效率 η
单晶硅太阳能电池	−0.32	0.09	−0.10	−0.33
多晶硅太阳能电池	−0.30	0.07	−0.10	−0.33
非晶硅太阳能电池	−0.36	0.10	0.03	−0.23

在太阳能电池板实际应用时必须考虑它的输出特性受温度的影响,特别是室外的太阳能电池,由于阳光的作用,太阳能电池在使用过程中温度变化可能比较大,因此温度系数是室外使用太阳能电池板时需要考虑的一个重要参数。

3. 太阳能电池光谱响应

太阳能电池的光谱响应描述了太阳能电池对不同波长的入射光的敏感程度,又称为光谱灵敏度,可分为绝对光谱响应和相对光谱响应。只有能量大于半导体材料禁带宽度的那些光子才能激发出光生电子-空穴对,而光子的能量的大小与光的波长有关。

一般来说,太阳能电池的光生电流 I_L 正比于光源的辐射功率 $\Phi(\lambda)$。太阳能电池的绝对光谱响应 $R(\lambda)$ 定义为

$$R(\lambda) = \frac{I(\lambda)}{\Phi(\lambda)} \tag{7.3.1}$$

式中，$I(\lambda)$、$\Phi(\lambda)$ 分别是当入射光波长为 λ 时太阳能电池输出的短路电流和入射到太阳能电池上的辐射功率。

如果光探测器(经过标定)在某一特定波长 λ 处的光谱响应是 $R'(\lambda)$、短路电流为 $I'(\lambda)$，那么在辐射功率 $\Phi(\lambda)$ 相同时测量太阳能电池输出电流 $I(\lambda)$，则

$$\Phi(\lambda) = \frac{I'(\lambda)}{R'(\lambda)} = \frac{I(\lambda)}{R(\lambda)} \tag{7.3.2}$$

太阳能电池的绝对光谱响应可以表达为

$$R(\lambda) = \frac{I(\lambda)}{I'(\lambda)} R'(\lambda) \tag{7.3.3}$$

其中，$R'(\lambda)$ 为标准光强探测器的相对光谱响应(表7.3.2)；$I'(\lambda)$ 为光强探测器在给定的辐照度下的短路电流；$I(\lambda)$ 为待测太阳电池片在相同辐照度下的短路电流。而相对光谱响应等于绝对光谱响应除以绝对光谱响应的最大值。

表 7.3.2　光强探测器对应波长的相对光谱响应值

波长	395nm	490nm	570nm	665nm	760nm	865nm	950nm	1035nm
相对光谱响应值	0.044	0.222	0.419	0.613	0.795	0.962	0.982	0.563

通过上述比对法就可以进行太阳能电池绝对光谱响应的测试。在得到绝对光谱响应曲线后，将曲线上的点都除以该曲线的最大值，就得到对应的相对光谱响应曲线。

光谱响应特性与太阳能电池的应用：从太阳能电池应用的角度来说，太阳能电池的光谱响应特性与光源的辐射光谱特性相匹配是非常重要的，这样可以更充分地利用光能和提高太阳能电池的光电转换效率。例如，有的电池在太阳光照射下转换效率较高，但在荧光灯这样的室内光源下就无法得到有效的光电转换。不同的太阳能电池与不同的光源的匹配程度是不一样的。而光强和光谱的不同，会引起太阳能电池输出的变动。

三、实验仪器

系统主要包括氙灯电源、光源、测试主机、配套软件、USB 集成器及通信线、电池片试件和滤光片组。可以进行不同太阳能电池片的整流特性实验，测量不同温度下电池片的整流特性、不同电池片的导通电压；可以测试不同温度、

不同光照强度以及不同太阳能电池的输出特性曲线，得到电池片的重要参数(开路电压、短路电流及最大输出功率)随温度、光照强度的变化关系，对比不同电池片的转换效率；还可以测量电池片的光谱曲线，找出不同电池片对哪些波长的光更敏感。

仪器构成示意图见图 7.3.4。

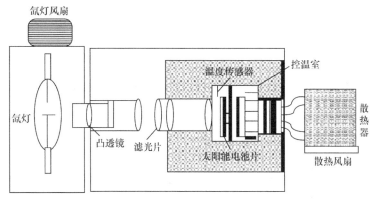

图 7.3.4　仪器构成示意图

从左往右依次为：氙灯光源、凸透镜、滤光片、太阳能电池片、控温室和散热器。

电路部分包括温度控制电路和测试电路两个部分。温控电路用于太阳能电池片所在的控温室的温度控制，在一定范围内，可使控温室达到指定温度。测试电路用于测试太阳能电池片各性能的数据，该电路将测得的数据传送给计算机，由计算机进行数据的处理和显示。给太阳能电池片提供 $-10\sim40℃$ 的太阳能电池片的测试环境。温控间隔 $5℃$。

滤色片用于研究近似单色光作用下太阳能电池的光谱响应特性。滤光片共八种，中心波长分别为 395nm、490nm、570nm、665nm、760nm、865nm、950nm、1035nm。

太阳能电池片组件包括单晶硅、多晶硅和非晶硅，均采用普通商用硅太阳能电池片。单晶硅和多晶硅有效受光面积均为 30mm×30mm；非晶硅有效受光面积约为 30mm×24mm。在光照特性实验中，光强探测器用于测定入射光强度，已通过标准光功率计进行校准；在光谱特性实验中，光强探测器的光谱曲线是已知的。光强探测器的表面积为 $7.5mm^2$。

四、实验内容

1. 太阳能电池的暗特性测量

暗伏安特性是指无光照时，流经太阳能电池的电流与外加电压之间的关系。

实验在避光条件下进行，分别测量单晶硅、多晶硅和非晶硅三种电池片在同一温度下的 *I-V* 特性和不同温度下单晶硅太阳能电池片的正、反向暗伏安特性。测量原理如图 7.3.5 所示。

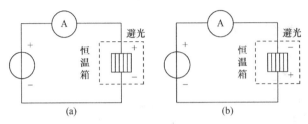

图 7.3.5　(a)暗伏安特性正向测试原理图；(b)暗伏安特性反向测试原理图

实验步骤：

(1) 打开测试主机，镜筒加遮光罩，将单晶硅电池片放入插槽，调节控温箱温度，将温度控制在 35℃，按图 7.3.5(a)连接电路，在太阳能电池片两端加 0～4V 的电压，测量并记录太阳能电池两端的电流。

(2) 按图 7.3.5(b)连接电路，在太阳能电池片两端加 0～4V 的电压，测量并记录流过太阳能电池的反向电流。

(3) 将单晶硅电池片换成多晶硅和非晶硅电池片，重复以上步骤，记录它们在 35℃下的暗特性实验数据。

将温度分别改为 15℃和–5℃，重复步骤(1)(2)。

根据得到的实验数据，绘制 35℃时各太阳能电池的暗特性曲线，观察三种不同电池片的暗伏安特性曲线有什么不同，试分析原因；观察单晶硅电池片在三个不同温度下的暗特性曲线，试说明 pn 结的 *I-V* 曲线随温度如何变化。

2. 太阳能电池的光照特性测试

太阳能电池的光照特性测试是指不同温度、不同光照强度下，单晶硅、多晶硅、非晶硅三种太阳能电池片的输出 *I-V* 特性曲线，并由此计算得到开路电压、短路电流、最大输出功率、填充因子和转换效率。光功率由光强探测器间接测得：$P_{in} = E_e \times A$，其中 E_e 为光强探测器测得的光强值，S 为太阳能电池有效光照面积。

1) 单晶硅太阳能电池温度特性实验

光强挡位固定在 5 挡(该挡位接近标准光强：1000W · m⁻²)，测量不同温度下电池片(以单晶硅为例)的输出 *I-V* 特性；研究开路电压、短路电流和最大输出功率随温度如何变化。

实验步骤：

(1) 将温度控制在 35℃，待温控箱的温度稳定 5min 左右后测量单晶硅电池片的输出 *I-V* 特性，记录开路电压、短路电流和最大输出功率。

(2) 将温度分别设置为 25℃、15℃、5℃和–5℃，重复以上实验步骤。

绘制单晶硅在不同温度下的 I-V 特性曲线，试说明随着温度的变化，其输出特性如何变化？为什么？

根据各温度 T 下得到的单晶硅电池片的开路电压 U_{oc}、短路电流 I_{sc} 和最大输出功率 P_m，绘制 U_{oc}-T、I_{sc}-T、P_m-T 关系曲线。试分别说明这些参数与温度之间的关系。

2) 单晶硅太阳能电池光强特性实验

温度控制在 25℃，测量不同挡位下单晶硅太阳能电池片的输出 I-V 特性(注：每次换挡过后等光源稳定 5min 以后再进行实验)，研究开路电压、短路电流和最大输出功率随光强如何变化。

实验步骤：

(1) 氙灯光源置于 1 挡，使用光强探测器测量此时的光强，测试成功后取出光强探测器，放入单晶硅电池片，记录单晶硅电池的 I-V 特性、开路电压、短路电流和最大输出功率，计算填充因子和转换效率。

(2) 依次调节光强挡位至 2~6 挡，重复以上步骤。

绘制单晶硅在不同光强下的 I-V 特性曲线，试说明随着光强的变化，其输出特性如何变化？为什么？

根据各光强 E_e 下得到的单晶硅电池片的开路电压 U_{oc}、短路电流 I_{sc} 和最大输出功率 P_m，绘制 U_{oc}-E_e、I_{sc}-E_e、P_m-E_e 关系曲线。试说明这些参数与光强之间的关系。

3) 不同太阳能电池片的输出特性

温度控制在 25℃，氙灯光源置于 5 挡，测量单晶硅、多晶硅和非晶硅三种太阳能电池片的输出 I-V 特性，比较三种电池片输出特性的异同。

(1) 使用光强探测器测量此时的光强，测试成功后取出光强探测器，放入单晶硅电池片，记录单晶硅电池的输出 I-V 特性、开路电压、短路电流和最大输出功率，计算填充因子和转换效率。

(2) 更换太阳能电池片，重复以上步骤，测量多晶硅、非晶硅电池片的输出 I-V 特性。

根据实验数据，绘制相同实验条件下不同硅片的输出 I-V 特性曲线，比较三者的异同。根据计算得到的转换效率 η，比较三者的转换效率。

4) 太阳能电池光谱灵敏度实验

将温度控制在 25℃，氙灯光源设定在 5 挡。加载不同滤光片，放入光强探测器，测量透过滤光片后光强探测器产生的电流 $I'(\lambda)$。取出光强探测器，放入各单晶硅太阳能电池片，测量加载滤光片后单晶硅的短路电流 $I(\lambda)$，通过原理中所述比对法结合原理描述中给出的相对光谱灵敏度参考值就可以进行光谱响应曲线的绘制。然后，按照同样的方法测试多晶硅和非晶硅的光谱相应曲线。

实验步骤:

(1) 插入光强探测器,加载 395nm 滤光片,记录此时光强探测器产生的电流 $I'(\lambda)$,将光强探测器换成单晶硅片,记录对应的短路电流 $I(\lambda)$。

(2) 将滤光片换成 490nm、570nm、665nm、760nm、865nm、950nm、1035nm,重复以上步骤。

(3) 计算单晶硅电池片的绝对光谱响应,再计算各自的相对光谱响应。

(4) 将单晶硅电池片分别换成多晶硅和非晶硅,重复以上步骤。

分别描绘及比较各种太阳能电池片的相对光谱灵敏度曲线,试分别说明各种太阳能电池对太阳光哪些波段最灵敏。

五、注意事项

1. 氙灯光源

(1) 机箱内有高压,非专业人员请勿打开,否则会有触电危险。
(2) 机箱表面温度较高,请勿触摸,避免烫伤。
(3) 请勿遮挡机箱上下进出风口,否则可能造成仪器损坏。
(4) 氙灯工作时,请勿直视氙灯,避免伤害眼睛。
(5) 严禁向机箱内丢杂物。
(6) 为保证使用安全,三芯电源线需可靠接地。
(7) 仪器在不用时请将与外电网相连的插头拔下。

2. 氙灯电源

(1) 为保证使用安全,三芯电源线需可靠接地。
(2) 仪器在不用时请将与外电网相连的插头拔下。
(3) 氙灯启动时氙灯光强选择旋钮必须放到第 6 挡,否则可能无法点亮氙灯。
(4) 关机时,按下关机按钮 15s 内氙灯未熄灭,说明仪器出现故障,应按下紧急开关按钮。

3. 测试主机

(1) 风扇在高速旋转时,严禁向内丢弃杂物。
(2) 实验时请关闭顶盖,关闭顶盖时应注意安全,不要夹到手指。
(3) 为保证使用安全,三芯电源线需可靠接地。
(4) 请勿遮挡机箱风扇进出风口,否则可能造成仪器损坏。
(5) 仪器在不用时请将与外电网相连的插头拔下。

(6) 温控开启后，若发现制冷腔散热器风扇未转应按下紧急开关按钮，待修。

4. 实验配件

(1) 太阳能电池板组件为易损部件，应避免挤压和跌落。

(2) 光学镜头要注意防尘，注意不要刮伤表面。使用完毕后，应包装好置于镜头盒内。

(3) 滤光片在强光下连续工作应小于 30min，否则将损坏滤光片。

参考资料

1. 太阳能光伏电池实验(探究型)系统实验指导及操作说明书. 四川世纪中科光电技术有限公司, 2015.
2. 王娜. 太阳能电池伏安特性理论分析及测定. 中国科技信息, 2018, 23: 33-34.
3. 刘婧. 光伏技术应用. 2 版. 北京: 化学工业出版社, 2016.
4. 孟庆巨, 刘海波, 孟庆辉. 半导体器件物理. 2 版. 北京: 科学出版社, 2009.

实验 7.4　燃料电池综合特性实验

燃料电池以氢和氧为燃料，通过电化学反应直接产生电力，能量转换效率高于燃烧燃料的热机。燃料电池的反应生成物为水，对环境无污染，单位体积氢的储能密度远高于现有的其他电池。因此，它的应用从最早的宇航等特殊领域，到现在人们积极研究将其应用到电动汽车、手机电池等日常生活的各个方面，各国都投入巨资进行研发。

1839 年，英国人格罗夫(W. R . Grove)发明了燃料电池，历经近两百年，在材料、结构、工艺不断改进之后进入了实用阶段。按燃料电池使用的电解质或燃料类型，可将现在和近期可行的燃料电池分为碱性燃料电池、质子交换膜燃料电池、直接甲醇燃料电池、磷酸燃料电池、熔融碳酸盐燃料电池、固体氧化物燃料电池六种主要类型，本实验研究其中的质子交换膜燃料电池。

一、实验目的

(1) 了解燃料电池的工作原理。

(2) 观察仪器的能量转换过程：光能 $\underrightarrow{\text{太阳能电池}}$ 电能 $\underrightarrow{\text{电解池}}$ 氢能(能量储存) $\underrightarrow{\text{燃料电池}}$ 电能。

(3) 测量燃料电池输出特性，作出所测燃料电池的伏安特性(极化)曲线，电池输出功率随输出电压的变化曲线。计算燃料电池的最大输出功率及效率。

(4) 测量质子交换膜电解池的特性，验证法拉第电解定律。

(5) 测量太阳能电池的特性，作出所测太阳能电池的伏安特性曲线，电池输出功率随输出电压的变化曲线，获取太阳能电池的开路电压、短路电流、最大输出功率、填充因子等特性参数。

二、实验原理

质子交换膜(proton exchange membrane，PEM)燃料电池在常温下工作，具有启动快速，结构紧凑的优点，最适宜作汽车或其他可移动设备的电源，近年来发展很快，其基本结构如图 7.4.1 所示。

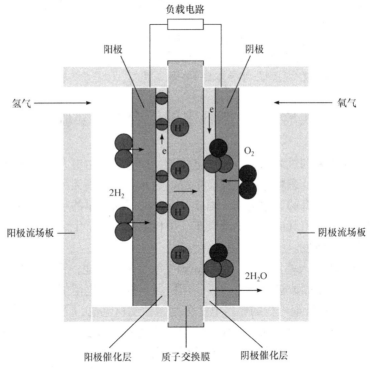

图 7.4.1　质子交换膜燃料电池结构示意图

目前广泛采用的全氟磺酸质子交换膜为固体聚合物薄膜，厚度为 0.05～0.1mm，它提供氢离子(质子)从阳极到达阴极的通道，而电子或气体不能通过。催化层是将纳米量级的铂粒子用化学或物理的方法附着在质子交换膜表面，厚度约为 0.03mm，对阳极氢的氧化和阴极氧的还原起催化作用。膜两边的阳极和阴极由石墨化的碳纸或联碳布做成，厚度为 0.2～0.5mm，导电性能良好，其上的微孔提供气体进入催化层的通道，又称为扩散层。商品燃料电池为了提供足够的输出电压和功率，需将若干单体电池串联或并联在一起，流场板一般由导电良好的石墨或金属做成，与单体电池的阳极和阴极形成良好的电接触，称为双极板，其上加工有供气体流通的通道。教学用燃料电池为直观起见，采用有机玻璃做流场板。

　　进入阳极的氢气通过电极上的扩散层到达质子交换膜。氢分子在阳极催化剂的作用下解离为 2 个氢离子，即质子，并释放出 2 个电子，阳极反应为

$$H_2 \Longrightarrow 2H^+ + 2e \tag{7.4.1}$$

　　氢离子以水合质子 $H^+(nH_2O)$ 的形式在质子交换膜中从一个磺酸基转移到另一个磺酸基，最后到达阴极，实现质子导电，质子的这种转移导致阳极带负电。

　　在电池的另一端，氧气或空气通过阴极扩散层到达阴极催化层，在阴极催化层的作用下，氧与氢离子和电子反应生成水，阴极反应为

$$O_2 + 4H^+ + 4e \Longrightarrow 2H_2O \tag{7.4.2}$$

阴极反应使阴极缺少电子而带正电，结果在阴阳极间产生电压，在阴阳极间接通外电路，就可以向负载输出电能。总的化学反应如下：

$$2H_2 + O_2 \Longrightarrow 2H_2O \tag{7.4.3}$$

(阴极与阳极：在电化学中，失去电子的反应叫氧化，得到电子的反应叫还原。产生氧化反应的电极是阳极，产生还原反应的电极是阴极。对电池而言，阴极是电的正极，阳极是电的负极。)

　　将水电解产生氢气和氧气，与燃料电池中氢气和氧气反应生成水互为逆过程。

　　水电解装置同样因电解质的不同而各异，碱性溶液和质子交换膜是最好的电解质。若以质子交换膜为电解质，可在图 7.4.1 右边电极接电源正极形成电解的阳极，在其上产生氧化反应 $2H_2O \Longrightarrow O_2 + 4H^+ + 4e$。左边电极接电源负极形成电解的阴极，阳极产生的氢离子通过质子交换膜到达阴极后，产生还原反应 $2H^+ + 2e \Longrightarrow H_2$。即在右边电极析出氧，左边电极析出氢。

　　作燃料电池或作电解器的电极在制造上通常有些差别，燃料电池的电极应利于气体吸纳，而电解器需要尽快排出气体。燃料电池阴极产生的水应随时排出，以免阻塞气体通道，而电解器的阳极必须被水淹没。

　　太阳能电池利用半导体 pn 结受光照射时的光伏效应发电，太阳能电池的基本结构就是一个大面积平面 pn 结，图 7.4.2 为 pn 结示意图。

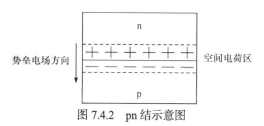

图 7.4.2　pn 结示意图

p 型半导体中有相当数量的空穴，几乎没有自由电子。n 型半导体中有相当数量的自由电子，几乎没有空穴。当两种半导体结合在一起形成 pn 结时，n 区的电子(带负电)向 p 区扩散，p 区的空穴(带正电)向 n 区扩散，在 pn 结附近形成空间电荷区与势垒电场。势垒电场会使载流子向扩散的反方向做漂移运动，最终扩散与漂移达到平衡，使流过 pn 结的净电流为零。在空间电荷区内，p 区的空穴被来自 n 区的电子复合，n 区的电子被来自 p 区的空穴复合，使该区内几乎没有能导电的载流子，又称为结区或耗尽区。

当光电池受光照射时，部分电子被激发而产生电子-空穴对，在结区激发的电子和空穴分别被势垒电场推向 n 区和 p 区，使 n 区有过量的电子而带负电，p 区有过量的空穴而带正电，pn 结两端形成电压，这就是光伏效应。若将 pn 结两端接入外电路，就可向负载输出电能。

1. 质子交换膜电解池的特性测量

理论分析表明，若不考虑电解器的能量损失，在电解器上加外电压 1.48V 就可使水分解为氢气和氧气，实际由于各种损失，输入电压高于 1.6V 电解器才开始工作。

电解器的效率为

$$\eta_{电解} = \frac{1.48}{U_{输入}} \times 100\% \tag{7.4.4}$$

输入电压较低时虽然能量利用率较高，但电流小，电解的速率低，通常使电解器输入电压在 2V 左右。

根据法拉第电解定律，电解生成物的量与输入电量成正比。在标准状态下(温度为 0℃，电解器产生的氢气保持在 1atm)，设电解电流为 I，经过时间 t 生产的氢气体积(氧气体积为氢气体积的一半)的理论值为

$$V_{氢气} = \frac{It}{2F} \times 22.4L \tag{7.4.5}$$

式中，$F = eN = 9.65 \times 10^4 C \cdot mol^{-1}$ 为法拉第常量；$e = 1.602 \times 10^{-19} C$ 为电子电量；$N = 6.022 \times 10^{23}$ 为阿伏伽德罗常量；$It/2F$ 为产生的氢分子的摩尔(克分子)数，22.4L 为标准状态下气体的摩尔体积。

若实验时的摄氏温度为 T，所在地区气压为 p，根据理想气体状态方程，可对式(7.4.5)作修正

$$V_{氢气} = \frac{273.16 + T}{273.16} \cdot \frac{p_0}{p} \cdot \frac{It}{2F} \times 22.4L \tag{7.4.6}$$

式中，p_0 为标准大气压。在自然环境中，大气压受各种因素的影响，如温度和海拔等，其中海拔对大气压的影响最为明显。由国家标准 GB 4797.2—2005 可查到，海拔每升高 1000m，大气压下降约 10%。

由于水的分子量为 18，且每克水的体积为 $1cm^3$，故电解池消耗的水的体积为

$$V_{水} = \frac{It}{2F} \times 18cm^3 = 9.33It \times 10^{-5}\,cm^3 \qquad (7.4.7)$$

应当指出，式(7.4.6)、式(7.4.7)的计算对燃料电池同样适用，只是其中的 I 代表燃料电池输出电流，$V_{氢气}$ 代表燃料消耗量，$V_{水}$ 代表电池中水的生成量。

2. 燃料电池输出特性的测量

在一定的温度与气体压力下，改变负载电阻的大小，测量燃料电池的输出电压与输出电流之间的关系，如图 7.4.3 所示。电化学家将其称为极化特性曲线，习惯用电压作纵坐标，电流作横坐标。

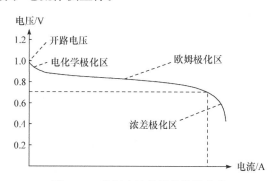

图 7.4.3　燃料电池的极化特性曲线

理论分析表明，如果燃料的所有能量都被转换成电能，则理想电动势为 1.48V。实际燃料的能量不可能全部转换成电能。例如总有一部分能量转换成热能，少量的燃料分子或电子穿过质子交换膜形成内部短路电流等，故燃料电池的开路电压低于理想电动势。

随着电流从零增大，输出电压有一段下降较快，主要是因为电极表面的反应速度有限，有电流输出时，电极表面的带电状态改变，驱动电子输出阳极或输入阴极时，产生的部分电压会被损耗掉，这一段被称为电化学极化区。

输出电压的线性下降区的电压降，主要是电子通过电极材料及各种连接部件、离子通过电解质的阻力引起的，这种电压降与电流成比例，所以被称为欧姆极化区。

输出电流过大时，燃料供应不足，电极表面的反应物浓度下降，使输出电压迅速降低，而输出电流基本不再增加，这一段被称为浓差极化区。

综合考虑燃料的利用率(恒流供应燃料时可表示为燃料电池电流与电解电流之比)及输出电压与理想电动势的差异，燃料电池的效率为

$$\eta_{电池} = \frac{I_{电池}}{I_{电解}} \cdot \frac{U_{输出}}{1.48} \times 100\% = \frac{P_{输出}}{1.48 \times I_{电解}} 100\% \tag{7.4.8}$$

某一输出电流时燃料电池的输出功率相当于图 7.4.3 中虚线围出的矩形区，在使用燃料电池时，应根据伏安特性曲线选择适当的负载匹配，使效率与输出功率达到最大。

3. 太阳能电池的特性测量

在一定的光照条件下，改变太阳能电池负载电阻的大小，测量输出电压与输出电流之间的关系，如图 7.4.4 所示。

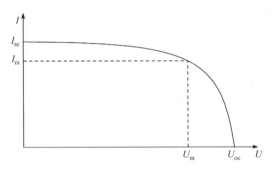

图 7.4.4　太阳能电池的伏安特性曲线

U_{oc} 代表开路电压，I_{sc} 代表短路电流，图 7.4.4 中虚线围出的面积为太阳能电池的输出功率。与最大功率对应的电压称为最大工作电压 U_m，对应的电流称为最大工作电流 I_m。

表征太阳能电池特性的基本参数还包括光谱响应特性、光电转换效率、填充因子等。

填充因子 FF 定义为

$$FF = \frac{U_m I_m}{U_{oc} I_{sc}} \tag{7.4.9}$$

它是评价太阳能电池输出特性好坏的一个重要参数，它的值越高，表明太阳能电池输出特性越趋近于矩形，电池的光电转换效率越高。

三、实验仪器

仪器的构成如图 7.4.5 所示。

燃料电池、电解池、太阳能电池的原理见实验原理部分。

质子交换膜必须含有足够的水分，才能保证质子的传导。但水含量又不能过高，否则电极被水淹没，水阻塞气体通道，燃料不能传导到质子交换膜参与反应。

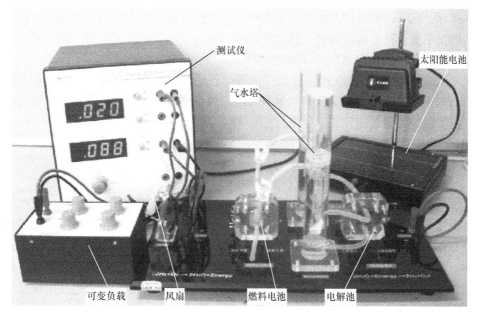

图 7.4.5　燃料电池综合实验仪

如何保持良好的水平衡关系是燃料电池设计的重要课题。为保持水平衡，我们的电池正常工作时排水口打开，在电解电流不变时，燃料供应量是恒定的。若负载选择不当，电池输出电流太小，未参加反应的气体从排水口泄漏，燃料利用率及效率都低。在适当选择负载时，燃料利用率约为 90%。

气水塔为电解池提供纯水(2 次蒸馏水)，可分别储存电解池产生的氢气和氧气，为燃料电池提供燃料气体。每个气水塔都是上下两层结构，上下层之间通过插入下层的连通管连接，下层顶部有一输气管连接到燃料电池。初始时，下层近似充满水，电解池工作时，产生的气体会汇聚在下层顶部，通过输气管输出。若关闭输气管开关，气体产生的压力会使水从下层进入上层，而将气体储存在下层的顶部，通过管壁上的刻度可知储存气体的体积。两个气水塔之间还有一个水连通管，加水时打开使两塔水位平衡，实验时切记关闭该连通管。

四、实验内容

1. 质子交换膜电解池的特性测量

将测试仪的电压源输出端串联电流表后接入电解池，将电压表并联到电解池两端。

将气水塔输气管止水夹关闭，调节恒流源输出到最大(旋钮顺时针旋转到底)，让电解池迅速产生气体。当气水塔下层的气体低于最低刻度线时，打开气水塔输气管止水夹，排出气水塔下层的空气。如此反复 2～3 次后，气水塔下层的空气基本排尽，剩下的就是纯净的氢气和氧气了。根据电解池输入电流大小调节恒流源的输出电流，待电解池输出气体稳定后(约 1min)关闭气水塔输气管。测量输入电流、电压及产生一定体积的气体的时间。

由式(7.4.6)计算氢气产生量的理论值，与氢气产生量的测量值比较。若不管输入电压与电流大小，氢气产生量只与电量成正比，且测量值与理论值接近，即验证了法拉第电解定律。

2. 燃料电池输出特性的测量

实验时让电解池输入电流保持在 300mA，关闭风扇。

将电压测量端口接到燃料电池输出端。打开燃料电池与气水塔之间的氢气、氧气连接开关，等待约 10min，让电池中的燃料浓度达到平衡值，电压稳定后记录开路电压值。

将电流量程按钮切换到 200mA，可变负载调至最大，电流测量端口与可变负载串联后接入燃料电池输出端，改变负载电阻的大小，稳定后记录电压电流值。

负载电阻猛然调得很低时，电流会猛然升到很高，甚至超过电解电流值，这种情况是不稳定的，重新恢复稳定需较长时间。为避免出现这种情况，输出电流高于 210mA 后，每次调节减小电阻 0.5Ω，输出电流高于 240mA 后，每次调节减小电阻 0.2Ω，每测量一点的平衡时间稍长一些(约需 5min)。稳定后记录电压电流值。

作出所测燃料电池的极化曲线和输出功率随输出电压的变化曲线。

该燃料电池最大输出功率是多少？最大输出功率时对应的效率是多少？实验完毕，关闭燃料电池与气水塔之间的氢气氧气连接开关，切断电解池输入电源。

3. 太阳能电池的特性测量

将电流测量端口与可变负载串联后接入太阳能电池的输出端，将电压表并联到太阳能电池两端。

保持光照条件不变，改变太阳能电池负载电阻的大小，测量输出电压电流值，并计算输出功率。作出所测太阳能电池的伏安特性曲线。作出该电池输出功率随输出电压的变化曲线。该太阳能电池的开路电压 U_{oc}、短路电流 I_{sc} 各是多少？最大输出功率 P_m 是多少？最大工作电压 U_m、最大工作电流 I_m 各是多少？填充因子 FF 是多少？

五、注意事项

(1) 使用前应首先详细阅读说明书。

(2) 该实验系统必须使用去离子水或二次蒸馏水，容器必须清洁干净，否则将损坏系统。

(3) PEM 电解池的最高工作电压为 6V，最大输入电流为 1000mA，否则将极大地伤害 PEM 电解池。

(4) PEM 电解池所加的电源极性必须正确，否则将毁坏电解池并有起火燃烧的可能。

(5) 绝不允许将任何电源加于 PEM 燃料电池输出端，否则将损坏燃料电池。

(6) 气水塔中所加入的水面高度必须在上水位线与下水位线之间，以保证 PEM 燃料电池正常工作。

(7) 该系统主体系由有机玻璃制成，使用中须小心，以免打坏和损伤。

(8) 太阳能电池板和配套光源在工作时温度很高，切不可用手触摸，以免被烫伤。

(9) 绝不允许用水打湿太阳能电池板和配套光源，以免触电和损坏该部件。

(10) 配套"可变负载"所能承受的最大功率是 1W，只能使用于该实验系统中。

(11) 电流表的输入电流不得超过 2A，否则将烧毁电流表。

(12) 电压表的最高输入电压不得超过 25V，否则将烧毁电压表。

(13) 实验时必须关闭两个气水塔之间的连通管。

参考资料

1. RLDC_燃料电池综合特性实验仪实验指导及操作说明书. 成都世纪中科仪器有限公司, 2014.
2. 彼得·库兹韦尔. 燃料电池技术. 北京: 北京理工大学出版社, 2019.
3. 章俊良, 蒋峰景. 燃料电池——原理·关键材料和技术. 上海: 上海交通大学出版社, 2014.

实验 7.5　自供能眼动传感器的设计制作与测试

摩擦纳米发电机是一种全新的能源技术和自供能传感技术。2012 年，中国科学院王中林院士课题组首次发明了基于摩擦起电和静电感应效应耦合的摩擦纳米发电机(TENG)。近十年来，摩擦纳米发电机的基础研究和技术应用都取得了飞速发展。在能源收集方面，摩擦纳米发电机可以设计来回收人体活动、振动、转动、风能、水能等多种形式的机械能，展现出同类技术无法比拟的低频下的高效输出性能。同时，摩擦纳米发电机还可以用作自供能传感器，即用其本身输出的电压、电流信号来表征机械运动的动态过程，目前已被应用到移动/穿戴/柔性智能电子产品、生物医学器件、传感网络、物联网、环境保护和传感及基础设施检测等多个方面。

一、实验目的

(1) 理解摩擦纳米发电机的基本工作原理。

(2) 掌握基于摩擦纳米发电机单电极模式的眼动传感器设计、制作、测试的基本过程。

(3) 了解摩擦纳米发电机的结构及应用。

二、实验原理

当两种不同材料相互接触时，它们的表面由于接触起电作用会产生正、负静电荷；而当这两种材料由于机械力作用分离时，接触起电产生的正、负电荷也发生分离，这种电荷分离会相应地在这两种材料各自的背电极间产生感应电势差；如果在两个电极之间接入负载或者处于短路状态，这个感应电势差会驱动电子通过外电路在两个电极间流动，这就是摩擦纳米发电机的基本原理，主要有图 7.5.1 所示四种基本工作模式。

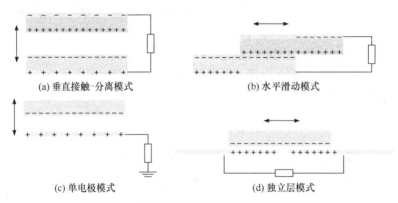

图 7.5.1　摩擦纳米发电机的四种基本工作模式

以最基本的垂直接触-分离模式为例(图 7.5.1(a))，在这个结构中，两种不同材料的介电薄膜面对面堆叠，它们各自的背表面镀有金属电极。这两层介电薄膜相互接触，会在两个接触表面形成符号相反的表面电荷。当这两个表面由于外力作用而发生分离时，中间会形成一个小的空气间隙，并在这两个电极之间形成感应电势差。如果两个电极通过负载连接在一起，电子会通过负载从一个电极流向另一个电极，形成一个反向的电势差来平衡静电场。当两个摩擦层中间的空气间隙闭合时，由摩擦电荷形成的电势差消失，电子会发生回流。

在实际应用中，某些情况下，TENG 的某些部分是运动部件(如活动的人体部位来驱动的情况)，并不方便通过导线和电极进行电学连接。为了在这种情况下更方便地采集电信号，引入了一种单电极模式的 TENG，即只有底部有电极，且接地(图 7.5.1(c))。由于 TENG 的尺寸有限，上部的带电物体接近或离开下部物体都会改变局部的电场分布，这样下电极和大地之间会发生电子交换，以平衡电极上的电势变化。本实验即采用这种基本工作模式，将眨眼引起的太阳穴附近皮肤的微小运动用来驱动弹性橡胶膜与背板的接触–分离,从背电极引导出电信号(图 7.5.2)。

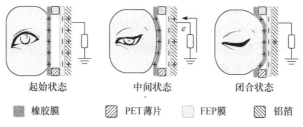

起始状态　　　　　　中间状态　　　　　闭合状态

▨ 橡胶膜　　　▨ PET 薄片　　　□ FEP 膜　　　▨ 铝箔

图 7.5.2　基于单电极模式的眼动触发传感器工作原理

图 7.5.2 是基于 TENG 单电极模式设计的眼动触发传感器的工作原理示意图。其中,橡胶和 FEP(氟化乙烯丙烯共聚物)在接触时,前者容易失去电子而带正电,后者容易得到电子而带负电。眨眼过程中,眼角皮肤驱动橡胶膜接近 FEP 膜,二者之间的电势差减小,导致电子从大地通过外电路回流到铝电极,以中和电极上的部分感应电荷趋于静电平衡。当眨眼至闭合状态,橡胶膜和 FEP 膜的接触面积处于最大状态,橡胶膜和 FEP 膜之间的电势差趋于零,达到静电平衡,电子停止回流。当眼睛恢复睁开,外电路上会产生方向相反的电子流动。

三、实验器材

橡胶手套、厚度为 0.2mm 的 PET(涤纶树脂)薄片、厚度为 20μm 的 FEP 薄膜、铝箔、kapton(聚酰亚胺)双面胶带、铜线、导电银胶、激光雕刻机、剪刀、刻刀、针、NI 数据采集卡及基于 Labview 平台开发的人机交互系统等。

四、实验内容

1. 单电极模式眼动传感器的制作

(1) 将 PET 薄片用激光雕刻机切割为直径 15mm 的蝌蚪形状薄片(图 7.5.3 底层)作为整个器件的底板,尾部为 5mm×2mm 矩形,用于连接铜导线,并在圆形薄片中间打出 5 个对称分布的直径为 1mm 的通气孔;

□ 橡胶膜

□ PET 薄片

□ FEP 膜

□ 铝箔

图 7.5.3　单电极模式摩擦电眼动传感器结构

(2) 将 PET 薄片用激光雕刻机切割为外径 15mm、内径 13mm 的薄片圆环，用于间隔橡胶膜和 FEP 膜；

(3) 在(1)制作的 PET 底板上，用 kapton 双面胶平整粘贴铝箔作为电极，用刻刀沿 PET 底板轮廓刻去多余铝箔和 kapton 胶带；

(4) 将 FEP 薄膜平整粘贴在铝箔表面作为一层摩擦层，用刻刀沿轮廓刻齐；

(5) 用针将 5 个通气孔刺穿；

(6) 将 PET 薄片圆环用 kapton 双面胶固定在 FEP 薄膜层上；

(7) 将橡胶手套剪出一小块,用 kapton 双面胶紧绷平整地粘贴在 PET 圆环上,用剪刀剪齐边缘；

(8) 将铜线去皮缠绕在底板尾部，涂导电银胶固定。

2. 眼动信号测试与眼动打字体验

(1) 将制作好的眼动传感器用 kapton 双面胶粘贴在眼镜架镜腿内侧，按照图 7.5.4 连接电路，电阻为 10MΩ。

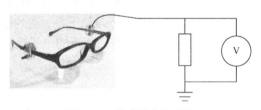

图 7.5.4 传感器连接电路

(2) 电压信号接入 NI 采集卡输入端，打开图 7.5.5 界面，按说明调整触发阈值、检测时间间隔、光标移动时间等参数，佩戴眼镜并适当调整，眨眼观察信号，体验眼动打字。

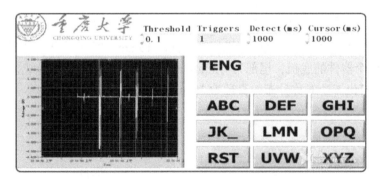

图 7.5.5 眼动打字界面

五、思考题

(1) 根据所设计自供能传感器的输出特性，在人机交互控制中，如何区分随意眨眼和自主眨眼？

(2) 摩擦纳米发电机还能应用于哪些场景？

参考资料

1. 王中林, 林龙, 陈俊, 等. 摩擦纳米发电机. 北京: 科学出版社, 2017.

2. Pu X J, Guo H Y, Chen J, et al. Eye motion triggered self-powered mechnosensational communication system using triboelectric nanogenerator. Science Advances, 2017, 3: e1700694.